智囊图书·机械书系

全国普通高等职业院校应用型创新规划教材

机械制图与CAXA

JIXIE ZHITU YU CAXA

主　审　李新广　燕亚民

主　编　张传斌　李新广

副主编　张加丽

编　者　韩　冰　李亚男　韩静鸽

巢淑娟　张贵明

哈爾濱工業大學出版社

HITP

内容简介

本书将机械制图与CAXA软件有机地融为一体。全书共3篇8个项目，包括平面图形的绘制、机件外部形状的表达方法、机件内部形状的剖切表达、机件断面形状的表达方法、标准件与常用件零件图的规定画法、测绘与识读典型零件图、识读装配图及测绘装配图等内容。

本书可作为高职高专机械类或近机械类各专业机械制图的教材，也适合本科院校近机械类专业学生、成人教育学生、工程技术人员自学等使用。

图书在版编目(CIP)数据

机械制图与CAXA/张传斌，李新广主编. —哈尔滨：哈尔滨工业大学出版社，2014.4

ISBN 978-7-5603-4605-2

Ⅰ.①机…　Ⅱ.①张…②李…　Ⅲ.①机械制图—计算机制图—应用软件　Ⅳ.①TH126

中国版本图书馆CIP数据核字(2014)第032657号

责任编辑　范业婷

出版发行　哈尔滨工业大学出版社

社　　址　哈尔滨市南岗区复华四道街10号　邮编150006

传　　真　0451－86414749

网　　址　http://hitpress.hit.edu.cn

印　　刷　天津市蓟县宏图印务有限公司

开　　本　850mm×1168mm　1/16　印张18.5　字数552千字

版　　次　2014年4月第1版　2014年4月第1次印刷

书　　号　ISBN 978-7-5603-4605-2

定　　价　42.00元

Preface
前 言

“机械制图”是高等职业院校机电类专业必修的一门专业基础课，也是一门理论性和实践性很强的课程。目前，CAD已经成为现代工程技术人员快速绘图必不可少的重要工具。“机械制图与CAXA”是高等职业院校课程改革成果的体现，它把传统课程体系中的“机械制图”与“CAD”两门课程进行深度融合，很好地解决了课程设置与学生工作过程不协调的问题，解决了传统教学中学生毕业后不能把“机械制图”与“CAD”有机结合，不会熟练应用CAD这个工具快速完成绘图任务的问题。本课程的核心目标是使学生掌握机械制图的基础知识，具有识读一般机械图样和利用CAXA软件熟练绘制一般机械图样的能力，为学生的职业生涯发展和终身学习奠定牢固的基础。

本书从培养高素质、高技能应用型人才出发，贴近教学实践及学生需求，遵循“必须和够用”的原则编写。在内容的深度与广度上兼顾学生后续课程的需要，在教学过程实施上力求循序渐进、逐步深入。

教材特点

本书围绕培养学生的职业技能这条主线进行课程设计，在每篇下设置若干个项目，每个项目包括若干工作任务，每个工作任务都有明确的知识目标和能力目标，工作任务通过“任务引入与分析”“任务实施”“知识链接”“任务小结”组织实施。“任务引入与分析”引入工程实际工作任务，分析介绍完成任务所需知识；“任务实施”给出教学组织建议，供教师和学生结合本校实际情况合理实施；“知识链接”介绍完成任务所需知识；“任务小结”对本任务的完成情况进行总结，重点讲评学生完成任务时所易犯共性错误，并对主要知识点做出归纳、整理，便于学生学后总结及巩固。具体内容编写特点如下：

1.目标明确，内容浅显易懂。每个项目均设有不同的工作任务，学生在完成任务前先明确学习目标，从而在做的过程中达到心中有数、有的放矢。知识内容选取力求“全而不乱”“多而不难”。

2.将机械制图与CAXA软件两门课程进行整合，有效解决机械制图课与现代绘图手段严重脱节的问题，使课程设置更贴近工程实际，CAD软件选择具有自主知识产权的国产软件CAXA，易学好用。

3.本书采用项目引领、任务驱动的教学方法，任务选取贴近工作实际，突出学生在教学过程中的主体地位，力求学生在做的过程中学习并掌握机械制图的有关知识，训练学生的制图和读图的能力。

4. 本书与配套习题集自始至终贯彻以识图为主又不忽视画图的思路进行编写，以画图促进识图，同时加强徒手画图与 CAXA 绘图能力的训练。

5. 在编写时特别注意国家标准的更新，全面贯彻与本课程有关的最新国家标准；同时对标准的基本概念和表述方法均严格按照国际标准工作组理解的精神处理。

6. 设置“学后测评”，及时巩固所学知识。每个任务后精选难度不等、梯度分明的习题，以进一步巩固知识，培养学生的创造性思维。

使用建议

本书可供机械类各专业使用，也可供企业工程技术人员及管理人员参考。

本书由张传斌、李新广担任主编，由张加丽担任副主编，由李新广、燕亚民主审，由韩冰、李亚男、韩静鸽、巢淑娟、张贵明共同编写完成，具体分工如下：绪论和项目 4 由韩冰编写；项目 1 的 1.1、项目 2、项目 3 和附录由张传斌编写；项目 5 的 5.3、5.4 由李新广编写。项目 1 的 1.2 由李亚男编写；项目 5 的 5.1、5.2 由韩静鸽编写；项目 6 的 6.1 和 6.2 由巢淑娟编写；项目 6 的 6.3 由张贵明编写；项目 7 和项目 8 由张加丽编写。本书的编写得到许多专家、学者、企业工程技术人员提供的专业意见，同时参考了有关教材和相关文献，在此一并表示感谢。

为进一步提高本书的的质量，欢迎广大读者和专家对我们的工作多提宝贵意见和建议。

编　者

目录 Contents

第 3 篇　装配图

项目 0

绪 论

【知识目标】

1. 初步认知零件、部件和简单机械(机器)。
2. 了解课程的性质、内容与培养目标。
3. 掌握课程的学习方法与考核方法。

【能力目标】

能正确使用拆装工具拆装简单机械。

【任务引入与分析】

本项目在机械制图实训室或机械制图理实一体化教室进行,本项目的任务是拆装减速器,通过拆装认知零件、部件和简单机械(机器),了解课程的性质、课程的内容与培养目标,掌握课程的学习方法与考核方法,为学习后续课程奠定基础。

【任务实施】

教师活动:布置工作任务,组织好学生分组阅读《拆装指导书》及检测评比。

学生活动:阅读《拆装指导书》,自学绪论有关内容,进行拆装减速器。

【知识链接】

1. 拆装认知简单的机械

减速器是机械上常用的传动装置,用来连接发动机与工作机械,起到减速增扭的作用。拆装前学生要阅读《拆装指导书》,自学绪论有关内容,了解常用拆装工具及其使用方法,借助减速器的《拆装指导书》完成对减速器的拆解和装配,对零件、部件的结构及减速器工作原理有初步了解,使学生对毕业后从事的职业岗位有初步认识,为学习后续项目内容奠定基础。本节课分组进行,每小组 4～5 人,要求拆解后工作台上零件摆放整齐有序,严格按照《拆装指导书》要求进行,认读零件后,按零件原来位置装配,不能漏装或错装。本节课的教学目的是使学生明确本课程的任务,了解本课程在整个培养方案中的地位和作用以及与其他课程的关系,激发学生学习本课程的积极性,同时了解本课程的学习方法、要求和考核方式等。

2. 课程的性质及任务

“机械制图与CAXA”是机械专业必修的一门专业基础课程，主要培养学生阅读机械工程图样和按照国家标准应用CAXA软件绘制工程图的能力。本课程研究“机械工程图样”绘制和识读方法，是机械类各专业的一门通用专业技术基础课。“图样”是根据投影原理、国家标准及有关规定表达工程对象的结构及必要技术要求的图纸，是工程界通用的“语言”。识读与绘制机械图样是机械工程技术人员表达设计思想、进行工程技术交流、指导生产等必备的技能，也是学习后续课程的基础。

本课程的主要任务是培养空间思维和形体构型能力、识读和绘制机械图样的能力以及利用CAXA软件绘制机械图样的能力。通过本课程的学习，为后续课程的学习和发展打下坚实基础。

3. 课程内容及培养目标

本课程主要培养学生的读图能力以及应用CAXA绘图的能力。课程采用模块化教学以项目引领，任务驱动组织教学。

通过完成各个项目工作任务，在做的过程中学习与制图有关的知识，培养学生按照机械制图的国家标准和技术规范读图与绘图的能力，特别是利用CAXA软件完成一般机械的零件图与装配图绘制的能力以及识读常见工程图样的能力，能根据所提供常见零件图检验零件尺寸是否合格，能按照装配图的要求完成安装、调试。

(1)知识目标：

①了解正投影法的特性及平面在三面投影体系中的投影特性，掌握三视图之间的度量对应关系，掌握绘制、阅读基本几何体和一般组合体三视图的方法；

②了解常见螺纹紧固件、连接件、轴承等标准件的结构应用及其相关国家标准，掌握标准件、常用件的规定画法和标注方法；

③了解零件图的作用和内容，掌握常见零件的结构特点，掌握正确绘制和阅读零件图的方法，掌握正确进行尺寸和技术要求标注的方法；

④了解装配图的作用和内容，掌握装配图的规定画法和特殊画法，掌握装配图读图方法及装配图表达方案的选择，掌握装配图尺寸和技术要求标注的方法等。

(2)素质目标：

①培养学生爱岗敬业、吃苦耐劳的精神；

②培养学生养成认真负责的工作态度和严谨细致的工作习惯；

③培养学生的团队意识和团结协作精神。

4. 课程的教学方法

课程采用以项目为导向，任务驱动式教学方法，突出以学生为主体，教师为主导的教学思想。项目教学法的实施步骤为：

(1)确定项目任务。

在项目教学法中，项目要有一定的难度，可促使学生学习和运用新知识、技能，解决过去从未遇到过的实际问题。

(2)制订计划。

项目确定后，学生分别对项目进行讨论，制订项目计划，确定工作步骤，教师作适时引导。

(3)实施计划。

学生在项目实施过程中，要严格按照制图的要求绘制图纸。在此过程中，教师要及时恰当地对学生进行指导，解决他们遇到的难题，增强他们的信心，使学生能把书本知识和实际应用联系起来。

(4)检查评估。

制图完成后，先由学生讲解图纸并进行总结。通过总结，使学生找到自己在理论及操作技巧上的不足。然后由教师检查评分，并指出项目活动存在的问题及解决方法，最后布置作业及讲述下节课的导引。

第1篇 基础知识

项目 1

平面图形的绘制

本项目设手工绘制平面图形与使用 CAXA 软件绘制平面图形两个工作任务。

1.1 手工绘制平面图形

【知识目标】

1. 掌握常用工具和绘图用品的使用方法。
2. 掌握国家标准《技术制图》、《机械制图》中的有关规定，并在实践中严格遵守。
3. 掌握用绘图仪器绘制平面几何图形的原理和方法。
4. 掌握对平面图形进行尺寸分析与线段分析的方法。
5. 掌握平面图形尺寸标注方法与要求。

【能力目标】

能正确绘制平面几何图形并正确标注尺寸。

【任务引入与分析】

用 A4 图纸，按 1∶1 的比例手工绘制如图 1.1 所示的摇臂的轮廓图形，并标注尺寸。

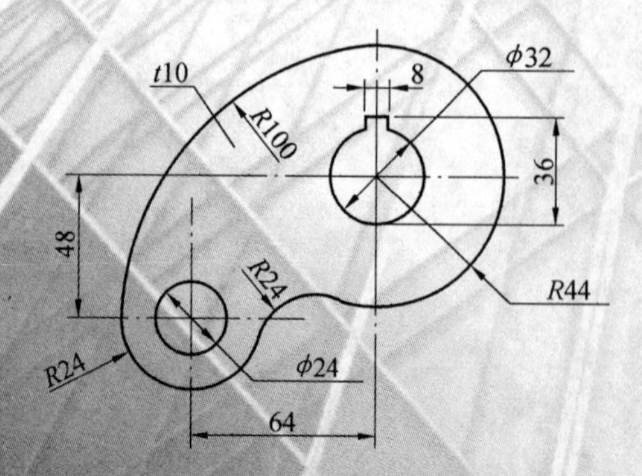

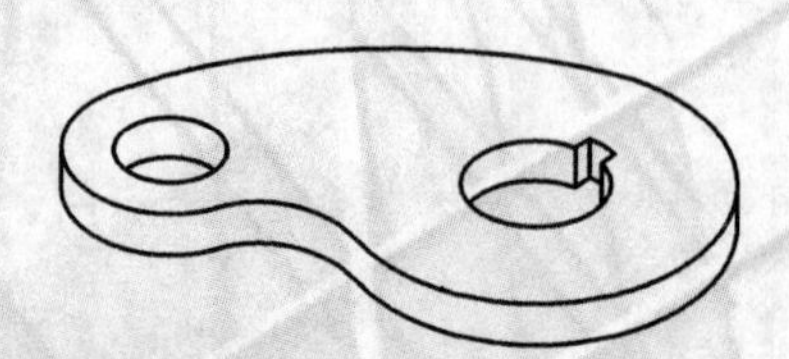

图 1.1 摇臂

手工绘制平面图形是绘制工程图样的基础。本次课的工作任务属于手工绘制机件的平面图样。如何做才能完成这个任务呢？首先绘图前需要选择合适的绘图工具、图纸图幅、绘图比例、采用的线条类型、字体等；其次要掌握几何作图的方法；图样还必须标注正确的尺寸，这样绘制的图样才能指导生产实际。要完成手工绘制平面图形的工作任务，学生除掌握上述知识外，还要进行一定量的绘图训练。

【任务实施】

教师活动：布置手工绘制摇臂平面图形的工作任务，要求学生通过自学方式学习与完成本任务相关的知识(图纸图幅、绘图比例、采用的线条类型及字体等)，只讲解学生自学有难度的问题，重点放在指导学生完成工作任务上。学生完成任务后教师要对学生完成任务的情况进行总结，评定学生成绩以肯定学生成绩为主，纠正不足为辅。最后布置课下练习任务，巩固所学知识点。

学生活动：按教师的要求，积极投身到教学活动中，自学有关知识(图纸图幅、绘图比例、采用的线条类型及字体等)，并在教师指导下自主完成绘制摇臂平面图形的工作任务。

【知识链接】

机械工程技术人员用机械图样表达其设计意图，机械工人根据零件图加工零件，根据装配图把零件装配成部件或机器，因此机械图样是传递机械信息的载体，要实现机械信息的准确传递，要求绘制图样时严格按照国家标准的要求绘图。

1.1.1 绘图工具和绘图用品的使用

正确地选择和使用绘图工具是提高绘图效率的前提，因此首先要简单介绍绘图常用工具、用品及其使用方法。

1. 绘图工具

(1)图板。

图板一般用胶合板材料做成，其大小有不同规格，适用于绘制不同型号的图纸。要求图板板面平整，工作边平直以保证作图的准确性，如图 1.2 所示。

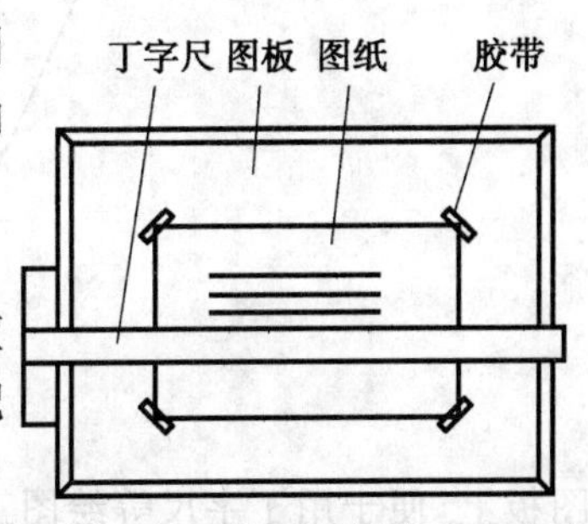

图 1.2 图板和丁字尺

(2)丁字尺。

丁字尺一般用有机玻璃制成，由尺头和尺身两部分组成，绘图时应使尺头紧靠图板左侧的工作边。丁字尺主要用于画水平线，与三角板配合画垂直线或 15°倍数的斜线，如图 1.3 所示。

(3)三角板。

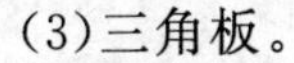

三角板也采用有机玻璃制成，每副三角板包括 45°和 30°(60°)两块，是手工绘图的主要工具，如图 1.3 所示。

2. 绘图仪器

这里仅介绍常用的绘图仪器圆规。圆规用于画圆或圆弧，画圆部分装上不同配件可以画出铅笔圆、墨线圆或作为分规使用。使用方法如图 1.4 所示，圆规质心略向圆心倾斜，且圆规两腿与纸面基本垂直。

3. 绘图用品

(1)图纸和透明胶带。

图纸分为绘图纸和描图纸(半透明)两类。绘图纸要求质地坚实，用橡皮擦拭不易起毛，且图纸幅面尺寸符合国家标准的有关规定。描图纸为透明纸，主要用来晒工程蓝图。胶带用来把图纸固定在

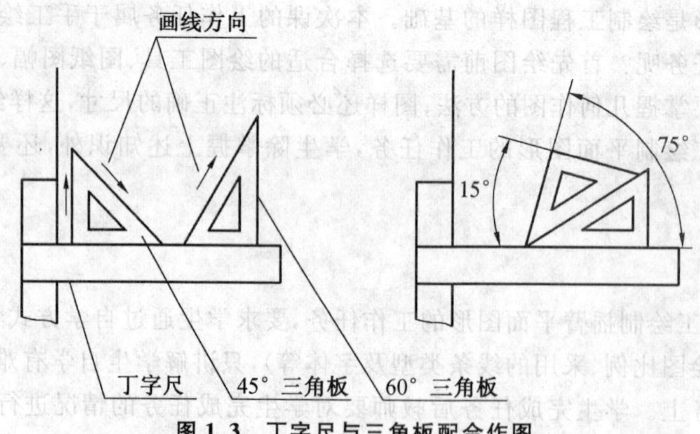

图 1.3 丁字尺与三角板配合作图

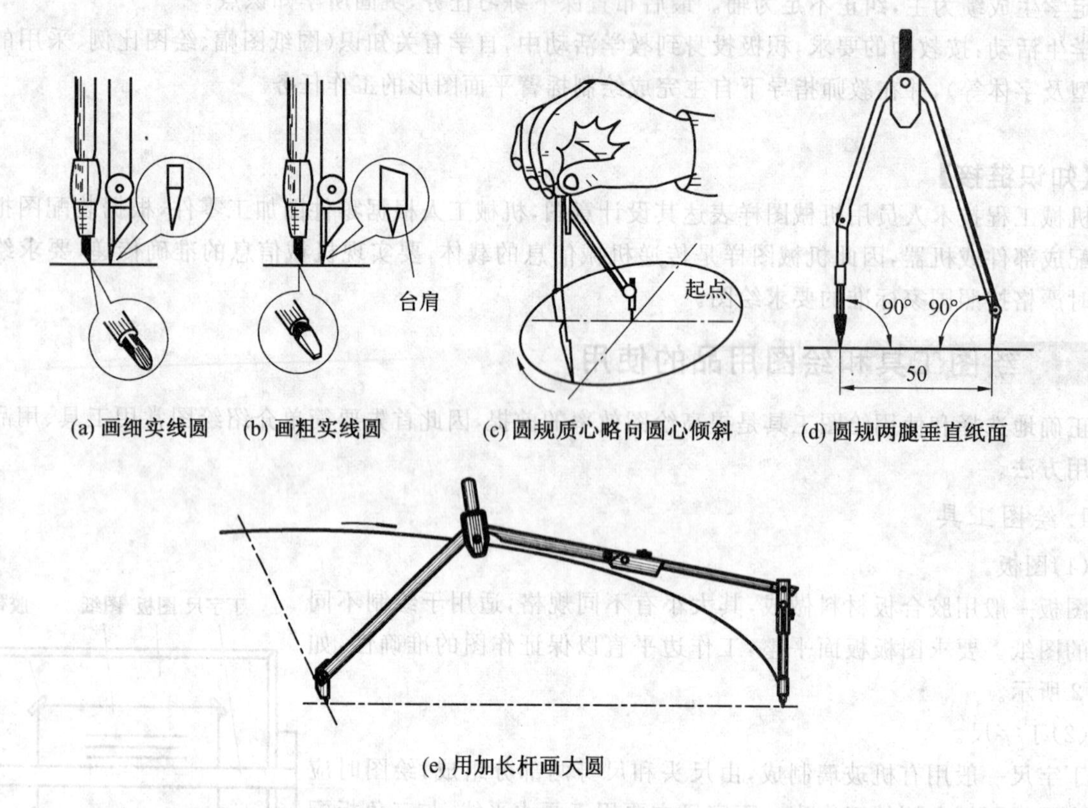

(a) 画细实线圆 (b) 画粗实线圆 (c) 圆规质心略向圆心倾斜 (d) 圆规两腿垂直纸面

(e) 用加长杆画大圆

图 1.4 圆规的使用方法

图板上，便于用丁字尺等绘图工具绘图。

(2)绘图铅笔。

铅笔的笔芯分为软(B)、中(HB)、硬(H)3 种。通常用 H 或 HB 铅笔画底稿图，用 HB 或 B 铅笔对底稿图加黑加粗。铅笔的削法如图 1.5 所示。

(3)其他用品。

除上述用品外，绘图还经常需要橡皮、擦图片、小刀、砂纸等用品。橡皮用来擦除多余或画错的图线，擦图片和橡皮配合起来可以擦除狭小位置的图线，避免擦除邻接部分的线条，小刀用来削铅笔，砂纸用来磨削铅笔。

1.1.2 制图国家标准的基本规定

国家标准《技术制图》是一项基础技术标准，国家标准《机械制图》是机械专业制图标准，工程技术人员绘图时必须遵守其有关规定。

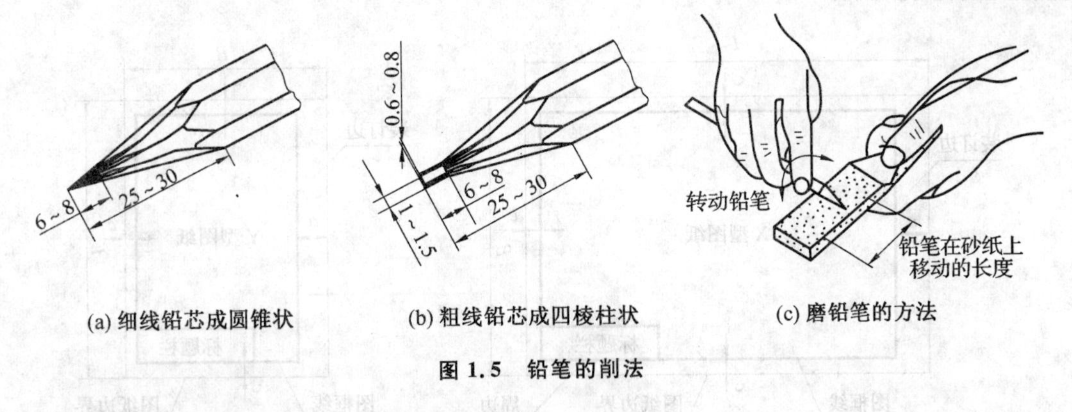

(a) 细线铅芯成圆锥状　(b) 粗线铅芯成四棱柱状　(c) 磨铅笔的方法

图 1.5　铅笔的削法

1. 图纸幅面与图框格式及标题栏

(1)图纸幅面。

为了便于图样的保管和使用，绘制工程技术图样时应优先采用《技术制图 图纸幅面和格式》(GB/T 14689—2008)规定的基本幅面，基本幅面及图框尺寸见表 1.1。

表 1.1　图纸的基本幅面及图框格式(摘自 GB/T 14689—2008)

幅面代号	A0	A1	A2	A3	A4
$B \times L$	841×1 189	594×841	420×594	297×420	210×297
a	25				
c	10			5	
e	20		10		

"GB"是强制性国家标准代号，"GB/T"是推荐性国家标准代号。"14689"为标准批准顺序号，"—2008"表示标准发布的年号(规定一律书写 4 位阿拉伯数字)。

(2)图框格式。

在图纸上必须用粗实线画出线框，其格式分为保留装订边的图框(图 1.6)和不保留装订边的图框(图 1.7)两种格式。

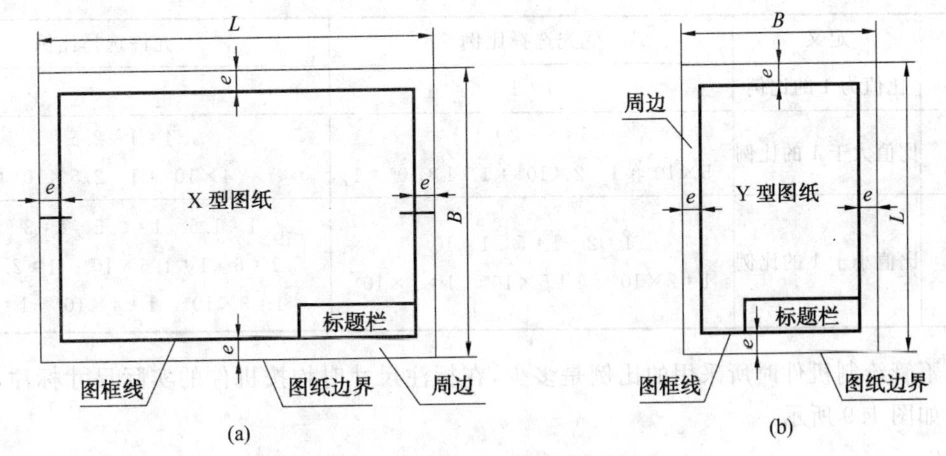

图 1.6　保留装订边的图框格式

(3)标题栏。

在每张图纸的右下角应画出标题栏，其格式和尺寸在《技术制图 标题栏》(GB/T 10609.1—2008)中已有规定，用于学生作业的标题栏可由学校自定，图 1.8 所示的格式可供参考。

2. 比例

图样与实际机件相应要素的线性尺寸的比值称为比例。线性尺寸是指能用直线表示的尺寸，如

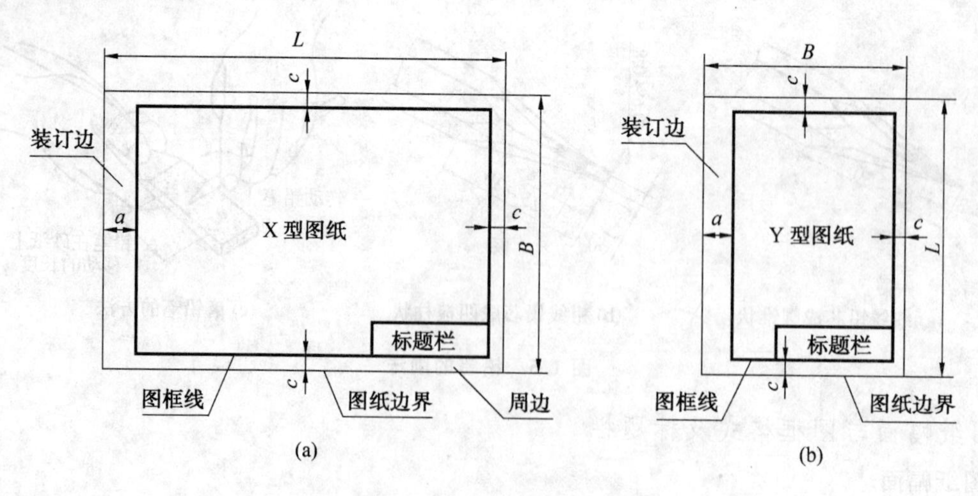

图 1.7 不保留装订边的图框格式

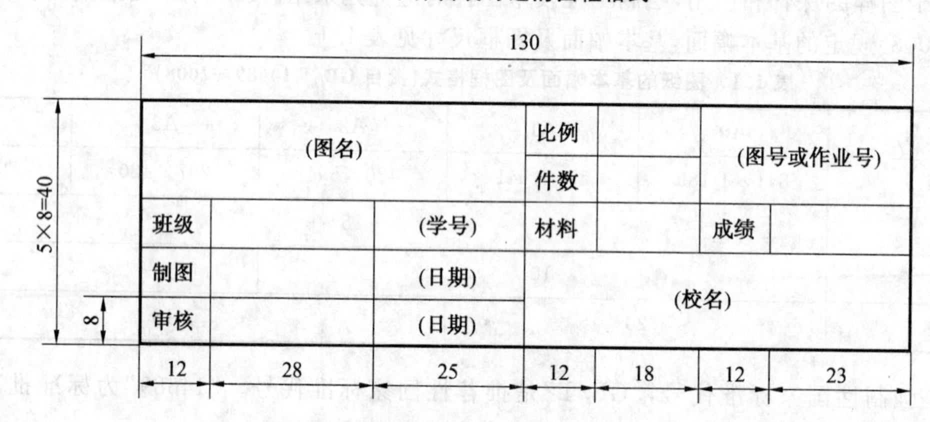

图 1.8 零件图标题栏

直线的长度、圆的直径等,角度尺寸为非线性尺寸。图样比例分为原值比例、放大比例和缩小比例3种。比例符号应以“:”表示。绘制图样时应从表1.2的比例系列中选取合适比例值。

表 1.2 比例系列(摘自 GB/T 14690—1993)

种类	定义	优先选择比例	允许选择比例
原值比例	比值为1的比例	1:1	
放大比例	比值大于1的比例	5:1 2:1 5×10^n:1 2×10^n:1 1×10^n:1	4:1 2.5:1 4×10^n:1 2.5×10^n:1
缩小比例	比值小于1的比例	1:2 1:5 1:10 1:2×10^n 1:5×10^n 1:1×10^n	1:1.5 1:2.5 1:3 1:4 1:6 1:1.5×10^n 1:2.5×10^n 1:3×10^n 1:4×10^n 1:6×10^n

注意:不管绘制机件时所采用的比例是多少,在标注尺寸时均按机件的实际尺寸标注,与绘图的比例无关,如图1.9所示。

3. 字体

字体的规范化是为了达到图样上字体统一,清晰明确,书写方便。国家标准《技术制图 字体》(GB/T 14691—1993)规定,图样中的字体书写必须做到:字体工整、笔画清楚、间隔均匀、排列整齐。字体的高度代表字体的字号,如5号字的高度为5 mm。机械制图使用的字体高度的公称系列分为:1.8 mm、2.5 mm、3.5 mm、5 mm、7 mm、10 mm、14 mm、20 mm 8种。

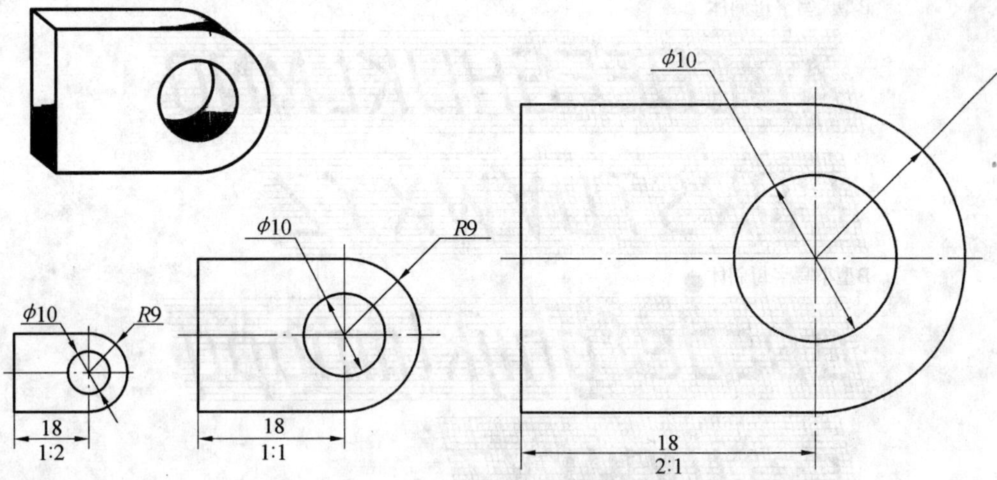

图 1.9 尺寸数值与图形比例无关

(1)汉字。

汉字应写成长仿宋体,采用国家正式公布推行的简化汉字,其书写要领是:横平竖直、注意起落、结构匀称、填满方格。长仿宋体字如图 1.10 所示。

7 号字

字体端正笔画清楚排列整齐间隔均匀

5 号字

横平竖直注意起落结构均匀填满方格

3.5 号字

盖架齿轮键弹簧机床减速器螺纹端子汽车施工摩擦片阀泵体座轴承

图 1.10 长仿宋体字示例

(2)数字和字母。

数字和字母可以写成斜体或直体。斜体字字头向右倾斜,与水平方向夹角为 75°。工程图上数字和字母常用斜体书写。斜体字如图 1.11 所示。

4. 图线

国家标准《技术制图 图线》(GB/T 17450—1998)规定了图线的名称、宽度尺寸系列及画法规则,可广泛适用于各种技术图样,如机械、电气、土木工程图样等。但是,它所规定的是共性的部分,而对机械图样中的各种图样的应用则需遵照国家标准《机械制图 图样画法 图线》(GB/T 4457.4—2002)中“图线”的规定。

(1)基本线型。

国家标准《机械制图 图样画法 图线》(GB/T 4457.4—2002)规定的绘制图样中常用的线型及应用见表 1.3,其应用示例如图 1.12 所示。

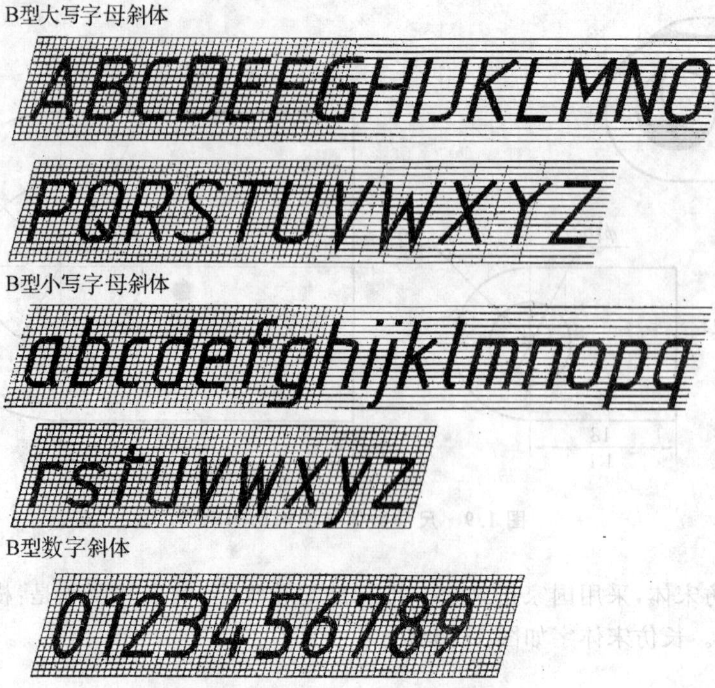

B型大写字母斜体

ABCDEFGHIJKLMNO

PQRSTUVWXYZ

B型小写字母斜体

abcdefghijklmnopq

rstuvwxyz

B型数字斜体

0123456789

图 1.11 拉丁字母和阿拉伯数字斜体示例

表 1.3 常用线型及应用(摘自 GB/T 4457.4—2002)

代号 No.	图线名称	机械图常用线型画法	线宽(d)	应用及说明
01.1	细实线		$d/2$	尺寸线及尺寸界线、剖面线、重合断面的轮廓线、过渡线、引出线
	波浪线		$d/2$	断裂处的边界线、视图和剖视的分界线
	双折线	$14d$, $30°$	$d/2$	
01.2	粗实线		d	可见轮廓线、可见棱边线、可见相贯线等
02.1	细虚线		$d/2$	不可见轮廓线、不可见棱边线、不可见相贯线
02.2	粗虚线		$d/2$	允许表面处理的表示线
04.1	细点画线		d	轴线、对称中心线、剖切线
04.2	粗点画线		d	限定范围表示线
05.1	细双点画线		$d/2$	相邻辅助零件的轮廓线、可动零件的极限位置的轮廓线

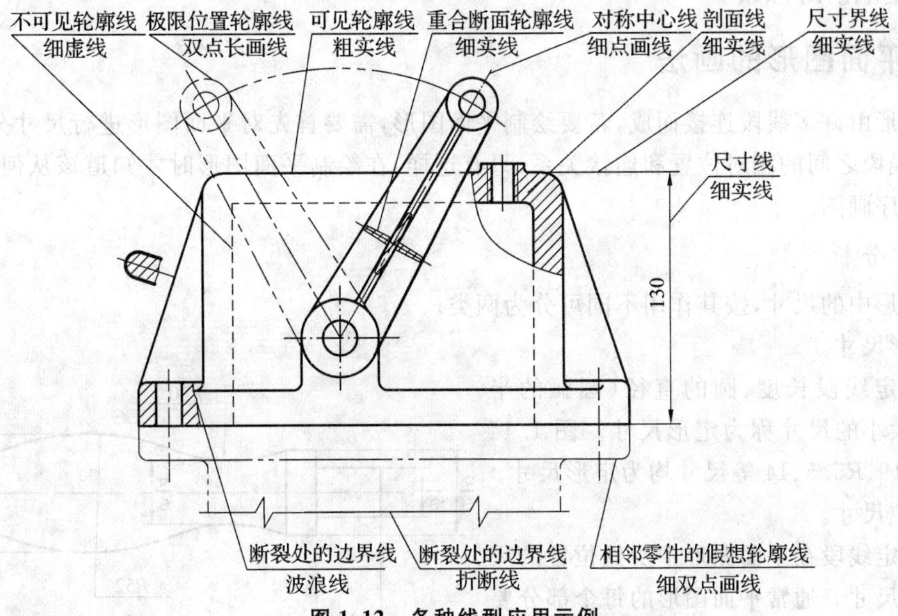

图 1.12　各种线型应用示例

(2)图线宽度。

国家标准规定了 9 种图线宽度。绘制工程图样时所有线型应在下面系列中选择:0.13 mm,0.18 mm,0.25 mm,0.35 mm,0.5 mm,0.7 mm,1 mm,1.4 mm 和 2 mm。同一张图样中的线型的宽度应一致。

在绘制机械图样时,应根据图幅的大小、图样的复杂程度等因素综合考虑选定粗实线的宽度。通常粗实线的宽度建议在 0.7 mm 或 1 mm。国家标准规定机械图样采用粗、细两种线宽,它们之间的宽度比为 2∶1。

(3)图线画法。

图线画法如图 1.13 所示。画图线时应注意下列事项:

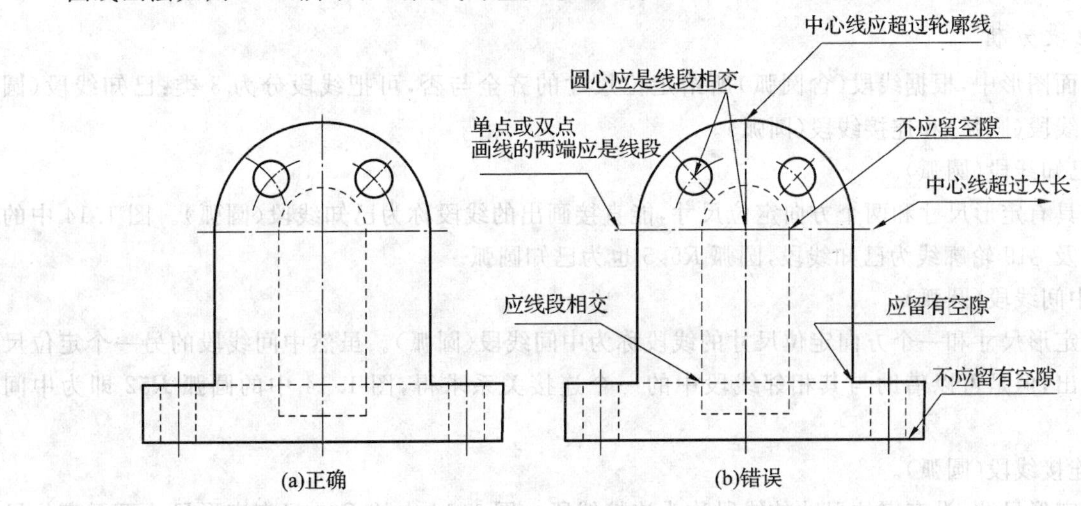

图 1.13　图线画法

①若细虚线与细虚线或其他线相交时,应以线段相交,而不应是间隔相交。

②若细虚线位于粗实线延长线上,细虚线在两者相交处应留出间隔;若细虚线与圆或圆弧相切,细虚线与圆及圆弧之间也应留出间隔。

③画圆的中心线时,圆心处应以线段相交,中心线应超出圆的轮廓线 2~3 mm,若圆的直径较小(<12 mm)时允许用细实线代替细点画线。

④同一图样中的同类图线宽应一致,虚线、点画线的线段长度和间隔应大致一致。

1.1.3 平面图形的画法

平面图形由许多线段连接而成，若要绘制平面图形，需要首先对平面图形进行尺寸分析与线段分析，确定各线段之间的相对位置和连接关系，只有这样，在绘制平面图形时才知道该从何处着手画图，按照什么顺序画图。

1. 尺寸分析

平面图形中的尺寸，按其作用不同可分为两类。

(1)定形尺寸。

用于确定线段长度、圆的直径(圆弧的半径)和角度大小的尺寸称为定形尺寸。图 1.14 中的 ϕ11、ϕ19、R5.5、14 等尺寸均为定形尺寸。

(2)定位尺寸。

用于确定线段在平面图形中所处位置的尺寸称为定位尺寸。通常平面图形的每个部分要标出两个方向的定位尺寸，即只有得到两个方向的定位尺寸才能确定此部分的位置。图1.14 中 80、ϕ26 等尺寸均属于定位尺寸。

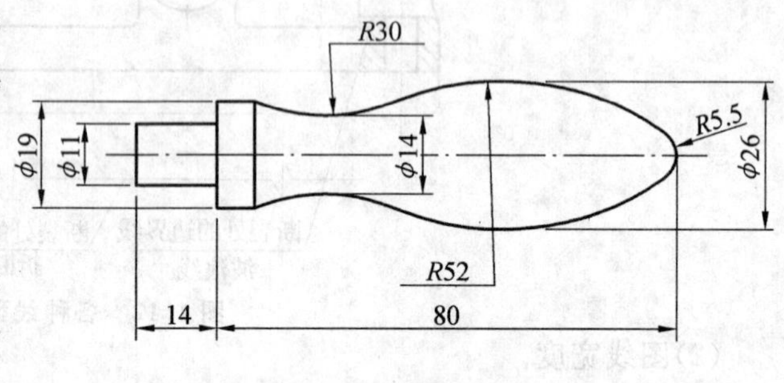

图 1.14 手柄平面图

需要注意有些尺寸既属于定形尺寸又属于定位尺寸。图 1.14 中的尺寸 80，既属于手柄长度的定形尺寸，又属于圆弧 R5.5 的定位尺寸。

(3)尺寸基准。

标注定位尺寸的起点称为尺寸基准。通常以图形的对称线或中心线、底面边线或侧面边线等作为尺寸基准。平面图形至少在水平与竖直方向各有一个基准。图 1.14 中手柄在水平方向的尺寸基准为圆柱 ϕ19 的左端面，垂直方向为手柄的对称中心线。

2. 线段分析

在平面图形中，根据线段(含圆弧)所给定位尺寸的齐全与否，可把线段分为 3 类：已知线段(圆弧)、中间线段(圆弧)和连接线段(圆弧)。

(1)已知线段(圆弧)。

凡是具有定形尺寸和两个方向定位尺寸，能直接画出的线段称为已知线段(圆弧)。图 1.14 中的圆柱 ϕ11 及 ϕ19 轮廓线为已知线段，圆弧 R5.5 也为已知圆弧。

(2)中间线段(圆弧)。

只有定形尺寸和一个方向定位尺寸的线段称为中间线段(圆弧)。虽然中间线段的另一个定位尺寸没有标出，但是可以借助与其相邻线段中的一个连接关系求得，图 1.14 中的圆弧 R52 即为中间圆弧。

(3)连接线段(圆弧)。

只有定形尺寸、没有定位尺寸的线段称为连接线段。图 1.14 中的 R30 只有定形尺寸而无定位尺寸，因此该圆弧为连接圆弧，为画出该圆弧，可以借助与其相邻的两端圆弧相切的连接关系求出圆弧的圆心位置。

3. 圆弧连接的画法

用已知半径的圆弧光滑连接(即相切)两已知线段(或圆弧)称为圆弧连接。起连接作用的圆弧称为连接弧，切点称为连接点。连接圆弧与已知线段的位置关系有内切和外切两种。

由于连接弧的半径和被连接的两线段已知，所以，圆弧连接的关键是确定连接弧的圆心和连接点。圆弧连接有 3 种类型：

(1)用圆弧连接两已知直线段。

(2)用圆弧连接已知直线与圆弧。

(3)用圆弧连接两已知圆弧。

圆弧连接的作图方法见表 1.4。

表 1.4　圆弧连接的作图方法

连接要求			求连接弧的圆心 O 和切点 K_1,K_2	画连接弧
连接相交两直线	两直线倾斜	X, Y	K_2, X, R, K_1, R, Y	K_2, X, R, O, K_1, Y
	两直线垂直	X, Y	Y, R, O, K_1, R, R, K_2, X	Y, O, K_1, R, K_2, X
连接一直线和一圆弧		R_1, X, O_1	R_1+R, O, K_1, R, X, K_2, R_1, O_1	O, R, K_1, X, K_2, R_1, O_1
连接两圆弧	外切	R, R_2, R_1, O_1, O_2	O_1, O_2, A, B, 切点, 切点, O	O_1, R, O_2, A, B, O
	内切	R, R_2, R_1, O_1, O_2	切点, 切点, A, B, O_1, O_2, O	R, A, B, O_1, O_2, O
	内外切	R, R_2, R_1, O_1, O_2	O, $R+R_2$, $R-R_1$, K_1, O_1, O_2, R_1, K_2	O, R, K_2, O_1, O_2, K_1

4. 平面图形作图步骤

(1)分析图形，根据所注尺寸分析哪些是已知线段(圆弧)，哪些是中间线段(圆弧)，哪些是连接线段(圆弧)。

(2)画出基准和已知线段(圆弧)。

(3)画出中间线段(圆弧)。

(4)最后画出连接线段(圆弧)。

现以图 1.14 所示的手柄为例说明平面图形的作图方法和步骤，通过尺寸分析可知，手柄左端的 $\phi 11$、$\phi 19$ 以及右端的圆弧 $R5.5$ 都是已知线段，$R52$ 是中间线段，$R30$ 是连接线段。其作图步骤见表 1.5。

表 1.5　手柄的作图步骤

1. 画出中心线和已知线段的轮廓，以及相距为 26 的两条范围线。	2. 画中间圆弧 $R52$。分别与间距为 26 的两根平行线相切，并与 $R5.5$ 圆弧内切，确定中间圆弧 $R52$ 的圆心及切点。
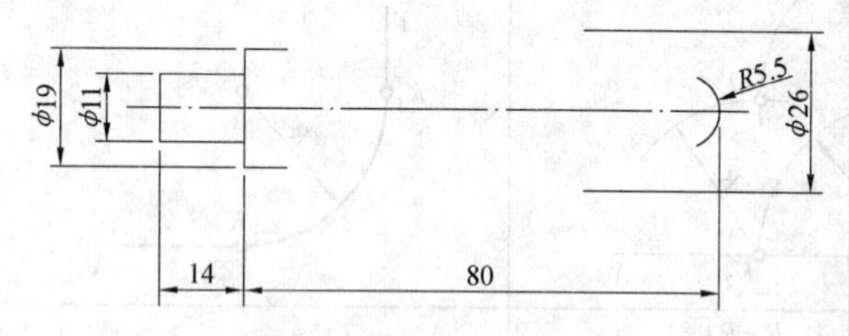	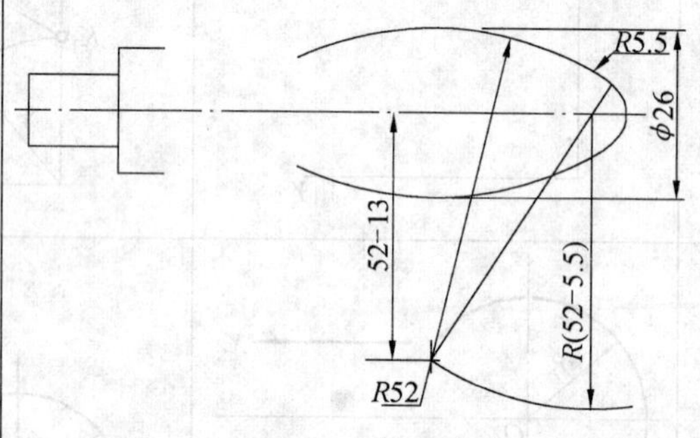
3. 画连接圆弧 $R30$。分别与间距为 14 的两平行线相切，且与 $R52$ 圆弧外切，确定连接弧的圆心和切点。	4. 擦除多余作图线条，按线型要求加深图线，完成全图作图。
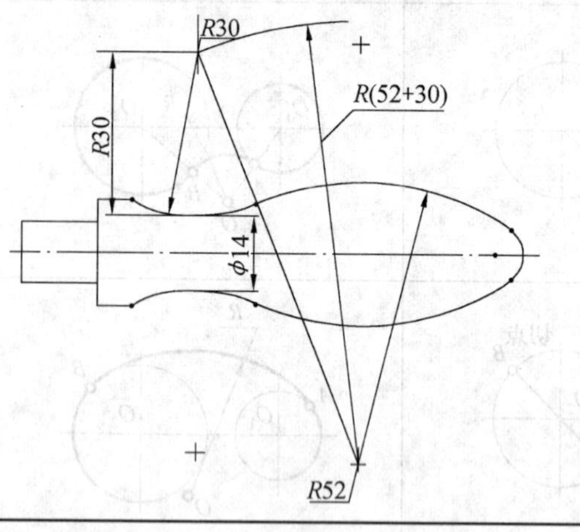	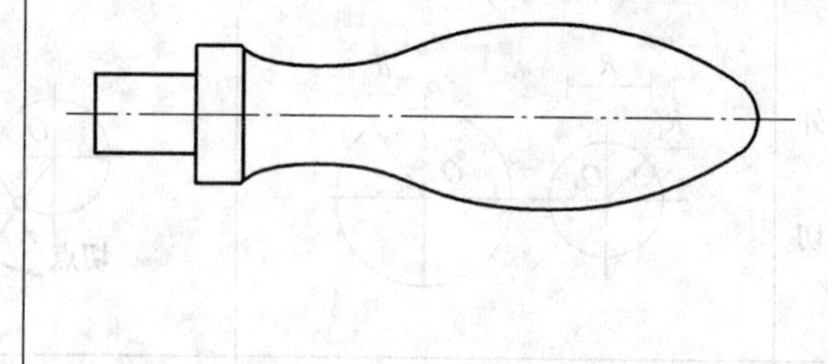

1.1.4 平面图形的尺寸标注

图形只表示机件的形状，不能表示机件的大小，其大小是由所标注的尺寸确定的。平面图形画完后应进行尺寸标注，尺寸标注是制图的重要内容之一，是加工和检验机械零件的依据。标准尺寸的要求是“正确、完整、清晰”。即尺寸的标注符合国家标准；尺寸既不重复和遗漏，又不多注；尺寸安排有序，标注清楚。国家标准《机械制图》与《技术制图》都对尺寸标注的规则作了详细的规定，下面只介绍一些基本规定。

1. 尺寸标注的基本规定

(1)机件制造的实际大小应以图样上所注尺寸为依据，而与图形的比例及绘图的准确度无关。

(2)图样的尺寸以毫米为单位,不注代号和名称,如用其他单位则必须注明。

(3)图样中所注的尺寸为图样所示机件最后完工的尺寸,否则需另加说明。

(4)机件的每一尺寸一般只标注一次,并标在反映该结构最清晰的图形上。

(5)标注尺寸时应尽可能使用符号或缩写词,见表1.6。

表1.6 标注符号或缩写词

序号	含义	符号或缩写词	序号	含义	符号或缩写词	序号	含义	符号或缩写词
1	直径	ϕ	6	均布	EQS	11	沉头孔	⌵
2	半径	R	7	45°倒角	C	12	弧长	⌒
3	球直径	$S\phi$	8	正方形	□	13	斜度	∠
4	球半径	SR	9	深度	↧	14	锥度	◁
5	厚度	t	10	沉孔或锪平	⌴	15	型材截面形状	按GB/T 4656.1—2000

2.尺寸的组成

如图1.15所示,一个完整尺寸标注由尺寸界线、尺寸线、尺寸数字3部分组成。

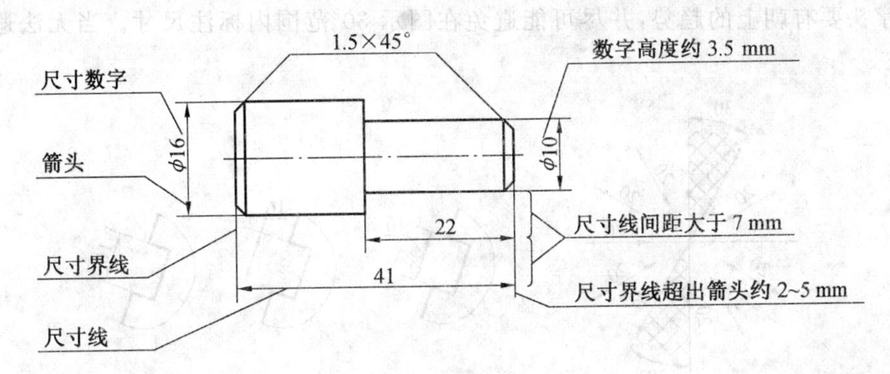

图1.15 尺寸的组成

(1)尺寸界线。

如图1.16所示,尺寸界线用来指明所注尺寸的范围,用细实线绘制,并应由图形的轮廓线、轴线或对称中心线处引出,画在图形外部,并超出尺寸线末端3 mm左右。有时也可利用轮廓线、轴线或对称中心线做尺寸界线。尺寸界线一般应与尺寸线垂直,必要时才允许倾斜。

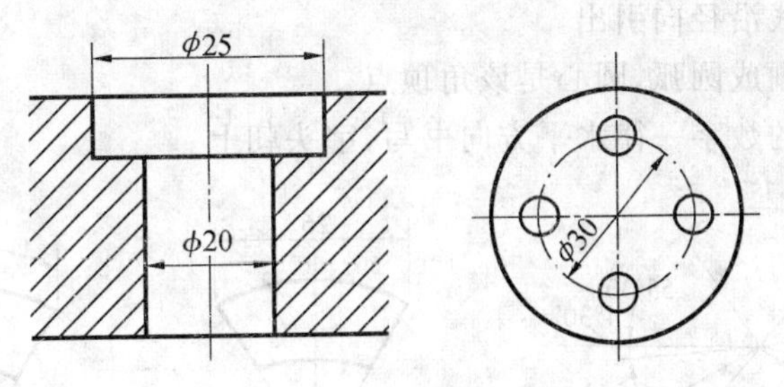

图1.16 尺寸界线的选择

(2)尺寸线。

尺寸线用来指示所注尺寸的方向,用细实线绘制,尺寸线的终端有箭头和斜线两种形式,尺寸线与所注的线段平行。机械图样中一般用箭头做尺寸终端,建筑图样一般采用斜线做尺寸终端。如图1.17所示,尺寸标注绘制尺寸线时应注意两点:

①尺寸线不能用其他图线代替,一般不得与其他图线重合或画在其延长线上。

②标注线性尺寸时,尺寸线必须与所标注的线段平行。

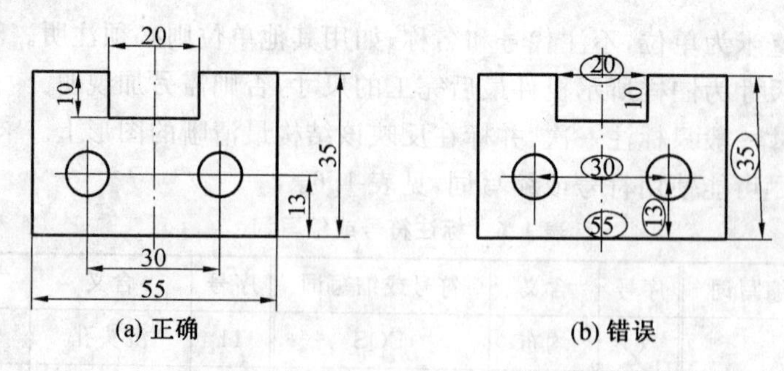

图 1.17　绘制尺寸界线时的注意事项

(3)尺寸数字。

尺寸数字要采用标准字体,可以是斜体或直体字,书写工整,不得潦草。在同一张图上,字体及箭头的大小应保持一致。

3.尺寸标注示例

(1)线性尺寸的标注。

线性尺寸的数字一般标在尺寸线上方,且尺寸数字不可被任何图线通过,否则应将该图线断开、应按图 1.18(a)所示的方向注写,即水平方向的尺寸数字字头朝上,竖直方法的尺寸字头朝左,倾斜方向尺寸数字字头要有朝上的趋势,并尽可能避免在图示 30°范围内标注尺寸。当无法避免时可按图 1.18(b)标注。

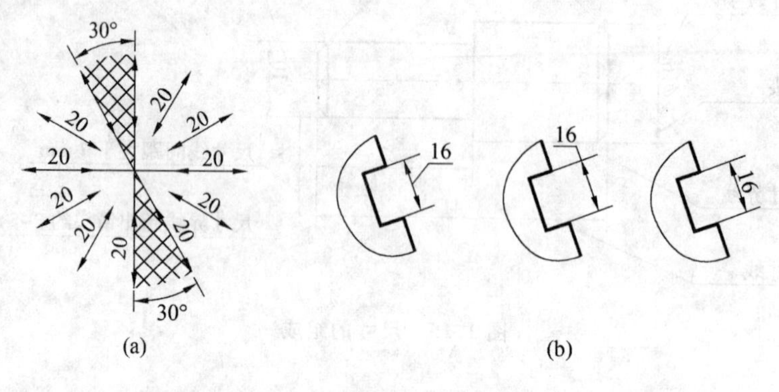

图 1.18　线性尺寸的标注样例

(2)角度、弦长和弧长等尺寸的标注。

角度、弦长和弧长等尺寸的标注如图 1.19 所示,应注意下列问题:

①角度尺寸的尺寸界线沿径向引出。

②角度尺寸的尺寸线画成圆弧,圆心是该角顶点。

③表示角度尺寸大小的数字一律水平方向书写,字头朝上。

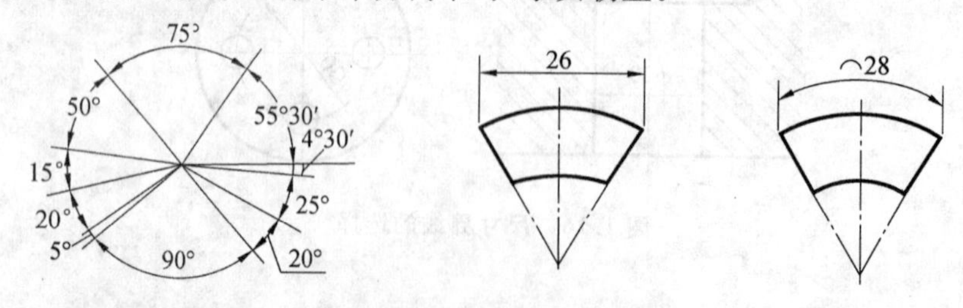

图 1.19　角度、弦长和弧长尺寸标注样例

(3)圆直径尺寸的标注。

圆直径尺寸的标注如图 1.20 所示,应注意下列问题:

①直径尺寸应在尺寸数字前加注符号“ϕ”。

②尺寸线应通过圆心，其终端画成箭头。

③整圆或大于半圆应注直径。

(4)圆弧半径尺寸的标注。

圆半径尺寸的标注如图 1.21 所示，应注意下列问题：

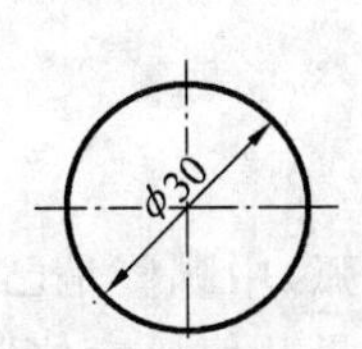

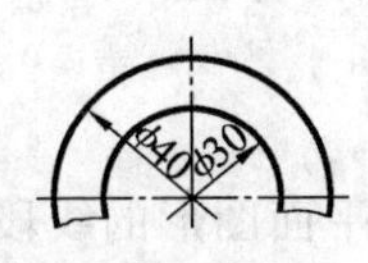

图 1.20　圆直径的标注样例

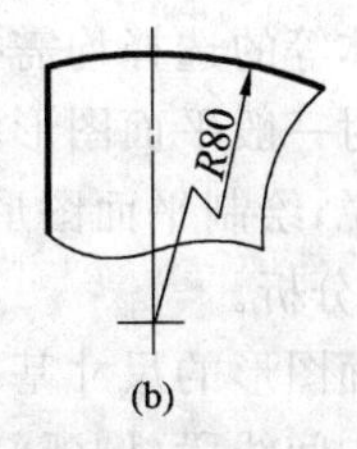

图 1.21　圆弧半径的标注样例

①半径尺寸数字前加注符号“*R*”。

②半径尺寸必须注在投影为圆弧的图形上，且尺寸线或其延长线应通过圆心。

③小于或等于半圆的圆弧应注半径尺寸。在图纸范围内无法标出圆心位置时，可以按图 1.21(b)所示样式进行标注。

(5)狭小部位的注法。

在图面没有足够位置画箭头或注写数字时，对于较小尺寸的圆弧(圆)，其半径(直径)的标注如图 1.22 所示。对非圆弧(圆)的线性尺寸可按图 1.23 所示的形式标注。

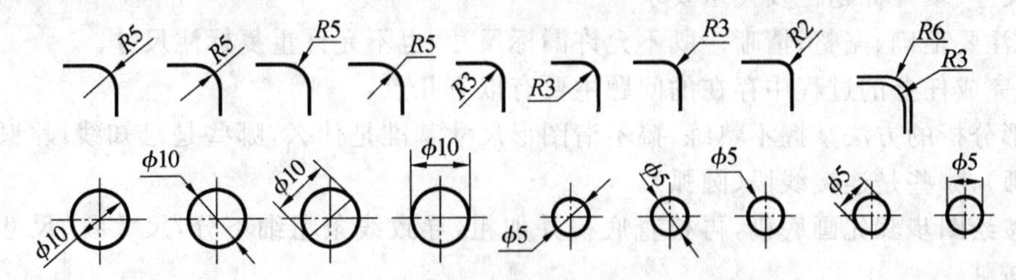

图 1.22　较小的圆弧(圆)的半径(直径)的标注

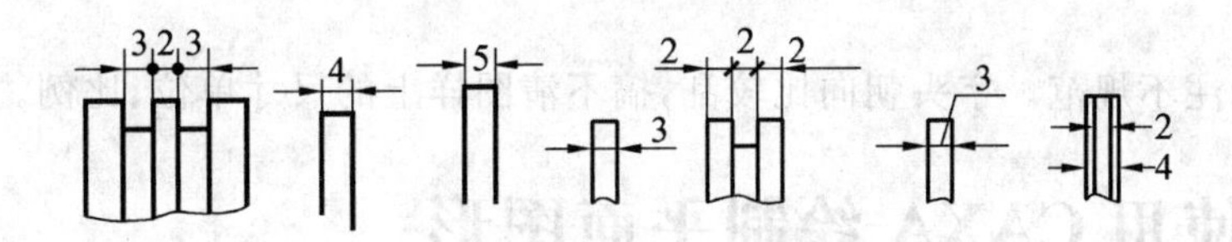

图 1.23　非圆弧(圆)较小的线性尺寸的标注

(6)重复结构要素的标注。

机件中有规律分布的重复结构，允许只画出其中的一个或几个完整的结构，并用中心线反应其分布情况，如图 1.24 所示。在同一图形中，尺寸相同的孔、槽等要素，可在一个尺寸前注出其数量，形式如“6×ϕ8”和“5×ϕ16”。

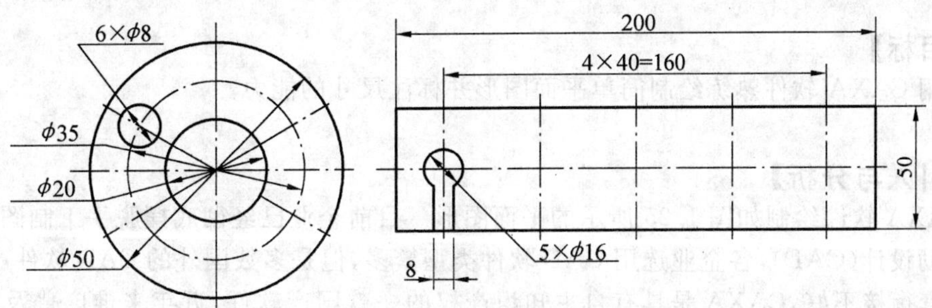

图 1.24　重复结构要素的尺寸标注

【任务小结】

机械图样是传递机械信息的载体，要实现机械信息的准确传递，要求绘制图样时严格按照国家标准的要求绘图，同学们绘图时要养成按国家标注的有关要求绘制机械工程图样的习惯，包括图幅、比例、线型、字体等的选择均需按照国家标准执行。本工作任务的目的是使学生掌握绘制平面图形的方法、步骤，能对一般平面图形的尺寸进行正确、完整、清晰的标注。

一般来说，绘制平面图形主要包括以下 4 个步骤：

(1)图形分析。

找出平面图形的尺寸基准，根据尺寸标注分析组成平面图形的线段(圆弧)中哪些是已知线段(圆弧)，哪些是中间线段(圆弧)，哪些是连接线段(圆弧)。尺寸基准是设计、测量几何要素位置尺寸的起点，是正确绘图的基础，一般以平面图形的对称中心线、底边或侧边线作为尺寸基准，平面图形至少在水平和竖直方向各有一个尺寸基准。

(2)画底稿。

先画基准线，接着画已知线段和圆弧，再画中间线段或圆弧，最后画连接圆弧。

(3)检查底稿，加深描粗平面图形。

加深描粗的原则是先粗线后细线、先曲线后直线、先水平后竖直，线条的粗细要有明显区别，切记不要把不同线条画成一样的线宽。

(4)标注尺寸、填写标题栏及技术要求。

尺寸的标注要正确、完整、清晰。既不允许漏标尺寸，也不允许重复标注尺寸。

同学们在完成任务的过程中存在的问题主要有以下几点：

(1)对图形分析的方法掌握不熟练，搞不清图形尺寸基准是什么，哪些是已知线段(圆弧)，哪些是中间线段(圆弧)，哪些是连接线段(圆弧)。

(2)没有按绘图步骤先画底稿，再检查底稿并加粗，导致线条粗细不分，尺寸线、尺寸界线也用粗实线，图面比较脏。

(3)图纸标注不规范，没有在直径尺寸前加“ϕ”、在半径尺寸前加“R”，尺寸线与尺寸界线存在交叉现象。

(4)尺寸数字标注不规范。字头朝向比较乱，搞不清图样上的尺寸单位、比例。

1.2 使用 CAXA 绘制平面图形

【知识目标】

了解 CAXA 操作界面的组成，掌握 CAXA 绘图常用的基本工具、高级工具、修改工具及标注工具等的使用方法。

【能力目标】

具备利用 CAXA 软件熟练绘制简单平面图形并标注尺寸的能力。

【任务引入与分析】

利用 CAXA 软件绘制如图 1.25 所示的平面图形。目前企业已经彻底摆脱手工制图，取而代之的是计算机辅助设计(CAD)，各企业选用 CAD 软件类型繁多，但是多数国外的 CAD 软件产品与我国的制图标准配套衔接不好，CAXA 是具有自主知识产权的一款国产软件，近年来推广普及的速度较快，利用 CAXA 熟练绘制工程图是学生参加工作后必备的能力之一。本任务的目的是培养学生利用 CAXA 软件绘制简单平面图形的能力，要完成这一任务，需要学生了解和掌握 CAXA 软件的界面、常用绘图、编辑命令等有关知识，通过上机练习获得利用软件绘制平面图形的基本能力。

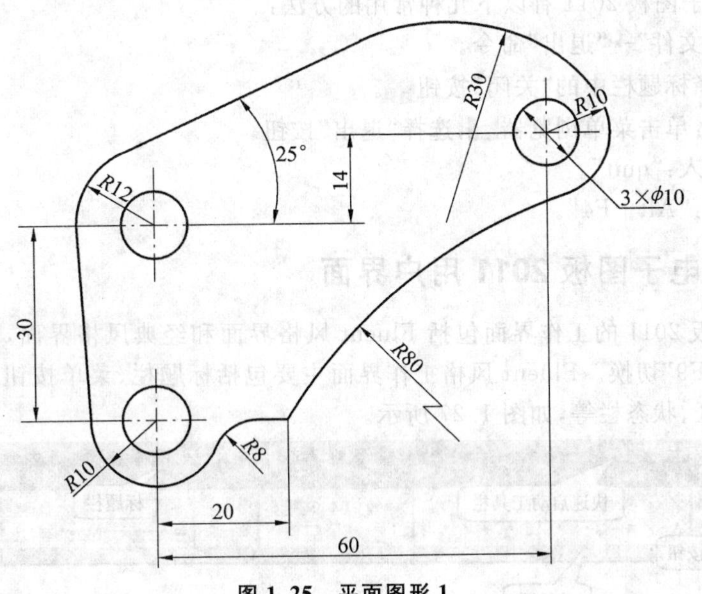

图 1.25　平面图形 1

【任务实施】

教师活动：布置利用 CAXA 绘制平面图形的工作任务，通过多媒体讲授 CAXA 软件界面及常用绘图、编辑命令等有关知识，通过实例介绍其操作要领。然后指导学生上机完成工作任务。学生完成任务后教师要对学生完成任务的情况进行总结，评定学生成绩以肯定学生成绩为主，纠正不足为辅。最后布置课后练习任务，巩固所学知识点。

学生活动：认真听课，通过观察教师的操作，了解软件使用方法，然后按教师的要求上机绘图，完成利用 CAXA 软件绘制平面图形的工作任务。

【知识链接】

利用 CAXA 绘图，需要同学们熟悉软件界面、当前层的设置方法；掌握常用绘制命令（圆、圆弧、直线等）、常用编辑命令（旋转、复制、拉伸、镜像、裁剪等）以及尺寸标注命令的使用方法。

1.2.1　启动 CAXA 电子图板 2011

CAXA 电子图板 2011 与以前版本的 CAXA 电子图板一样，有很多种启动方法，下面介绍最为常用的 3 种。

(1)用 CAXA 电子图板 2011 桌面快捷方式启动。

完成 CAXA 电子图板 2011 程序安装，系统会在 Windows 桌面生成一个 CAXA 电子图板的快捷方式图标，如图 1.26 所示，双击该图标便可以启动 CAXA 电子图板 2011 程序。

图 1.26　CAXA 电子图板 2011 图标

(2)使用菜单命令启动。

在安装完成后，系统也会在开始程序菜单中出现 CAXA 电子图板 2011 的快捷方式。选择“开始”→“所有程序”→“CAXA”→“CAXA 电子图板 2011 机械版”选项，即可以启动 CAXA 电子图板 2011 程序。

(3)打开已有的 EXB 文件启动。

在已经安装 CAXA 电子图板 2011 的计算机中，双击已有的 CAXA 电子图板文件，系统的自动关联功能会启动 CAXA 电子图板 2011 程序，并在 CAXA 电子图板 2011 窗口中打开该图形文件。

1.2.2　退出 CAXA 电子图板 2011

与其他应用软件一样，在完成工作后，就可以退出 CAXA 电子图板 2011 软件。在退出软件之前，应首先关闭所有执行的绘图任务，并保存绘制好的图形。

退出 CAXA 电子图板 2011 有以下几种常用的方法：

(1)菜单：选择"文件"→"退出"命令。

(2)标题栏：选择标题栏中的"关闭"按钮。

(3)菜单浏览器：单击菜单浏览器，选择"退出"按钮。

(4)命令行中输入："quit"。

(5)快捷键组合："Alt＋F4"。

1.2.3 CAXA 电子图板 2011 用户界面

CAXA 电子图板 2011 的工作界面包括 Fluent 风格界面和经典风格界面，两种界面方式可以通过键盘上的功能键"F9"切换。Fluent 风格工作界面主要包括标题栏、菜单按钮、快速启动工具栏(包括浮动面板)、绘图区、状态栏等，如图 1.27 所示。

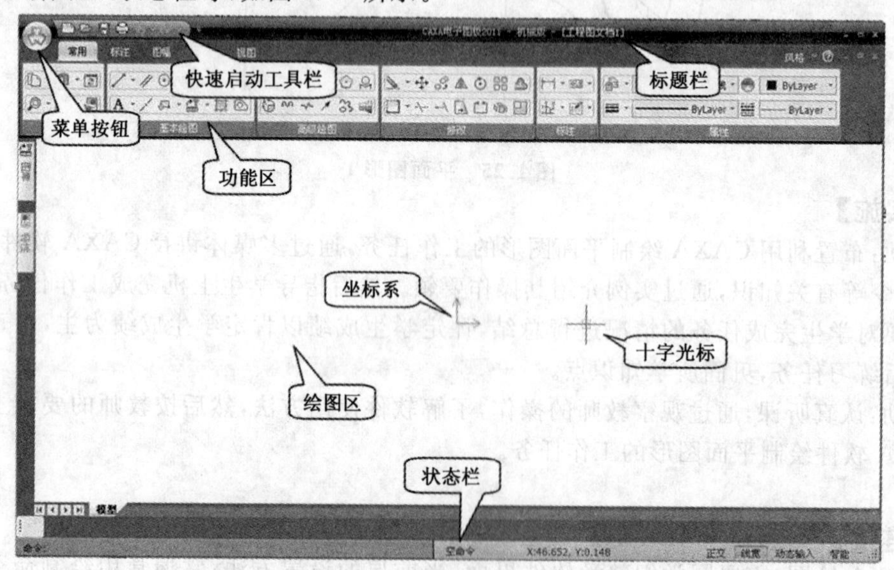

图 1.27 CAXA 电子图板 2011 工作界面

1. 标题栏

标题栏位于工作界面的最上方，用来显示 CAXA 电子图板 2011 的程序图标以及当前正在运行文件的名字等信息。如果是 CAXA 电子图板 2011 默认的图形文件，其名称为"工程图文档 X. exb"(其中 X 代表数字)。单击位于标题栏右侧的按钮，可分别实现窗口的最小化、还原(或最大化)以及关闭 CAXA 电子图板 2011 等操作。

2. 菜单浏览器

通过 CAXA 电子图板 2011 的菜单浏览器可以显示所有的菜单，如图 1.28 所示。菜单浏览器左侧的列显示出所有的根菜单，将光标放置在某一项上，会在右侧显示出对应的菜单。如图 1.28 所示，显示的是"修改"菜单。菜单浏览器中菜单的使用方法和下拉菜单的使用方法一样。

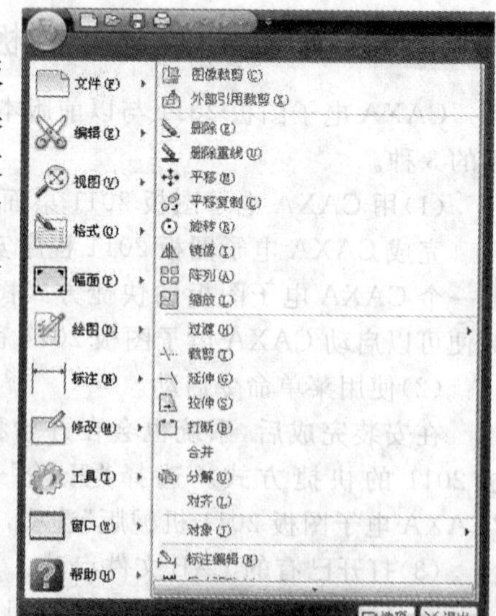

图 1.28 菜单浏览器

3. 工具栏

工具栏是 CAXA 电子图板 2011 提供的一种调用命令的方式，它包含多个由图标表示的命令按钮，单击这些图标按钮，就可以调用相应的命令。CAXA 电子图板 2011 共提供了 5 个区域 24 个工具栏。利用这些工具栏可以在绘图时方便地访问常用命令、设置模式,直观地实现各种操作,它是一种可替代命令和下拉菜单的简便工具。系统显示的工具栏为“常用”选项工具栏、“标注”选项工具栏、“图幅”选项工具栏、“工具”选项工具栏和“视图”工具栏等。工具栏选项如图 1.29 所示。

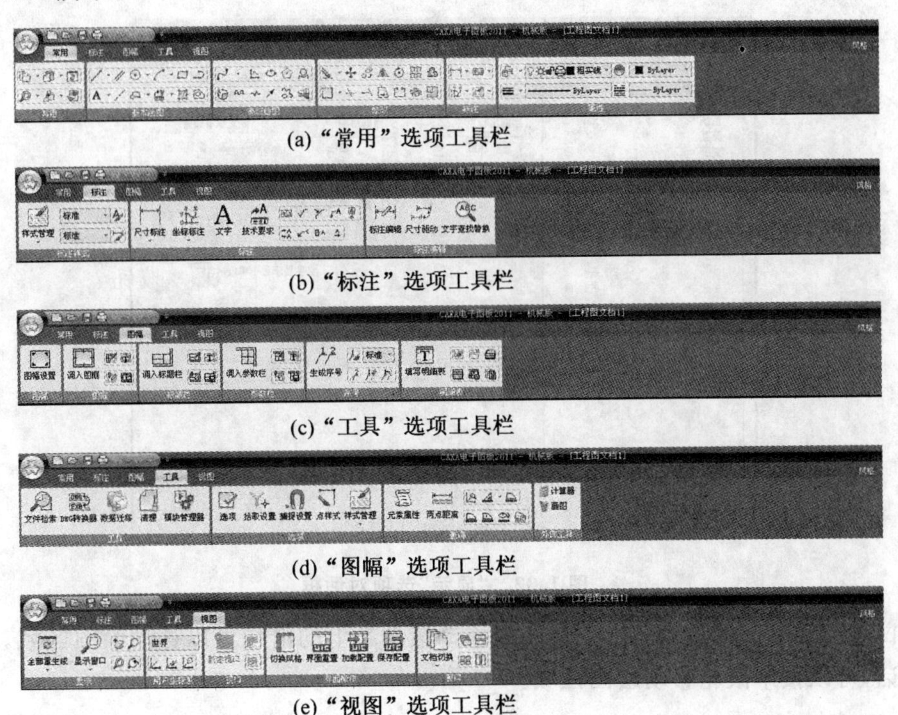

(a)“常用”选项工具栏

(b)“标注”选项工具栏

(c)“工具”选项工具栏

(d)“图幅”选项工具栏

(e)“视图”选项工具栏

图 1.29　工具栏选项

另一种显示或关闭所需工具栏的方法是在经典风格界面选择工具栏,选择“工具”→“自定义界面”命令后,弹出“自定义”对话框,单击“工具栏”选项卡,经典风格工具栏定义对话框如图 1.30 所示,对相应的工具栏进行勾选,就可以在经典界面中显示相应的工具栏选项。

在工具栏任意位置单击,弹出如图 1.31 所示的快捷菜单,可开启或关闭相应的工具栏,其中项目左边打勾的表示目前已显示的工具栏,其他为关闭状态的工具栏。

若要隐藏工具栏,可在工具栏右键菜单中选择相应命令,取消其前面的“√”号。

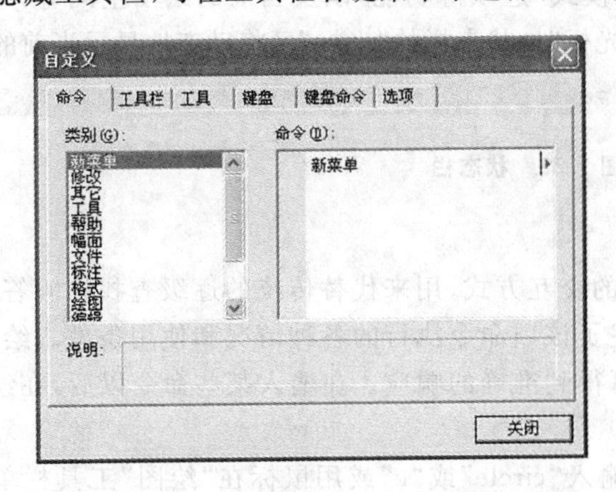

图 1.30　“自定义”工具栏对话框

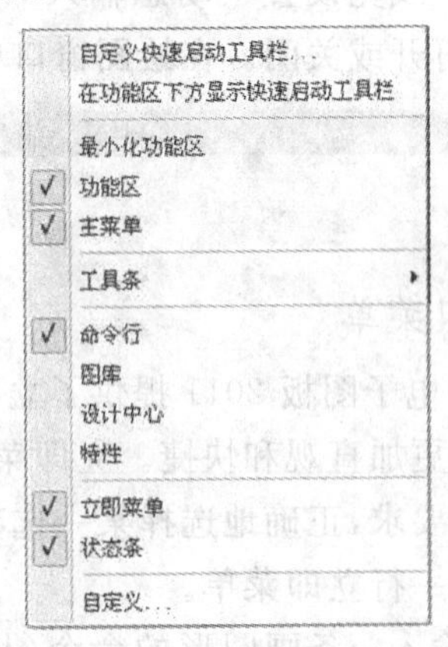

图 1.31　“工具栏”快捷菜单

4. 绘图区

绘图区是绘图和显示图形的工作区域,类似于手工绘图时的图纸,所有的绘图结果都反映在这个窗口中。当鼠标指针位于绘图区时,会变成十字光标,其中心有一个小方块,称为目标框,可以用来选择对象,使其变成可编辑状态。绘图时指针样式不是固定的,在很多命令过程中会显示为小方框。可以根据需要关闭其周围和里面的各个工具栏，以便扩大绘图区域。选择"工具"→"选项"命令，弹出"选项"对话框，单击"显示"选项卡，在这里可以根据需要设置十字光标的大小和颜色，如图 1.32 所示。

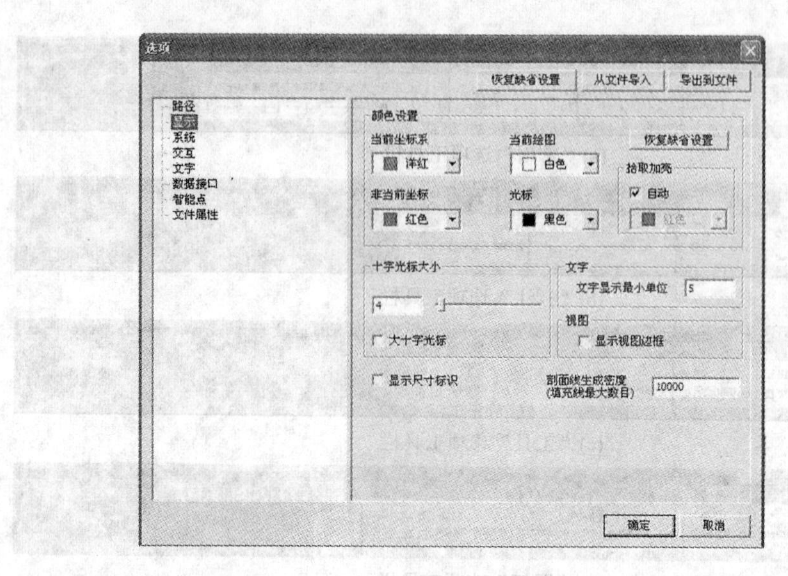

图 1.32 "显示"选项对话框

单击窗口右边和下面的滚动条上的箭头或拖动滚动条上的滑块可以移动绘图区域。如果鼠标有中间滚轮的话，可以按下滚轮移动绘图区域。

技术提示

可以通过键盘方向键来移动绘图区域，并通过"Page Up"键和"Page Down"来对绘图区进行放大和缩小。

5. 状态栏

状态栏在 CAXA 电子图板 2011 的最下方，用于显示或设置当前的绘图状态，如图 1.33 所示。状态栏左边数字显示了当前十字光标所在位置的坐标，状态栏中部是一些按钮，表示绘图时是否启用"正交模式""线宽设置""动态输入""点捕捉模式"选项等功能，以及当前的绘图空间等，单击某一按钮，可将其打开或关闭。在绘图窗口中移动光标时，状态栏的"坐标"区将动态地显示当前的坐标值。

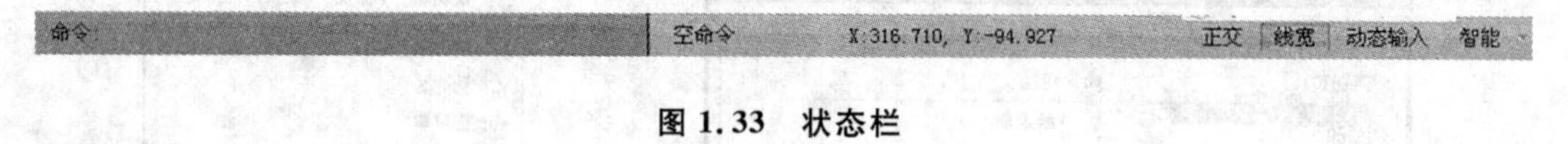

图 1.33 状态栏

6. 立即菜单

CAXA 电子图板 2011 提供了立即菜单的交互方式，用来代替传统的逐级查找的问答式交互，使得交互过程更加直观和快捷。立即菜单描述了该项命令执行的各种情况和使用条件。绘图时，根据当前的作图要求，正确地选择某一选项，即可得到准确的响应。在输入某些命令以后，在绘图区域的底部会弹出一行立即菜单。

例如，输入一条画圆形的命令(从键盘输入"circle"或"c"或用鼠标在"绘图"工具栏单击"圆"按钮)，则系统立即弹出一行立即菜单及相应的操作提示，如图 1.34 所示。

1. 圆心_半径 2. 直径 3. 无中心线

图 1.34 圆形命令的立即菜单

此菜单表示当前待画的直线为“圆心_半径”方式，可以通过键盘在命令区输入“直径”或“半径”确定圆形，在绘制的图形中“无中心线”，并且延长线的长度可以设定。在显示立即菜单的同时，在其下面显示提示“圆心点”。按要求输入圆心点坐标或通过鼠标在绘图区选取一点后，系统会提示“输入半径或圆上一点”，此时再输入半径尺寸或在屏幕上选择第二点的位置，系统在绘图区绘制出一个带有中心线的圆。立即菜单的主要作用是可以选择某一命令的不同功能。可以通过鼠标单击立即菜单中的下拉箭头或用“Alt＋数字键”快捷键进行激活，如果下拉菜单中有很多可选项时，可连续使用“Alt＋数字键”进行选项的循环。如上例，如果想画一个两点的圆，那么可以用鼠标单击立即菜单中的“1. 连续圆心_半径”或用快捷键“Alt＋1”激活它，则该菜单变为“1. 两点”。如果要使用“直径”命令，那么可以用鼠标单击立即菜单中的“2. 直径”或用快捷键“Alt＋2”激活它。

1.2.4 CAXA 电子图板的基本操作

本节介绍电子图板的基本操作，如何执行命令、数据点的输入、选择对象，以及如何使用右键菜单、动态输入、命令行等交互工具。

1. 命令的执行形式

CAXA 电子图板在执行命令的操作方法上，包括鼠标选择和键盘输入两种并行的输入方式，两种输入方式的并行存在，为不同程度的使用者提供了操作上的方便。

鼠标选择方式主要适合于初学者或是已经习惯于使用鼠标的使用者。所谓鼠标选择就是根据屏幕显示出来的状态或提示，使用鼠标单击所需的菜单或者工具栏按钮。菜单或者工具栏按钮的名称与其功能相一致。选中了菜单或者工具栏按钮就意味着执行了与其对应的键盘命令。由于菜单或工具栏选择直观、方便，减少了背记命令的时间。

键盘输入方式是由键盘直接输入命令或数据。它适合于习惯键盘操作的使用者。键盘输入要求操作者熟悉软件的各条命令以及它们相应的功能，否则将会给输入带来困难。实践证明，键盘输入方式比用鼠标选择输入效率更高。

在命令区操作提示为“命令”时，使用键盘回车键或鼠标右键可以重复执行上一条命令，命令结束后会自动退出该命令。命令执行过程中，也可以按“Esc”键退出命令。

2. 坐标系

在绘图过程中要精确定位某个对象时，必须以某个坐标系作为参照，以便精确拾取点的位置。通过 CAXA 电子图板的坐标系可以提供精确绘制图形的方法，可以按照较高的精度标准来准确快捷地设计并绘制图形。

在 CAXA 电子图板中，坐标系分为世界坐标系（World Coordinate System，WCS）和用户坐标系（User Coordinate System，UCS）。

在 CAXA 电子图板中，世界坐标系为默认的坐标系统，是固定的坐标系，绘制图形时，多数情况下都是在该坐标系统下进行的。

为了更好地辅助绘图，可以修改坐标系的原点和方向，这时世界坐标系就将变为用户坐标系 UCS，此时原点和坐标轴的方向都与 CAXA 电子图板中的固定坐标系不同，故称为用户坐标系。坐标系的表示方法有以下 3 种。

(1)直接坐标系。

由一个坐标原点(0,0)和两个通过原点相互垂直的坐标轴构成。其中，水平方向的坐标轴为 x 轴，以向右为其正方向；垂直方向的坐标轴为 y 轴，以向上为其正方向。平面上任意一点都可以由 x 轴和 y 轴的坐标所定义，可直接通过键盘输入(x,y)坐标来确定，如输入“30,40”。

(2)相对坐标。

指输入点的坐标相对于所绘制点的前一点的坐标，与原点位置无关。输入时，为了区分不同性质的坐标，CAXA 电子图板对相对坐标的输入做了如下规定：输入相对坐标时必须在第一个数值前面加一个符号“@”，以表示相对。如输入“@50,87”，它表示相对前一个参考点来说，输入了一个 x 坐标为 50，y 坐标为 87 的点。

(3)极坐标系。

极坐标系由一个极点和一个极轴构成，极轴的方向为水平向右。平面上的任意一点都可以由该点到极点的连线长度 L 和连线与极轴的夹角 α 所定义，即用($L<\alpha$)来定义一个点，其中“<”表示角度。例如：@50<87 表示输入了一个相对当前点的极坐标。相对当前点的极坐标半径为 50，半径与极轴的逆时针夹角为 87°。

3. 数据点的输入

点是最基本的图形元素，点的输入是各种绘图操作的基础。因此，CAXA 电子图板不仅提供了常用的键盘输入和鼠标单击输入方式，还设置了若干种捕捉方式。例如，智能点的捕捉、工具点的捕捉等。

(1)由键盘输入点的坐标。

点在屏幕上的坐标有绝对坐标和相对坐标两种方式。而按坐标的种类不同又可分为直角坐标和极坐标。

参考点是系统自动设定的相对坐标的参考基准。它通常是最后一次操作点的位置。在当前命令的交互过程中，可以按“F4”键，专门确定选定的参考点。

(2)鼠标输入点的坐标。

鼠标输入点的坐标就是通过移动十字光标选择需要输入的点的位置。选中后按下鼠标左键，该点的坐标即被输入。鼠标输入的都是绝对坐标。用鼠标输入点时，应一边移动十字光标，一边观察屏幕底部的坐标显示数字的变化，以便尽快较准确地确定待输入点的位置。

鼠标输入方式与工具点捕捉配合使用可以准确地定位特征点，如端点、切点、垂足点等。

(3)工具点的捕捉。

工具点就是在作图过程中具有几何特征的点，如圆心点、中点、端点等。所谓工具点的捕捉，是使用鼠标光标捕捉图形元素上的一些几何特征的点(如中点、交点、端点等)，以方便图形的绘制。

(4)工具点菜单方式。

在点的输入状态下，按下空格键即可弹出如图 1.35 所示的特征点选项，通过鼠标和绘图区来捕捉相应的特征点。

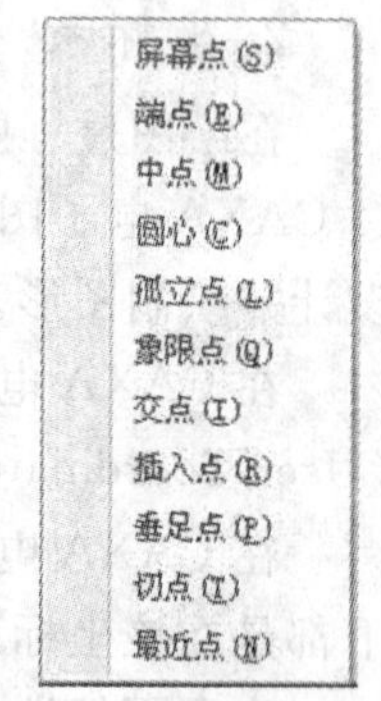

图 1.35　工具点捕捉菜单

①“屏幕点(S)”：屏幕上的任意位置点。

②“端点(E)”：曲线的端点。

③“中点(M)”：曲线的中点。

④“圆心(C)”：圆或者圆弧的圆心。

⑤“孤立点(L)”：屏幕上已存在的点。

⑥“象限点(Q)”：圆或圆弧的象限点。

⑦“交点(I)”：两曲线的交点。

⑧“插入点(R)”：在已绘制线上放置的点。

⑨“垂足点(P)”：曲线的垂足点。

⑩“切点(T)”：曲线的切点。

⑪“最近点(N)”：曲线上距离捕捉光标最近的点。

工具点的默认状态为屏幕点，若在作图时拾取了其他的点状态，即在右下角工具点状态栏中显示出当前工具点捕获的状态。但这种点的捕获只能一次有效，用完后立即自动回到“屏幕点”状态。

(5)自动捕捉方式。

绘图区中屏幕点捕捉时可选择自动捕捉方式，具体分为栅格点、智能点和导航点捕捉方式 3 种。

其中可以选择右下角的快捷菜单进行选择，如图 1.36 所示。

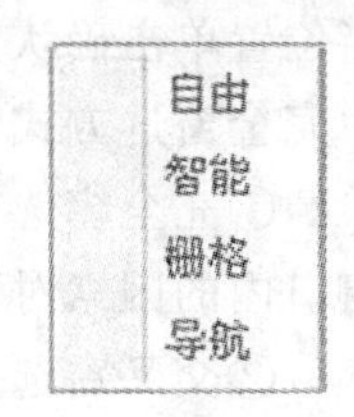

图 1.36 自动捕获快捷菜单选项

也可以通过选择“工具”→“选项”命令，在“选项”对话框中的“智能点”选项中来完成设置，如图1.37 所示。

(6)输入命令字母。

在系统命令区提示点的输入状态下，按键盘的空格键出现工具点捕获菜单，通过鼠标选择或键盘输入特征点命令的快捷字母，如中点的快捷字母“E”，然后鼠标单击选择对象即可完成捕捉操作。如图 1.38 所示为利用工具点捕获功能用直线命令“line”绘制公切线，其操作步骤如下：

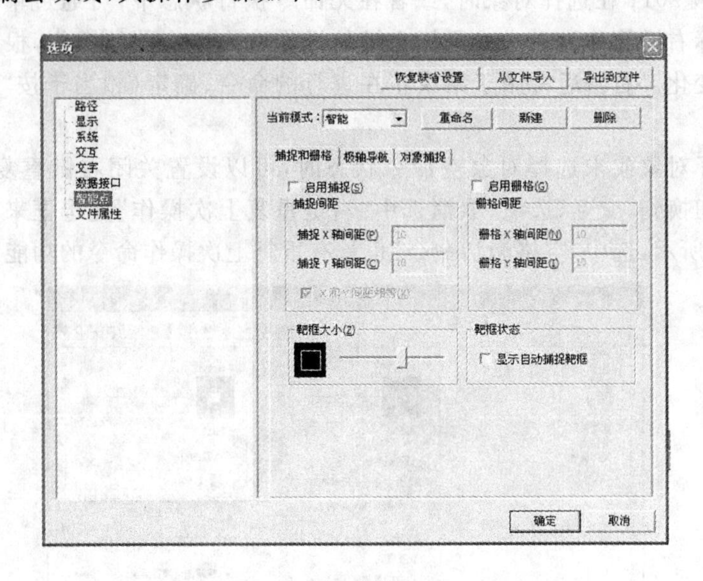

图 1.37 “智能点工具设置”对话框

①绘制任意两个圆。

②在菜单或工具栏上选择“直线”命令，当系统提示“第一点(切点，垂足点)：”时按空格键，显示工具点捕获菜单，选中“切点”或键盘输入特征点命令的快捷字母“N”，然后拾取一个圆。

③当系统提示“下一点(切点，垂足点)：”时按空格键，显示工具点捕捉菜单，选中“切点”或键盘输入特征点命令的快捷字母“N”，然后拾取另一个圆，结果如图 1.38 所示。

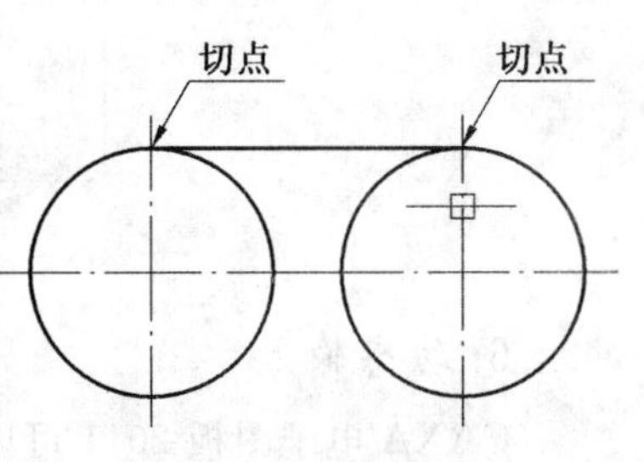

图 1.38 工具点捕捉

当启用“动态输入”工具时，点击右下角“动态输入”按钮，在绘图区会出现相应“下一步”的提示以及可以直接在屏幕上动态输入框内输入点坐标。

4. 选择/拾取对象

在 CAXA 电子图板 2011 中通常把点、线、块、图符、剖面线以及标注等称为对象。在已绘制的图形中要对某些对象进行编辑等操作时就需要选择/拾取该对象。选择/拾取对象其目的就是根据作图的需要在已经绘制出的图形中，选取作图所需的某个或某几个对象。当交互操作处于拾取状态时，就可通过操作拾取工具菜单来改变拾取的特征。具体方式有以下两种。

(1)点选方式。

移动鼠标将光标中心处的方框移到所要选择/拾取的对象之上，然后单击鼠标左键即被选中，如果要继续拾取，可继续选择其他对象直至拾取操作完成为止。

(2)窗选方式。

用鼠标左键在屏幕的某一处单击指定一个角点，拖动鼠标将产生一个矩形框，依据系统提示在适当位置单击确认另一角点，矩形框内的对象将被选择/拾取。窗选方式因窗口产生的方式不同，可分为完全窗选方式和交叉窗选方式。

①完全窗选方式。从左至右产生的窗口称为完全窗选方式，该方式选择的对象是完全包含划在窗口内的因素对象。

②交叉窗选方式。从右至左产生的窗口称为交叉窗选方式，该方式选择的对象是窗口所接触到的全部对象。

5.右键菜单

CAXA 电子图板 2011 在选择对象时，或者在无命令执行状态下，可通过单击鼠标右键调出右键快捷菜单。单击鼠标右键简称为右击。鼠标右键的操作取决于当前的操作，根据光标所处的位置和系统状态的不同而变化。右击通常用于结束正在进行的命令、确定（相当于按“Enter”键）、显示快捷菜单等。

在绘图区域选择对象或未选择对象空命令状态时，可以设置关闭右键重复上次操作。选择“工具”→“选项”命令，切换到“交互”选项，取消选中“右键重复上次操作”复选框来关闭右键重复上次操作功能。如图 1.39 所示，选中“空格激活命令”也具有重复上次操作命令的功能。

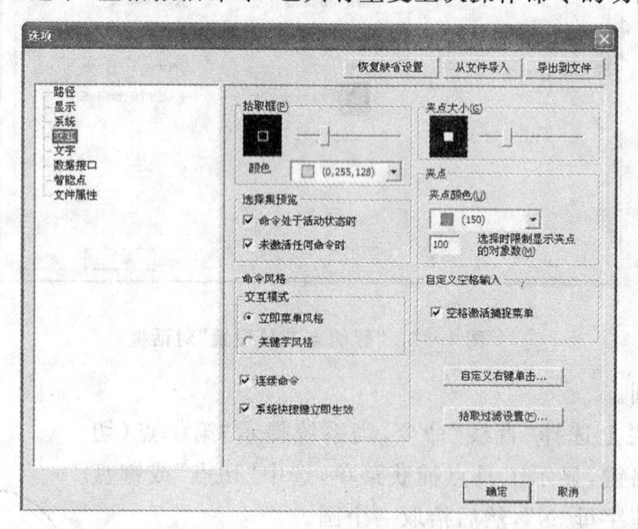

图 1.39　右键菜单设置

6.动态输入

CAXA 电子图板 2011 可以通过状态栏输入区或者命令行中输入命令和点坐标来完成信息输入。同时 CAXA 电子图板 2011 也提供了一个实用的交互工具“动态输入”，单击状态栏上“动态输入”按钮以打开或关闭“动态输入”。启用“动态输入”时，工具提示将在光标附近显示信息，该信息会随着光标的移动而动态更新。当某命令处于活动状态时，工具提示会提供信息的输入位置。可以在光标附近显示命令界面进行命令和参数的输入。动态输入的作用包括：

(1)动态提示。

启用“动态输入”时，在光标附近会显示命令提示。如果命令在执行时需要确定坐标点，光标附近也会出现坐标提示，如图 1.40 所示。

第一点(切点,垂足点)　119.994　78.076

图 1.40　“动态输入”提示

(2)输入坐标。

需要确定坐标点时，可以在绘图区单击鼠标左键，也可以在动态输入的坐标提示中直接输入坐标值，而不用在命令行中输入。在输入过程中，可以使用“Tab”键在不同的输入框间切换。该字段将显示一个锁定图标，并且光标会受输入的值约束。随后可以在第二个输入字段中输入值。另外，如果输入值后按“Enter”键，则第二个输入字段将被忽略，且该值将被视为直接距离输入。

(3)标注输入。

启用动态输入时,当命令提示输入第二点时,工具提示将显示距离和角度值。在工具提示中的值将随着光标移动而改变。按"Tab"键可以移动到要更改的值。标注输入可用于圆弧、圆、椭圆、直线和多义线。

1.2.5 绘制平面图形

1. 子任务1

任务要求:利用CAXA软件按1∶1的比例,绘制如图1.25所示平面图形,不标注尺寸。

任务分析:该平面图形由圆、圆弧和直线构成。最下方小圆的中心线为该平面图形的基准。绘图时应先绘制基准处的一组圆,再根据已知条件绘制其余的圆弧和直线。

完成本项任务要应用当前层的设置方法,圆、直线的绘制方法,修剪、删除、圆角过渡等常用编辑命令操作方法及快速捕捉切点的方法。

操作步骤:

(1)设置当前层。

在颜色图层工具条中,选择"粗实线层"为当前层,图层的颜色、线型、线宽均为By－layer(随层)。随层是指元素的显示属性与其所在的图层的默认属性相同,并随其所在图层的修改而改变。

(2)绘制基准圆。

点击绘图工具条中的"圆"图标,选择立即菜单为"1.圆心_半径""2.直径""3.有中心线",取中心线延伸长度为3,系统提示:

圆心点:捕捉坐标系原点,单击左键

输入直径或圆上一点:10↙

输入直径或圆上一点:修改立即菜单为"3.有中心线",20↙

技术提示

绘制圆时若设置立即菜单"3.有中心线",系统自动为该圆生成一对正交的中心线。如果所绘制圆为同心圆,这些中心线将互相重叠在一起,既影响图的质量,又给图形编辑造成不必要的麻烦。通常在画一组同心圆时,根据需要将其中一个圆设置为"有中心线",其余的圆设置为"无中心线"即可。

绘制完成的图形如图1.41所示。

从图中可以看出,系统自动将绘制的中心线置于"中心线层",并使其颜色、线型和线宽与中心线层完全一致。

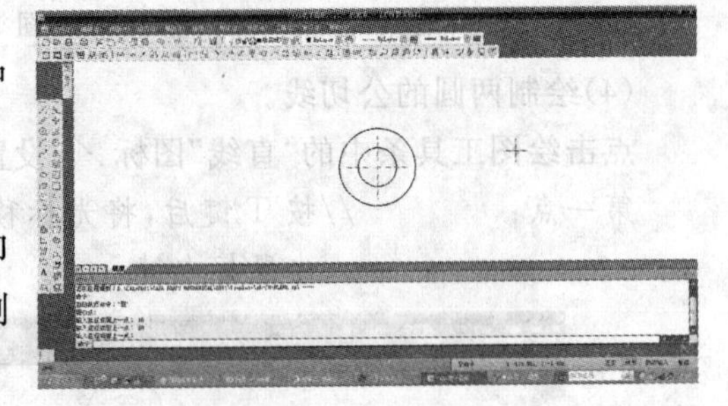

图1.41 绘制基准及圆

(3)复制另两个圆并绘制其同心圆。

点击编辑工具条中的"平移复制"图标,设置立即菜单为"1.给定两点""2.保持原态",取旋转角为0、比例为1、份数为1,系统提示:

拾取添加: //拾取已绘制的小圆,点击右键确认

第一点: //捕捉圆心待出现圆心标记后,单击左键

第二点或偏移量:0,30↙

绘制出的图形如图1.42(a)所示。系统继续提示:

第二点或偏移量:60,44↙

绘制出的图形如图1.42(b)所示。点击右键退出命令。

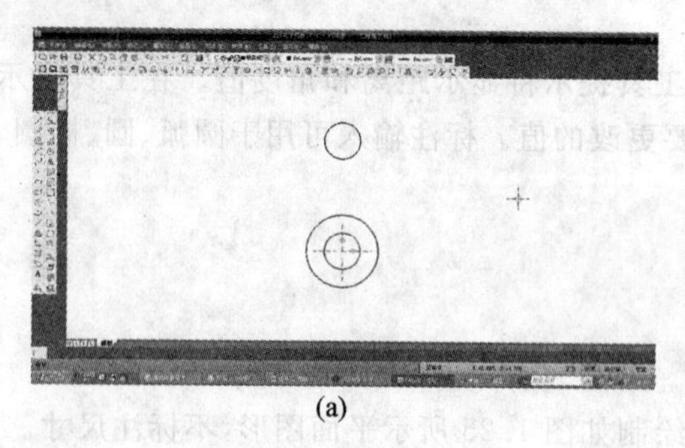
(a)

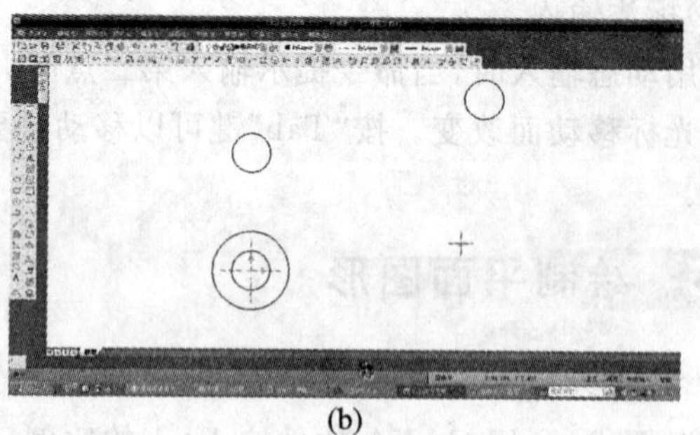
(b)

图 1.42　复制圆

点击绘图工具条中的"中心线"图标，系统提示：

拾取圆或第一条直线：　　//拾取复制的一个圆，为其加上中心线

拾取圆或第一条直线：　　//拾取复制的另一个圆，为其加上中心线

加上中心线后的图形如图 1.43(a)所示。

点击绘图工具条中的"圆"图标，选择立即菜单为"1. 圆心_半径""2. 半径""3. 无中心线"，系统提示：

圆心点：　　//拾取左侧复制圆的圆心

输入直径或圆上一点：12↙

再次点击绘图工具条中的"圆"图标，系统提示：

圆心点：　　//拾取右侧复制圆的圆心

输入直径或圆上一点：10↙

绘制出的图形如图 1.43(b)所示。

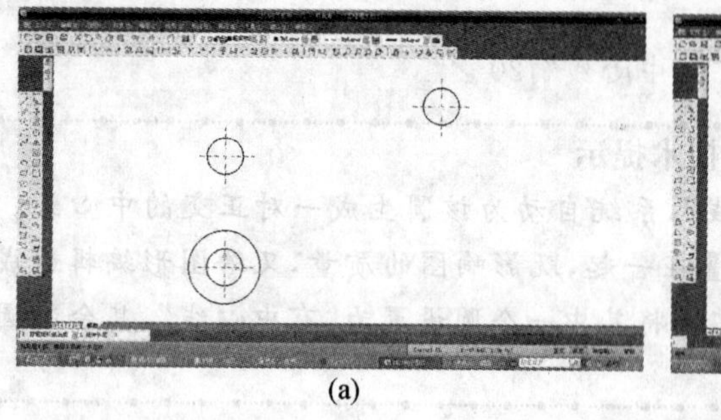
(a)

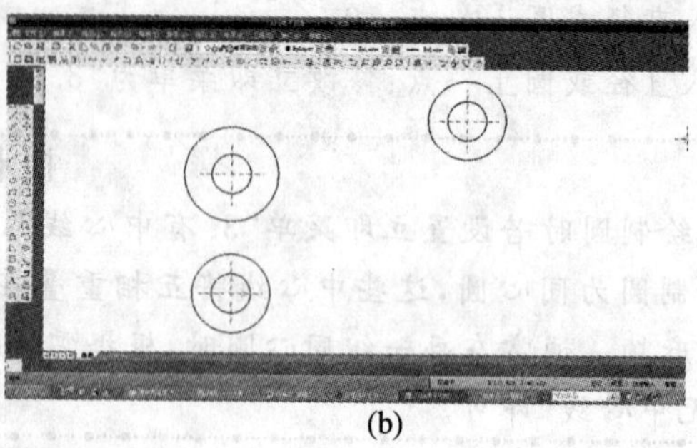
(b)

图 1.43　绘制同心圆

(4)绘制两圆的公切线。

点击绘图工具条中的"直线"图标，设置立即菜单为"1. 两点线""2. 单根"，系统提示：

第一点：　　//按 T 键后，将光标移至左上方大圆，待出现如图 1.44(a)所示切点标记后，点击鼠标左键

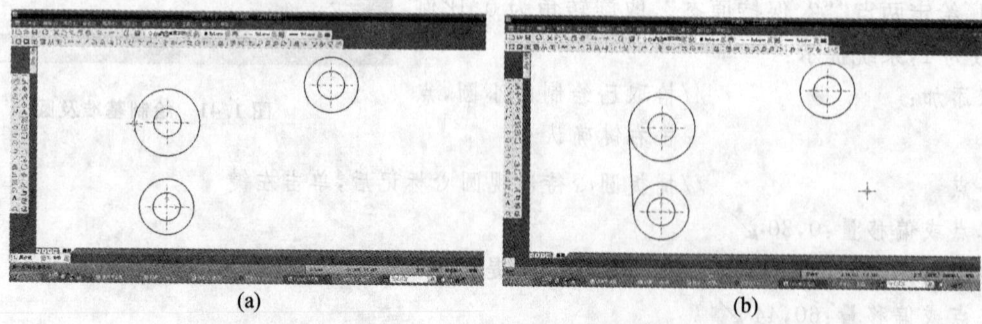
(a)　(b)

图 1.44　绘制两圆的公切线

第二点：　　　　//按 T 键后，将光标移至左下方大圆，待出现如图 1.44(a)所示切点标记后，点击鼠标左键，绘制出两个圆的公切线，如图 1.44(b)所示

(5)绘制角度线。

修改“直线”的立即菜单为“1. 角度线”“2. X 轴夹角”“3. 到点”“4. 度＝25”“5. 分＝0”“6. 秒＝0”，系统提示：

第一点：　　　　//按 T 键后，将光标移至左上方大圆，待出现如图 1.44(a)所示切点标记后，点击鼠标左键

第二点或长度：　　　　//移动光标至适当长度点击左键

绘制出如图 1.45 所示的角度线。

(6)绘制 *R*30 连接弧。

点击绘图工具条中的“圆弧”图标，设置立即菜单为“两点_半径”方式，系统提示：

第一点：　　　　//按 T 键，将光标置于角度线上，待显示出切点标记后单击左键

第二点：　　　　//按 T 键，将光标置于右上方大圆弧上，待显示出切点标记后单击左键

第三点：30↙　　　　//移动光标，按题目要求选择圆弧与圆内切的状态

绘制圆弧后的图形如图 1.46 所示。

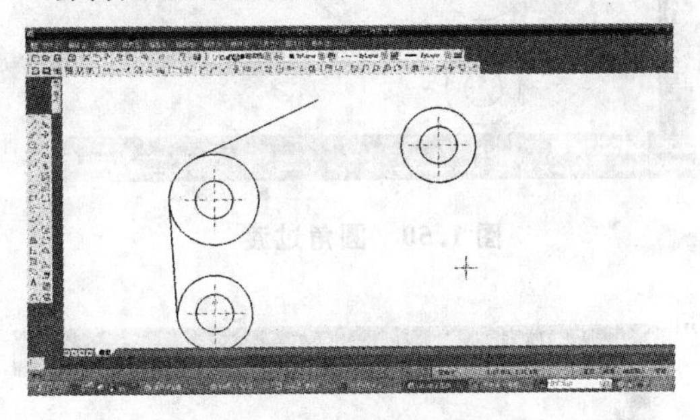

图 1.45　绘制角度线

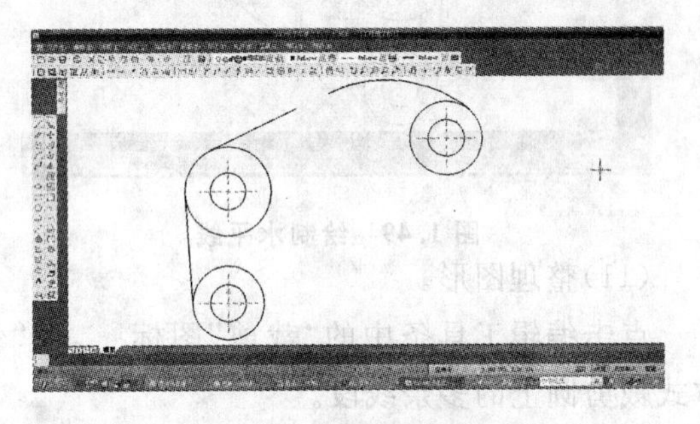

图 1.46　绘制 *R*30 连接弧

从图 1.46 中可以看出，如果直线过短，系统会自动捕捉直线延伸后的切点并绘制圆弧。

(7)拉伸角度线。

在空命令状态下拾取角度线，将光标置于右侧的三角形夹点上单击左键，系统提示：

指定夹点拖动位置：

向右上移动光标捕捉圆弧的左端点，如图 1.47 所示，待出现端点标记后单击左键，按“Esc”键结束编辑。

(8)绘制 *R*80 圆弧。

点击绘图工具条中的“圆弧”图标，设置立即菜单为“两点_半径”方式，系统提示：

第一点：20，0↙

第二点：　　//按 T 键，将光标置于右上方大圆弧上，待显示出切点标记后单击左键

第三点：　　//移动光标，按题目要求选择圆弧与圆内切的状态

绘制出的图形如图 1.48 所示。

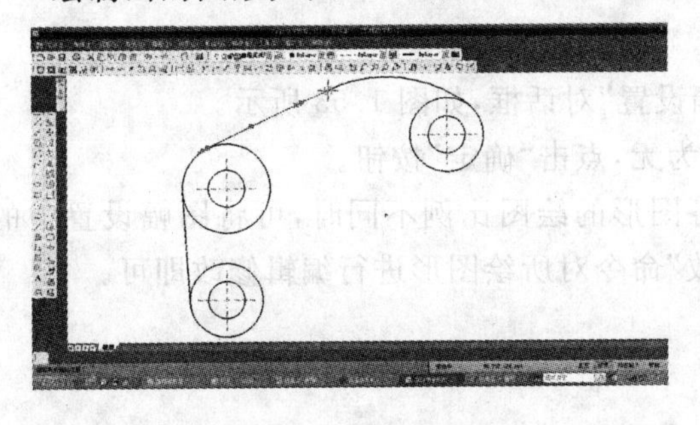

图 1.47　拉伸角度线

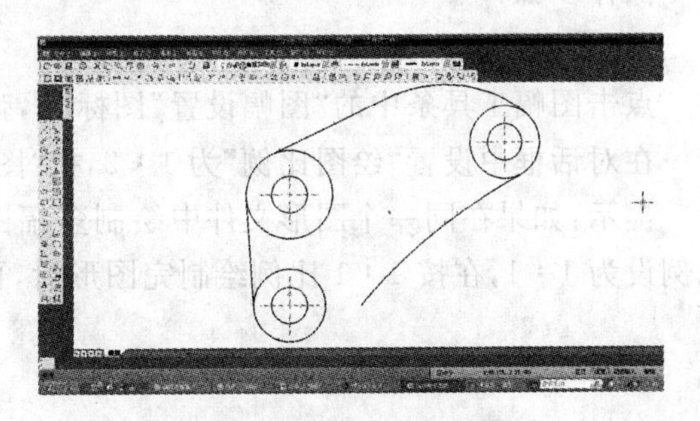

图 1.48　绘制 *R*80 圆弧

(9)绘制水平线。

点击绘图工具条中的“直线”图标,设置立即菜单为“两点线”“单根”,系统提示:

第一点:　　　　//捕捉 $R80$ 圆弧的左端点,待出现端点标记后单击左键

第二点:　　　　//按 F8 键打开正交开关,将光标左移至适当位置,单击左键

绘制出的图形如图 1.49 所示。

(10)圆角过渡。

点击编辑工具条中的“过渡”图标,设置立即菜单为“圆角”、“裁剪”,修改圆角半径为 8,系统提示:

拾取第一条曲线(拾取水平线):

拾取第二条曲线:　　　　//拾取左下方大圆

点击右键结束命令,绘制出的图形如图 1.50 所示。

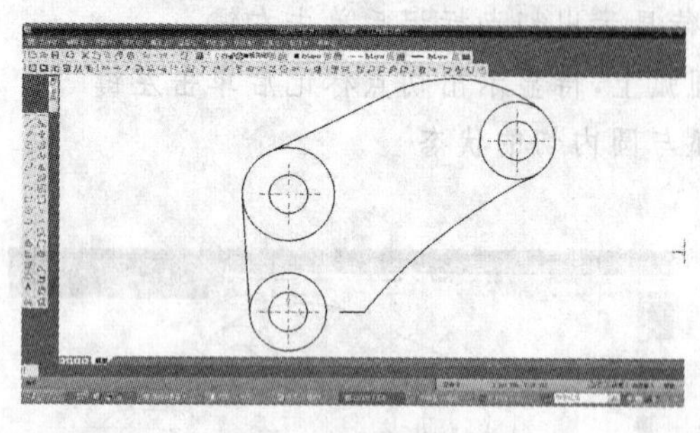

图 1.49　绘制水平线

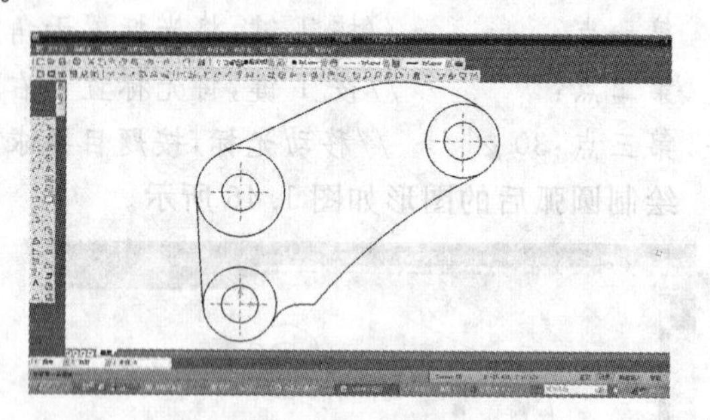

图 1.50　圆角过渡

(11)整理图形。

点击编辑工具条中的“裁剪”图标,用“快速裁剪”方式裁剪圆上的多余线段。

整理后的图形如图 1.51 所示。

(12)保存文件。

将图形充满屏幕后,为所绘图形命名并存盘。

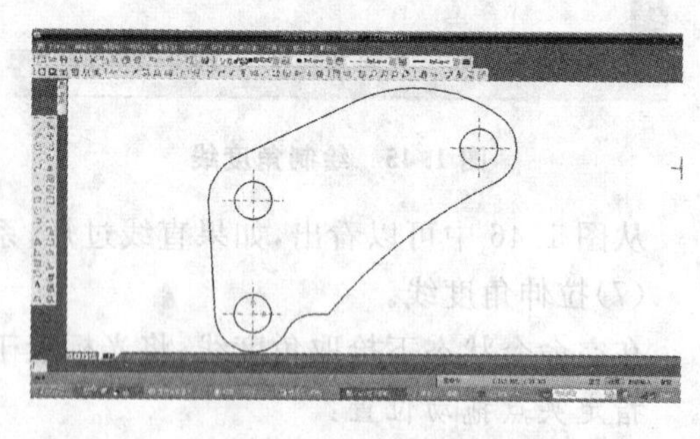

图 1.51　整理后的图形

2. 子任务 2

任务要求:用 CAXA 绘制如图 1.52 所示的平面图形,按 1∶2 比例,不标注尺寸。

任务分析:平面图形 2 的绘图基准是右侧圆的两条中心线。绘图时应先绘制基准处的两个同心圆,再根据已知条件绘制其余的圆弧和直线。对于大小不同的长圆形,可采用等距线的方法绘制;对于两个相同的长圆形,可采用旋转复制的方法绘制。

通过本项任务的实施过程,了解图幅的设置方法;进一步熟悉角度线的绘制方法;掌握用“起点_终点_圆心角”方式绘制圆弧的方法;掌握等距线的绘制方法;掌握旋转复制、拉伸圆弧等常用编辑操作方法;进一步熟悉文件的存储方法。

操作步骤:

(1)设置绘图比例。

点击图幅工具条中的“图幅设置”图标,弹出“图幅设置”对话框,如图 1.53 所示。

在对话框中设置“绘图比例”为 1∶2,把“图框”设置为无,点击“确定”按钮。

提示:如果在同一个图形文件中绘制多幅图形,且各图形的绘图比例不同时,可将图幅设置中的比例设为 1∶1,在按 1∶1 比例绘制完图形后,再用“缩放”命令对所绘图形进行编辑修改即可。

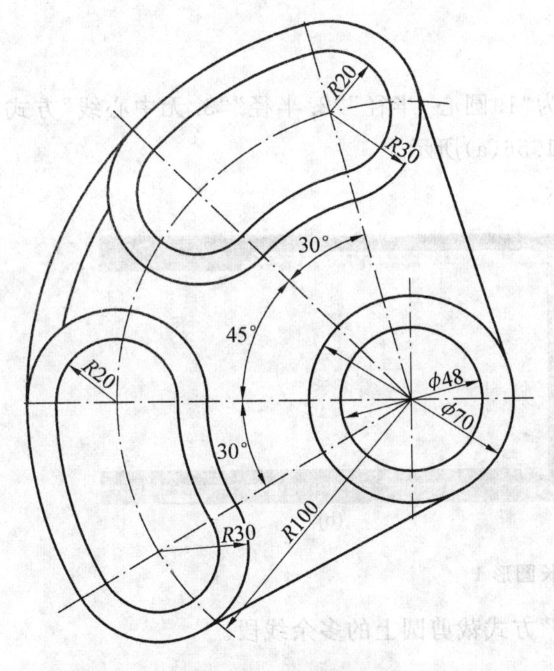

图 1.52　平面图形 2

图 1.53　图幅设置对话框

(2)设置当前层,绘制基准及圆。

设置当前层为“粗实线层”。

点击绘图工具条中的“圆”图标,选择立即菜单为“1.圆心_半径”“2.直径”“3.无中心线”,系统提示:

圆心点:　　　　　　　　　　　//捕捉坐标系原点,单击左键

输入直径或圆上一点:48↙

输入直径或圆上一点:70↙

输入直径或圆上一点:100↙　　　//修改立即菜单为“2.半径”“3.有中心线”。在颜色图层工具条的“图层选择”窗口中,选择“中心线层”为当前层

输入直径或圆上一点:　　　　　//点击右键结束命令

绘制完成的图形如图 1.54 所示。

(3)绘制角度线。

点击绘图工具条中的“直线”图标,设置立即菜单为“1.角度线”“2.X 轴夹角”“3.到点”“4.度=30”“5.分=0”“6.秒=0”,系统提示:

第一点:　　　　　　　　　　　//拾取圆心

第二点或长度:　　　　　　　　//向左下方移动光标至合适长度,单击左键

绘制出的图形如图 1.55 所示。

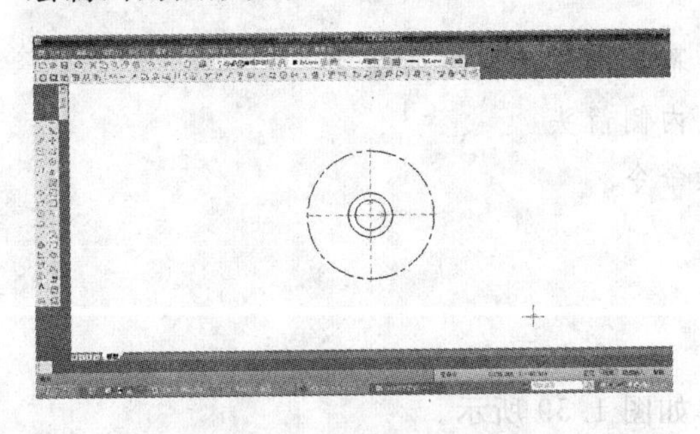

图 1.54　绘制基准及圆

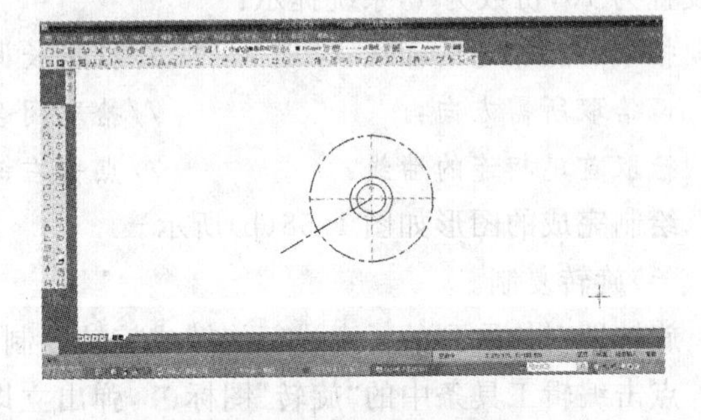

图 1.55　绘制角度线

(4)绘制长圆形。

设置当前层为“粗实线层”。

点击绘图工具条中的“圆”图标，选择立即菜单为“1. 圆心_半径”“2. 半径”“3. 无中心线”方式，按系统提示拾取圆心，绘制两个半径为 30 的圆，如图 1.56(a)所示。

利用夹点编辑拉伸水平基准线，如图 1.56(b)所示。

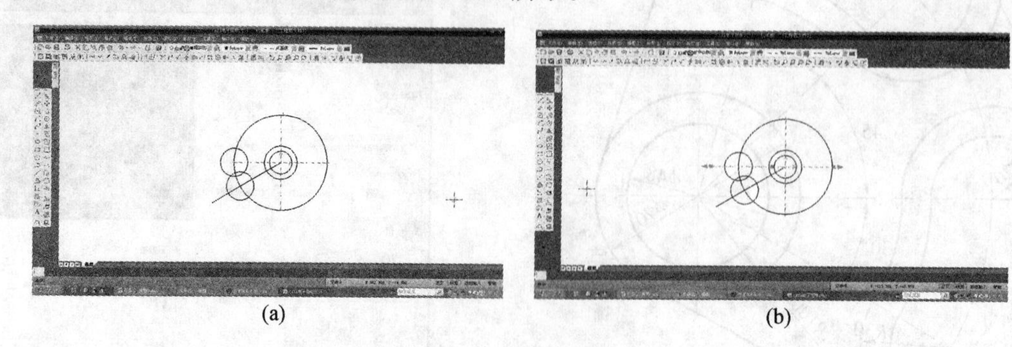

(a) (b)

图 1.56 绘制长圆形 1

点击编辑工具条中的“裁剪”图标，用“快速裁剪”方式裁剪圆上的多余线段。

整理后的图形如图 1.57(a)所示。

点击绘图工具条中的“圆弧”图标，设置立即菜单为“1. 起点_终点_圆心角”“2. 圆心角:30”，系统提示：

起点： //捕捉并拾取上面圆弧的左端点

拾取终点： //捕捉并拾取下面圆弧的左端点

绘制出的图形如图 1.57(b)所示。

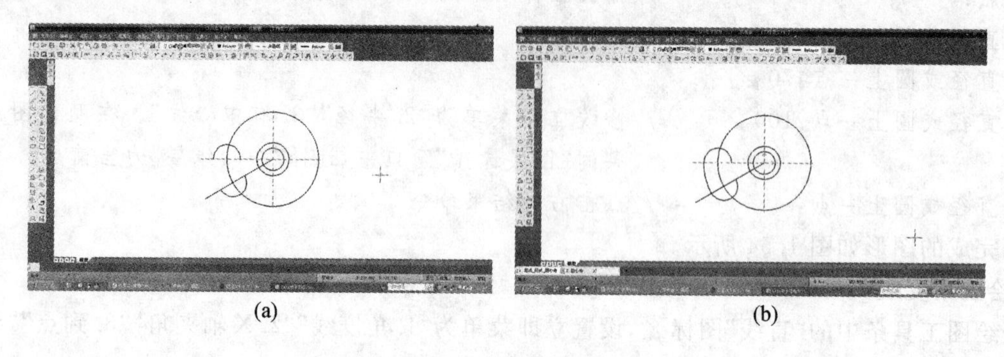

(a) (b)

图 1.57 绘制长圆形 2

重复上述操作，绘制出另一段圆弧，如图 1.58(a)所示。

点击绘图工具条中的“等距线”图标，将立即菜单设置为“链拾取”“指定距离”“单向”“空心”，距离设置为 10，份数为 1，系统提示：

拾取首尾相连的曲线： //拾取长圆形屏幕上出现选取方向箭头

请拾取所需方向： //拾取闭合曲线内侧箭头

拾取首尾相连的曲线： //点击右键结束命令

绘制完成的图形如图 1.58(b)所示。

(5)旋转复制。

旋转即对拾取到的元素进行旋转或旋转复制。

点击编辑工具条中的“旋转”图标，弹出立即菜单如图 1.59 所示。

①立即菜单“1.”为“给定角度”和“起始终止点”两种方式的切换窗口。

a. 给定角度。用键盘或鼠标输入旋转角度。

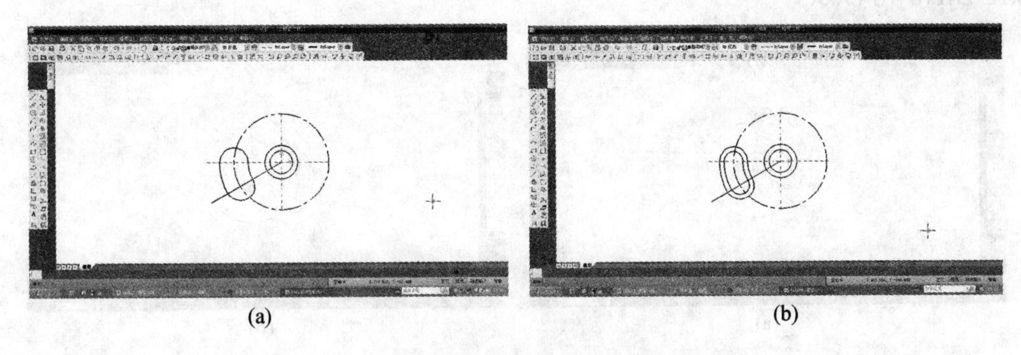

(a) (b)

图 1.58　绘制长圆形 3

1. 给定角度　2. 旋转

图 1.59　旋转立即菜单

b. 起始终止点。通过鼠标移动来确定旋转的起始点和终止点。

②立即菜单。“2.”为“旋转”和“拷贝”两种方式的切换窗口。

a. 旋转。将拾取到的元素旋转一定的角度。

b. 拷贝。将拾取到的元素旋转复制，即原图不消失。

设置立即菜单为“1. 给定角度”“2. 拷贝”，系统提示：

拾取元素：　　　　　　　//拾取图 1.60(a)中用小方框标示的各元素，点击右键确认

拾取元素输入基点：　　　//拾取两条基准线的交点

旋转角：−75↙　　　　　//此时移动光标，拾取的元素随光标的移动而旋转

旋转复制后的图形如图 1.60(b)所示。

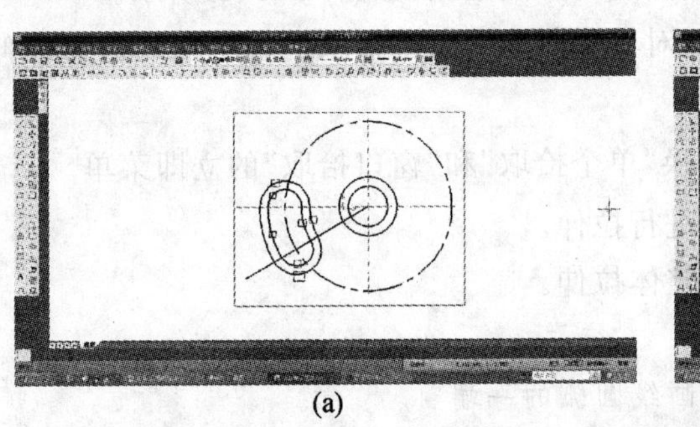

(a)

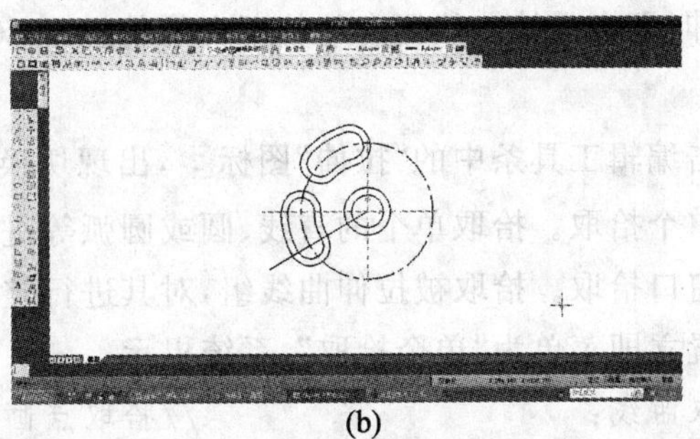

(b)

图 1.60　旋转复制

技术提示

当输入的旋转角为正值时，拾取的元素逆时针旋转；当输入的旋转角为负值时，拾取的元素顺时针旋转。

(6)拉伸圆弧。

如图 1.61(a)所示，在空命令状态下拾取长圆形上未旋转复制的一段圆弧，将光标置于上方的三角形夹点上单击左键，系统提示：

指定夹点拖动位置：　　　//如图 1.61(b)所示，移动光标捕捉最上圆弧的端点，待出现端点标记后单击左键

按“Esc”键结束编辑。

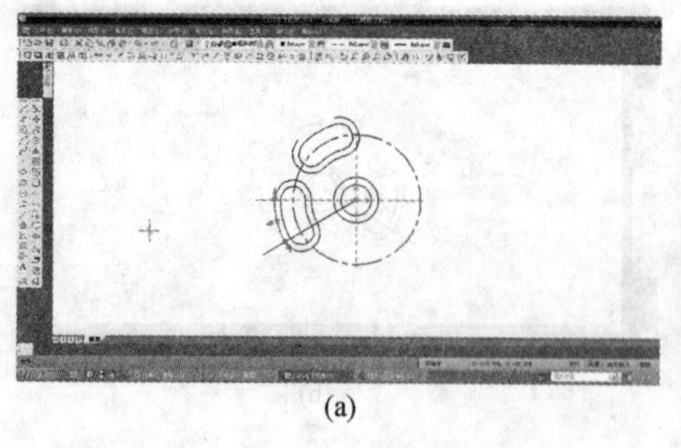
(a)

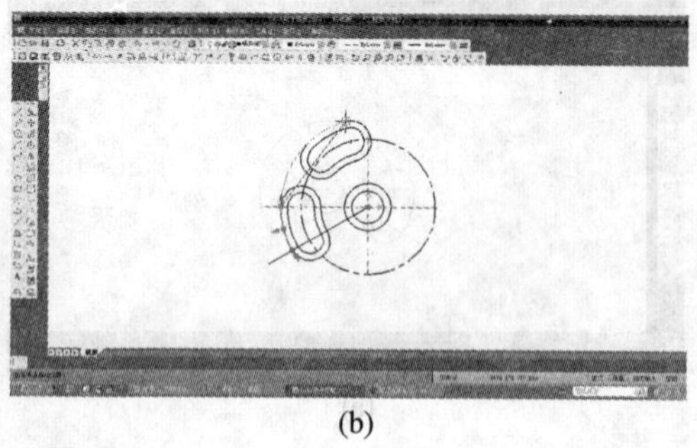
(b)

图 1.61　拉伸圆弧

(7)绘制圆的公切线。

点击绘图工具条中的“直线”图标╱,设置立即菜单为“两点线”“单根”,根据系统提示,按 T 键捕捉切点,绘制出两条公切线,如图 1.62 所示。

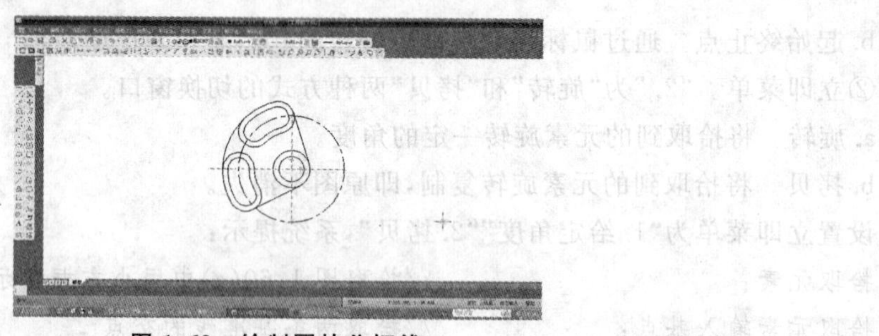

图 1.62　绘制圆的公切线

(8)整理图形。

为便于拉伸,先调用“裁剪”命令,剪掉点画线圆上的一段圆弧,如图 1.63(a)所示。

拉伸:即在保持曲线原有趋势不变的前提下,对单个曲线或窗口拾取的多个曲线进行拉伸或缩短处理。

点击编辑工具条中的“拉伸”图标,出现切换“单个拾取”和“窗口拾取”的立即菜单。

①单个拾取。拾取单个的直线、圆或圆弧等进行拉伸。

②窗口拾取。拾取被拉伸曲线组,对其进行整体拉伸。

设置立即菜单为“单个拾取”,系统提示:

拾取曲线:　　　　　　　　　　　//拾取点画线圆弧的一端

拉伸到:　　　　　　　　　　　　//靠目测将其拉伸到超出图形轮廓 3～5 mm 后,单击左键

拾取曲线:　　　　　　　　　　　//拾取点画线圆弧的另一端

拉伸到:　　　　　　　　　　　　//靠目测将其拉伸到适当长度,单击左键

拉伸点画线圆弧后的图形如图 1.63(b)所示。

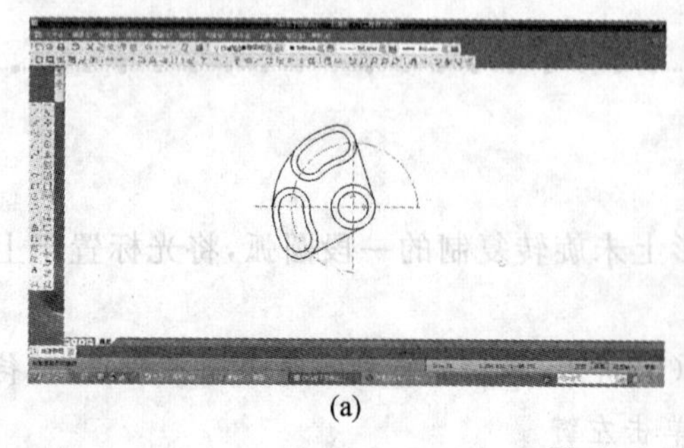
(a)

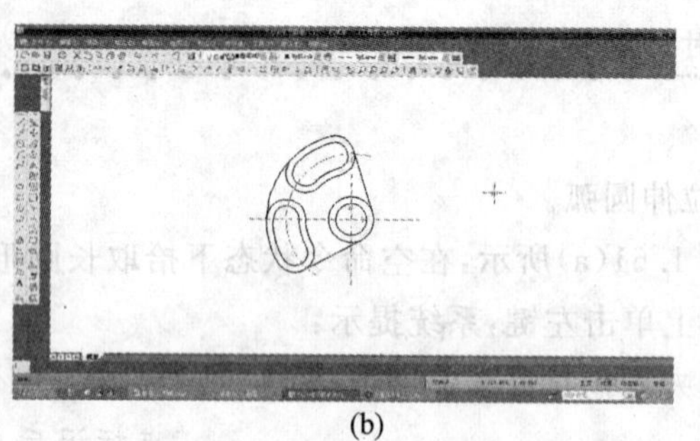
(b)

图 1.63　整理图形

系统继续提示：

拾取曲线：　　　　　　　　　　//拾取待拉伸的水平点画线的右端

拉伸到：　　　　　　　　　　　//靠目测将其拉伸到超出图形轮廓 3～5 mm 后，单击左键

按“Esc”键结束编辑。

(9)旋转复制点画线。

点击编辑工具条中的“旋转”图标，设置立即菜单为“1.给定角度”“2.拷贝”，系统提示：

拾取元素：　　　　　　　　　　//拾取与水平线成 30°角的细点画线，点击右键确认

拾取元素输入基点：　　　　　　//拾取两条基准线的交点

旋转角：−75↙

旋转复制后的图形如图 1.64(a)所示。

点击右键重复“旋转”命令，系统提示：

拾取元素：　　　　　　　　　　//拾取旋转复制的新点画线，点击右键确认

拾取元素输入基点：　　　　　　//拾取两条基准线的交点

旋转角：−30↙

旋转复制后的图形如图 1.64(b)所示。

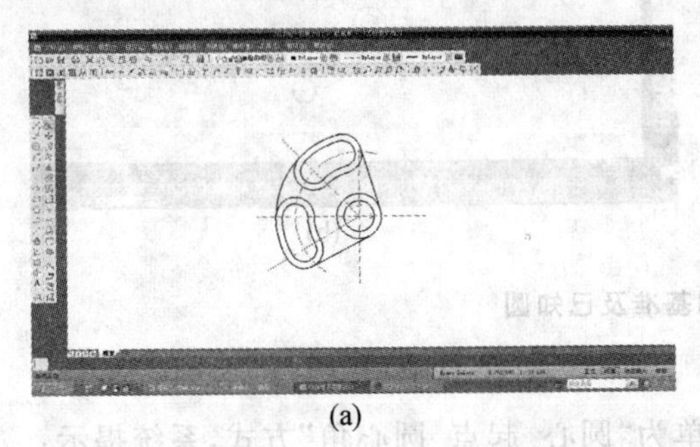
(a)

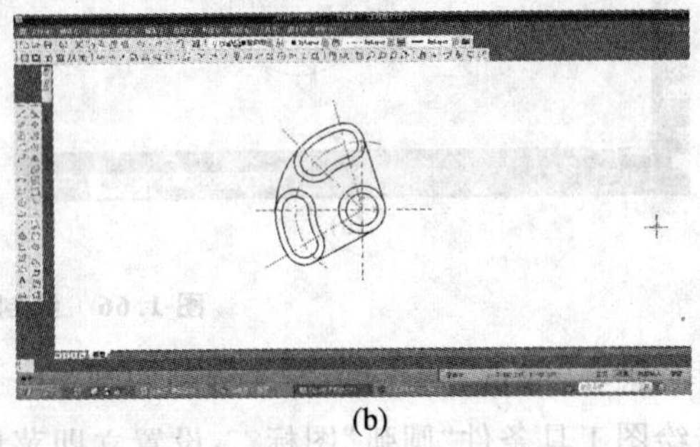
(b)

图 1.64　旋转复制点画线

(10)保存文件。

①点击常用工具条中的“显示全部”图标，使所绘图形充满屏幕。

②点击标准工具条中的“保存”图标，保存文件。

3. 子任务 3

任务要求：按 1∶1 比例，绘制如图 1.65 所示的平面图形，并标注尺寸。要求尺寸标注要符合国家标准，尺寸数字高取 2.5，箭头长取 3.5，其余参数采用系统默认设置。

(提示：圆弧 ϕ13 与长 24 直线不相切。)

任务分析：如图 1.64 所示的平面图形 3 的绘图基准是水平和竖直的两条细点画线，且该图形左右对称。画图时可先绘制一侧的形状，再用镜像的方法复制另一侧的图形。

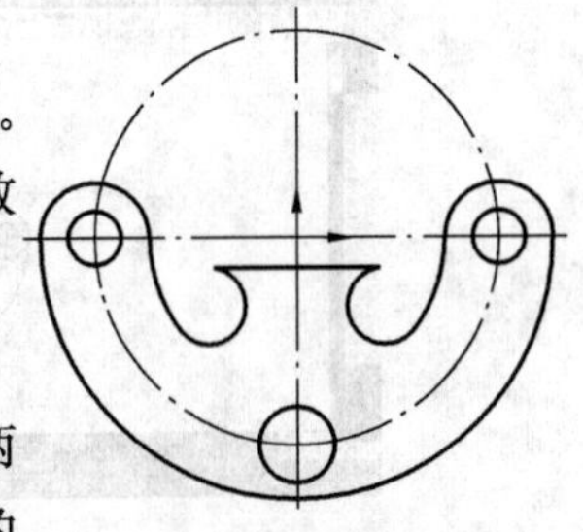

图 1.65　平面图形 3

通过本项目任务的实施过程，掌握用“圆心_起点_圆心角”的方法绘制圆弧；进一步掌握裁剪、镜像等常用编辑操作方法；掌握文本风格的设置方法；掌握标注风格的设置方法；会用尺寸的标注方法标注平面图形的尺寸。

绘图步骤：

(1) 新建文件。

选择模板 BLANK 新建一个图形文件后，点击标准工具条中的“保存”图标，在“另存文件”对话框的文件名输入框内输入文件名“平面图形 3”，点击“保存”按钮。

(2)设置当前层,绘制基准及已知圆。

设置当前层为"中心线层"。

点击绘图工具中的"圆"图标,选择立即菜单为"1. 圆心_半径""2. 半径""3. 有中心线",系统提示:

圆心点:　　　　　　　　　//捕捉坐标系原点,单击左键
输入直径或圆上一点:32 ↙
输入直径或圆上一点:　　　//点击右键结束命令

绘制完成的两基准线及点画线圆如图 1.66(a)所示。

设置当前层为"粗实线层"。

重复"圆"命令,选择"1. 圆心_半径""2. 半径""3. 无中心线"方式,绘制 $\phi 12$、$\phi 8$、$R8$ 这 3 个已知圆。完成的图形如图 1.66(b)所示。

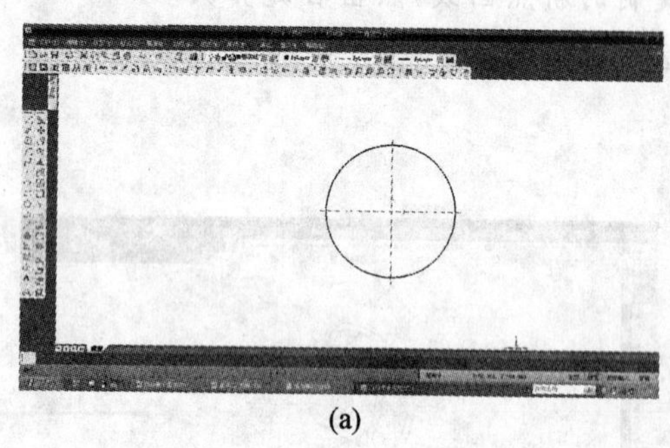

(a)

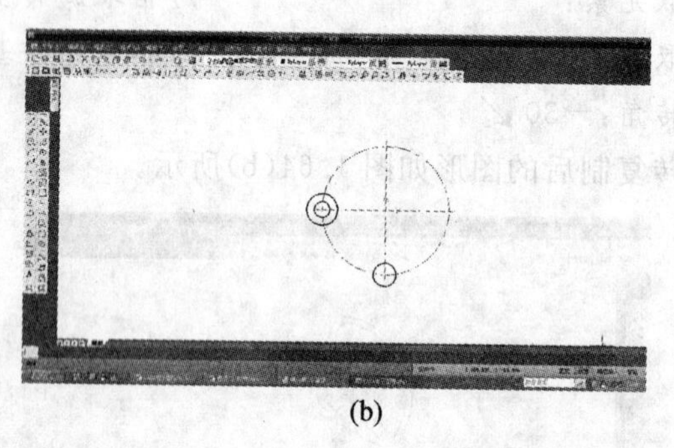

(b)

图 1.66　绘制基准及已知圆

(3)用"圆心_起点_圆心角"方式绘制两圆弧。

点击绘图工具条件"圆弧"图标,设置立即菜单为"圆心_起点_圆心角"方式,系统提示:

圆心点:　　　　　　　　　//捕捉并拾取点画圆圆心
起点:　　　　　　　　　　//拾取如图 1.67(a)所示圆象限点
圆心角或终点:180 ↙

绘制出的大圆弧如图 1.67(b)所示。

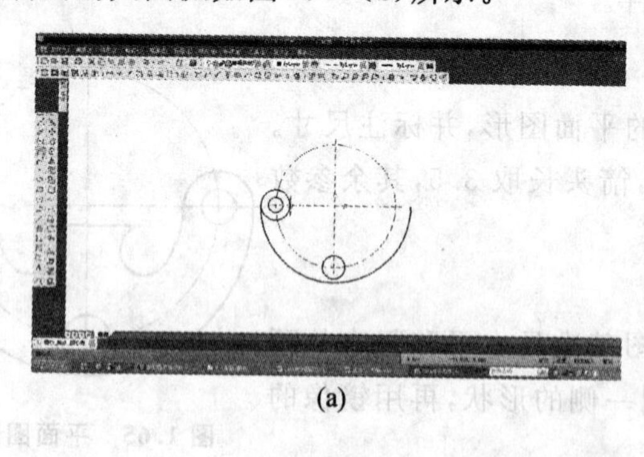

(a)

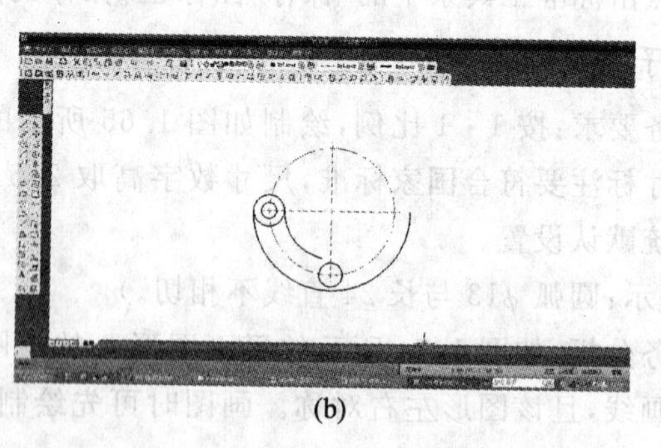

(b)

图 1.67　用"圆心_起点_圆心角"方式绘制圆弧 1

重复"圆弧"命令,系统提示:

圆心点:　　　　　　　　　//捕捉并拾取点画线圆圆心
起点:　　　　　　　　　　//拾取图 1.68(a)所示圆的象限点
圆心角或终点:　　　　　　//移动光标,逆时针拖动出一段圆弧,单击左键确定圆弧终点

绘制出的小圆弧如图 1.68(b)所示。

(4)绘制水平线。

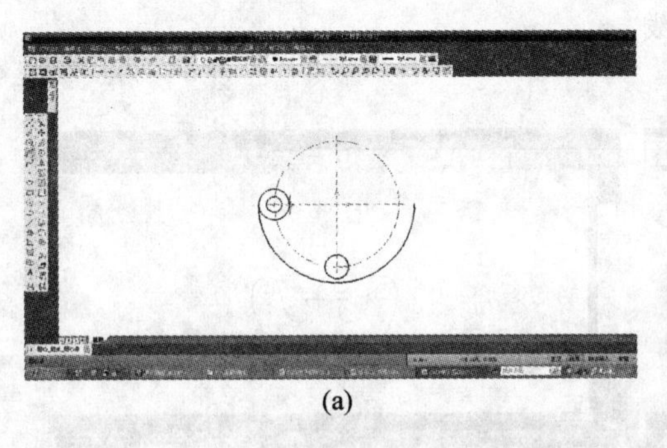
(a)

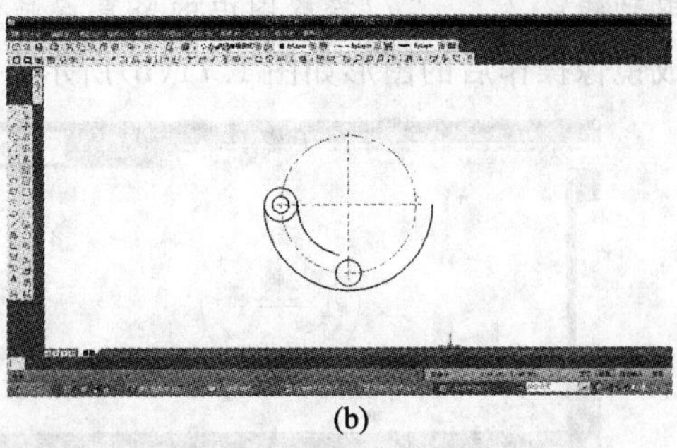
(b)

图 1.68　用“圆心_起点_圆心角”方式绘制圆弧 2

点击绘图工具中的“直线”图标，设置立即菜单为“两点线”“单根”，系统提示：

第一点：−12，−14↙　　　　//键盘输入水平线左端点坐标

第二点：24↙　　　　//按 F8 键打开正交开关

(5)绘制 $R6.5$ 圆弧。

点击绘图工具中的“圆弧”图标，设置立即菜单为“两点_半径”方式，系统提示：

第一点：　　　　//按 T 键，将光标置于小圆弧上，待显示出如图 1.69(a)所示切点标记后，单击左键

第二点：　　　　//按 F8 键关闭正交开关，拾取水平线左端点

第三点：6.5↙　　　　//移动光标，按题目要求选择圆弧的状态，如图 1.69(b)所示

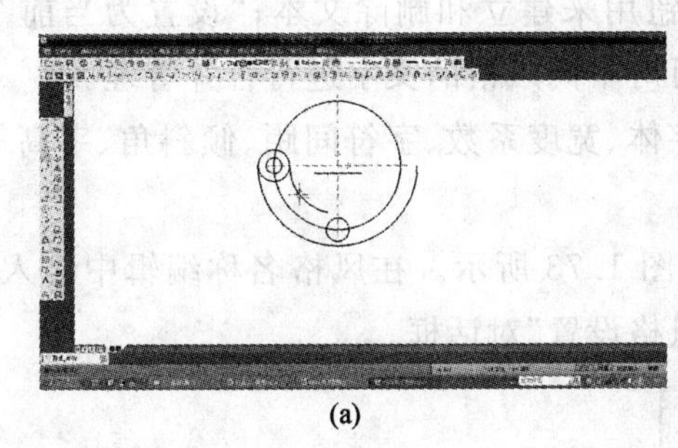
(a)

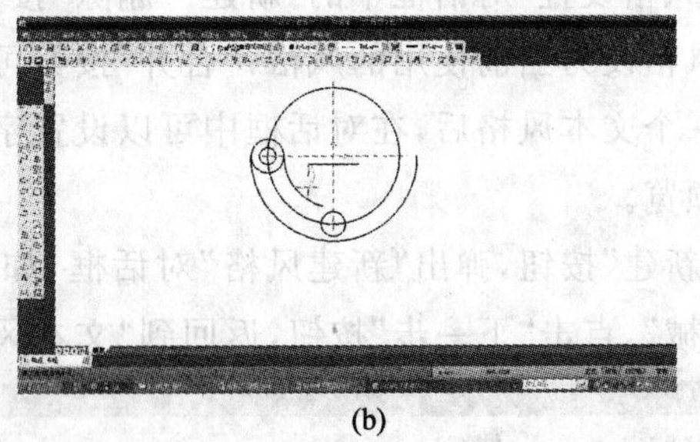
(b)

图 1.69　绘制 $\phi13$ 圆弧

(6)裁剪。

点击编辑工具中的“裁剪”图标，用“快速裁剪”方式裁剪图上的多余线段。

裁剪后的图形如图 1.70 所示。

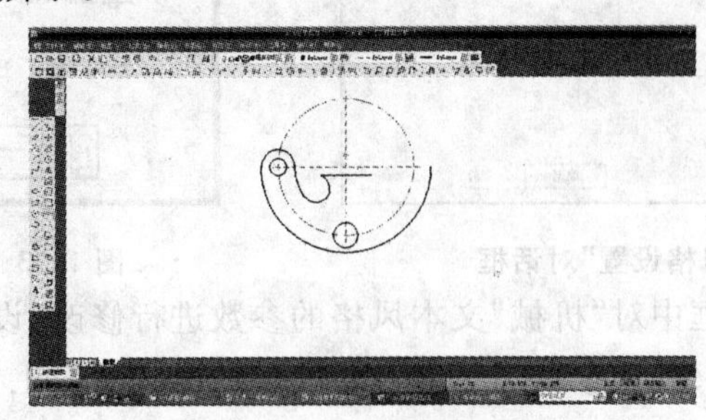

图 1.70　整理后的图形

(7)镜像。

点击编辑工具终点的“镜像”图标，设置立即菜单为“1.选择轴线”“2.拷贝”，系统提示：

拾取元素：　　　　//拾取图 1.71(a)中标识的 4 个元素，点击鼠标右键确定

拾取轴线：　　　　　//拾取图中的竖直点画线

完成镜像操作后的图形如图 1.71(b)所示。

(a)　　　　(b)

图 1.71　镜像

(8)整理图形后保存文件。

①点击“裁剪”及“拉伸”命令整理图形。

②点击标注工具中的“保存”图标，保存文件。

(9)设置文本风格。

文本风格用来定义或修改文字字型的参数，包括字体、字高及字间距等。

点击设置工具条件中的“文本样式”图标 ，弹出的“文本风格设置”对话框如图 1.72 所示。对话框左侧显示当前文件中所使用的文本分格，框格内列出了系统已定义的文本样式。系统预先定义一个“标准”的默认样式，该样式可以编辑但是不可以删去。

“文本风格设置”对话框中的“新建”“删除”按钮用来建立和删除文本；“设置为当前”按钮可将选中的文本风格设为当前使用的风格；“合并”按钮可对不同风格的文字进行合并管理。

选中一个文本风格后，在对话框中可以设置字体、宽度系数、字符间距、倾斜角、字高等参数，并可以对话框预览。

点击“新建”按钮，弹出“新建风格”对话框，如图 1.73 所示。在风格名称编辑中输入新建的文本风格名“机械”，点击“下一步”按钮，返回到“文本风格设置”对话框。

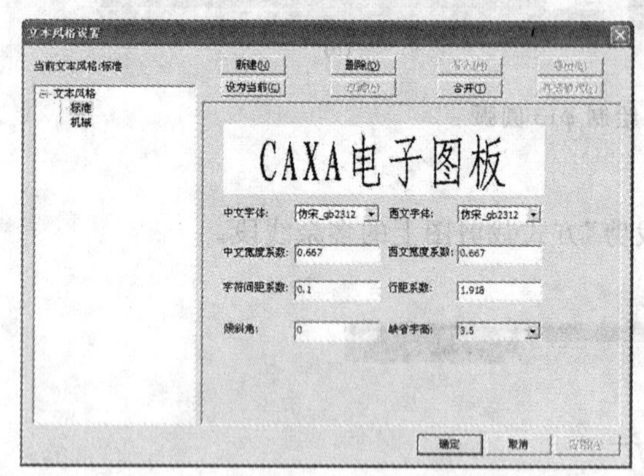

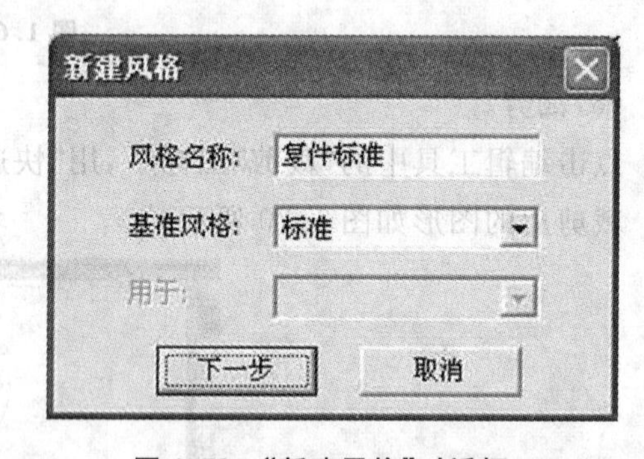

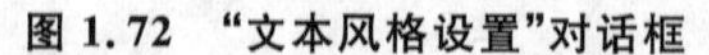

图 1.72　“文本风格设置”对话框　　　　**图 1.73　“新建风格”对话框 1**

在“文本风格设置”对话框中对“机械”文本风格的参数进行修改，设置中文字体为“单线体”、西文字体为“国标”、倾斜角为“15”、默认字高为“2.5”，修改后的参数如图 1.74 所示。

点击“确定”按钮，完成文本风格的设置。

(10)设置标注风格。

标注风格用来定义或修改尺寸标注的参数，包括标注文字的设定，标注箭头的控制、尺寸界线与尺寸线的设置。

点击设置工具条件的“尺寸样式”图标 ，弹出“标注风格设置”对话框，如图 1.75 所示。

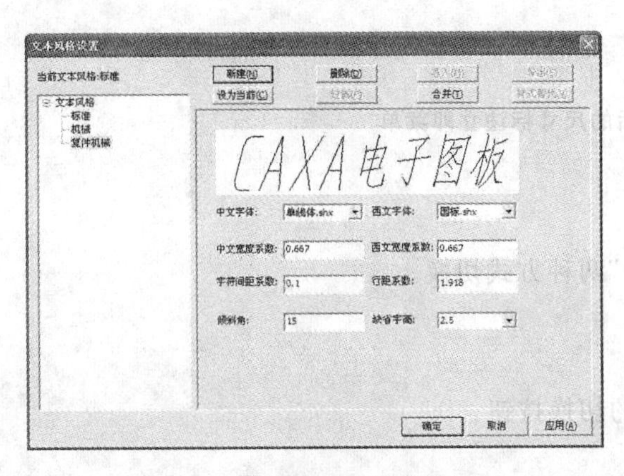

图 1.74 “机械”文本风格的设置

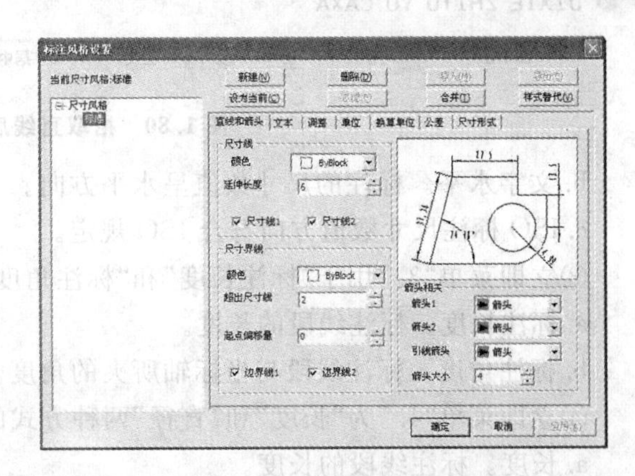

图 1.75 “标注风格设置”对话框

“标注风格设置”对话框与“文本风格设置”的对话框很相似，在对话框中可以新建、删除、设为当前、合并尺寸风格。

点击“新建”按钮，弹出“新建风格”对话框，如图 1.76 所示。在风格名称编辑框中输入新创建尺寸风格名“机械”，点击“下一步”按钮，返回“标注风格设置”对话框。

新建风格
风格名称：复件标准
基准风格：标准
用于：所有标注
下一步　取消

图 1.76 “新建风格”对话框 2

在对话框的“直线和箭头”选项卡中，箭头大小设为“3.5”，如图 1.77所示。

在“文本”选项卡中，选择文本风格为“机械”，文字字高为“2.5”或保持为“0”(字高为零时取引用文本风格字高)，如图 1.78 所示。

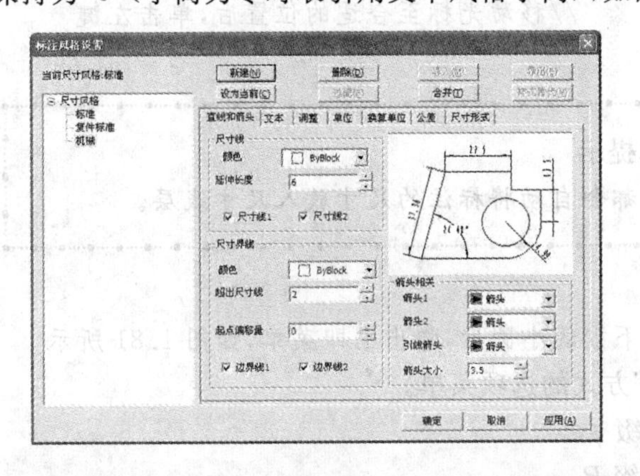

图 1.77 “机械”尺寸标注风格设置—“直线和箭头”选项卡

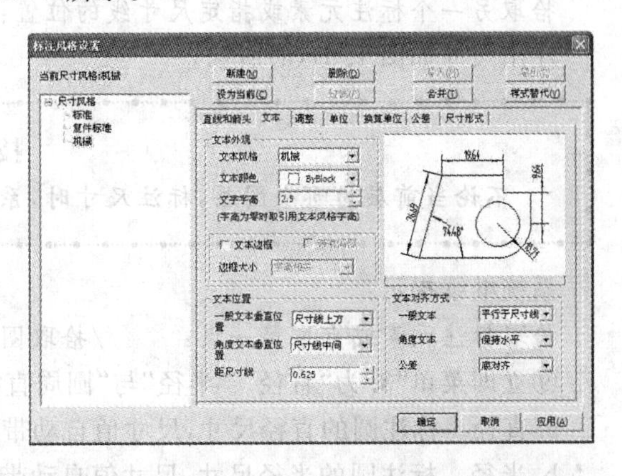

图 1.78 “机械”尺寸标注风格设置—“文本”选项卡

点击“设为当前”按钮，将机械标注风格设为当前使用风格。点击“确定”按钮，完成标注风格设置。

(11)标注尺寸。

点击标注工具中的“尺寸标注”图标 ⊢，弹出一个选项窗口，点击该窗口可弹出选项菜单，如图1.79 所示。

系统的默认选项为“基本标注”，该标注方式可快速生成线性尺寸、直径尺寸、半径尺寸和角度尺寸。

在“基本标注”方式下的系统提示：

拾取标注元素或点取第一点：　　//拾取图中水平线后，弹出默认的立即菜单，如图 1.80 所示

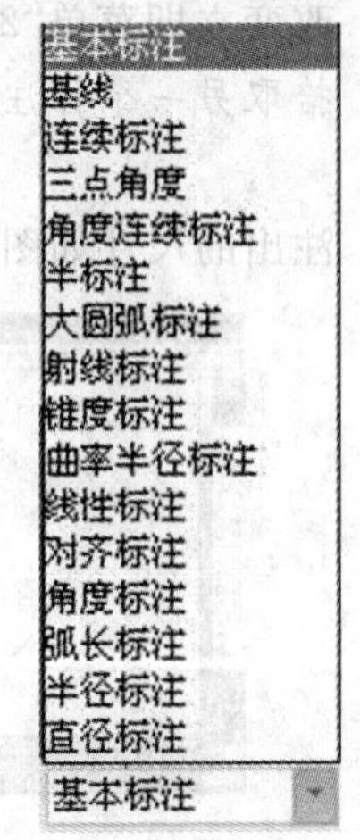

图 1.79 尺寸标注选项菜单

①立即菜单“1.”为标注方式的选项菜单，常用的是基本标注。

②立即菜单“2.”为“文字平行”、“文字水平”与“ISO 标准”的选项菜单。

a. 文字平行。标注的尺寸数值与尺寸线平行。

1. 基本标注 2. 文字平行 3. 长度 4. 正交 5. 文字居中 6. 前缀 7. 后缀 8. 基本尺寸 50

图 1.80 拾取直线后的尺寸标注立即菜单

b. 文字水平。标注的尺寸数值呈水平方向。

c. ISO 标注尺寸数值方向符合 ISO 规定。

③立即菜单“3.”用于“标注长度”和“标注角度”两种方式切换。

a. 标注长度。标注线段的长度。

b. 标注角度。标注线段与坐标轴所夹的角度。

④立即菜单“4.”为“长度”和“直径”两种方式的切换按钮。

a. 长度。标注线段的长度。

b. 直径。如果被标注线段是圆的积聚性投影,可以切换为“直径”,系统自动在尺寸数值前加前缀“ϕ”。

⑤立即菜单“6.” 为“文字居中”和“文字拖动”两种方式的切换按钮。

a. 文字居中。标注的尺寸数值位于尺寸线的中心放置。

b. 文字拖动。标注尺寸数值随光标的移动而移动。

⑥立即菜单“7. 前缀” 在尺寸数值前加前缀。

⑦立即菜单“8. 后缀”在尺寸数值后加后缀。

⑧立即菜单“9. 基本尺寸”为系统自动测量尺寸值,还可以通过键盘输入的方式修改尺寸值。

选用系统的默认设置,系统提示:

拾取另一个标注元素或指定尺寸线的位置: //移动光标至合适的位置后,单击左键

注出尺寸如图 1.81(a)所示。

技术提示

不论当前层为哪个图层,标注尺寸时,系统都会自动将标注的尺寸放入尺寸线层。

系统继续提示:

拾取标注元素或点取第一点: //拾取图形下方的小圆后,弹出立即菜单,如图 1.81 所示

⑨立即菜单“3. 为“直径” “半径”与“圆周直径”方式的选项菜单。

a. 直径。标注圆的直径尺寸,尺寸值自动带前缀 ϕ。

b. 半径。标注圆的半径尺寸,尺寸值自动带前缀 R。

改变立即菜单“2.”为“文字水平”,其余采用默认设置,系统提示:

拾取另一个标注元素或指定尺寸线位置: //移动光标至合适位置后,单击左键,拾取圆后,弹出的立即菜单如图 1.82 所示

注出的尺寸如图 1.81(b)所示。

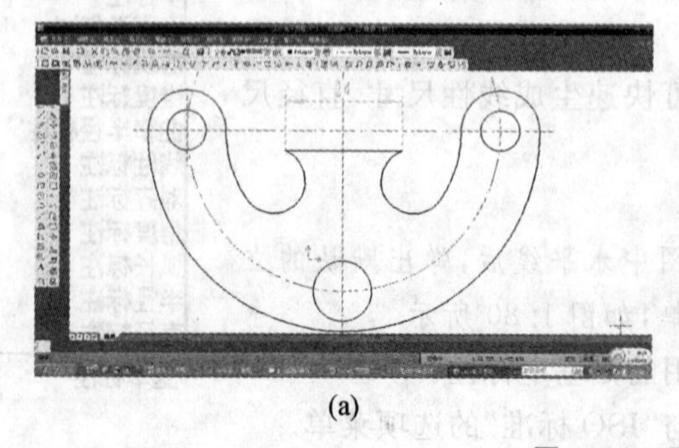
(a)

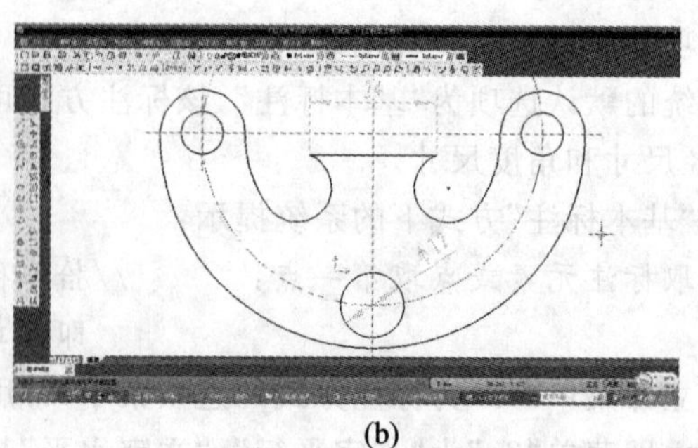
(b)

图 1.81 尺寸标注 1

1. 基本标注 | 2. 文字水平 | 3. 直径 | 4. 文字居中 | 5. 前缀 %c | 6. 后缀 | 7. 尺寸值 12

图 1.82　拾取圆后的尺寸标注立即菜单

系统提示：

拾取标注元素或点取第一点：　//拾取左侧小圆，选择立即菜单"2. 文字水平"，在立即菜单"5. 前缀"的数据框中输入"2%x%c"

拾取另一个标注元素或指定尺寸线位置：　//移动光标至合适位置后，单击左键

标注的尺寸如图 1.83(a)所示。

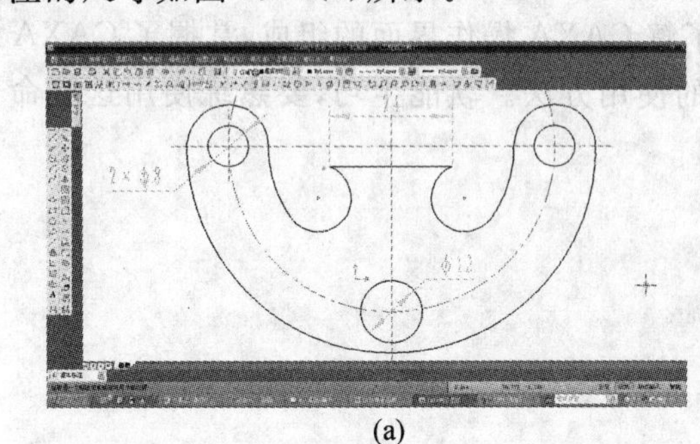

(a)

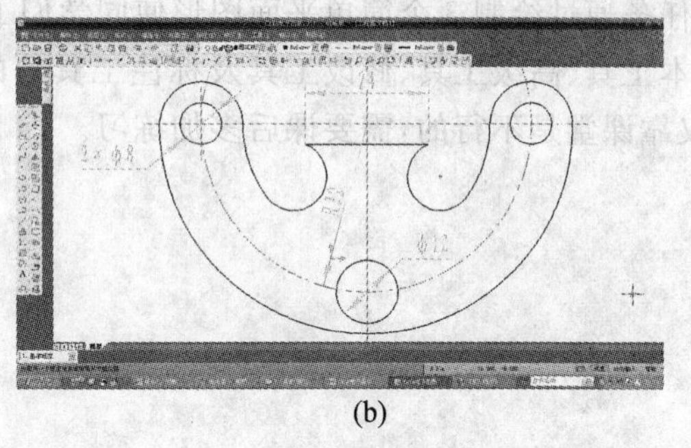

(b)

图 1.83　尺寸标注 2

系统继续提示：

拾取另一个标注元素或指定尺寸线位置：　//拾取点画线圆弧后，弹出的立即菜单如图 1.84 所示

⑩立即菜单"2."为"直径""半径""圆心角""弦长"及"弧长"5 种标注形式的选项菜单。

1. 基本标注 | 2. 半径 | 3. 文字平行 | 4. 文字居中 | 5. 前缀 R | 6. 后缀 | 7. 基本尺寸 32

图 1.84　拾取圆弧后的尺寸标注立即菜单

选用系统的默认设置，系统提示：

拾取另一个标注元素或制定尺寸线位置：　//移动光标至合适的位置，单击左键

注出的尺寸如图 1.83(b)所示。

系统继续提示：

拾取另一个标注元素或制定尺寸线位置：　//拾取 ϕ13 圆弧，选择立即菜单"2."为"直径"，切换立即菜单"4."为"文字拖动"

拾取另一个标注元素或制定尺寸线位置：　//移动光标至合适的位置，单击左键

注出的尺寸如图 1.85(a)所示。

(a)

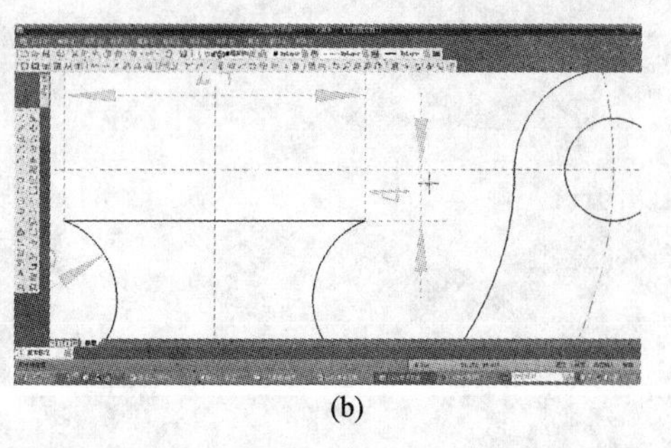

(b)

图 1.85　尺寸标注 3

拾取另一个标注元素或制定尺寸线位置：　//拾取图中的水平线

拾取另一个标注元素或制定尺寸线位置：　//拾取水平基准线

尺寸位置：　　　　　　　　　　　　　　　//移动光标至合适的位置，单击左键

注出的尺寸如图 1.85(b)所示。

其余的尺寸请读者自行标注，在此不在赘述。

(12)保存文件。

点击常用工具中的“显示全部”图标，使所绘图形充满屏幕。

点击标准工具中的“保存”图标，保存文件。

【任务小结】

本任务通过绘制 3 个简单平面图形使同学们了解 CAXA 操作界面的组成，掌握了 CAXA 绘图常用的基本工具、高级工具、修改工具及标注工具等的使用方法。孰能生巧，要熟练使用这些命令快速绘图，仅靠课堂是不行的，需要课后多加练习。

项目 2 机件外部形状的表达方法

设置本项目是为了培养学生对机件外部形状的表达能力，为了达到这个目的，项目下设 3 个工作任务。

2.1 一般机件外形的表达

【知识目标】

1. 了解正投影的特性，三面投影体系和六面投影体系。
2. 掌握平面在三面投影体系中的投影特性。
3. 掌握三视图的投影规律，三视图之间的度量对应关系。
4. 掌握三视图的作图方法和步骤。
5. 掌握标注机件尺寸的方法和步骤。

【能力目标】

1. 能用三视图表达基本几何体的外形并标注尺寸。
2. 能用三视图表达叠加组合体的外形并标注尺寸。
3. 能用三视图表达切割组合体的外形并标注尺寸。

【任务引入与分析】

用机械图样表达如图 2.1 所示的液压缸支座形状及大小。该零件由底板及两个侧支撑板叠加在一起组合而成，该零件相对前面所画平面图形来说，外形比较复杂，采用单一方向视图已不能表达清楚零件的结构，需要采用新的外形表达方法来表达其形体结构。要完成这样的任务需要学生掌握正投影、三面投影体系、三视图的投影关系、绘制一般机件三视图的方法与步骤、及标注机件尺寸的方法等有关知识。

图 2.1 油缸支座

【任务实施】

教师活动:给学生布置“用机械图样表达油缸支座外形及大小”的工作任务,给学生分析完成该工作任务需要掌握的知识,引导学生以自学方式为主掌握所需表达机件外形的知识,教师重点对学生自学有难度的知识点进行讲解,指导学生自主完成工作任务,学生完成工作任务后组织学生之间对完成任务情况进行互评,互评的重点在于对机件外形表达方法的应用是否恰当合理,最后各小组组长把评估最优结果上报教师,由教师对完成任务情况进行归纳总结,并对学生完成工作任务的不足之处进行重点讲评,特别是要重点纠正学生的共性错误,再布置课后任务进一步巩固需要掌握的知识。

学生活动:了解工作任务的要求,明确要完成这样的工作任务需要掌握的正投影、三面投影体系(或六面投影体系)、三视图的投影关系、绘制机件三视图(或六视图)的方法和步骤、标注机件尺寸的方法和步骤等有关知识,然后以自学的方式掌握完成该任务所需的知识,并自主绘制完成用工程图样表达油缸支座的外形和尺寸大小,通过在做中学,培养学生对一般机件外形及尺寸的表达能力。

【知识链接】

表达机件外形的方法是把机件放在投影体系中,并向投影体系的基本投影面进行正投影,获得机件的几个基本视图。要完成表达机件外形的工作任务,需要了解正投影及其性质、三面投影体系及三视图的形成、尺寸标注等知识。

2.1.1 正投影法及性质

1. 投影法的概念

(1)投影法。

投射线通过物体向选定的平面(投影面)进行投射,并在该面上得到投影(平面图形)的方法称为投影法。

(2)正投影法。

若投射时投射线相互平行且投射线与投影面垂直,则物体在该投影面上的投影称为该物体在投影面上的正投影,如图 2.2 所示。通常我们把机件在某个投影面的正投影称为一个视图。机件正投影的大小与机件和投影面之间的距离无关,度量性较好。因此工程图样多数采用正投影法绘制。

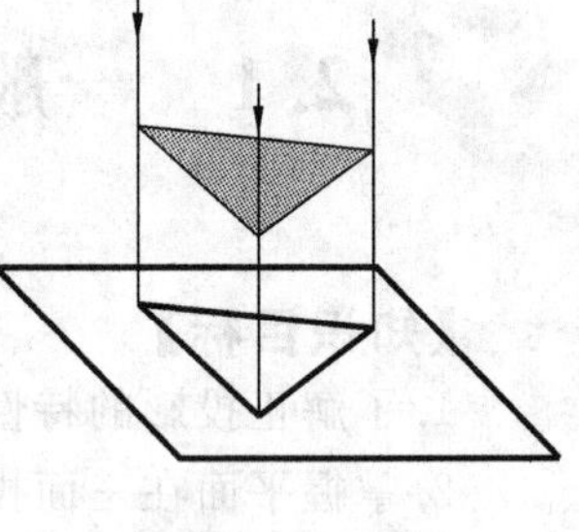

图 2.2 正投影

2. 机件表面正投影的基本性质

机件的外表面由各种形状的表面(平面或曲面)组合而成,机件各表面的正投影的形状因表面与正投影面的位置不同而异。机件表面的正投影有以下 3 个基本性质:

(1)机件表面的平面平行于正投影面——投影反应实形(实形性);

(2)机件表面的平面垂直于正投影面——投影积聚成直线(积聚性);

(3)机件表面的平面倾斜于正投影面——投影类似于原平面(类似性)。

2.1.2 三面投影体系及三视图

1. 三面投影体系的建立

从图 2.3 可以看出,三个不同形状的机件在 V 面上的正投影(主视图)完全相同。

由此可知只用一个方向的投影不能准确唯一地确定机件的形体结构,工程上通常采用三面投影体系来表达机件的外部形状,即在空间建立互相垂直的 3 个投影面 ,构成如图 2.4 所示的三面投影体系。把机件放入三面投影体系,向 3 个基本投影面投影,得到 3 个基本视图(主视图、俯视图和左视图)。机件的正投影,实质上是构成该机件的所有表面正投影的总和。

3 个投影面分别为:正投影面(简称正面),用 V 表示;水平投影面(简称水平面),用 H 表示;侧投影面(简称侧面),用 W 表示。

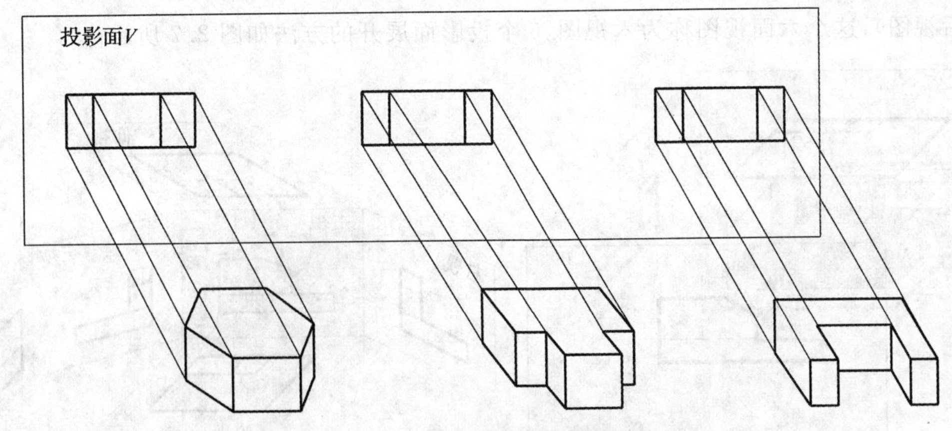

图 2.3　一个视图不能确定机件形状和结构

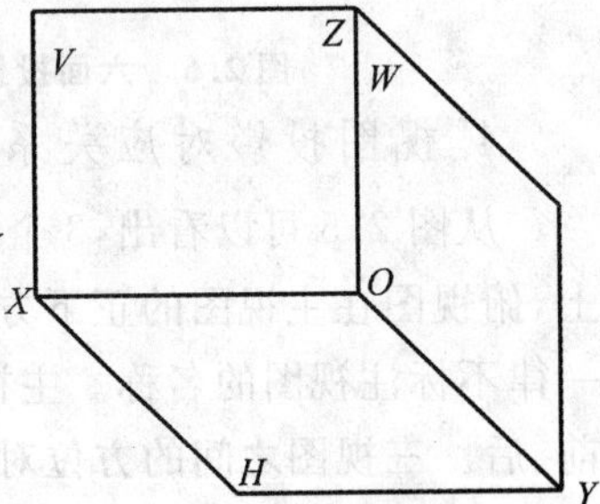

图 2.4　三面投影体系

相互垂直的两个投影面之间的交线称为投影轴，3 面投影体系共有 3 个投影轴，它们分别为：

OX 轴（简称 *X* 轴），是 *V* 面与 *H* 面的交线，表示长度方向；*OY* 轴（简称 *Y* 轴），是 *H* 面与 *W* 面的交线，表示宽度方向；*OZ* 轴（简称 *Z* 轴），是 *V* 面与 *W* 面的交线，表示高度方向。

3 个投影轴相互垂直相交于 *O* 点，*O* 点称为原点。

2. 三视图的形成

将机件放在三投影面体系中，分别向三投影面进行正投影，若将水平投影沿正投影面与水平投影面的交线旋转到与正投影面重合，将侧投影沿正投影面与侧投影面的交线旋转到与正投影面重合，就可得到机件的 3 个视图，即主视图、俯视图、侧视图，如图 2.5 所示。

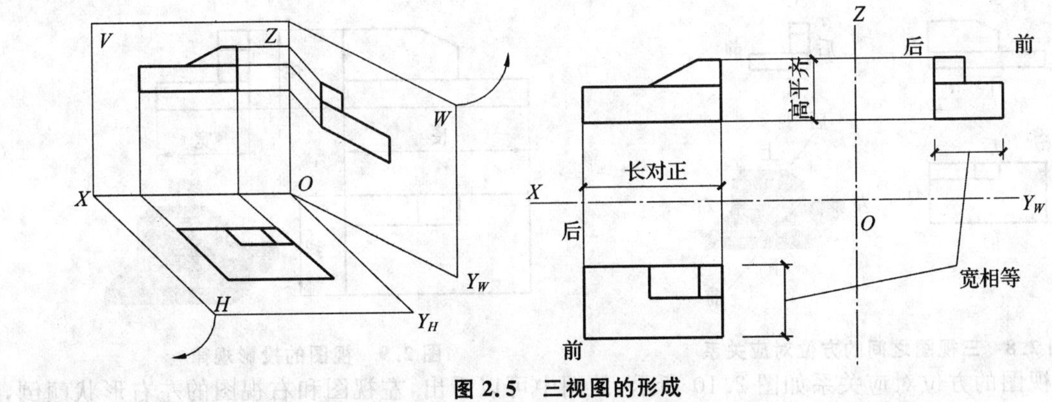

图 2.5　三视图的形成

主视图——从前向后投射，在正投影面 *V* 上得到的视图；

俯视图——从上向下投射，在正投影面 *H* 上得到的视图；

左视图——从左向右投射，在正投影面 *W* 上得到的视图。

为了画图的方便，需要将空间的 3 个视图画在一个平面（即纸面）上，即把空间相互垂直的 3 个视图展开摊平，具体做法是 *V* 面保持不动，*H* 面绕 *X* 轴向下转 90°，*W* 面绕 *Z* 轴向右转 90°，使它们与 *V* 面处于同一平面上。展开时 *Y* 轴被分为两处，分别用 Y_H 和 Y_W 表示。画图时为了简化作图，投影面边框和投影轴可以不画。

3. 六面投影体系及六视图

表达一般机件通过三面体系和三视图即可完成任务，若机件结构复杂，也可以采用六面投影体系表达机件的外形，把机件放入相互垂直的六面投影体系中，向 6 个基本投影面进行投射，得到 6 个平面图形，如图 2.6 所示。把这 6 个平面图形展开得到 6 个基本视图（主视图、俯视图、左视图、右视图、仰视图和后视图)，这个六面视图称为六视图，6 个投影面展开的方法如图 2.7 所示。

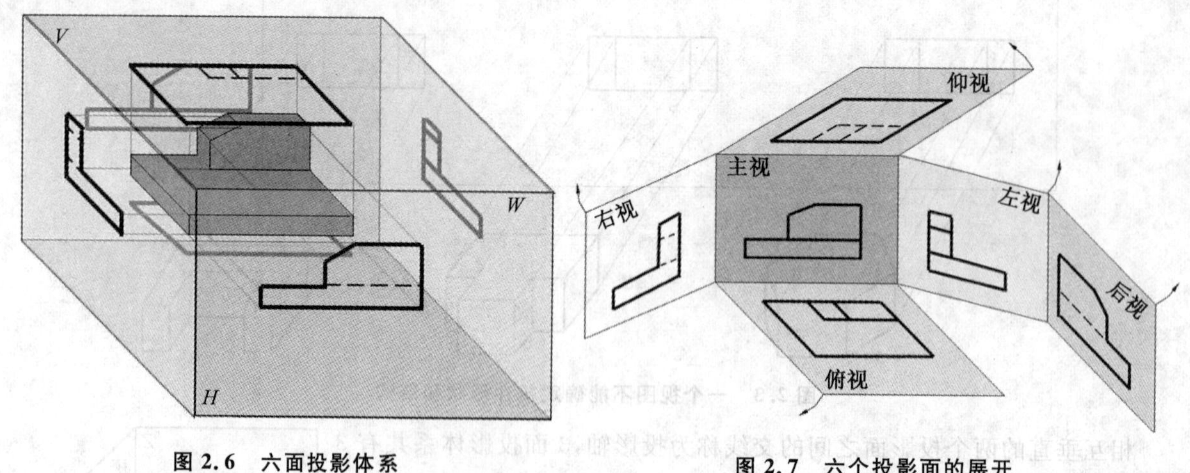

图 2.6　六面投影体系

图 2.7　六个投影面的展开

4. 视图投影对应关系及投影规律

从图 2.5 可以看出，3 个视图之间存在着有一定关系的规律。3 个视图的位置关系为：主视图在上，俯视图在主视图的正下方；左视图在主视图的正右方，按这种位置关系配置的视图，国家标注规定一律不标注视图的名称。主视图反映：上、下 、左、右；俯视图反映：前、后 、左、右；左视图反映：上、下、前、后。三视图之间的方位对应关系如图 2.8 所示。

从三视图中可以看出其度量对应关系：主视图只能表示长和高，俯视图只能表示长和宽，左视图只能表示高和宽。投影时机件是在同一位置分别向 3 个投影面进行投影的，3 个视图一定保持“三等”规律，即：主视、俯视长度相等且对正；主视、左视高度相等且平齐；俯视、左视宽度相等且对应(图 2.9)。概括为“长对正、高平齐、宽相等”。

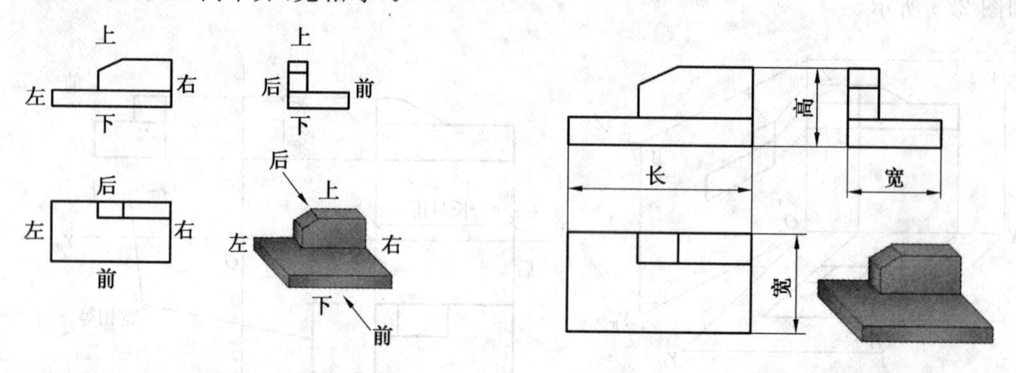

图 2.8　三视图之间的方位对应关系

图 2.9　视图的投影规律

六面视图的方位对应关系如图 2.10 所示，从图中可以看出，左视图和右视图的左右形状颠倒，俯视图和仰视图形状上下颠倒，主视图和后视图形状也是左右颠倒，除后视图外，靠近主视图的一侧是物体的后面，远离主视图的一侧是物体的前面。六视图的度量对应关系仍遵守“三等”规律。

5. 绘制机件三视图的方法与步骤

绘制机件的零件图时首先考虑看图的方便。在完整、清晰地表达出零件的结构形状的前提下，力求绘图的简便，要达到这个目的，应选择一个较好的表达方案。对于一个机件采用什么表达方式需要在对机件进行形体分析的基础上确定。下面以图 2.11 为例介绍画机件三视图的步骤和方法。

(1)对机件进行形体分析。

形体分析法是绘制机件三视图及标注机件尺寸的基本方法之一。形体分析法是假想将机件分为若干个基本体，分析它们的形状、组合方式、相对位置关系，以便于画图、读图和标注尺寸，这种分析机件的思维方法称为形体分析法。机件一般都是由基本几何体叠加或切割组合而成的组合体，画机件三视图之前，应对机件进行形体分析，通过形体分析对所要表达的机件形体结构特点有清晰的认识，

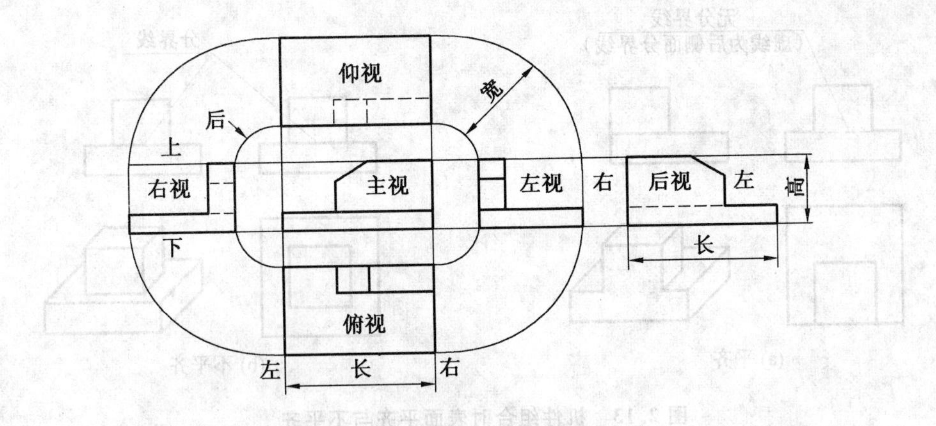

图 2.10 六视图投影的方位对应关系

为画图做好准备。

形体分析需要先分析所要表达的机件是属于哪种组合形式组合体。机件的组合方式有切割、叠加和综合 3 种。图 2.11 所示轴承座为叠加组合体，它由轴套、肋板、支撑板和底板四部分通过叠加方式组合而成。图 2.12 所示机件是在长方体的基础上通过切除四块后组合而成。此外有些机件的组合方式既有叠加组合，又有切割组合，属于复合式组合体。

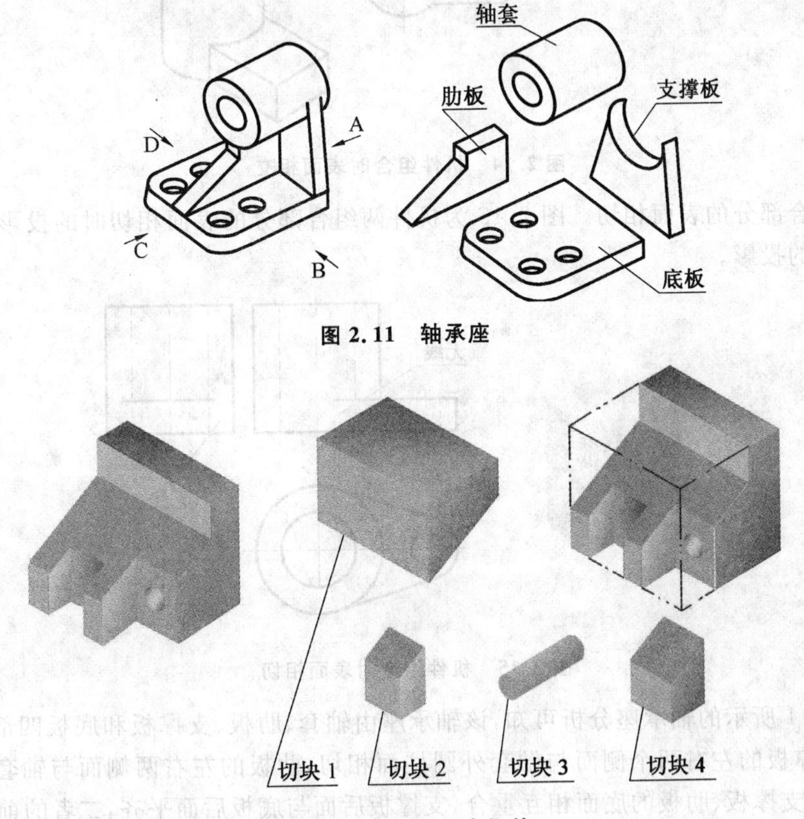

图 2.11 轴承座

图 2.12 切割组合机件

进行形体分析除了要搞清楚机件由哪些基本几何体组合而成外，还要搞清楚机件各部分之间的相对位置，相邻基本几何体表面连接关系，是否产生交线等。机件各基本体之间相对位置不同，其视图投影差别较大。机件由不同几何体组合而成，这些基本几何体表面间的连接关系可概括为 3 种：

①组合时两部分的表面平齐与不平齐。图 2.13 为机件组合时两部分的表面平齐与不平齐时的投影视图。平齐时两表面之间无分界线，不平齐时表面之间有分界线。

②机件两组合部分的表面相交。图 2.14 为机件两组合部分的表面相交时的投影视图。相交时

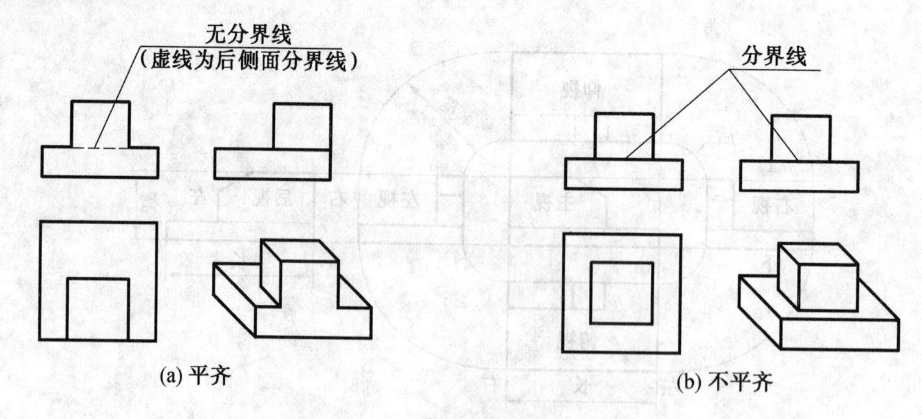

图 2.13 机件组合时表面平齐与不平齐

两表面有明显的分界线，因此视图上应画出交线的投影线，但是形体内部无交线投影。

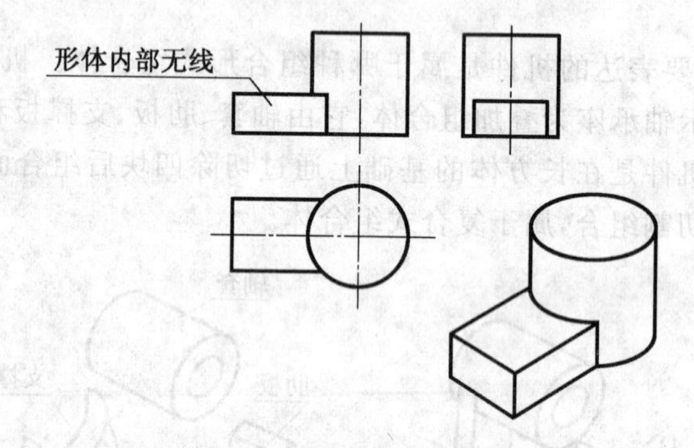

图 2.14 机件组合时表面相交

③机件两组合部分的表面相切。图 2.15 为机件两组合部分的表面相切时的投影视图，相切表面在相切处无交线的投影。

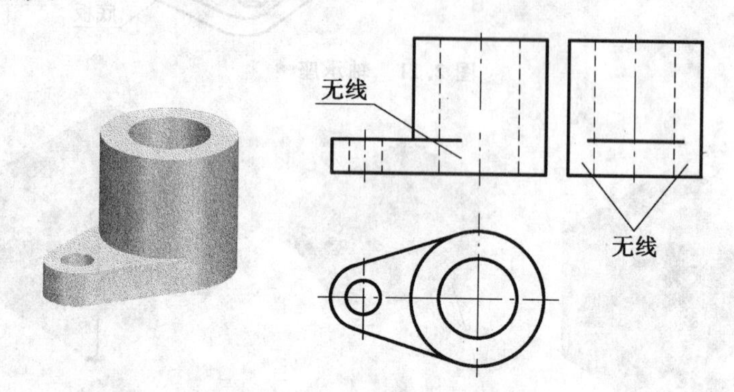

图 2.15 机件组合时表面相切

通过对图 2.11 所示的轴承座分析可知，该轴承座由轴套、肋板、支撑板和底板四部分通过叠加方式组合而成。支撑板的左右两个侧面与轴套外圆柱面相切，肋板的左右两侧面与轴套的外圆柱面相交，底板的顶面与支撑板、肋板的底面相互重合，支撑板后面与底板后面平齐，二者的前面不平齐。

(2)选择主视图。

画如图 2.11 所示轴承座的三视图时需要首先确定主视图方向。一般应选择反映机件各部分形状和相对位置关系相对明显的方向作为主视图的投影方向，且使机件的主要平面或轴线放置在与投影面平行或垂直的位置，使视图能最大限度地反映机件的实际形状，同时考虑机件的自然安放位置或加工位置，以方便读图，还要兼顾其他两个视图表达的清晰性。

轴承座按照自然安放位置放置后，可以从 *A*、*B*、*C*、*D* 四个方向分别进行投射，得到四个方向的视图（图 2.16）。通过对 *A*、*B*、*C*、*D* 四个方向投影所得的视图进行比较，选出最能反应轴承座各部分形状特征和相对位置关系的方向作为主视图的投影方向，将投射方向的 B 向与 D 向进行比较，D 向虚线较多，不如 B 向视图清晰；A 向视图与 C 向视图同等清晰，但是若以 C 向视图为主视图，则左视图将出现较多的虚线，所以不如 A 向视图好；再以 A、B 两个方向的视图进行比较，B 向视图能反映出轴套的空心圆柱体与肋板的形状特征，以及肋板、底板的厚度和各部分上下、左右的位置关系，A 向视图仅能反映肋板的形状、轴套的长度、支撑板的厚度及各部分上下、左右的位置关系。由 A 向、B 向视图的比较不难发现，两者反映机件各部分的形状特征或位置关系各有特点，差别不大，均符合作为主视图的条件。在这种情况下，要尽量使画出的视图长度大于宽度，因此选择 B 向视图作为主视图。主视图选择后，其他视图随之确定。

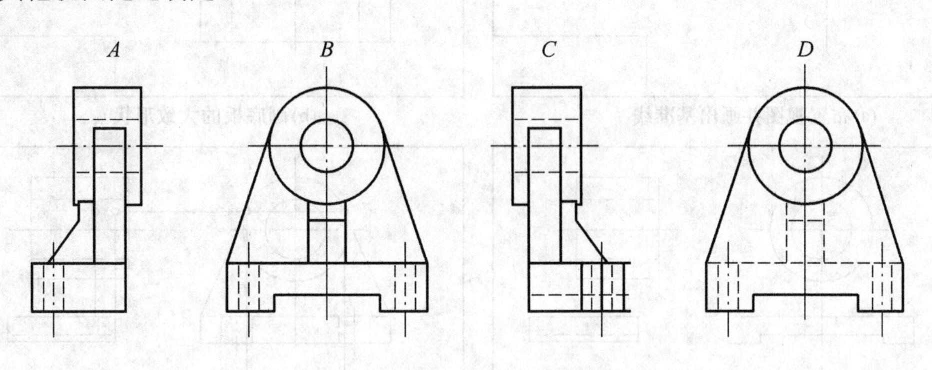

图 2.16 轴承座三视图的选择

(3)绘制机件的三视图。

①确定图幅和比例。

画图前需要首先选择图幅和比例，一般应按照机件的复杂程度和实物的大小，按国家标准的要求选择比例和图幅，在表达清晰的情况下，尽可能选择 1∶1 的比例。

②布置视图、画各个视图的基准线。

权衡各视图在长、宽、高方向的尺寸，确定各视图的位置，再找出机件在长度、宽度和高度的作图基准线，依次在 3 个视图上分别画出这些基准线。一般以机件的底面、对称平面、较大的端面或过重要轴线的平面等作为作图的基准线。

③绘制底稿，按形体分析的结果画出机件各个组成部分的三视图。

绘制轴承座底稿的步骤如图 2.17 所示。

为了迅速、正确地画出轴承座的三视图，画底稿图时应注意下列问题：

a. 绘制机件的每个部分的投影时应从该部分形状特征明显的视图入手(如画底板时先画底板的俯视图，画轴套时先从轴套的主视图开始等)，再按投影关系画出该部分的其他视图。机件的每个组成部分最好是 3 个视图配合着画。不要先画完一个视图后再画另一个视图。

b. 先画主要部分，后画次要部分；先画可见部分，后画不可见部分；先画圆、圆弧，后画直线。

c. 机件各部分形体之间位置关系和表面之间的过渡关系要正确。

d. 要注意机件各部分形体之间内部接触面融合为一体，原来各个部分的轮廓也发生变化。

④整理图线，检查加深，完成三视图绘制。

用细实线画完底稿后，对机件三视图应按形体逐个进行认真仔细的检查，查出多余线条并删除，确认投影无误后，按机械制图的线型标准描深全图，最后结果如图 2.17(f)所示。

2.1.3 机件尺寸的标注

通过正确、合理地绘制机件的一组视图仅可以准确表达其外形，却无法表达其实际大小。机件的实际大小是通过尺寸标注来表达的，因此同学们不仅要掌握机件外形的表达方法，还要掌握机件尺寸的标注方法。

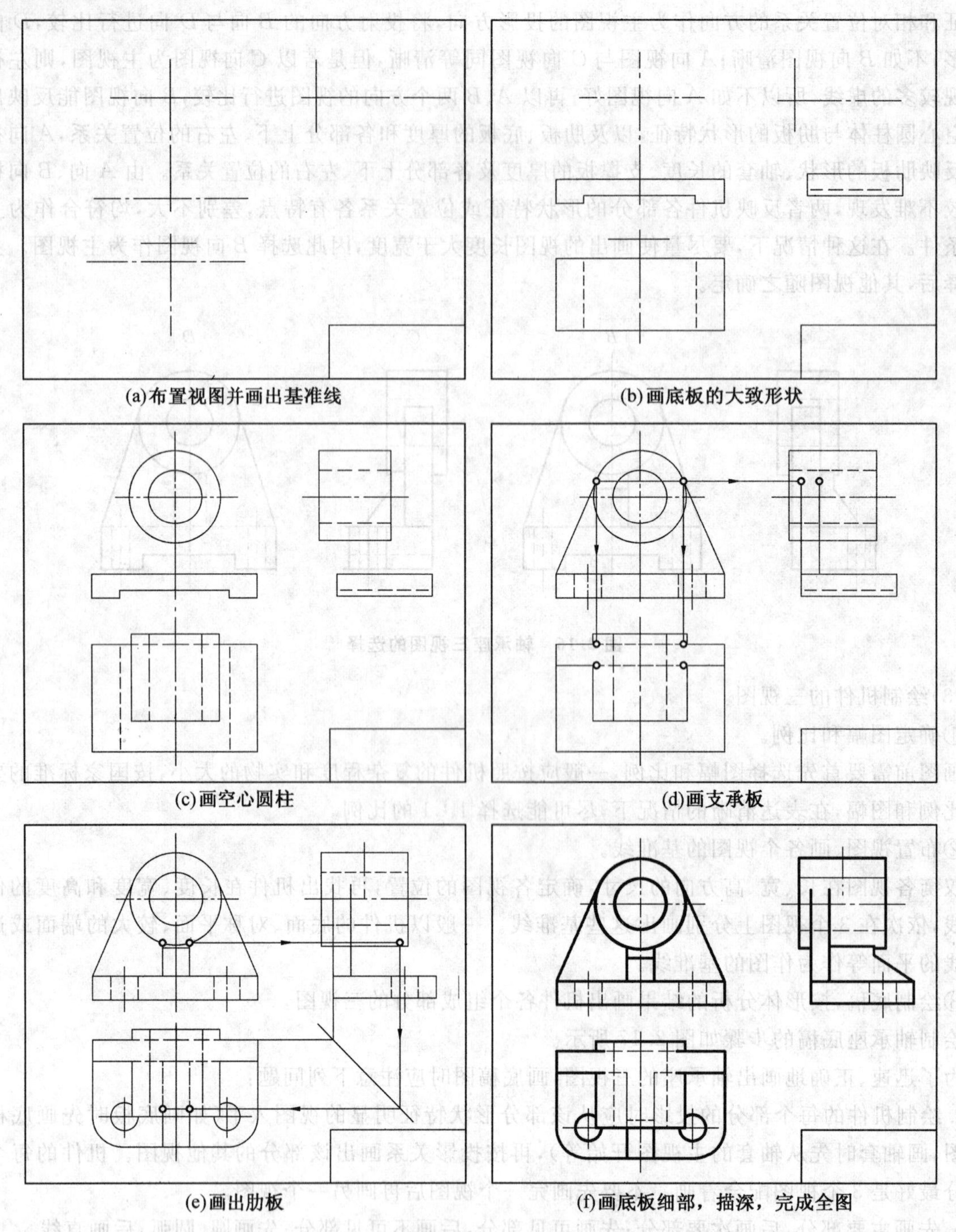

图 2.17 画轴承座三视图的步骤

1. 尺寸标注的基本要求

为了便于读图，机件尺寸标注的基本要求是正确、完整、清晰、合理。尺寸的布置必须整齐、清晰。

(1)尺寸标注必须正确。

正确是指尺寸注法要符合制图标准中有关尺寸注法的基本规定(详见项目1)。

(2)尺寸标注必须完整。

完整是指所注尺寸能够完整确定机件的大小及各组成部分的相对位置，即定形尺寸(确定各基本形体大小的尺寸)、定位尺寸(确定各基本形体之间相对位置的尺寸)、总体尺寸(确定机件的总长、总宽、总高的尺寸)要注齐全，既不能重复，也不能遗漏。

(3)尺寸标注必须清晰。

尺寸标注要布置均匀、清楚、整齐,便于阅读。

(4)尺寸标注必须合理。

所注尺寸符合形体构成规律与要求,便于加工和测量。

2.机件的尺寸类型

机件的尺寸很多,但是其尺寸概括起来可分为3类,如图2.18所示。

(1)定形尺寸。

确定机件各基本几何体在长度、宽度、高度3个方向上形体大小的尺寸称为定形尺寸。图2.18(a)所示尺寸均为定形尺寸。

(2)定位尺寸。

确定机件各部分相互位置关系的尺寸称为定位尺寸。图2.18(b)所示尺寸均为定位尺寸。

(3)总体尺寸。

表示机件外形大小的总长、总宽、总高的尺寸称为总体尺寸。图2.18(c)所示总长40、总宽30、总高32即为该机件的总体尺寸。一般应标注机件在长、宽、高3个方向的整体尺寸。

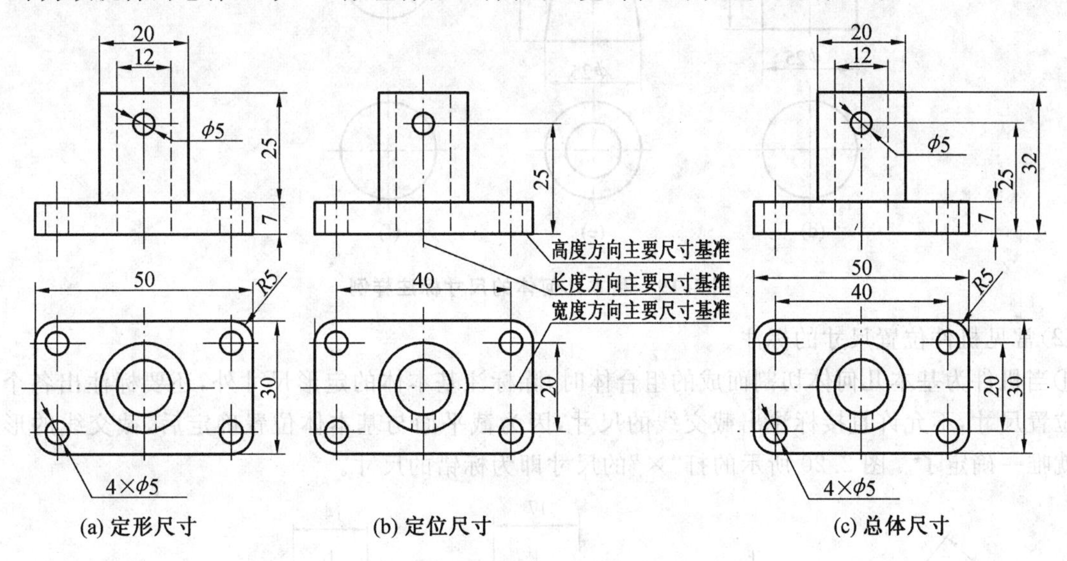

图2.18 机件尺寸的标注

3.机件的尺寸基准

(1)尺寸基准的概念。

尺寸基准是指标注尺寸的起点。标注机件的定位尺寸时,必须考虑尺寸是以哪里为起点进行定位的问题。

(2)尺寸基准的选择。

机件有长度、宽度、高度3个方向的尺寸,每个方向至少有一个尺寸基准。通常画图的3条基准线就是机件在3个方向的尺寸基准,又称主基准。在一个方向上有时根据需要可以有两个或两个以上的尺寸基准,除主基准外,其余基准皆为辅助基准,主基准与辅助基准之间必须有尺寸连接。机件的尺寸基准一般选择其对称平面、底面、精度较高的端面及回转体的轴线等几何要素。在图2.18(b)中,高度方向以底面为基准,长度方向以左右对称平面为基准,宽度方向以前后对称平面为基准。机件的主要尺寸要从基准出发进行标注。

4.机件尺寸的标注方法

机件一般多为组合体,组合体的组合方式有叠加组合与切割组合两种,掌握简单几何体的尺寸标注是进行机件尺寸标注的基础。

(1)基本几何体的尺寸标注。

基本几何体是形状最简单的机件，这类机件仅有定形尺寸，没有定位尺寸。图 2.19 为几种常见基本体的尺寸标注样例。圆柱、圆锥(台)尺寸一般标注在非圆的视图上，标注圆直径时应在数字前加“ϕ”，在标注球体直径的数字前加“$S\phi$”。球体用一个视图加上尺寸标注即可表达其形状。

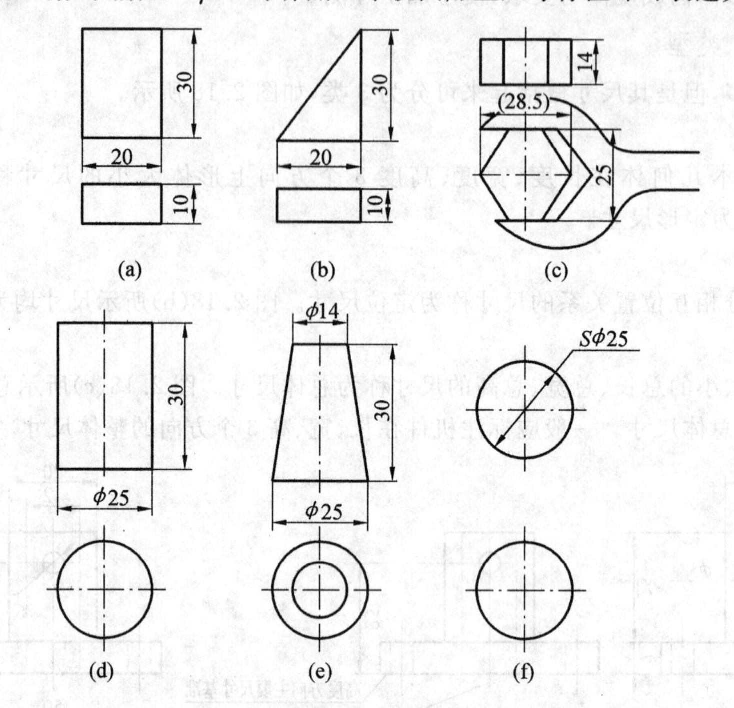

图 2.19　基本几何体的尺寸标注样例

(2)常见机件位置尺寸的标注。

①当机件为基本几何体切割而成的组合体时，除标注基本体的定形尺寸外，还要标注出各个截平面的位置尺寸，不允许直接标注出截交线的尺寸，因为截平面与基本体位置确定后，截交线的形状和大小就唯一确定了。图 2.20 所示的打“×”的尺寸即为标错的尺寸。

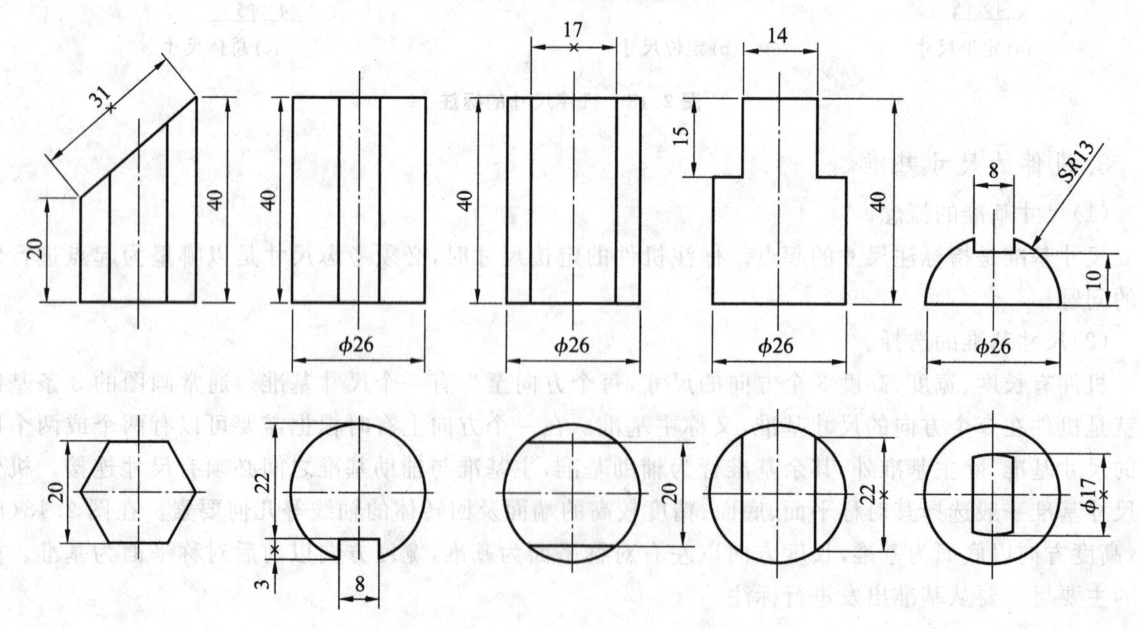

图 2.20　切割组合体机件尺寸的标注

②当机件为两个回转基本体相贯的叠加组合体时，基本体表面出现相贯线，标注这类机件时应标

注两基本回转体大小的定形尺寸和相对位置的尺寸，不允许直接在相贯线标注尺寸，如图 2.21 所示。

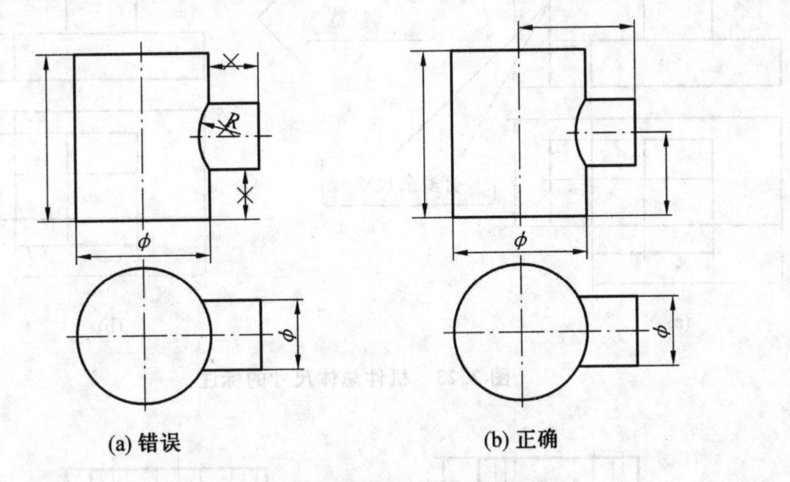

图 2.21　相贯组合体机件尺寸的标注

(3)其他常用机件的位置尺寸的标注。

当机件的板上切割有一组孔时，孔的定位尺寸的标注如图 2.22(a)所示；当机件为圆柱体与长方体的叠加组合体时，圆柱定位尺寸的标注如图 2.22(b)所示；当机件为长方体与长方体叠加组合体时，长方体定位尺寸的标注如图 2.22(c)所示。

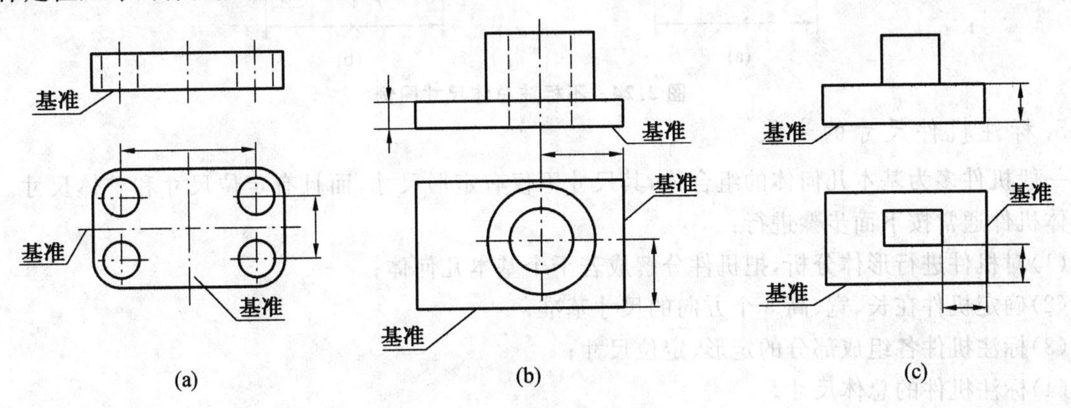

图 2.22　常见机件的位置尺寸

(4)机件总体尺寸的标注。

当标注总体尺寸后出现多余尺寸时，需作调整，避免出现封闭尺寸链。

标注机件整体尺寸应注意下列问题：

①机件的总体尺寸有时可能就是某形体的定形或定位尺寸，这时总体尺寸不再注出。如图 2.23(a)所示的机件长度与宽度就是底板的长度和宽度，因此当底板定形尺寸标注后就不必再标注机件的总长与总宽。

②若机件的定形尺寸、定位尺寸标注完整后，再标注机件的总体尺寸时就会出现尺寸多余或重复，这时要对尺寸进行调整，避免出现封闭的尺寸链。图 2.23 (a)所示的机件由两个长方体叠加组合而成，当两长方体的高度尺寸(定形尺寸)标注后若再标注机件的总体高度，就会形成封闭尺寸链，这时应对机件的尺寸进行调整，调整后的尺寸标注如图 2.23(b)所示。

③当机件的某个方向具有回转结构时，一般只标注回转体轴线的定位尺寸和外端圆柱面的半径，不再标注整体尺寸。如图 2.24(a)所示，机件的左端为回转体，标注其尺寸时只标注回转体轴线的定位尺寸和外端圆柱面的半径，不再标注机件的整体尺寸。如图 2.24(b)所示机件左右及前后均为回转体结构，只需注出圆柱的定形和左右方向的定位尺寸，其前后、左右方向的总体尺寸不再注出。

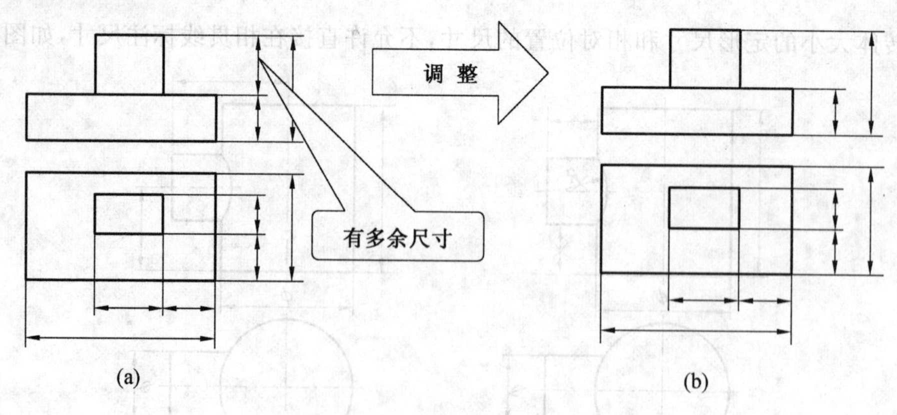

图 2.23　机件总体尺寸的标注

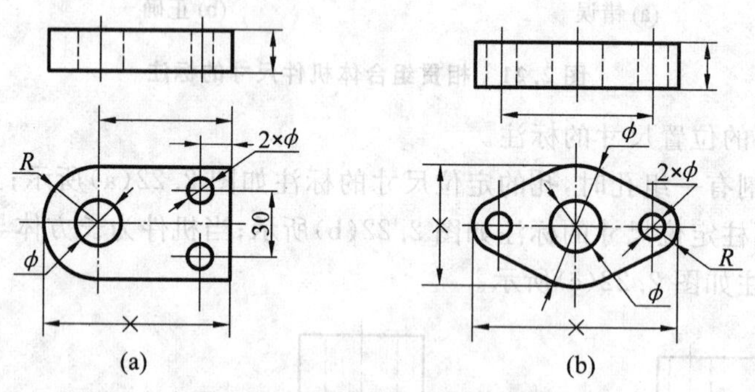

图 2.24　不标注总体尺寸图例

5. 标注机件尺寸的步骤

一般机件多为基本几何体的组合体，其尺寸不仅有定形尺寸，而且有定位尺寸和整体尺寸。标注组合体机件通常按下面步骤进行：

(1)对机件进行形体分析，把机件分解成若干个基本几何体；

(2)确定机件在长、宽、高 3 个方向的尺寸基准；

(3)标注机件各组成部分的定形、定位尺寸；

(4)标注机件的总体尺寸。

图 2.25 为标注尺寸后轴承座的图样。其中有尺寸数字的尺寸为定位尺寸，无尺寸数字的尺寸为定形尺寸，总体尺寸不再标注，因为该机件的总体长度与底板长度重叠，在高度方向上端为回转体结构，前后方向的底板的宽度加圆柱体的前后定位尺寸即为机件总宽度，若标注总体尺寸将导致尺寸的重复。

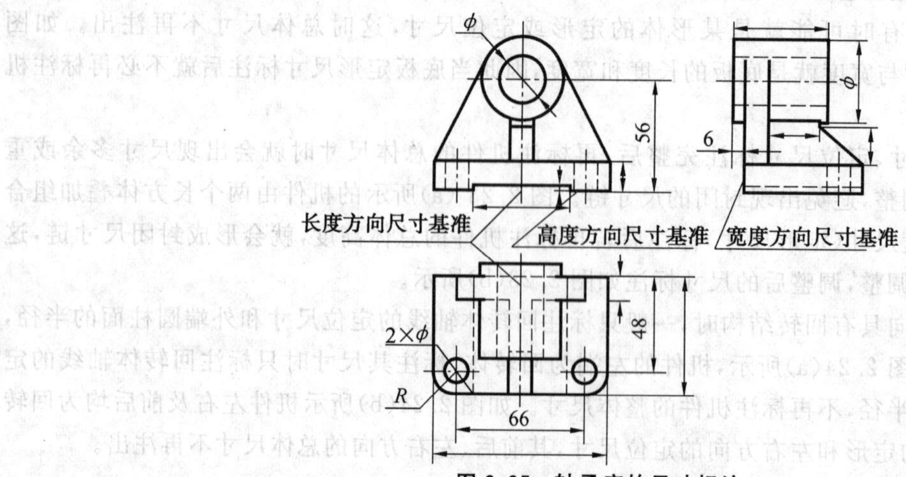

图 2.25　轴承座的尺寸标注

6.机件尺寸配置应注意的事项

为了便于读图，机件尺寸的布置必须整齐、清晰，为此配置尺寸时应注意下列问题：

(1)机件尺寸尽量突出机件的特征。尺寸尽量标注在能清晰反映机件形体特征和各形体相对位置关系的视图上，应避免在虚线上标注尺寸，如图 2.26 所示。

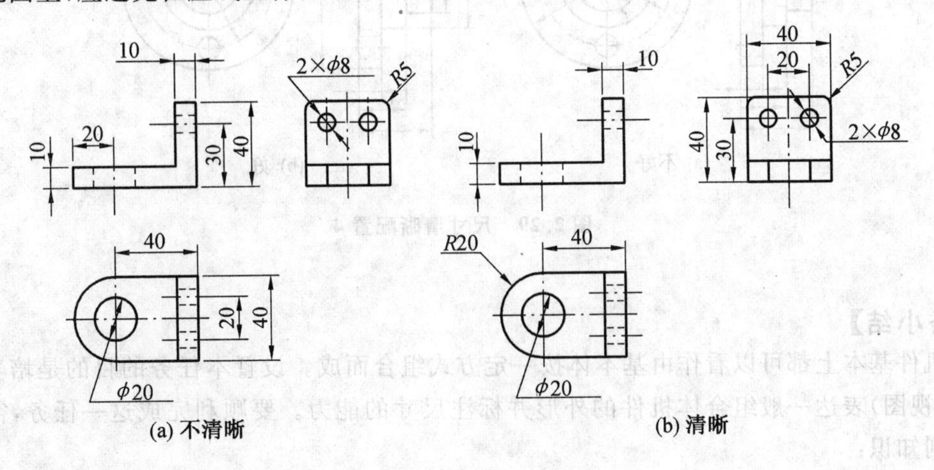

图 2.26　尺寸清晰配置 1

(2)各基本体的定形、定位尺寸标注要相对集中，不要分散，以便于读图。图 2.27 所示的尺寸标注中，在长度和宽度方向，底板的定形尺寸及板上两小圆孔的定形、定位尺寸都应集中标注在俯视图上；而长度和高度方向上，立板的定形尺寸以及圆孔的定位尺寸都应集中标注在主视图上。

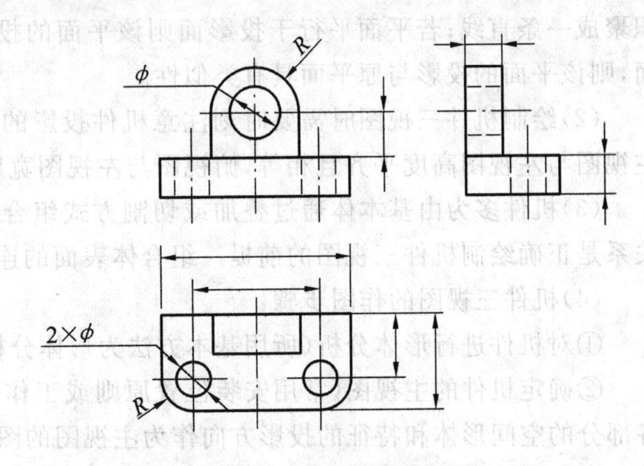

图 2.27　尺寸清晰配置 2

(3)尺寸的布置要合理。

如图 2.28 所示，应尽量将尺寸标注在视图外部；与两个视图有关的尺寸最好标注在两视图之间；相互平行的尺寸，应按大小顺序排列，小尺寸在内，大尺寸在外，以防止尺寸线与尺寸界线相交。

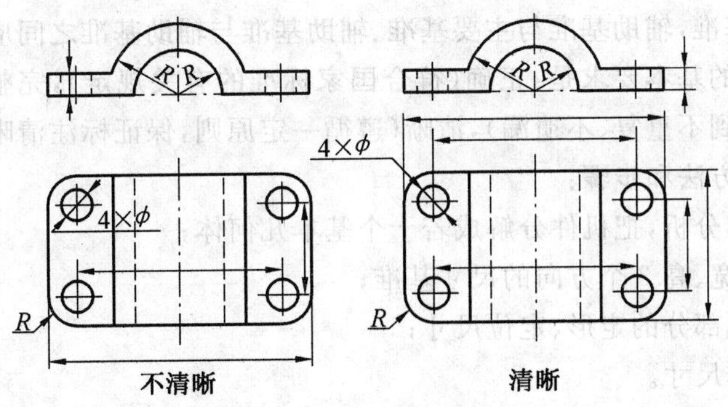

图 2.28　尺寸清晰配置 3

(4)同轴圆柱、圆锥的径向尺寸最好标注在非圆的视图上，圆弧半径应标注在投影为圆弧的视图上，如图 2.29 所示。

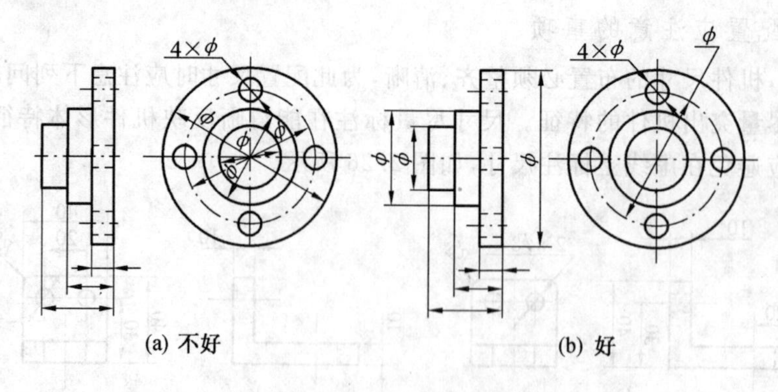

(a) 不好　　(b) 好

图 2.29　尺寸清晰配置 4

【任务小结】

一般机件基本上都可以看作由基本体按一定方式组合而成。设置本任务的目的是培养学生用三视图(或六视图)表达一般组合体机件的外形并标注尺寸的能力。要顺利完成这一任务,需要同学们掌握好下列知识:

(1)机件上的平面在三面(或六面)投影体系中的投影特性。若平面与投影面垂直则平面的投影积聚成一条直线;若平面平行于投影面则该平面的投影反应实形;若平面与投影面为一般位置的平面,则该平面的投影与原平面具有类似性。

(2)绘制机件三视图时需要时刻注意机件投影的三等规律,即主视图与俯视图长度对正且相等,主视图与左视图高度平齐且相等,俯视图与左视图宽度对应且相等。

(3)机件多为由基本体通过叠加或切割方式组合而成的组合体。搞清组合体表面的连接与过度关系是正确绘制机件三视图的前提。组合体表面的连接与过度关系:平齐与不平齐,相交与相切等。

(4)机件三视图的作图步骤:

①对机件进行形体分析(所用基本方法为形体分析法)。

②确定机件的主视图(常用安装位置原则或工作位置原则放置机件,且能清晰、简洁地反应机件各部分的空间形体和特征的投影方向作为主视图的图样方向)。

③绘制机件的三视图(确定图幅、绘图比例;布图,画出各个视图作图的基准线;打底稿,按形体分析法画出机件各个组成部分的三视图;整理图线,检查描深;完成作图)。

(5)尺寸基准是标注尺寸的起点,一般机件的长、宽、高 3 个方向应各有一个尺寸基准,一个方向上可以有若干个辅助基准,辅助基准与主要基准、辅助基准与辅助基准之间应有相应的定位尺寸。

(6)机件尺寸标注的基本要求是:正确(符合国家标准的有关规定),完整(标出全部定形尺寸、定位尺寸与总体尺寸,做到不重复、不遗漏),清晰(遵循一定原则,保证标注清晰)。

(7)机件尺寸标注方法和步骤:

①对机件进行形体分析,把机件分解成若干个基本几何体;

②确定机件在长、宽、高 3 个方向的尺寸基准;

③标注机件各组成部分的定形、定位尺寸;

④标注机件的总体尺寸。

2.2　复杂机件外形的表达

【知识目标】

1. 掌握向视图应用场合及向视图的标注要求。

2. 掌握局部视图的应用场合及标注要求。

3. 掌握斜视图的应用场合及标注要求。

【能力目标】

能用基本视图、向视图、局部视图及斜视图等外形表达方法表达较复杂机件的外形及尺寸大小。

【任务引入与分析】

用工程图样表达如图 2.30 所示滑杆支座的外形及大小。该机件与前面遇到机件的区别在于滑杆支座上支撑板与 6 个基本投影面都不平行，因此用三视图或六视图表达其外形结构时，支撑板的投影均不反应实形，因此无法表达支撑板的形状和尺寸，为此需要用新的外形表达方法才能完成这样的任务。要完成这样的工作任务需要同学们在掌握用基本视图机件外形的基础上，学会用其他表达方法表达机件的外形的知识，如斜视图、局部视图、向视图、局部放大视图等表达方法。

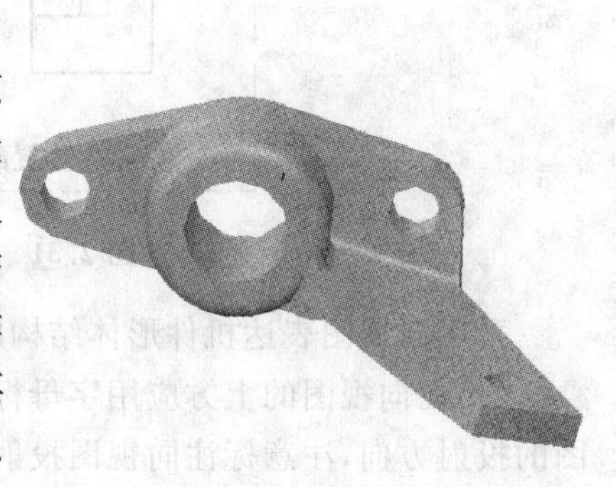

图 2.30 滑杆支座

【任务实施】

教师活动：布置“用机械图样表达支架的外形及大小”的工作任务，给学生分析完成该工作任务需要掌握斜视图、局部视图、向视图等有关的知识，引导学生以自学为主的方式掌握机件外形的其他表达方法，教师的重点是对学生自学有难度的知识点进行重点讲解，指导学生利用所学知识自主完成支架工程图样绘制及尺寸大小的标注，检查评定学生工作任务的完成情况，对工作任务进行归纳总结，布置课后任务。

学生活动：了解工作任务的要求，明确要完成这样的工作任务需要掌握的斜视图、局部视图、向视图、局部放大视图等的绘制方法及尺寸的标注等有关知识，然后以自学的方式掌握上述知识，并自主完成支架工程图样的绘制及尺寸标注任务，进一步培养学生利用工程图样表达复杂机件外形的能力。

任务评估：学生完成工作任务后，在学生之间开展完成任务情况的互评，互评的重点在于机件外形的其他表达方法的应用是否恰当合理，最后各小组组长把评估最优结果上报教师，由教师对完成任务情况进行归纳总结。

【知识链接】

机件向基本投影面投射所得的视图称为基本视图。绘制机件图样时应首先考虑看图的方便，绘制一般机件图样时通过基本视图即可以清楚地表达其外形，但是对于复杂形状的机件，考虑到各视图在图纸上的合理布局问题，不能全部按基本视图进行布局，需要在基本视图的基础上增加其他视图来表达零件的外部形状。常用的表达机件外形的其他方法包括向视图、斜视图、局部视图等。机件外形的其他表达方法的运用要根据零件的具体情况，合理、恰当地选择，在完整、清晰地表达零件结构形状的前提下，应尽量减少画图的工作量和视图数量。视图一般只画机件的可见部分，必要时才画出不可见部分。

2.2.1 向视图

有时图样受图纸幅面大小的限制，图样全部采用按基本视图配置的视图表达机件确有困难时，可考虑采用向视图表达。向视图是可以自由配置的视图，不受基本视图配置位置的限制，图纸上哪里有空白，就可以考虑向视图布置在哪里。如图 2.31 所示，左侧图样采用基本配置的视图表达机件的外形，图纸在上、中、下 3 处布置视图，图纸中部布置 4 个视图，视图布置显得过密，上部和下部仅有一个视图，视图布置显得过稀；右图为采用向视图配置机件图样，图纸在上下两处布置视图，每处布置 3 个视图，图纸布置整齐，比较美观。

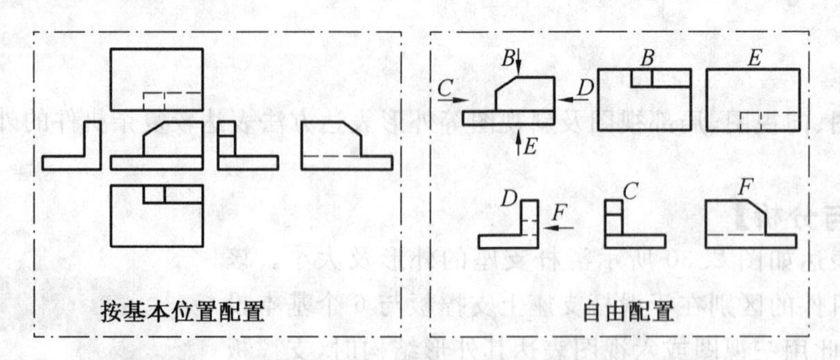

图 2.31 机件的基本位置配置视图和向视图配置视图

采用向视图表达机件形体结构时，需要对向视图进行标注，向视图的标注应注意以下问题：

(1)在向视图的上方应用字母标注出向视图的名称，并在相应视图附近用带箭头的字母指明向视图的投射方向，注意标注向视图投射方向上的字母与标注向视图名称的字母应相同。

(2)表示向视图投射方向的箭头尽可能配置在主视图上，只是表示后视投射方向的箭头才配置在其他视图上。

2.2.2 斜视图

有时表达机件外形时可能遇到这样的问题：无论你如何在三面(或六面)投影体系中摆放机件，机件上总有一些表面为投影面垂直面，这些表面的投影在其垂直的投影面上集聚成一条直线，在其他投影面上的投影为实际形状的类似形，其投影均不反映实形，给画图、读图和尺寸标注带来困难。

解决上述问题的方法是增设一个与该倾斜表面平行的辅助投影面，如图 2.32(a)所示，只将倾斜的部分向辅助投影面投射，即可将该部分的结构清晰地表达出来。我们把机件上的倾斜表面向与倾斜表面平行的辅助投影面投射，并把该辅助投影沿辅助面与纸面的交线旋转到与纸面重合位置，得一个新的视图，这种将机件倾斜结构向与倾斜结构表面平行的辅助投影面投射所得到的视图称为机件的斜视图。

斜视图的画法如图 2.32(b)所示。

画斜视图的注意事项：

(1)斜视图一般采用局部视图表达机件的倾斜结构，在表达部分与省略部分之间通常采用波浪线或双折线断开。

(2)斜视图通常按投射方向进行配置和标注，必须在斜视图上方用英文字母“×”注明斜视图名称，并在相应的视图附近用箭头指明投射方向，箭头应垂直主体轮廓线，并注上与斜视图名称对应的字母，如图 2.32(b) 所示。

(3)画斜视图时为了看图的方便，在不引起误解时允许将斜视图旋转配置，但需在旋转的斜视图上方用箭头注明斜视图的旋转方向，表示斜视图名称的字母应靠近旋转符号的箭头端，如图 2.32(c)所示。

(4)倾斜部分的定形和定位尺寸应标注在反应其实形的斜视图上。

2.2.3 局部视图

绘制表达机件外形的图样时，会遇到机件绝大部分的形体结构已通过基本视图表达清楚，仅有局部结构未表达清楚的情况，若增加其他视图表达机件外形，则画图的工作量较大，若能巧妙应用局部视图，可收到事半功倍的效果。局部视图是将机件的某一部分向某投影面投射所得的视图。与机件的完整视图相比，画图工作量较少。图 2.33 为机件的局部视图。

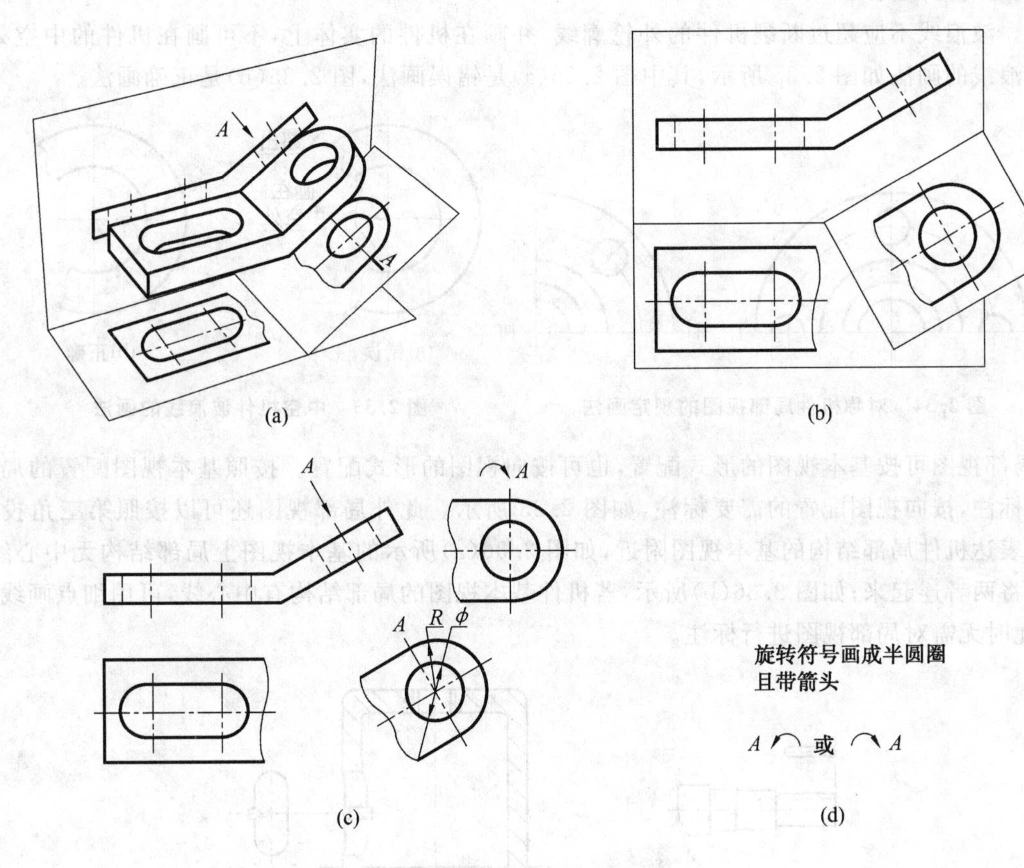

图 2.32 机件的斜视图表达

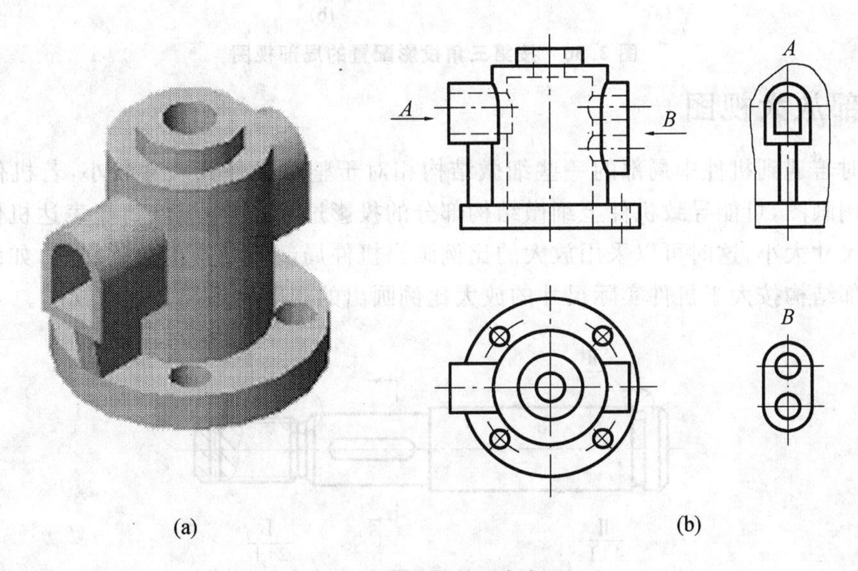

图 2.33 机件的局部视图

对于结构对称的机件，为了减少画图工作量，提高绘图效率，在不致引起误解时，可将其基本视图画成局部视图，局部视图一般为完整视图的一半或 1/4。并在对称中心线的两端画出两条与其垂直的平行细实线。对称机件局部视图的画法如图 2.34 所示。

绘制局部视图应注意下列问题：

(1)按向视图配置的局部视图需要在局部视图上方用英文字母标注其名称，并在其他视图上用箭头标注局部视图的观测部位及投射方向。

(2)局部视图的表达范围用波浪线表示。当表示的局部结构是完整且封闭的外轮廓时，波浪线可省略不画。波浪线不应超过断裂机件的外轮廓线，并画在机件的实体上，不可画在机件的中空处，中空机件波浪线的画法如图 2.35 所示，其中图 2.35(a)是错误画法，图 2.35(b)是正确画法。

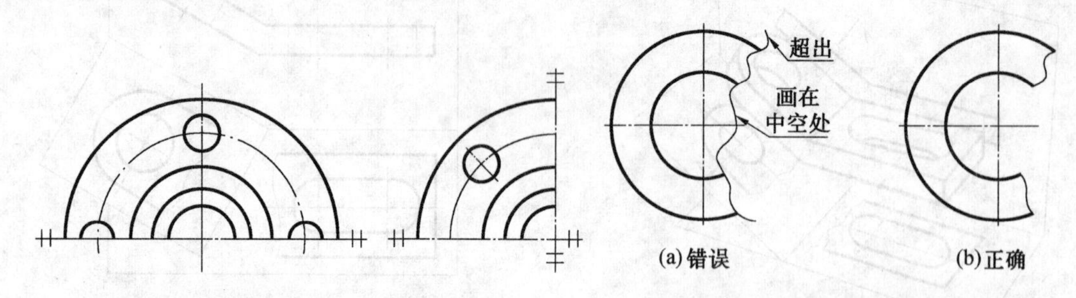

图 2.34　对称机件局部视图的规定画法　　图 2.35　中空机件波浪线的画法

(3)局部视图可按基本视图的形式配置，也可按向视图的形式配置。按照基本视图配置的局部视图一般不标注，按向视图配置的需要标注，如图 2.33 所示。此外局部视图还可以按照第三角投影配置在需要表达机件局部结构的基本视图附近，如图 2.36(a)所示的基本视图上局部结构无中心线，可用细实线将两者连起来；如图 2.36(b)所示，若机件基本视图的局部结构有中心线，可用细点画线将两者相连，此时无需对局部视图进行标注。

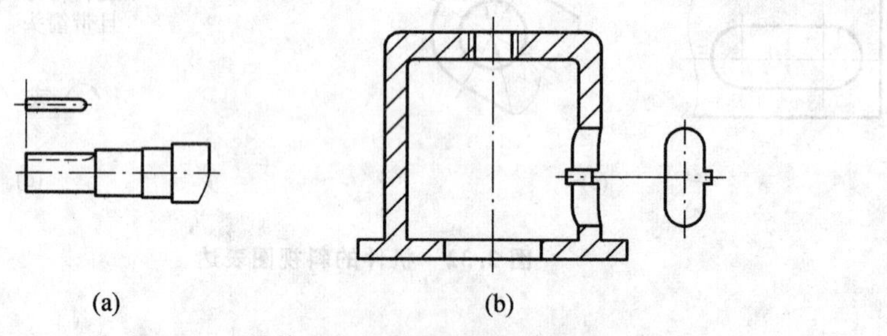

图 2.36　按第三角投影配置的局部视图

2.2.4 局部放大视图

实际绘图时若遇到机件中局部的一些细微结构相对于整个机件其尺寸较小，若机件的全部视图均采用同一比例画图，可能导致机件上细微结构部分的投影过小，因而无法清晰表达机件的细微部分的结构形状与尺寸大小，这时可以采用放大的比例画出机件局部的细微部分的结构，如图 2.37 所示，这种将机件局部结构按大于机件实际尺寸的放大比例画出的视图称为局部放大视图。

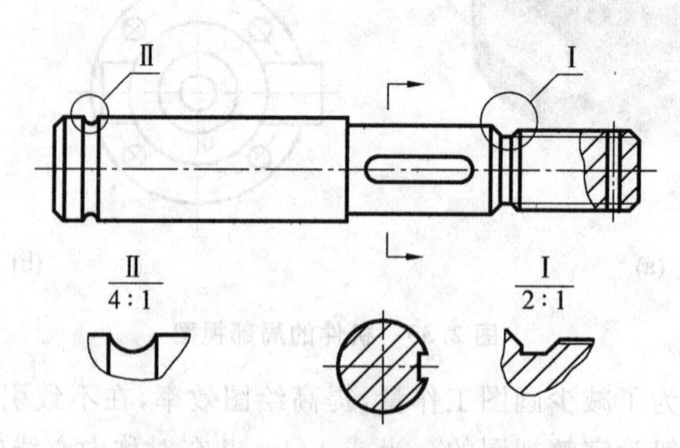

图 2.37　机件的局部放大视图

1. 局部放大视图的画法与标注

画局部放大视图时，一般在某个视图上把需要将局部放大的部位用细实线绘制一个圆圈起来。当图样中只有一处局部放大时，只需在局部放大的视图上方标注放大的比例；当有多处需要放大时，必须在圆上引出一条细实线，并用大写罗马字依次标明放大的位置，按照一定放大比例画出局部放大视图后，在局部放大视图的上方注出相应的罗马字及放大比例。

2. 画局部放大视图的注意事项

(1)局部视图可以根据需要画成视图、剖视图、断面图等，它与机件放大部分的表达方式无关。

(2)同一机件上不同部位的局部放大视图，当图形相同或对称时，只需画出一处。

(3)表示机件的局部细微结构大小的尺寸应标注在局部放大视图上。

2.2.5 机件的规定表达方法与简化表达方法

1. 断开画法

轴类和杆类机件沿长度方向其形状相同或按一定规律变化，若要按比例绘制较长的轴类和杆类机件，必然要采用缩小比例，导致这类机件的径向尺寸很小，不便于标注尺寸和清晰表达其结构，这时采用断开画法可以很好地解决这一问题。断开画法主要针对长度较长的轴类和杆类机件，机件沿长度方向形状相同或按一定规律变化时，允许把长度较长部位假想截去一部分，断开后的剩余部分按比例画出。这种规定表达方法称为断开画法，采用断开画法绘制的机件视图标注长度尺寸时仍按未断开的实际尺寸进行，如图 2.38(a)所示为连杆的断开画法，如图 2.38(b)所示为轴的断开画法。

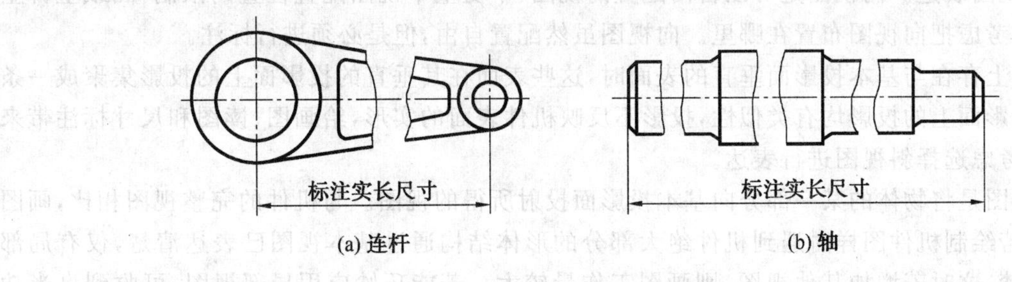

图 2.38 机件的断开画法

2. 机件上小平面的画法

当回转体机件上的小平面在图形中不能充分表达时，可用相交的两条细实线表示。回转体上平面的表达方法如图 2.39 所示。

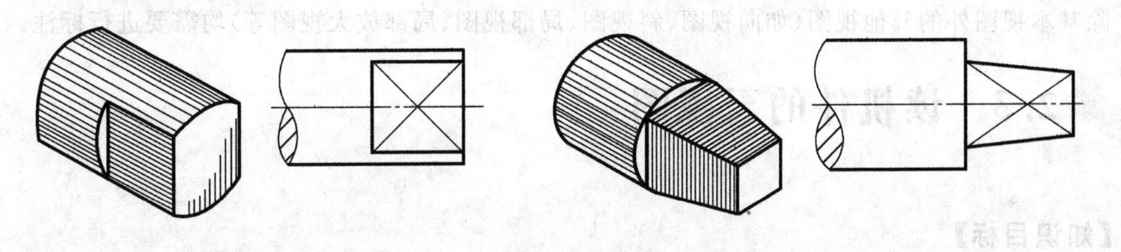

图 2.39 机件上小平面的画法

3. 机件上相同结构要素的表达方法

当机件上有若干相同的结构要素并按一定的规律分布时，只需画出几个完整的结构要素，其余的用细实线连接或画出其中心位置。如图 2.40 所示。

机件外形表达方法除上述规定画法外，工程上经常遇到连接件、螺纹紧固件、滚动轴承等标准件以及齿轮、蜗轮等常用件，螺纹及齿轮的牙形已经标准化，这些零件形状结构均已标准化了，画图时若将上述零件的结构按其轮廓的实际投影绘制，画图工作将会非常繁杂，为了节省画图时间，上述零件均有规定的画法或简化画法，其规定画法或简化画法详见项目 5，在此不作介绍。

【任务小结】

一般机件外形基本上都可以通过 3 个(或 6 个)基本视图准确清晰地表达机件的外形结构。但是

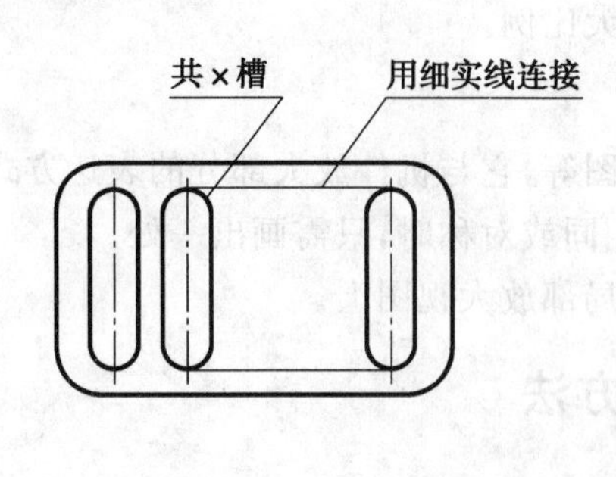

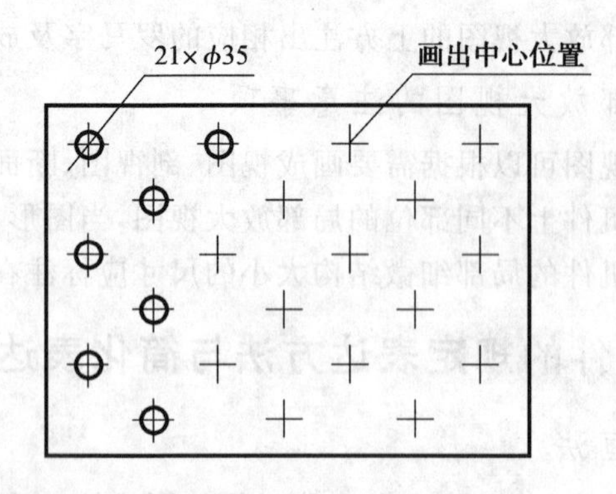

图 2.40　相同结构要素的表达方法

复杂机件的外形若仍然沿用上述方法表达其外形结构，就显得有些欠缺。设置本任务的目的是培养学生用其他外形表达方法表达复杂机件的外形并标注尺寸的能力。要顺利完成这一任务，需要同学们掌握好下列知识：

(1)当图样受图纸幅面大小的限制，图样全部采用按基本视图配置的视图表达机件确有困难时，可考虑采用向视图表达。向视图是可以自由配置的视图，不受基本视图配置位置的限制，图纸上哪里有空白，就可以考虑把向视图布置在哪里。向视图虽然配置自由，但是必须进行标注。

(2)当机件上存在与基本投影面垂直的表面时，这些表面在其垂直的投影面上的投影集聚成一条直线，在其他投影面上的投影均有类似性，投影不反映机件表面的实形，给画图、读图和尺寸标注带来困难。这时要考虑选择斜视图进行表达。

(3)局部视图是将物体的某一部分向基本投影面投射所得的视图。与机件的完整视图相比，画图工作量较少。若绘制机件图样时遇到机件绝大部分的形体结构通过基本视图已表达清楚，仅有局部结构未表达清楚，这时若增加其他视图，则画图工作量较大。若能巧妙应用局部视图，可收到事半功倍的效果。

(4)实际绘图时若遇到机件中局部的一些细微结构相对于整个机件其尺寸较小。机件的全部视图均采用同一比例画图，可能导致机件上细微结构部分的投影过小，因而无法清晰表达机件的细微部分的结构形状与尺寸大小，这时可以采用放大的比例画出机件局部的细微部分的结构。

除基本视图外的其他视图(如向视图、斜视图、局部视图、局部放大视图等)均需要进行标注。

2.3　读机件的三视图

【知识目标】

1. 掌握三视图的读图要领。
2. 掌握形体分析法读图的要领。
3. 掌握面形分析法读图的要领。

【能力目标】

能够准确识读叠加组合体与切割组合体的三视图。

【任务引入与分析】

读如图 2.41 所示的零件图，了解该零件的形体结构和尺寸大小等。画图是根据机件的实际结构和形状用工程图样表达出来，读图是依据工程图样的一组视图及尺寸标注，想象出机件的实际结构和大小。显然读图的难度大于画图。为了能迅速、准确读懂机件的图样，需要同学们在了解机件外形表达方法的基础上，掌握读图的基本方法和读图要领，通过反复训练掌握读图的技巧，培养空间想象能力，提高读图的速度与准确度。

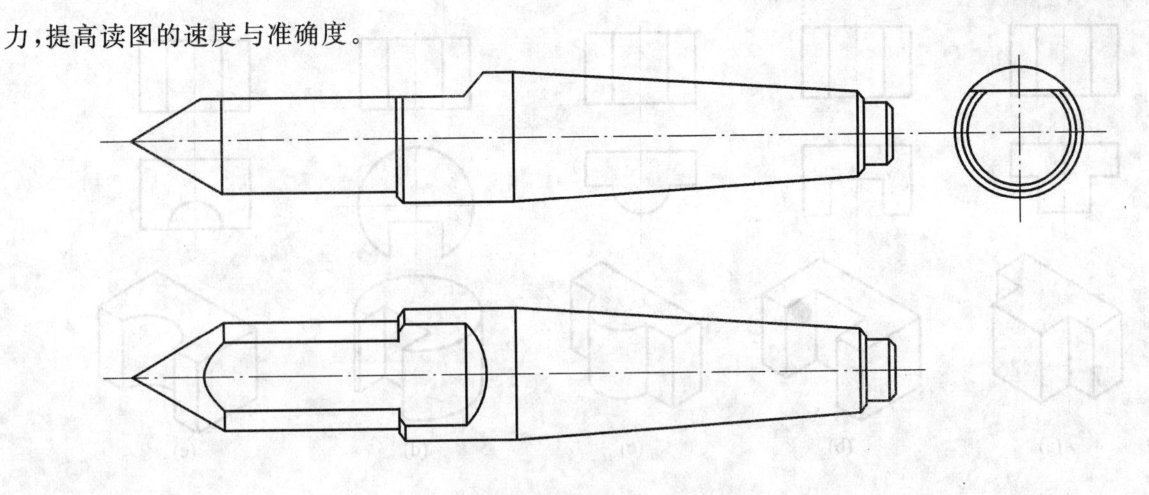

图 2.41　读顶尖的零件图

【任务实施】

教师活动：布置“读顶尖零件”的工作任务，给学生分析完成该工作任务需要掌握读图的基本方法和读图要领，引导学生以自学为主的方式掌握读图的方法，教师重点对学生读图难度较大的内容进行讲解，然后指导学生利用所学知识自主完成顶尖工程图样读图任务，检查评定学生读图工作任务的完成情况，对读图工作任务进行归纳总结，布置课后读图任务。

学生活动：了解读图工作任务的要求，明确要完成这样的工作任务需要掌握的读图的基本方法和读图要领，然后以自学的方式掌握上述知识，并自主完成顶尖工程图样的读图任务，用橡皮泥或其他用具做出读图结果的三维造型，进一步培养学生阅读工程图样能力。

任务评估：学生完成工作任务后，在学生之间开展完成任务情况的互评，互评的重点在于读图方法的应用是否恰当合理，结果是否正确，最后各小组组长把评估最优结果上报教师，由教师对完成任务情况进行归纳总结。

【知识链接】

读图能力也是工程技术人员不可缺少的基本能力，读图是画图的逆向思维过程，即根据给定的平面图形，想象机件空间形体形状结构的过程。

2.3.1　读机件视图的方法

1. 形体分析法

读机件零件图的基本方法依然是形体分析法。用形体分析法读图就是根据给定机件的基本视图，结合基本形体的投影规律，将组合体机件假想分成若干个组成部分，用“分线框、对投影”的方法，依次想象出机件各组成部分的形状、然后根据机件各部分的组合方式，综合想象长机件的整体结构和形状。读图时需要注意以下几个问题：

(1)要几个视图联系起来看。

一般情况下，一个或两个视图往往不能反应机件的形状。图 2.42 所示的 5 个机件的 5 组视图，其主视图都相同，但分别表示 5 种不同形状的机件。因此在读图时不能仅看一个视图，必须将几个视图联系起来进行分析、思考、判断，才能想象出机件的形状。

(2)善于抓住机件的特征视图。

机件的特征视图分为形状特征视图和位置特征视图两种。

①善于抓住形状特征视图搞清机件的形状。最能反应机件形状的视图称为“形状特征视图”。如

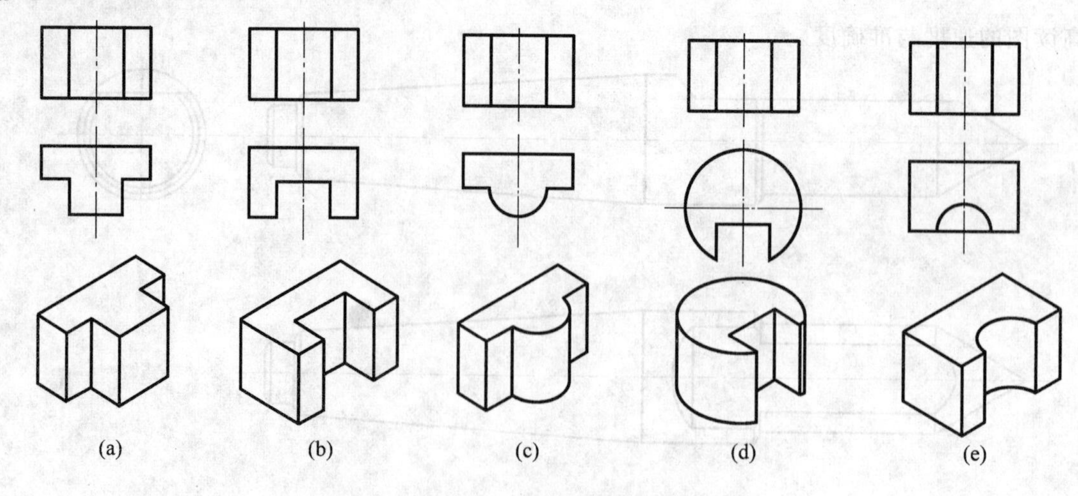

图 2.42　一个视图不能确定机件的形状

图 2.43 所示，仅看主视图和俯视图只能大致判断该机件的形状为一个长方体，至于左、右侧面的形状就不得而知了。如果将左视图和主视图配合起来看，即使不看俯视图，也能想象出它的形状。因此在图 2.43 中，左视图为机件的形状特征视图。

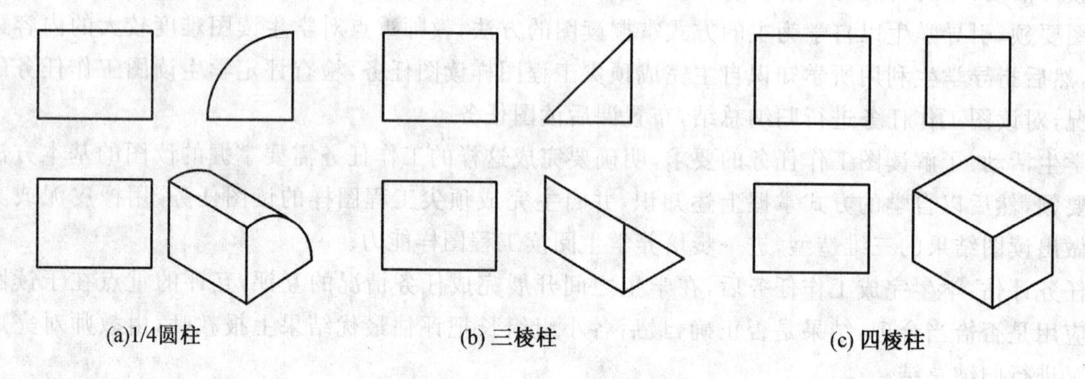

图 2.43　左视图为形状特征视图

②善于抓住位置特征视图搞清组合体各部分之间的位置关系。最能清晰表达机件各组成部分相对位置关系的视图称为位置特征视图。图 2.44 所示的视图中，如果仅看主视图或俯视图不能搞清形体Ⅰ、Ⅱ、Ⅲ的相互位置关系，不能确定形体Ⅱ、Ⅲ哪个是凸起部分，哪个是凹进去的部分。如果将图

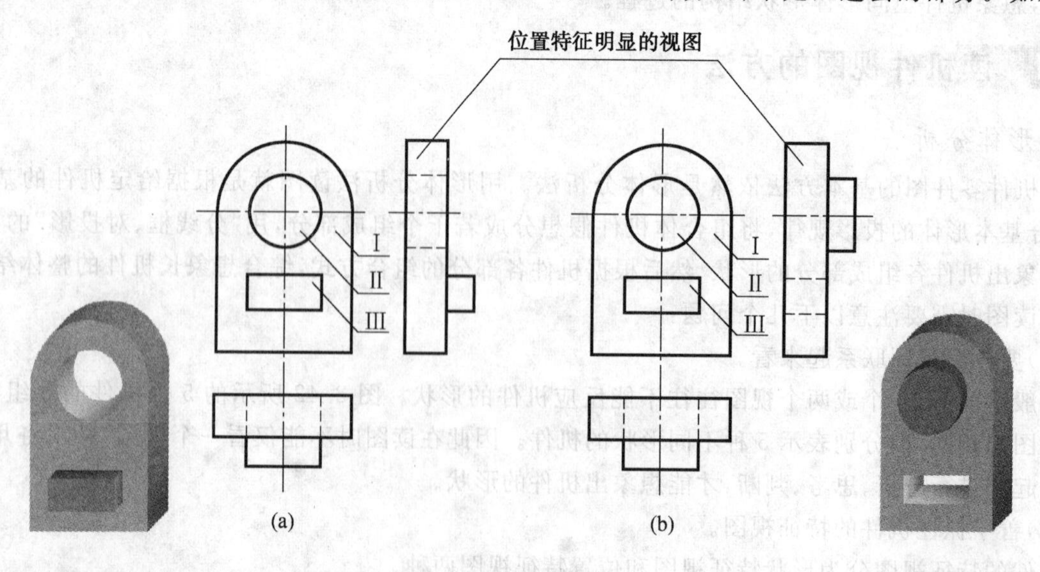

图 2.44　位置特征视图

2.44(a)中主视图和左视图结合起来看，显然图中Ⅲ为凸起部分、Ⅱ为切割去除部分；如果将图2.44(b)中主视图和左视图结合起来看，显然图中Ⅱ为凸起部分、Ⅲ为切割去除部分。因此图2.44中左视图是反映机件位置特征最明显的视图，即位置特征视图；主视图为该机件形状特征视图。

需要注意的是由于机件的组合方式不同，反应机件形状特征将位置特征的视图并非总集中在一个视图上，有时分散到多个视图上，如图2.45所示的支架就是由4个部分叠加组合而成。其主视图反映A、B部分的形状特征，而且很好地反映出4个部分的位置关系，俯视图反映D部分的形状特征，同时反映B、C、D 3部分的位置关系，左视图反映C部分的形状特征。所以在读图时要从反映机件特征较多的视图入手，结合其他视图，搞清机件各部分形状及其组合关系，进而想象出机件整体的形状结构。

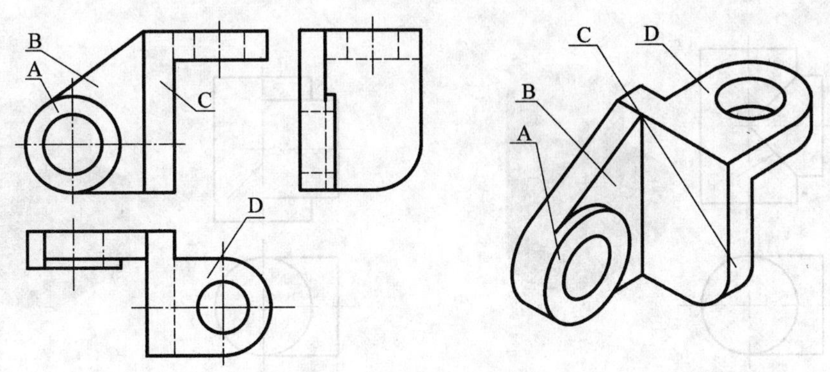

图2.45 支架的特征视图

(3)注意反映形体之间连接关系的图线。

图2.46(a)与图2.46(b)所示机件的形状不同，但是这两组视图的左视图与俯视图完全相同；图2.46(c)与图2.46(d)所示的机件形状不同，但是这两组视图的俯视图完全相同。因此要读懂机件的视图，不仅要善于抓住机件的形状特征视图，而且要注意反映形体之间连接关系的图线。图2.46(a)所示的三角形肋板与立板和底板的交线在主视图上是实线，说明三者前面不共面，因此肋板在前后方向位于机件的中央；图2.46(b)所示的三角形肋板与立板、底板的交线在主视图是虚线，说明三者前面是共面的，根据俯视图或左视图可以确定该机件在前后方向各有一块肋板。图2.46(c)左右两部分的交线在主视图上投影为直线，说明两部分正交，交线为椭圆形投影集聚成直线，图2.46(d)左右两部分的交线在主视图上投影没有直线，说明两部分左侧部分表面为平面且与右侧的圆柱体相切。

2. 线面分析法

对于形状比较复杂的切割体机件，读图时以形体分析法为主，以线面分析法为辅。线面分析法是用“分线框、对投影”的方法，通过识别机件上线面等几何要素的空间位置、形状，从而想象出机件的整体形状。

2.3.2 读机件视图的步骤

1. 抓特征分解形体

以主视图为主，配合其他视图，找出反映物体特征较多的视图，从图上将机件分解成几部分。

2. 对投影确定形体

利用“三等”关系，划分出每一部分的3个投影，想象出它们的形状。

3. 面形分析攻难点

当形体由切割方式形成时，常采用面形分析法对形体主要表面的形状进行分析，进而准确地想象出形体的形状。

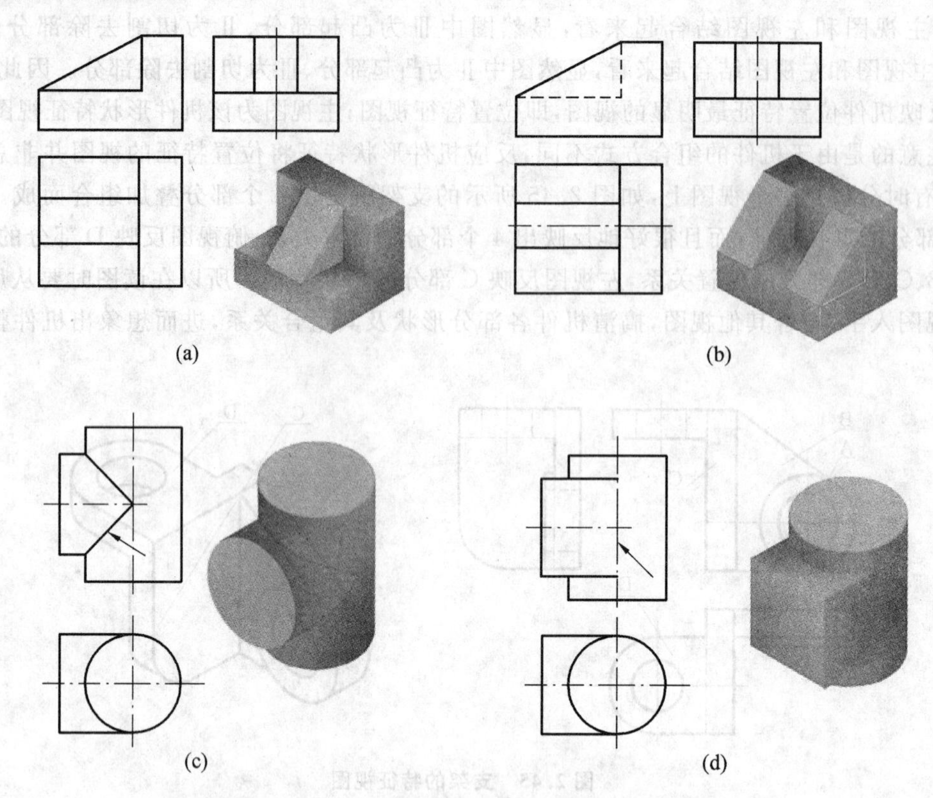

图 2.46　反映机件形体之间连接关系的图线

4. 综合起来想整体

抓住位置特征视图,分析各部分间的相互位置关系,综合起来想象出物体的整体形状。

下面我们以图 2.47 所示滑动支座的工程图样为例介绍读图的方法。

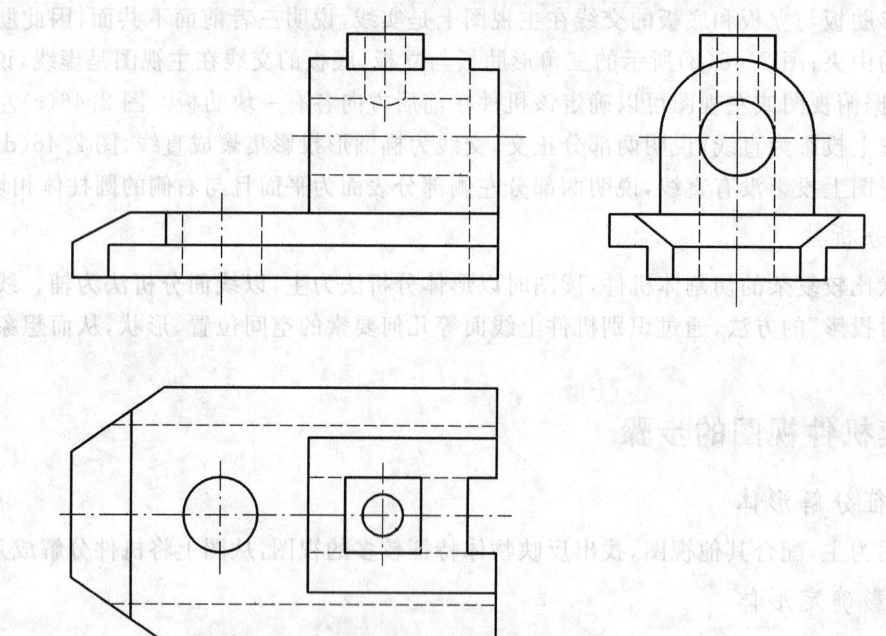

图 2.47　滑动支座的工程图

(1)分解形体。

一般从反映机件形体特征较多的主视图入手,对照其他视图,初步将主视图划分为 3 个线框,由此分析出滑动支座由 3 部分组成,如图 2.48 所示。

(2)对投影确定各部分的形体结构。

在三视图中分别找出Ⅰ、Ⅱ、Ⅲ 3 部分对应的一组投影，如图 2.48 所示，Ⅰ的主视图与俯视图的投影为两个矩形框，左视图的投影为 3 条直线与一条圆弧组合成的近似矩形，左视图为该部分的形状特征视图，因此Ⅰ为长方体挖去圆柱体的一小部分，并在其中心部位钻孔而成；Ⅱ的主视图和俯视图的投影均为矩形，左视图为矩形与半圆的叠加组合形，其左视图为形状特征视图，根据前面所学知识不难想象出该部分的结构为长方体与半圆柱体的组合体，并在半圆柱体与长方体的结合面的中央挖去圆孔，右端上下切出一矩形槽。

图 2.48　分线框对投影确定机件形体结构

(3)线面分析攻难点。

Ⅲ的 3 个视图均为近似矩形，因此该部分为由长方体切割而成的切割组合体，该部分的形状采用形体分析法难以想象其结构形状，需要采用线面分析法，由左视图可知该部分为长方体在底部前后分别切去两个长方体，由主视图可知该部分还采用正垂面切去该部分的左上角，由俯视图可知该部分还用两个铅垂面分别切去该部分的左前棱角和左后棱角，该切割体切割形成的表面很难一下想象出其形状，利用线面分析法可以攻克这一难点，A 面的水平投影集聚成一条直线，A 面的其他两个投影为七边形，说明 A 面为铅垂面，其形状为七边形平面；B 面的正投影与水平投影均集聚成直线左侧，同一为矩形，说明 B 面为侧平面，左侧投影为矩形反映实形；C 面的正投影集聚成一直线，其他两个投影均为等腰梯形，说明该平面为正垂面，其形状为梯形平面，通过线面分析可以想象出该部分的形状。

(4)综合起来想象整体。

左视图为滑动支座的位置特征视图，由左视图可知，Ⅰ部分叠加放置Ⅱ的上表面，Ⅱ叠加放置在Ⅲ的上表面，综合起来不难想象出该机件的形状，如图 2.49 所示。

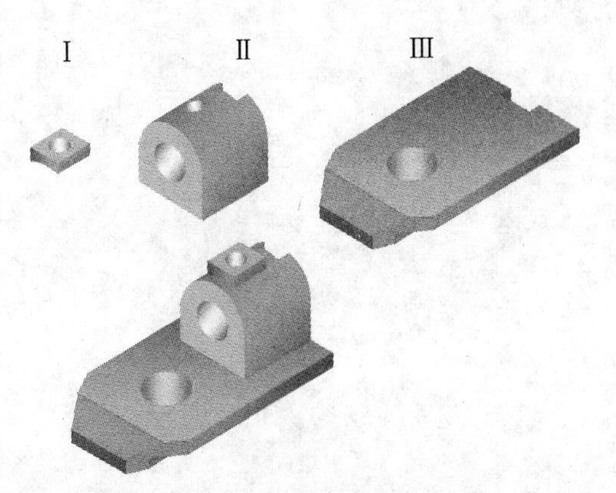

图 2.49　读图后想象出的滑动支座形状结构

【任务小结】

读图的方法有形体分析法和线面分析法两种。读图时应以形体分析法为主，以线面分析法为辅。

1. 形体分析法

形体分析法是读图的基本方法。形体分析法读图是根据给定机件的基本视图，结合基本形体的投影规律，将组合体机件假想分成若干个组成部分，用“分线框、对投影”的方法，依次想象出机件各组成部分的形状、然后根据机件各部分的组合方式，综合想象长机件的整体结构和形状。

读图时需要注意以下几问题：

(1)要几个视图联系起来看，不应只看单一视图。

(2)善于抓住机件的特征视图。机件的特征视图分为形状特征视图和位置特征视图两种。抓住形状特征视图读懂机件各组成部分的形状，抓住位置特征视图读懂机件各部分之间的位置关系。

(3)注意反映形体之间连接关系的图线，搞清机件组合时表面的位置关系。

2. 线面分析法

对于形状比较复杂的切割体机件，读图时以形体分析法为主，以线面分析法为辅。线面分析法是用“分线框、对投影”的方法，通过识别机件上线面等几何要素的空间位置、形状，从而想象出机件的整体形状。

3.读机件视图的步骤

(1)抓特征分解形体。

(2)对投影确定各部分的形体结构。

(3)线面分析攻难点。

(4)综合起来想象整体。

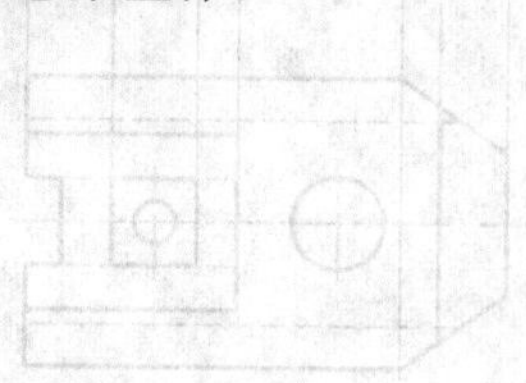

项目 3

机件内部形状的剖切表达

视图主要用来表达机件的外部形状。当机件的内部形状比较复杂时，视图中会出现较多的虚线，影响图样的清晰度，给读图、画图及尺寸标注带来不便，为了解决上述问题，国家标准《技术制图 图样画法 剖视图和断面图》(GB/T 17452—1998)与《机械制图 图样画法 剖视图和断面图》(GB/T 4458.6—2006)规定了剖视图的基本表示法。本项目的目的是为了培养学生对机件内部形状的表达能力，为了达到这个目的，项目下设两个工作任务。

3.1 简单机件内部形状的表达方法

——单一剖切面剖切机件的剖视图

【知识目标】

1. 剖视的概念、剖面符号、绘制剖视图应注意的问题。
2. 选择单一剖切面表达机件的内部形状适应情况。

【能力目标】

能够绘制机件采用单一剖切面剖切的全剖、半剖和局部剖视图。

【任务引入与分析】

根据图 3.1 所示压盖的一组视图，分析压盖的内部形状，并用合适的表达方法将压盖的内部形状表达清楚。要完成该任务仅掌握机件外部形状的表达方法是远远不够的，该机件与前面项目的任务相比，压盖为空心机件，机件的内部形状较复杂，而前面遇到的机件多为实心体机件，若仍用基本视图表达其内部结构形状，其视图上将出现许多虚线，不便于看图和标注尺寸，国家标准规定不允许在虚线轮廓上标注尺寸。那么如何解决这样的问题呢？方法是把不可见轮廓线变成可见轮廓线，即把虚线变成实线，这就需要同学们掌握剖视图的有关知识，通过完成该工作任务，获得对一般机件内部形状的表达能力。

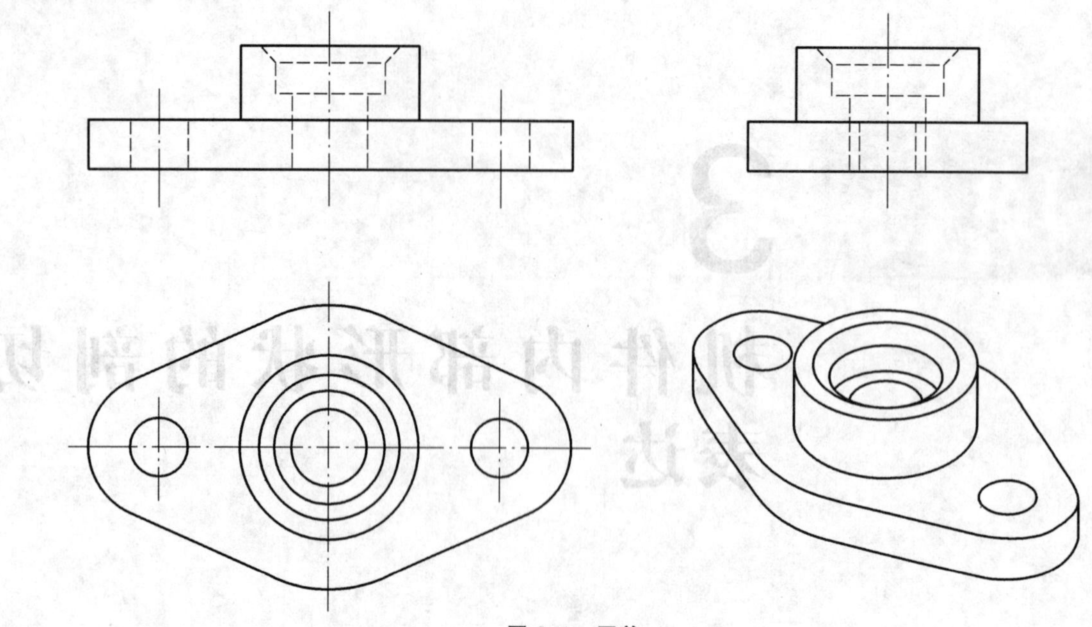

图 3.1　压盖

【任务实施】

教师活动：给学生布置表达压盖形状及大小的工作任务，分析完成工作任务需要掌握的有关剖视的基本知识，指导学生以自学方式为主，掌握单一剖切面剖切机件的全剖视图、半剖视图和局部剖视图的知识，教师重点对学生自学有难度的知识点进行讲解，指导学生自主完成工作任务，检查评定学生工作任务的完成情况，对工作任务进行归纳总结，布置课后任务。

学生活动：了解工作任务，明确要完成这样的工作任务需要掌握剖视图的知识，然后以自学的方式完成教师布置的工作任务，通过完成任务掌握单一剖切面剖切机件的全剖视图、半剖视图和局部剖视图的画法及适用场合。通过自主完成该工作任务，获得对表达机件内部形状方法的知识。

【知识链接】

若用基本视图表达图 3.2 所示机件的内部形状，其视图上将出现许多虚线，不便于看图和标注尺寸。那么如何解决这样的问题呢？下面介绍机件剖视图的有关知识。绘制机件的剖视图要遵守国家标准 GB/T 17452—1998 和 GB/T 4458.6—2006 的规定。

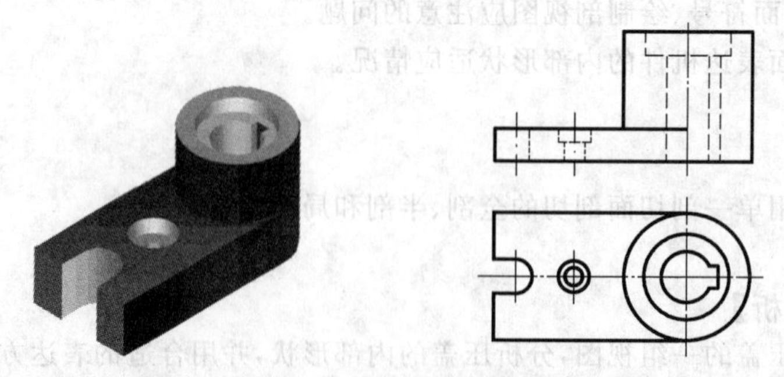

图 3.2　用基本视图表达内形较复杂的机件

3.1.1 剖视图的概念

1. 剖视图的形成

假想用剖切面将机件剖开，移去剖切面和观察者之间的部分，将机件剩下的部分向投影面进行投射，所得的图形称为剖视图，简称剖视。剖视图的形成过程如图 3.3 所示。将机件的剖视图的主视图与基本视图的主视图进行比较，可以看出，采用剖视后，机件的内部不可见轮廓线（虚线）变成可见轮廓线（粗实线），机件的内部形状表达得更为清晰，更有层次感。

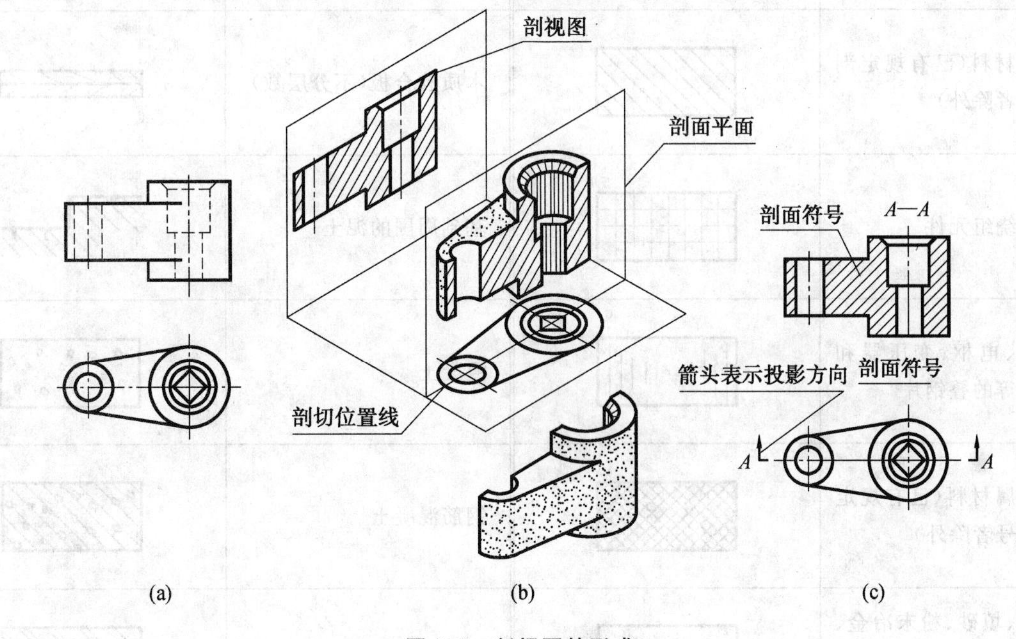

图 3.3 剖视图的形成

2.剖视图的画法

绘制机件的剖视图一般按下列步骤进行。

(1)确定剖切面的位置。

一般常用平面作为剖切面（也可用柱面作为剖切面）。为了表达物体内部的真实形状，剖切平面一般应通过机件内部结构的对称平面或孔的轴线，并平行于相应的投影面。简单机件的内部形状可以采用单一剖切面剖切进行表达，复杂机件可以采用多个剖切面进行剖切。如图 3.3 所示的机件，其剖切面是选择通过机件前后对称平面的单一剖切平面。

(2)绘制剖视图。

画图前首先要想象机件的哪部分移走了？剖面区域的形状是怎样的？哪些部分投影是可以看到的？然后用粗实线绘制剖切面以及剖切面后部的可见内部和外部轮廓线。图 3.4(a) 所示机件的主视图为采用单一平面剖切后的全剖视图，图 3.4(b)为采用单一圆柱剖切面剖切的全剖视图。

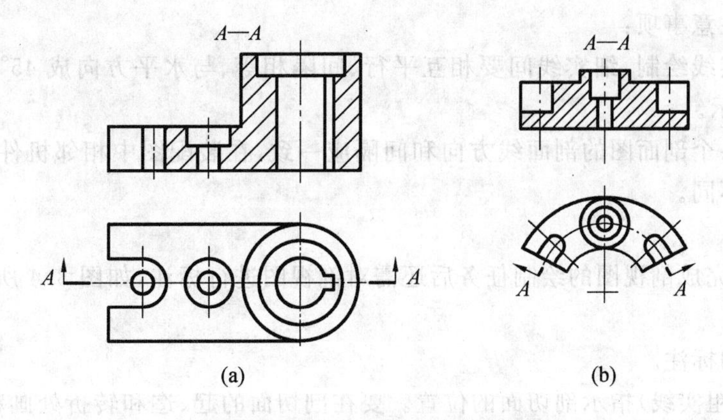

图 3.4 单一剖切剖切的全剖视图

(3)画剖面符号。

当机件被假想剖开后，剖切面与机件的接触部分称为剖面区域，通常在剖面区域内应画上剖面符号，以便于识别实体与空心部分。常见材料的剖面符号见表 3.1。

表 3.1 各种材料的剖面符号

材　料	剖面符号	材　料	剖面符号
金属材料(已有规定剖面符号者除外)		木质胶合板(不分层数)	
线圈绕组元件		基础周围的泥土	
转子、电枢、变压器和电抗器等的叠钢片		混凝土	
非金属材料(已有规定剖面符号者除外)		钢筋混凝土	
型砂、填砂、粉末冶金、砂轮、陶瓷刀片、硬质合金刀片等		砖	

当不需在截断面内表示材料的类别时,剖面符号可采用通用剖面线表示,制图国家标准GB/T 17453—2005规定,剖面线用细实线绘制,剖面线与主要轮廓或剖面区域的对称线成45°(向左、向右倾斜均可),如图 3.5 所示。

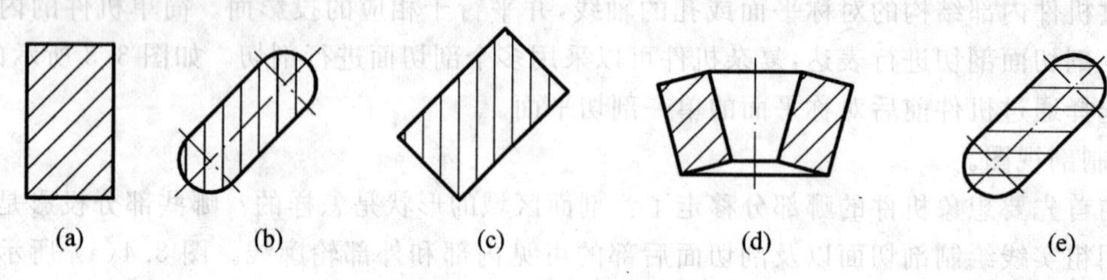

图 3.5 剖面线绘制图例

画剖面符号的注意事项:

①剖面线用细实线绘制,细实线间要相互平行、间隔相等、与水平方向成 45°(特殊情况为 30°或60°)角,如图 3.6 所示。

②同一机件的各个剖面图的剖面线方向和间隔应一致,在装配图中相邻机件的剖面线方向相反或方向相同但间距不同。

(4)标注剖视图。

为了便于读图,完成剖视图的绘制任务后还需对剖视图进行标注,如图 3.4 所示。剖视图标注的内容如下:

①剖切面位置的标注。

通常用剖切线(粗实线)指示剖切面的位置。要在剖切面的起、迄和转折处画粗实线,应避免剖切线与视图的轮廓线相交。表示剖切位置的剖切线一般情况下可省略。

②投射方向的标注。

在表示剖切面起、讫的粗实线外侧画出与其垂直的箭头,表示剖切后的投射方向。

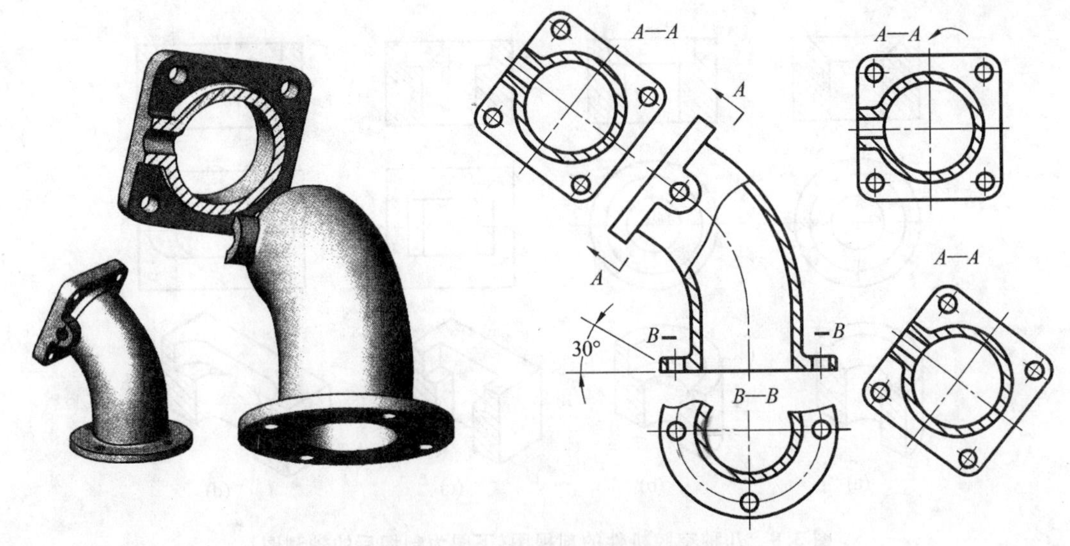

图 3.6　特殊情况剖面线的绘制

③剖视图名称的标注。

在表示剖切面起、讫和转折位置的粗实线外侧标注与剖视图名称相同的大写英文字母。下列情况可省略标注：

a. 当剖视图按基本视图关系配置时，可省略表示投影方向的箭头。

b. 当单一剖切面通过机件的对称(或基本对称)平面，且剖视图按基本视图关系配置时，可不标注。

3. 画剖视图应注意的问题

(1)剖切面位置一般选择通过所要表达的机件内部结构的对称平面，并且平行于基本投影面。

(2)剖视图是假想画法，当一个视图采用剖视图表达后，其他视图绘制时仍按未剖切的完整机件画出。

(3)剖切后留在剖切面之后的可见部分的轮廓线应全部向投影面投射。只要是可见的线面的投影，画图时都要画出，如图 3.7 所示机件轴测图上部的剖视图都存在漏画线条的情况，下部为机件正确的剖视图。空腔机件中的线、面的投影比较容易漏画，画剖视图时应特别注意。图 3.8 为几种典型空腔机件的剖视图。

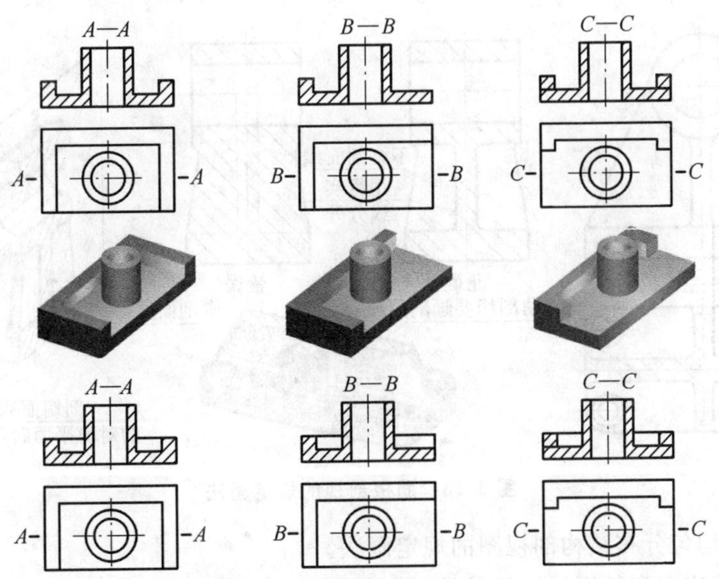

图 3.7　剖视图画图注意事项

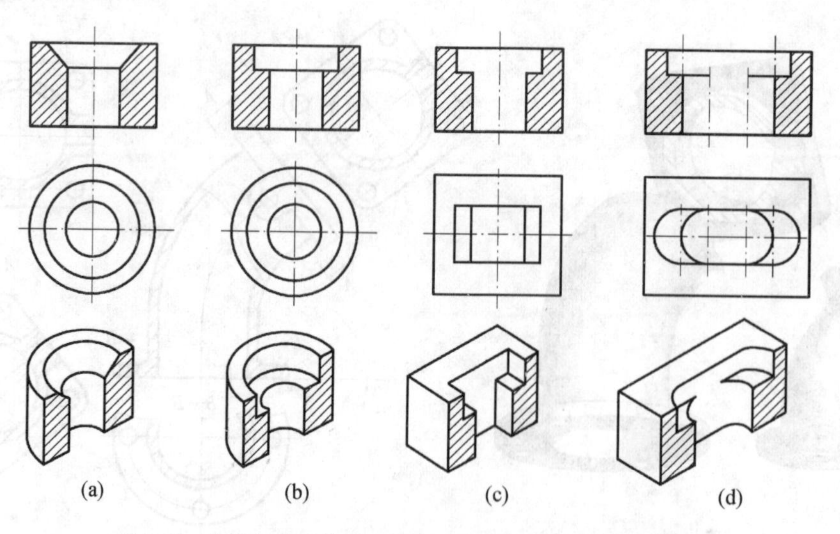

图 3.8　几种空腔机件的剖视图(下图为剖切后的轴测图)

(4)为了使视图简明清晰,剖视图中看不见的结构,若在其他视图中已表达清楚,则不可见部分的轮廓投影的虚线应省略不画,但对尚未表达清楚的结构形状,若画出少量虚线能减少视图数量,也可画出必要的虚线,如图 3.9 所示。

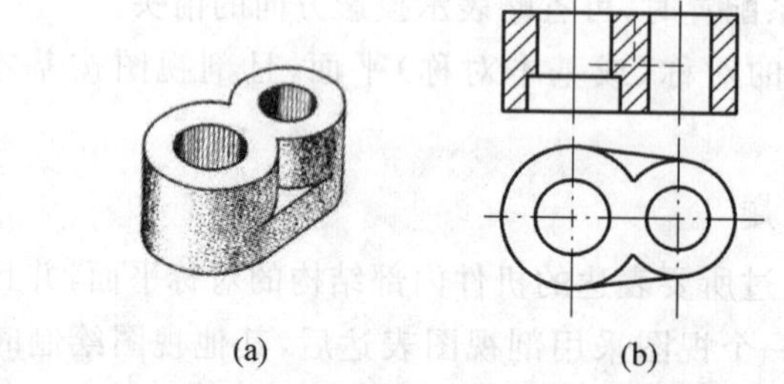

图 3.9　视图中必要时可画少量虚线

4. 剖视图的规定画法

(1)肋板、轮辐及薄壁结构剖视图的规定画法。

对于机件上的肋板、轮辐及薄壁等结构,其纵向剖切视图通常剖到按不剖绘制,并用粗实线将它们与邻接部分分开,横向剖切按实际剖切情况画出,如图 3.10 所示。

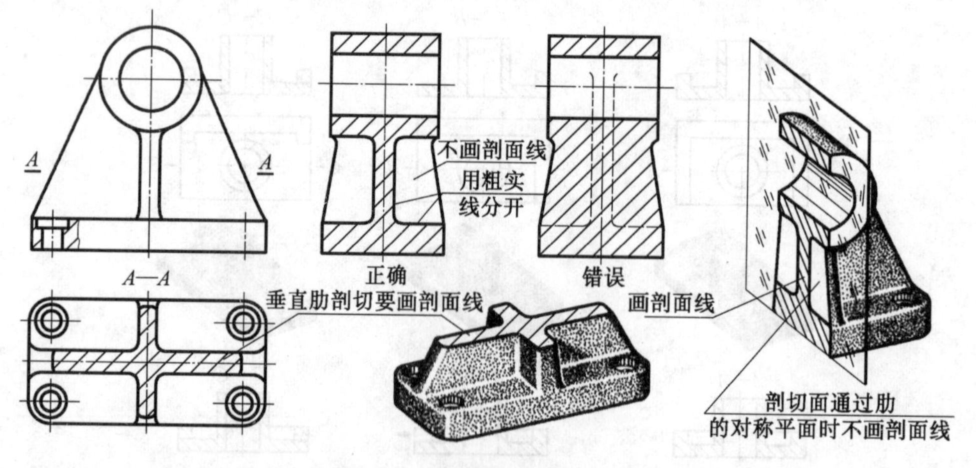

图 3.10　肋板剖视的规定画法

(2)回转体机件均匀分布结构剖视图的规定画法。

带有均匀分布结构要素的回转体机件绘制剖视图时,若剖切面未通过均匀分布结构的轴线或对称面时,可以将这些结构要素旋转到剖切面绘制。且不论这些结构要素的数量是奇数还是偶数,在剖视图中都按对称结构绘制。如图 3.11 所示，图 3.11(a)中主视图为剖视图，剖切面未通过沿圆周 4 个均布的小孔中心，画图时将该孔旋转剖切面绘制。图 3.11(b)中肋板与孔均为奇数，左右结构不对称，主视图剖切时按对称结构进行绘制。

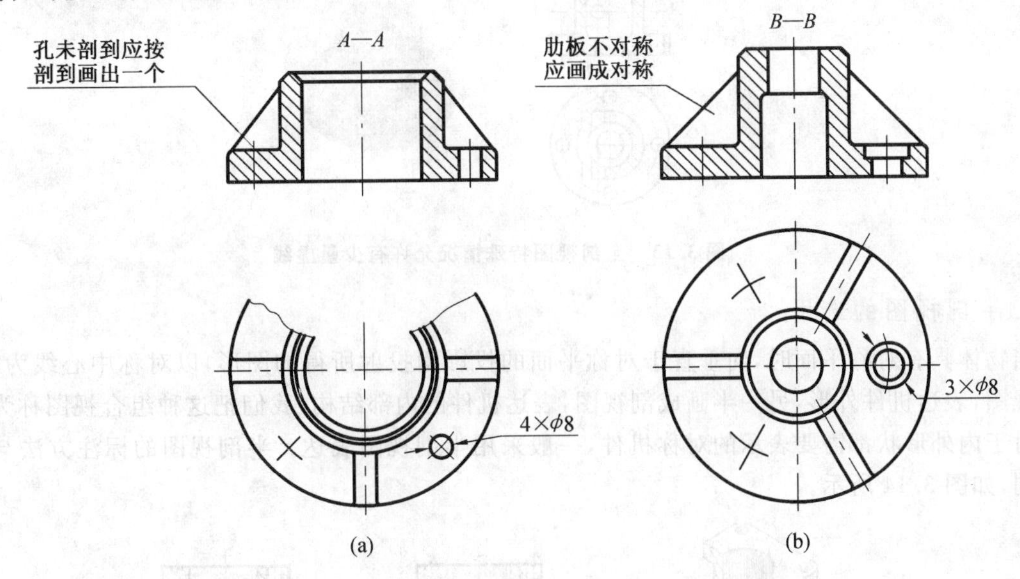

图 3.11　回转体机件结构要素规则分布时剖视图的规定画法

3.1.2 剖视图的选用

采用单一剖切面剖切机件，其剖视图主要用来表达内部形状不太复杂的机件。用单一剖切面剖切机件，其剖视图按机件被剖切范围划分，单一剖切面视图有全剖视图、半剖视图和局部剖视图 3 种，不同类型的剖视适合表达不同特点机件的内部形状。对于某个机件来说，采用哪种剖视图表达机件的结构更合适呢？这要根据机件的内部形状结构差异而定，下面介绍剖视图的选用问题。

1. 全剖视图的选用

用单一(一组)剖切面完全地剖开机件所得的剖视图，称为全剖视图，图 3.4～3.9 均为全剖视图。全剖视图主要用于表达内部形状复杂的不对称机件或外形简单的对称机件。

画全剖视图的注意事项：

(1)剖视图一般不画不可见轮廓线(虚线)。如图 3.12 所示的机件采用全剖视图表达其内部结构。图 3.12(a)在机件结构已表达清楚情况下又画出不可见的轮廓线，因此是错误画法，正确画法如图 3.12(b)所示。

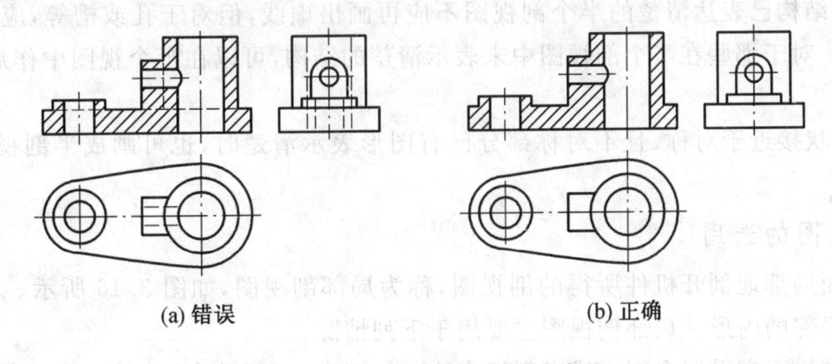

图 3.12　全剖视图一般不画虚线

(2)在机件结构未表达清楚的条件下，若在全剖视图画少量虚线既可以减少视图数量，又能清楚该机件的结构，在这种情况下允许在剖视图中画少量虚线。绘制如图 3.13 所示的机件，在主视图中画少量虚线仅用两个视图即可表达清楚该机件的结构；若在两个视图中不画虚线，则不能清除表达该机件的结构，需要增加向视图来清晰表达机件的结构，这样表达清楚该机件的结构至少需要3个视图。

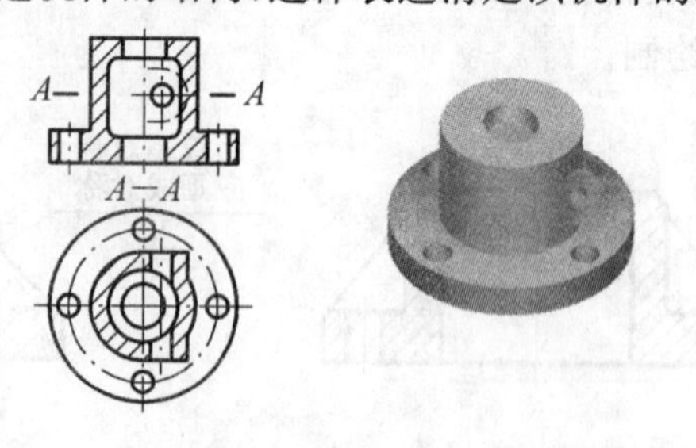

图3.13　全剖视图特殊情况允许有少量虚线

2.半剖视图的选用

当物体具有对称平面时，向垂直于对称平面的投影面投射所得的图形，以对称中心线为界，一半画成视图，表达机件外形，另一半画成剖视图，表达机件的内部结构，我们把这种组合视图称为半剖视图。对于内外形状都需要表示的对称机件，一般采用半剖视图表达。半剖视图的标注方法与全剖视图相同，如图3.14所示。

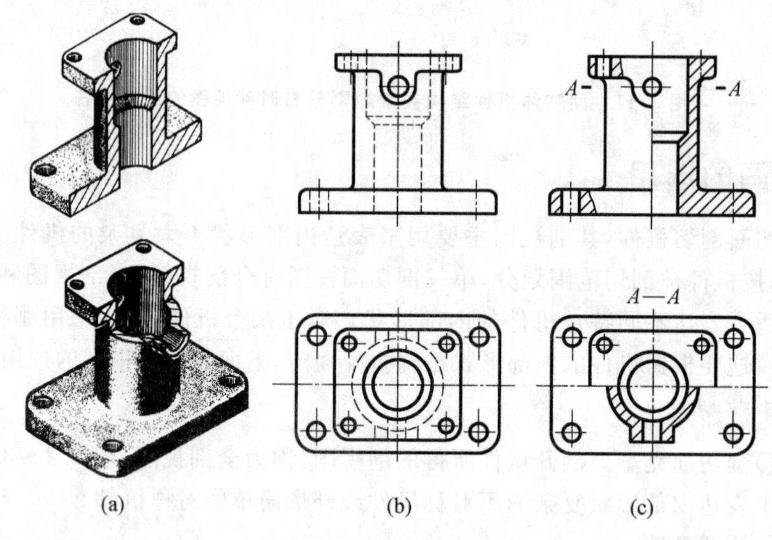

图3.14　半剖视图

画半剖视图时应注意以下几点：

(1)半个视图与半个剖视图的分界线应是点画线，不应把分界线画成粗实线，如图3.14所示。

(2)机件内部结构已表达清楚的半个剖视图不应再画出虚线，但对于孔或槽等，应用细点画线画出其中心线位置。对于那些在半个剖视图中末表示清楚的结构，可以在半个视图中作局部剖视，如图3.14所示。

(3)当机件形状接近于对称，且不对称部分已有图形表示清楚时，也可画成半剖视图，如图3.15所示。

3.局部剖视图的选用

用单一剖切面局部地剖开机件所得的剖视图，称为局部剖视图，如图3.16所示。局部剖视图主要用于表示机件局部的内形。局部剖视图主要用于下列情况：

①机件内部结构不宜采用全剖视或半剖视表达。如图3.17所示连杆机件，采用全剖视图无法表达杆身与两端连接部分的过渡线，采用局部剖视图能较好地表达该机件的结构。

②机件结构不对称，内、外形都需要表达。如图3.18所示机件，主视图采用全剖视图无法表达前部连接法兰的形状，俯视图采用全剖视图无法表达机件上端面的形状，采用局部剖视图较好地表达了

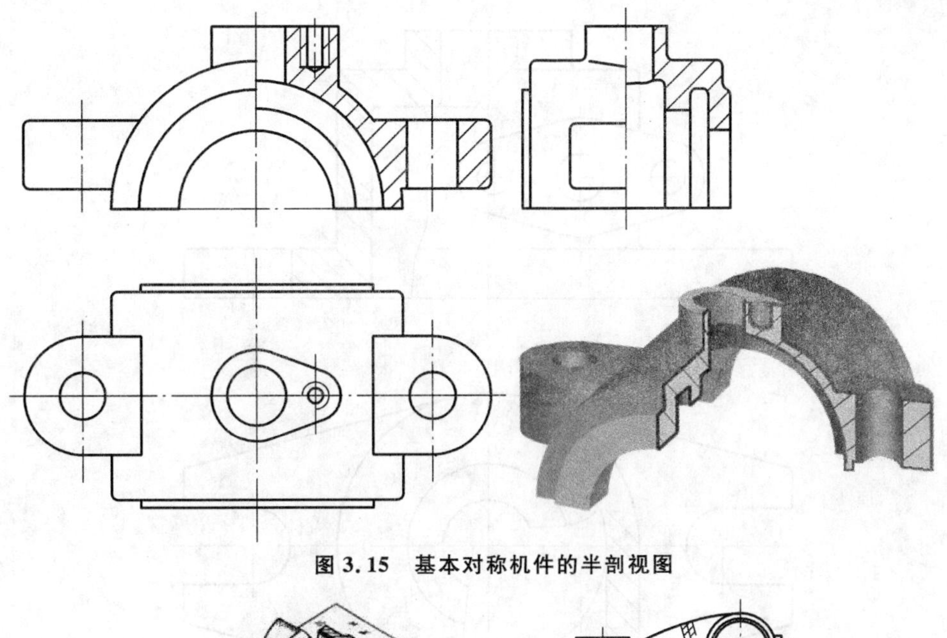

图 3.15 基本对称机件的半剖视图

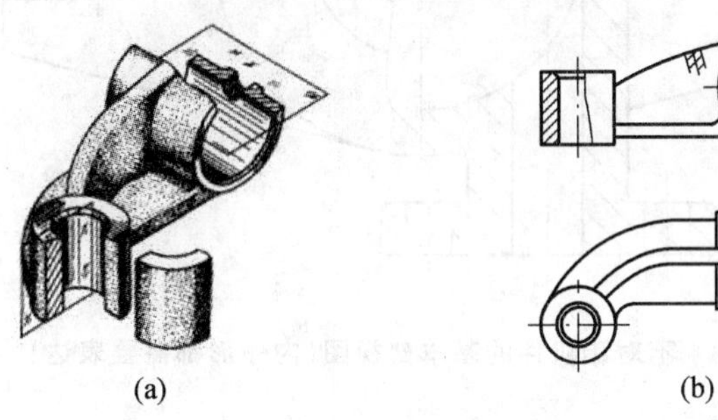

(a) (b)

图 3.16 局部剖视图

该机件的内外结构。

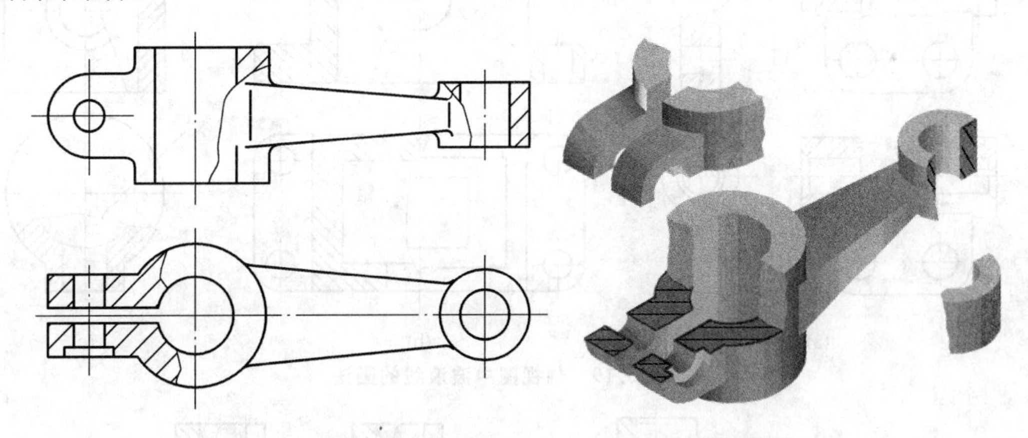

图 3.17 对称机件局部剖视图(不宜进行全剖或半剖)

画局部剖视图应注意的问题：

①剖切位置与范围应根据实际需要决定，剖开部分与未剖切部分之间用波浪线(或双折线)分界。波浪线应画在机件的实体部分，不能超出视图的轮廓线，也不得与图样上其他图线重合，如图 3.19 所示。

②当被剖的局部结构为回转体时，允许将该结构的中心线作为局部剖视图与视图的分界线，如图 3.20(a)所示。

③当对称机件在对称中心线处有轮廓线而不便于采用半剖视时，可使用局部剖视，如图 3.20(b)所示。

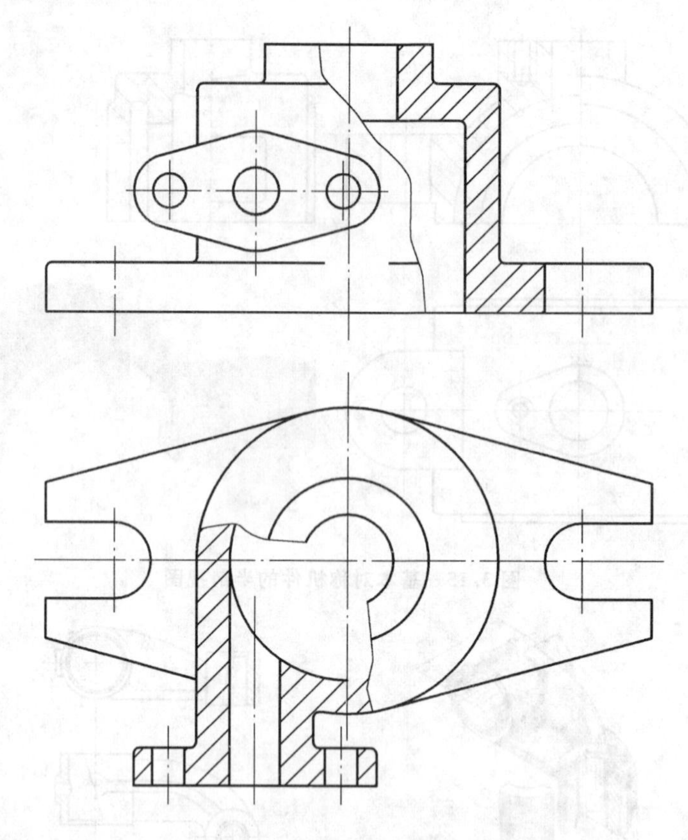

图 3.18　不对称机件的基本剖视图(内外形都需要表达)

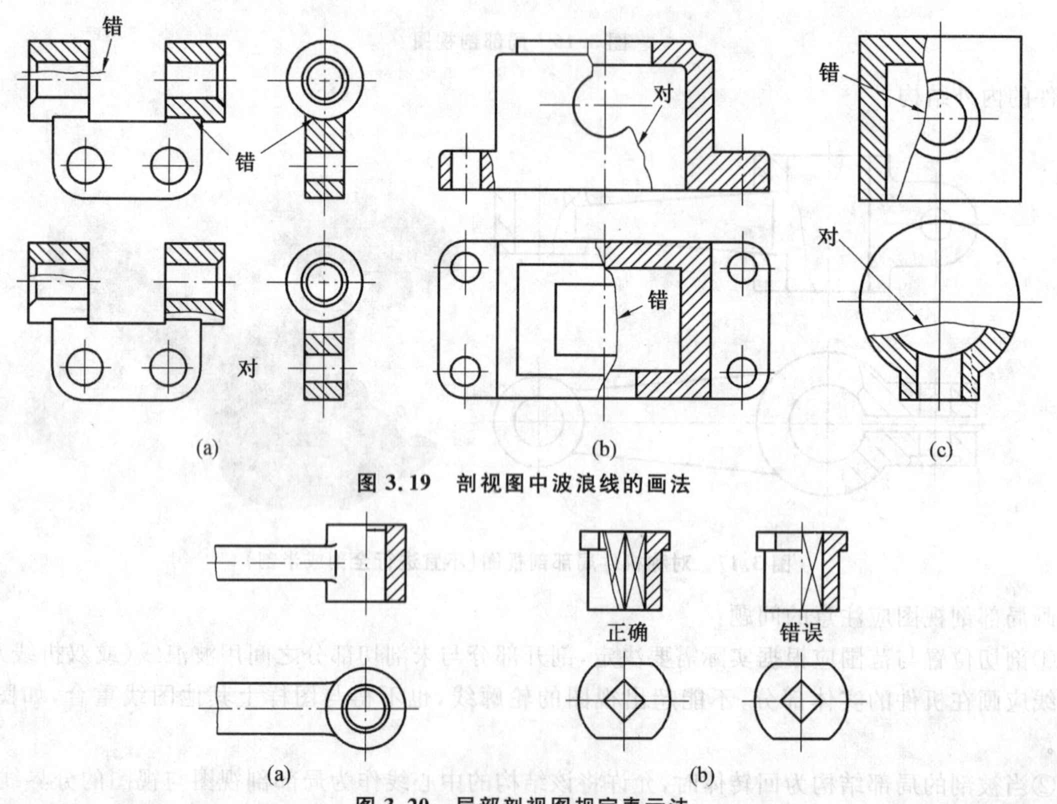

图 3.19　剖视图中波浪线的画法

图 3.20　局部剖视图规定表示法

④局部剖视图也可移出原视图表示。有时移出的局部剖视图可旋转配置，在旋转后的视图上方标注剖视图名称“×—×”及旋转符号，如图 3.21 所示。

当单一剖切平面的剖切位置明显时，局部剖视图可省略标注，如图 3.16～3.20 所示。

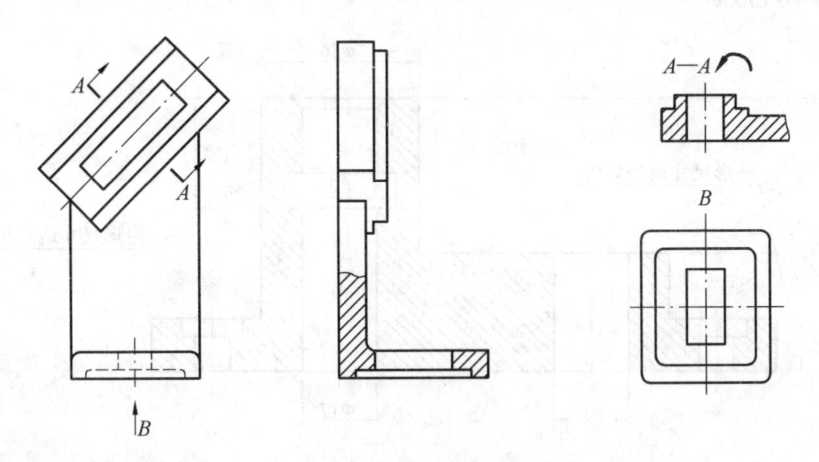

图 3.21 局部斜剖视图

3.1.3 剖视图的尺寸标注

在剖视图上标注机件的尺寸与“2.1.3 机件尺寸的标注”所讲机件外形尺寸标注的要求、方法一样，在此省略。但在剖视图上标注尺寸除把机件各组成部分的定形、定位尺寸、总体尺寸标注“准确、齐全、清晰”外，还应注意以下几点：

(1)在半剖视图或局部剖视图上注内部尺寸(如直径)时，其未剖部分的尺寸界线和箭头不应画出，尺寸线应略超过对称中心线、回转轴线、波浪线(均为图上的分界线)，仅在另一端画尺寸界线和箭头。如图 3.22(a)所示为机件半剖时部分结构尺寸的标注，如图 3.22(b)所示为机件局部剖时部分孔径尺寸的标注。

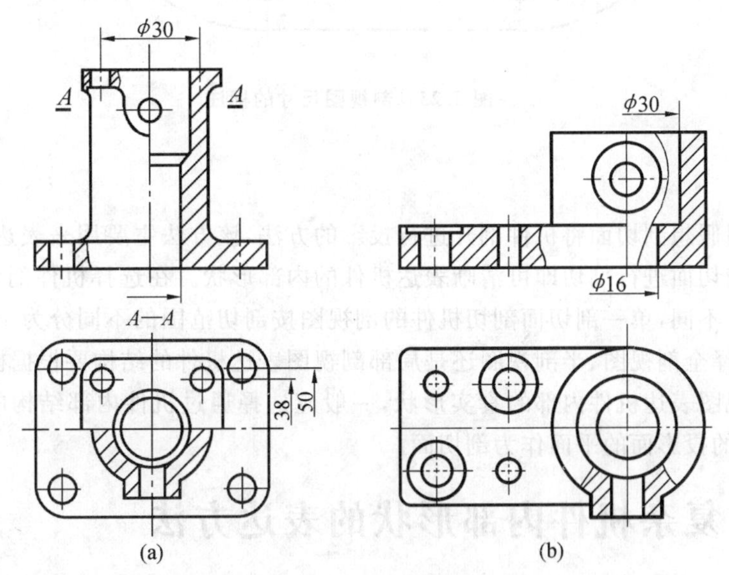

图 3.22 半剖视图、局部剖视图机件内部尺寸的标注

(2)在剖视图中的机件内部与外部尺寸应分开标注。如图 3.23 所示，机件的主视图采用全剖视图，内部尺寸标注在主视图右侧，外部尺寸标注在主视图的左侧，这种内部尺寸与外部尺寸分开标注的方法，图样比较清晰，便于读图。

(3)剖视图中机件同一轴线的回转体，其直径大小的定形尺寸尽量布置在非圆的视图上，图 3.23 所示机件的各个直径尺寸应尽量标注在主视图上，尽量避免标注在投影为非圆的俯视图上。

(4)不同的加工尺寸应尽量分开标注，这样配置的尺寸既清晰，又便于加工时读图。如图 3.23 所示的俯视图中，6×ϕ8 沉孔一般在钻床或铣床单独加工，因此其定形、定位尺寸均集中在俯视图中标注。

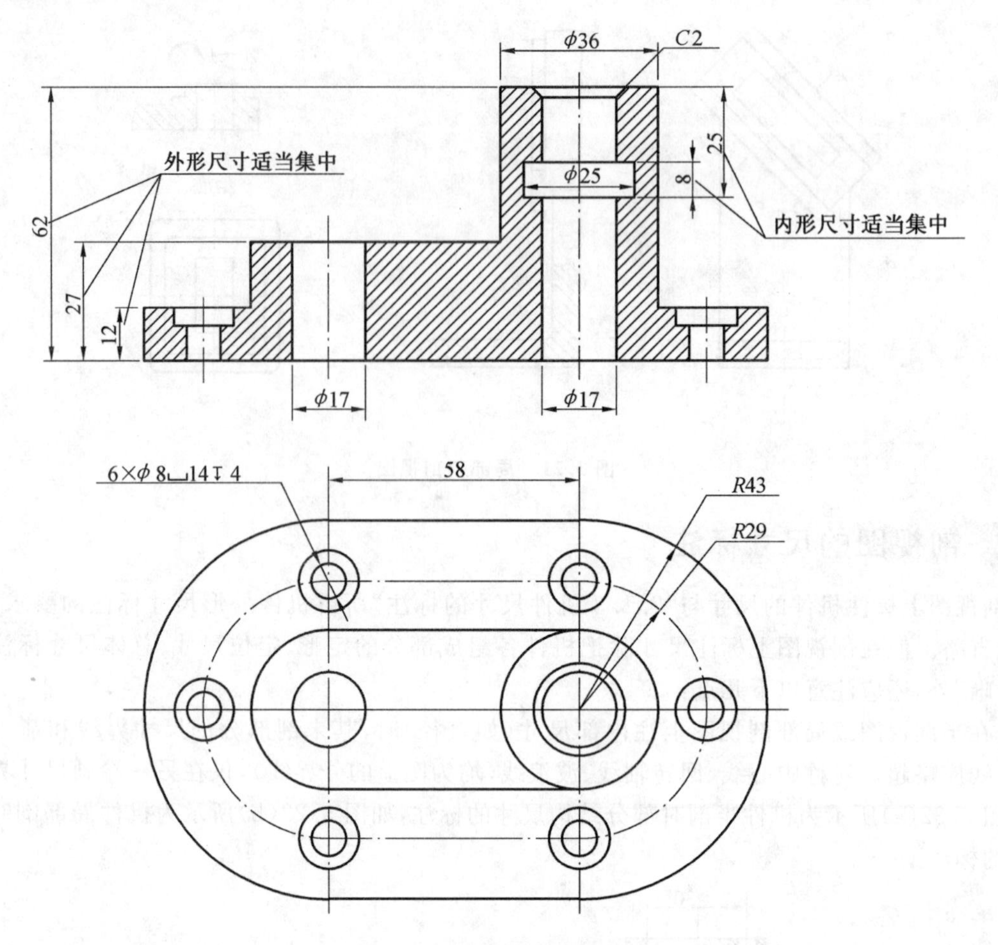

图 3.23 剖视图尺寸的标注

【任务小结】

剖视图是利用假想剖切面将机件剖开进行投影的方法，该方法主要用来表达机件的内部结构，一般机件采用单一剖切面进行剖切即可清晰表达机件的内部形状。在选择机件剖切范围时应根据机件的结构差异而有所不同，单一剖切面剖切机件的剖视图按剖切范围的不同分为全剖视图、半剖视图和局部剖视图等，选择全剖视图、半剖视图还是局部剖视图表达机件的结构要根据机件的结构确定。

为了能用剖视图表达机件内部的真实形状，一般应选择通过机件内部结构的对称平面或孔的轴线，并平行于相应的投影面的平面作为剖切面。

3.2 复杂机件内部形状的表达方法

——多个剖切面剖切机件的剖视图

【知识目标】

1. 了解多剖切面之间的位置关系。
2. 掌握阶梯剖视图、旋转剖视图的画法及标注。

【能力目标】

能够绘制机件的阶梯剖视图、旋转剖视图。

【任务引入与分析】

如图 3.24 所示为轴承座的一组视图，其主视图上有许多虚线，不便于看图和标注尺寸，国家标准规定不允许在虚线轮廓上标注尺寸。那么如何解决这个问题呢？方法是把虚线变实线，通过对前面知识的学习，同学们已经掌握用剖视图表达机件内部形状的方法。但是该轴承座结构比较复杂，采用单一剖切面剖切机件表达机件形状是行不通的，该轴承座为空心体机件，机件的内部形状较复杂，端面上分布有两种孔，采用单一剖切面剖切轴承座，只能表达一种孔的结构，这就需要同学们掌握用多个剖切面剖切机件，表达复杂机件的内部形状的方法。

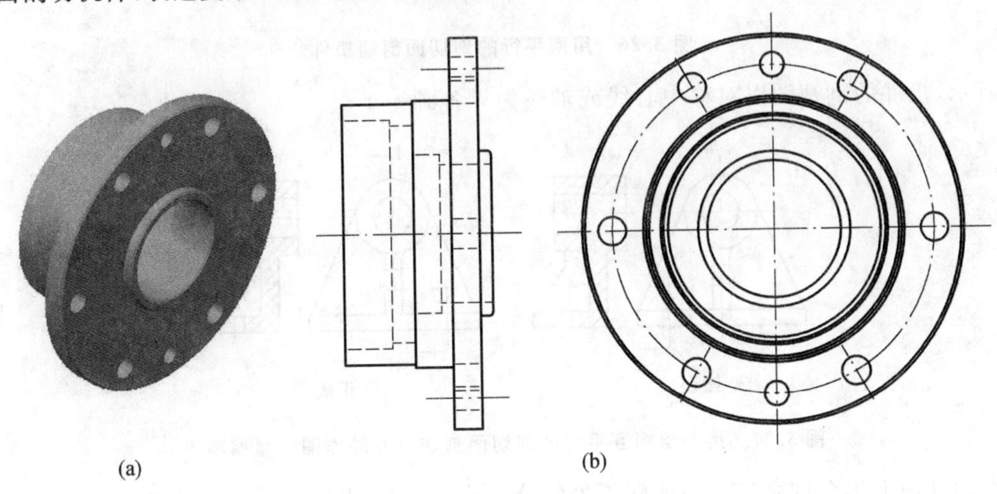

图 3.24　轴承座

【任务实施】

教师活动：给学生布置表达轴承座的工作任务，分析完成工作任务需要掌握的知识，指导学生以自学方式为主掌握多个剖切面剖切机件的剖视图的画法，教师重点对学生自学有困难的旋转剖视图等难度较大的知识点进行讲解，指导学生自主完成工作任务，检查评定学生工作任务的完成情况，对工作任务进行归纳总结，布置课后任务。

学生活动：了解工作任务，明确要完成这样的工作任务需要掌握的知识，然后以自学的方式完成应掌握的知识，并自主完成教师布置的工作任务，由此获得表达机件外形方法的知识。

【知识链接】

1. 采用一组相互平行的平面剖切机件

如图 3.25 所示机件，其主视图采用较多虚线表达其不可见轮廓，影响了视图的清晰，不便于标注尺寸，主视图应采用剖视图表达其内部结构，但是由于该机件内部的 3 个孔不在同一个平面内，采用单一剖切面剖切机件也不能完整清晰地表达机件的形状，这时采用两个相互平行的组合平面对机件进行剖切，如图 3.26 所示，再向正投影面投影即可得到全剖的主视图，顺利解决这一难题。

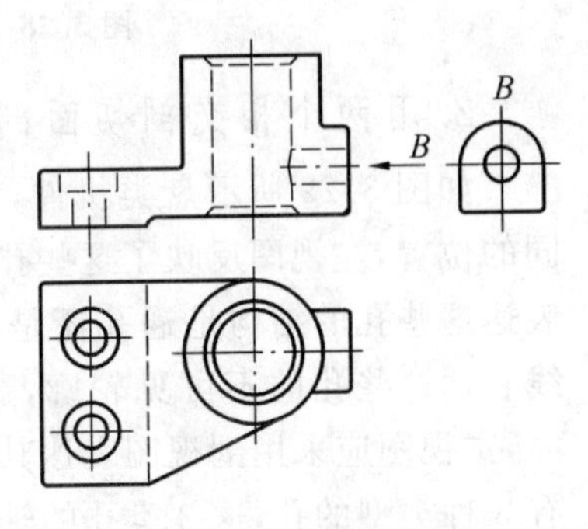

图 3.25　未剖机件的视图

用两个相互平行的剖切平面剖切机件，其剖视图画法及标注如图 3.26 所示。画这类剖视图应注意下列问题：

(1)在剖视图内不能出现不完整要素，如图 3.27 所示，图 3.27(a)中的肋板剖切后出现不完整轮廓，因而是错误的画法，正确画法如图 3.27(b)所示。只有当不同的孔、槽在剖视图上有公共对称中心线或轴线时，才允许剖切面在孔槽中心线或轴线处转折，以免使孔、槽出现不完全的结构。如图

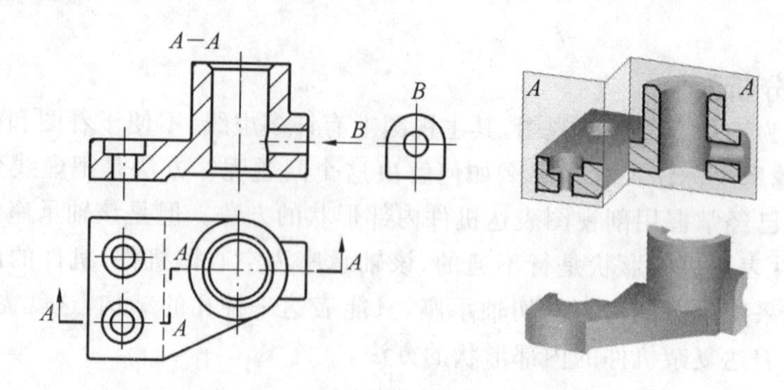

图 3.26　用两平行的剖切面剖切机件

3.28(a)所示，机件的剖视图以对称中心线或轴线为界各画一半。

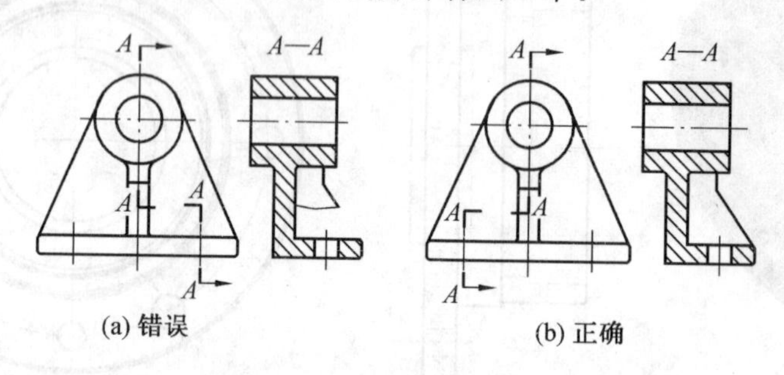

(a) 错误　　(b) 正确

图 3.27　用一组相互平行的剖切面剖切机件的作图注意事项 1

(2)在剖视图上不允许画出剖切面转折处的分界线，如图 3.28(b)所示的主视图。

(3)表示剖切面位置的剖切符号在转折处不应与图上的轮廓线重合，如图 3.28(b)所示的俯视图。

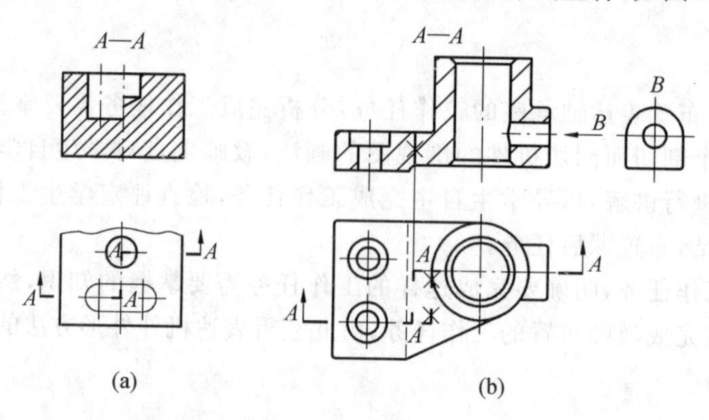

(a)　　(b)

图 3.28　用一组相互平行的剖切面剖切机件的作图注意事项 2

2. 用两个相交剖切面剖切机件

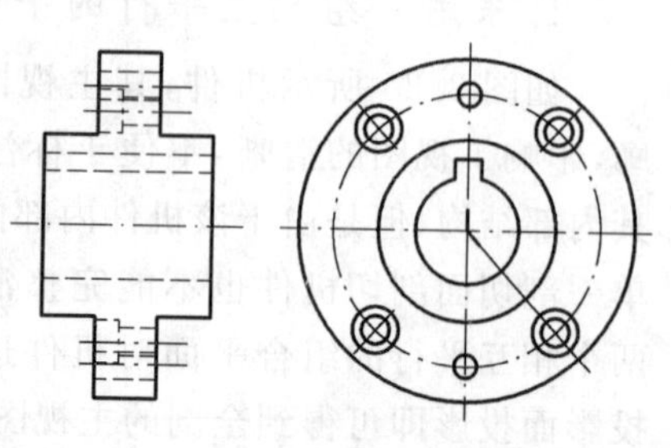

图 3.29　未剖机件的视图

如图 3.29 所示盘类机件，其内部的孔、槽的轴线分别位于不同的位置，左视图反映了这些孔在端面布置的位置关系，但是无法表达这些孔的结构是通孔还是盲孔，因此在其主视图采用较多虚线表达这些孔的不可见轮廓，影响了视图的清晰，不便于标注尺寸，主视图应采用剖视图表达其内部结构，但是由于该机件上布置有 3 种类型的孔，这 3 类孔的轴线不在同一个平面内，采用单一剖切面剖切机件或用两个相互平行的平面剖切机件，均不能完整清晰地表达机件上这些孔的形状，若采用两个相交的组合平面对机件进行剖切，如图 3.30 所示，将剖切后与投影面不平行的剖开面绕机件轴线旋转到与投影面平行位置后，再向投影面投影即可得到该机件的全剖主视图。该视图又称旋转剖视图，旋转即由此得名。

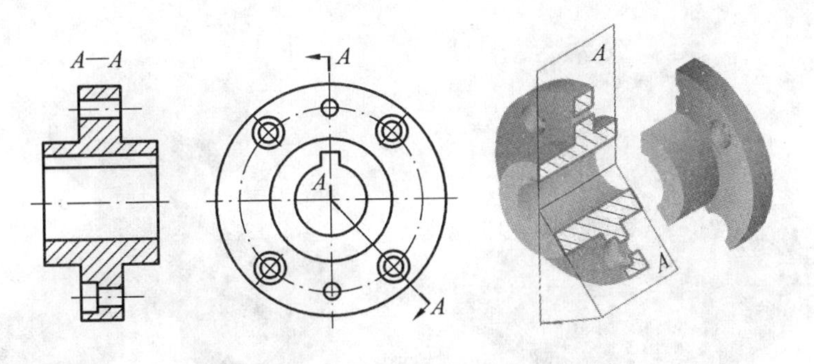

图 3.30 用两个相交平面剖切机件

画旋转剖视图应注意下列问题：

(1)两剖切面的交线一般应与机件的轴线重合。

(2)应按“先剖切后旋转”的方法绘制剖视图，如图 3.31 所示。

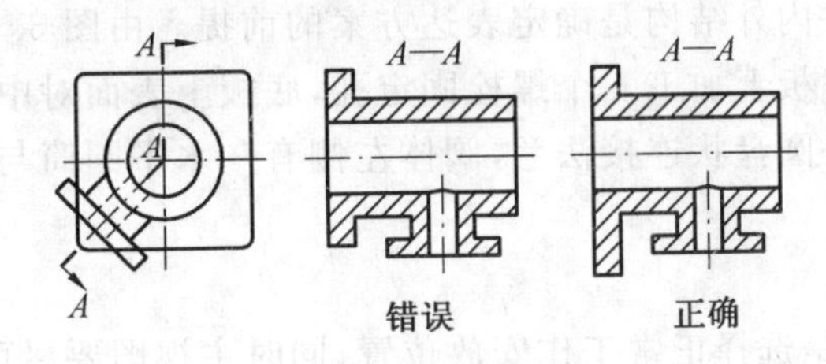

图 3.31 旋转剖视图的画法

(3)位于剖切平面后且与所表达的结构关系不甚密切的结构，或一起旋转容易引起误解的结构，一般仍按原来的位置投射，如图 3.32(a)所示。

(4)位于剖切平面后，与被切结构有直接联系且密切相关的结构，或不一起旋转难以表达的结构，应“先旋转后投射”，如图 3.32(b)所示。

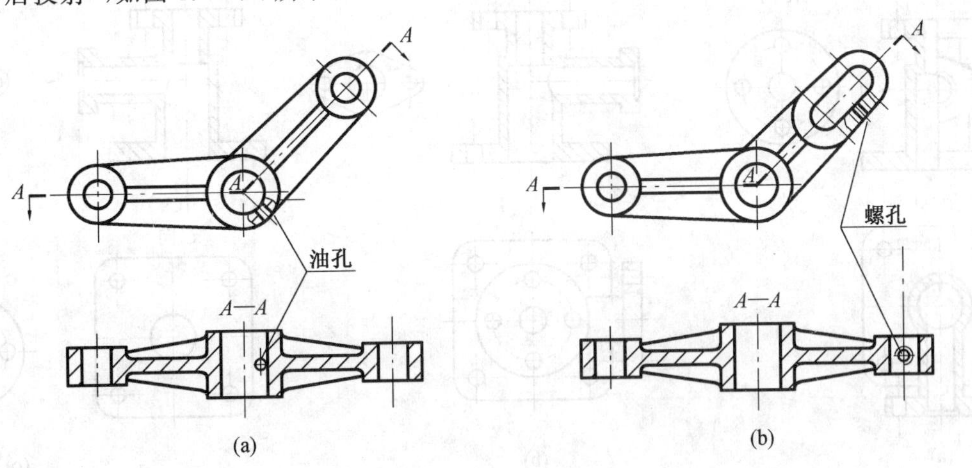

图 3.32 旋转剖视图的注意事项

3. 机件表达方法的综合应用

通过完成前面的各工作任务，我们已经基本掌握机件形状的各种表达方法，实际工作中要表达一个机件的形状，应先对机件进行形体分析，根据机件形状差别选择合适的表达方法，用最少的视图把机件的结构完整、清晰、简练地表达出来。

一个机件一般可选定几个表达方案，通过分析比较这些表达方案，确定一个最佳表达方案。选择机件表达方案的原则是：表达完整、搭配适当、图形清晰、绘图简便、便于读图。

如图 3.33 所示的机件是一个阀体，要将其完整、清晰、简洁地表达出来，一般应按照下列步骤进行。

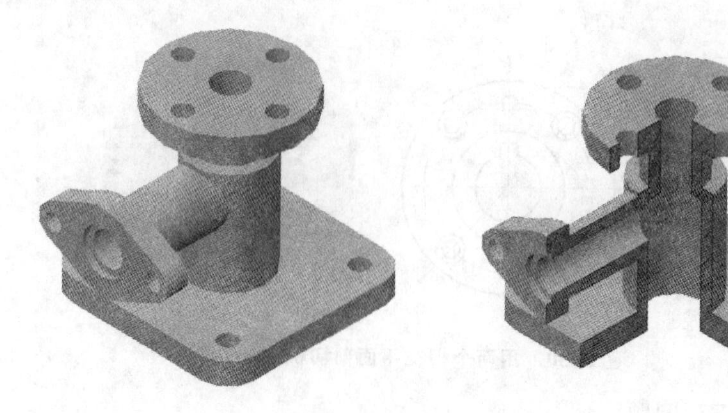

图 3.33　阀体

(1)对阀体进行形体分析。

进行形体分析，弄清机件内外结构是确定表达方案的前提。由图 3.33 可知，该阀体由四部分叠加而成。其底板为长方体，底板上加工 4 个螺栓固定孔，底板上表面对中堆放一阶梯套筒，阶梯套上小下大，其上端面对中放置一圆盘状连接法兰，阀体左侧有一水平圆筒与阶梯套筒相贯，圆筒左端有一菱形连接法兰。

(2)选择阀体的主视图。

确定阀体主视图的原则是选择正常工作安放位置，同时主视图要尽可能多地反映机件上的几何元素(面、线)相对于投影面处于特殊位置(平行、垂直)；主视图要尽可能多地反映机件各组合部分的形状特征及相互位置关系；此外主视图尽可能反应机件的长度尺寸。如图 3.34 所示为阀体的 3 个表达方案，其主视图采用了两种表达方案：一种采用半剖视图分别表达阀体的内外结构形状；另一种采用全剖视图，重点表达阀体的内部结构。

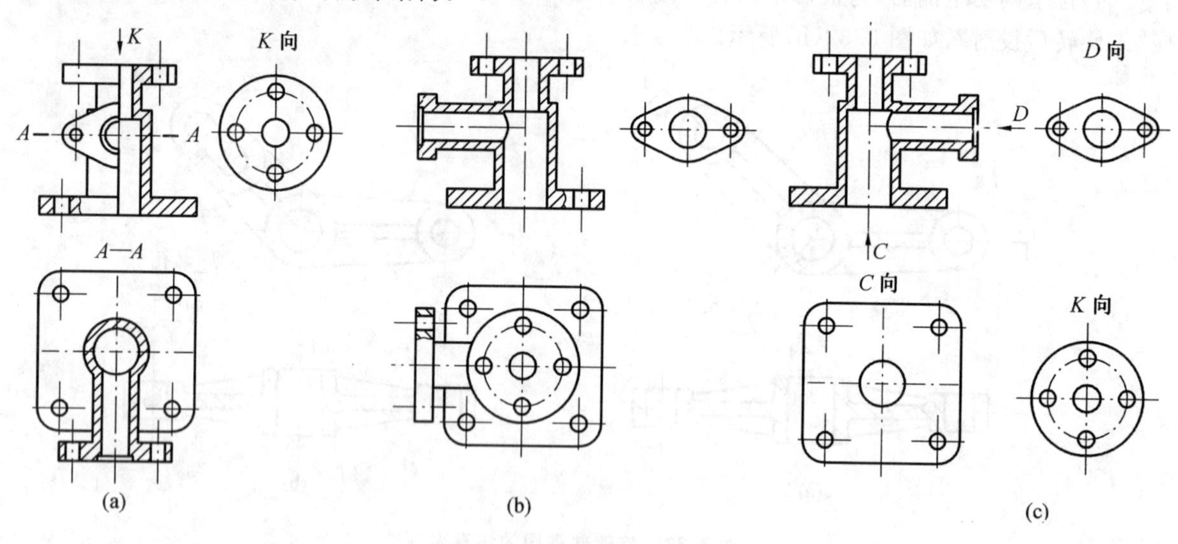

图 3.34　阀体的表达方案

(3)其他视图及表达方法的确定。

方案一：主视图采用半剖视图后，为了表达底板的形状、连接法兰盘的形状和主体圆筒连接形状，俯视图采用了 $A—A$ 全剖视图；顶部法兰的形状可以采用 K 向局部视图表达；此外底板上的孔的形状未表达清楚，可以在主视图上采用局部剖视表达这些孔的结构，这样阀体的结构就表达清楚了，如图 3.34(a)所示。

方案二：主视图采用了全剖视图，能将各部分的位置关系表达清楚，为阀体的位置特征视图；俯视图采用局部剖视图能将底板与上法兰的形状及孔布置位置同时表达出来，为底板与上法兰的形状特征视图，局部剖视又表达了菱形法兰的通孔的结构；局部左视图主要用来表达菱形法兰的形状及其连接孔的布置位置，属于菱形法兰的形状特征视图，如图 3.34(b)所示。

方案三：主视图采用全剖视图后，再用 3 个局部向视图分别表达底板、上连接法兰(圆形)及侧连接法兰(菱形)，同样可以表达清楚阀体的结构，如图 3.34(c)所示。

这 3 种表达方案均能清楚表达阀体的结构，方案一和方案二均采用 3 个视图，方案三采用 4 个视图表达，方案二最佳，方案三表达机件的特征比较凌乱，且没有表达清楚菱形法兰的孔是通孔还是盲孔，因此方案三表达效果最差。

【任务小结】

剖视图是利用假想剖切面将机件剖开进行投影的方法，该方法主要用来表达机件的内部结构，复杂机件只有采用多个剖切面进行剖切，才能清晰表达机件的内部形状。在选择机件剖切面时，是选择一组平行剖切面，还是选择相交剖切面，应根据机件的结构进行灵活选择。多个剖切面剖切机件一般都采用全剖视图，这类视图常见的类型有阶梯剖和旋转剖。

当机件内部结构需要用两个相交的剖切面才能将其结构表达清楚，且该机件又有回转轴线时，可采用旋转剖视进行表达。画旋转剖视图应注意四点：

①两剖切面的交线一般应与机件的轴线重合。

②应按“先剖切后旋转”的方法绘制剖视图，如图 3.31 所示。

③位于剖切平面后且与所表达的结构关系不甚密切的结构，或一起旋转容易引起误解的结构，一般仍按原来的位置投射，如图 3.32(a)所示。

④位于剖切平面后，与被切结构有直接联系且密切相关的结构，或不一起旋转难以表达的结构，应“先旋转后投射”，如图 3.32(b)所示。

当机件的内部各结构不在同一个平面内，但其轴线成阶梯状分布时，宜采用阶梯剖视表达。画阶梯剖应注意三点：

①表示剖切面位置的剖切符号在转折处不应与图上的轮廓线重合，如图 3.28(b)所示。

②在剖视图内不能出现不完整要素，如图 3.27 所示，图 3.27(a)中的肋板剖切后出现不完整轮廓，因而是错误的画法，正确画法如图 3.27(b)所示。只有当不同的孔、槽在剖视图上有公共对称中心线或轴线时，才允许剖切面在孔槽中心线或轴线处转折，使孔、槽出现不完全的结构。如图 3.28(a)所示，机件的剖视图以对称中心线或轴线为界各画一半。

③在剖视图上不允许画出剖切面转折处的分界线，如图 3.28(b)所示。

项目 4

机件断面形状的表达方法

4.1 绘制机件的移出断面图

【知识目标】

1. 了解断面图的形成。
2. 掌握移出断面图配置、画法及标注。

【能力目标】

能正确绘制机件的移出断面图。

【任务引入与分析】

根据图 4.1 所示轴的结构，运用适当的表达方法，将其结构形状表达清楚。

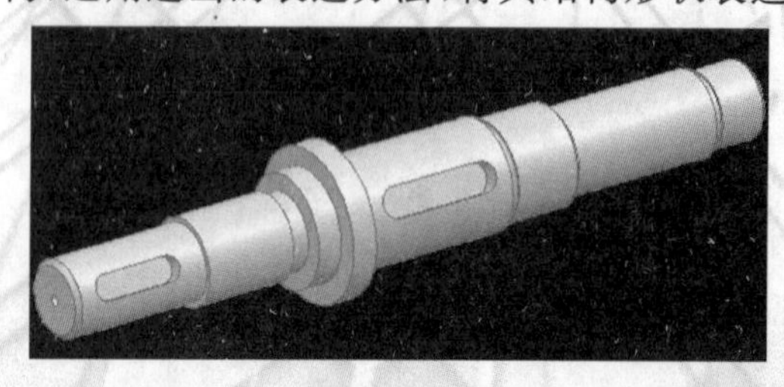

图 4.1 轴

该轴由几段直径不等的同轴圆柱组成，轴上有键槽（用来连接传动零件）、退刀槽、倒角、中心孔等结构。用前面介绍过的视图、剖视图无法将这些结构表达清楚，要表达清楚这类零件的结构，需在掌握基本视图的基础上，掌握断面图、局部放大图等表达方法的有关知识。

【任务实施】

教师活动:布置工作任务,要求学生通过自学方式学习与了解移出断面图的相关知识,教师讲解学生自学有困难的问题,重点放在指导学生完成工作任务上。学生完成任务后教师要对学生完成任务的情况进行总结,考核学生成绩以过程考核为主,结果考核为辅。最后布置课后练习任务,巩固所学知识点。

学生活动:按教师的要求,积极参与教学活动,自学有关知识,并在教师指导下完成工作任务。

【知识链接】

4.1.1 断面图的概念

假想用剖切面将机件的某处切断,仅画出剖切面与物体接触部分的图形称为断面图,简称断面,如图 4.2 所示。

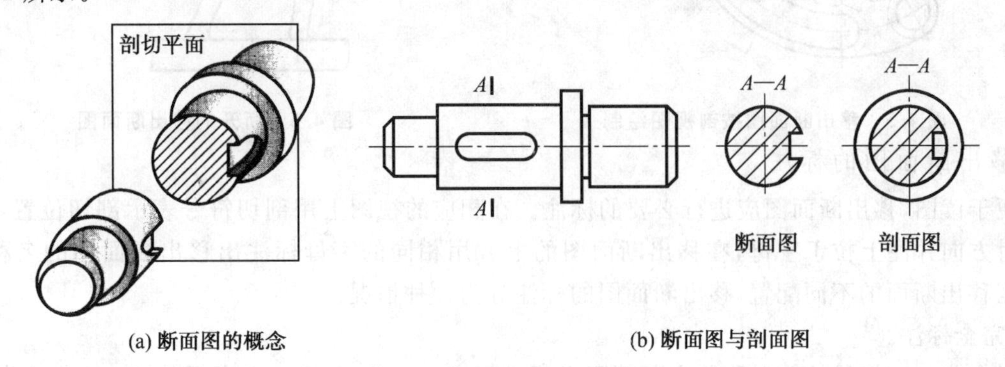

(a) 断面图的概念　(b) 断面图与剖面图

图 4.2　断面图的概念

断面图与剖视图的主要区别是:断面图仅画出机件与剖切面接触部分的轮廓图形;而剖视图除了画出机件与剖切面接触部分的轮廓图形外,还要画出其后部的所有可见部分的轮廓投影线。

断面图适用于表达机件某部分的断面形状,例如,机件上的肋板、键槽及各种型材的断面形状等。断面图可分为移出断面图和重合断面图,断面图的画法应遵循 GB/T 17452—1998 和 GB/T 4458.6—2002 的规定。

4.1.2 移出断面图的形成

1.移出断面图的配置

移出断面图的轮廓线用粗实线绘制,通常配置在剖切线的延长线上,如图 4.2 所示,或其他适当的位置。

移出断面图的图形对称时也可配置在视图的中断处,如图 4.3 所示。

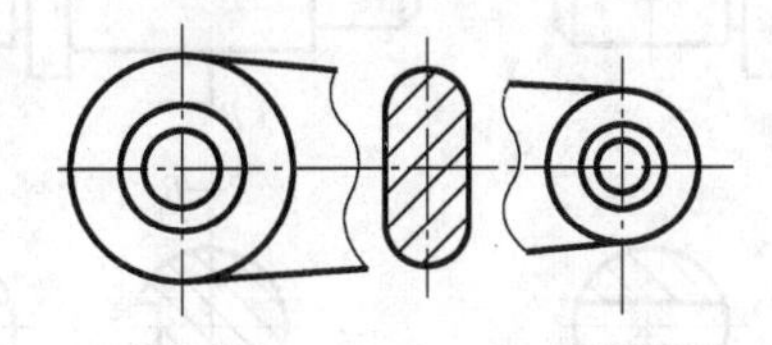

图 4.3　配置在视图中断处的移出断面图

2.移出断面图的画法

(1)当剖切面通过由回转面形成的孔或凹坑的轴线时,这些结构按剖视图要求绘制,如图 4.4 所示。

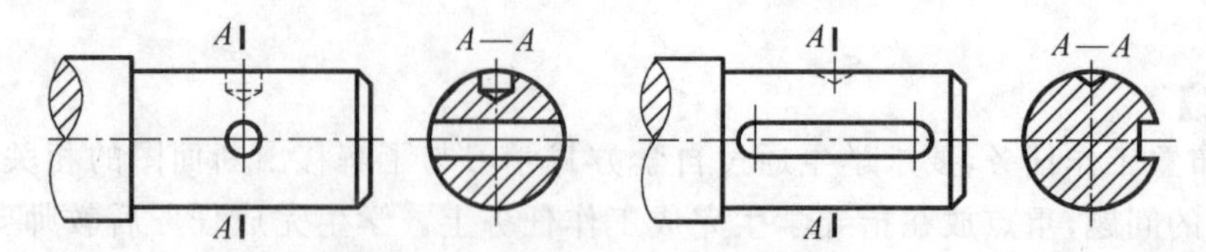

图 4.4　移出断面图按剖视图绘制 1

(2)当剖切面通过非圆孔，会导致出现完全分离的断面时，这些结构应按剖视图要求绘制，如图4.5所示。

(3)由两个或多个相交的剖切面剖切得出的移出断面图，中间一般应断开，如图 4.6 所示。

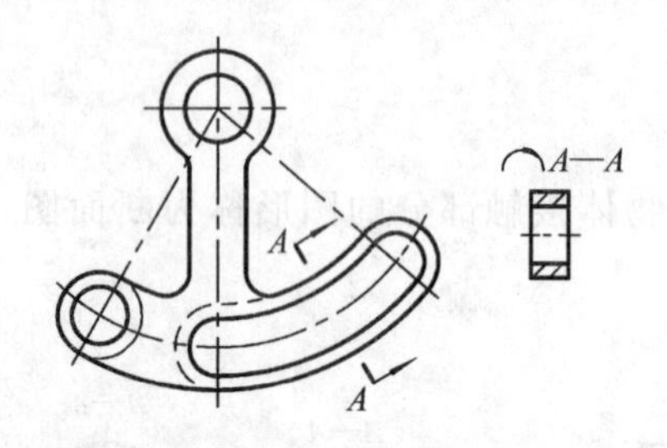

图 4.5　移出断面图按剖视图绘制 2

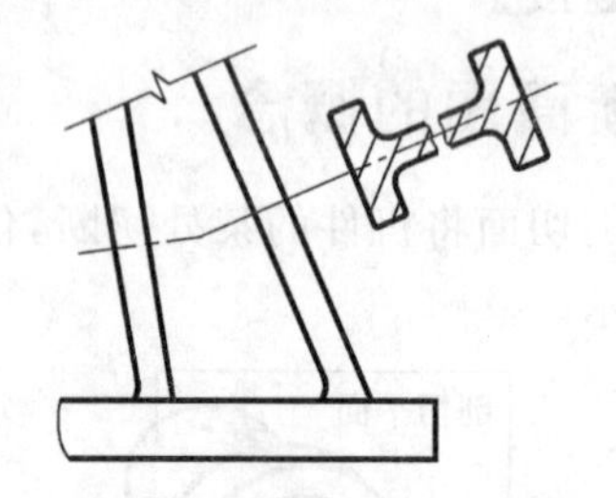

图 4.6　断开的移出断面图

3. 移出断面图的标注

为便于读图，移出断面图应进行必要的标注。在相应的视图上用剖切符号表示剖切位置，用箭头表示投射方向并注上拉丁字母，在移出断面图的上方用相同的字母标注出移出断面图的名称“X—X”，根据移出断面的不同配置，移出断面图的标注分为 4 种情况。

(1)完全标注。

配置在非剖切符号的非对称移出断面图必须进行完全标注，如图 4.5 所示的 *A*—*A* 移出断面图。

(2)省略字母标注。

配置在剖切符号延长线上的移出断面图，或按投影关系配置的移出断面图，可以省略字母标注，如图 4.7(a)所示。

(3)省略箭头标注。

对称的移出断面图或投影关系配置的移出断面图，可以省略标注字母，如图 4.7(b)所示的 *A*—*A* 移出断面图。

(4)省略标注。

配置在剖切符号延长线上的对称移出断面、按投影关系配置的移出断面以及配置在视图中断处的移出断面，可以省略标注，如图 4.3 和图 4.7 所示。

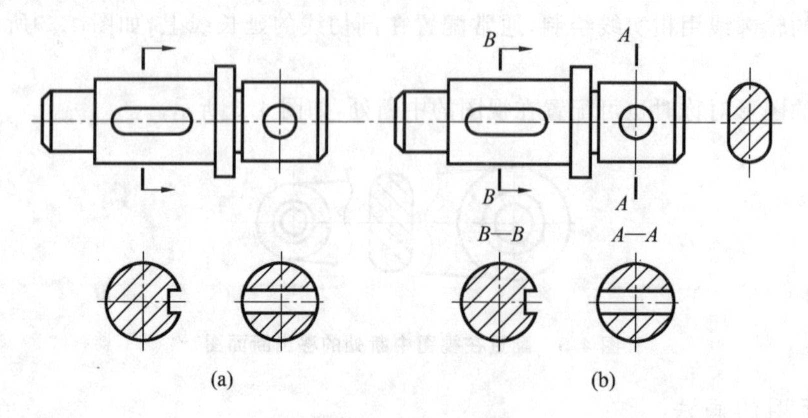

图 4.7　移出断面图的标注

【任务小结】

本任务主要介绍了断面图的形成，移出断面图的配置、移出断面图的画法及移出断面图的标注等知识。通过完成本任务要理解利用移出断面图主要用来表达哪类零件的哪些结构。

4.2 绘制机件的重合断面图

【知识目标】

掌握重合断面图的画法、标注。

【能力目标】

能正确绘制机件的重合断面图。

【任务引入与分析】

运用适当的表达方法将如图 4.8 所示机件的结构形状表达清楚。对于角钢、工字钢、方管等型钢及带有加强筋的机件，其断面形状可以采用移出断面图表达，也可用基本视图进行表达，但是所需视图数量较多，表达不够清晰，若采用移出断面图表达可以减少视图数量，使图面更加简洁。这就需要我们掌握重合断面图的有关知识。

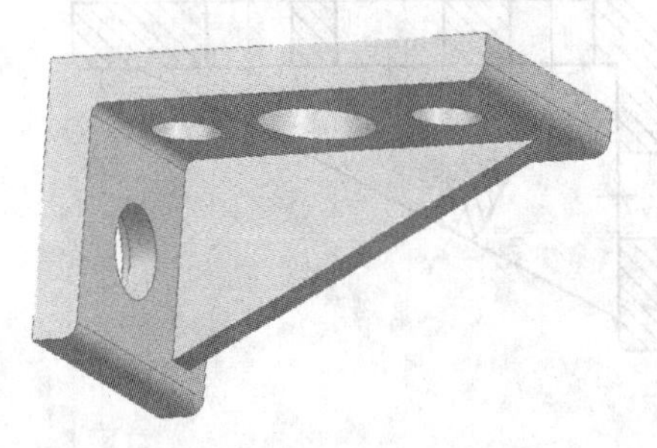

图 4.8　角钢与支架

【任务实施】

教师活动：布置工作任务，要求学生通过自学方式学习与了解重合断面图的相关知识，教师讲解学生自学有困难的问题，重点放在指导学生完成工作任务上。学生完成任务后教师要对学生完成任务的情况进行总结，考核学生成绩以过程考核为主，结果考核为辅。最后布置课后练习任务，巩固所学知识点。

学生活动：按教师的要求，积极参与教学活动，自学有关知识，并在教师指导下完成工作任务。

【知识链接】

画在视图内部的断面图称为重合断面图，如图 4.9 所示为挂钩的重合断面图。

1. 重合断面图的画法

(1)重合断面的轮廓线用细实线绘制，断面图形画在视图之内，如图 4.9 所示。

(2)当视图中轮廓线与重合断面的图形重叠时，视图中的轮廓线仍应连续画出，不可间断，如图4.10 所示。

(3)重合断面可以是完整断面，也可以是局部剖面，当重合断面为局部重合断面时，断面的分界线应用波浪线断开，如图 4.11 所示。

2. 重合断面图的标注

(1)因为重合断面图画在视图内的剖切位置上,可省略字母,不对称的重合断面需画出剖切面位置符号及投射方向的箭头,如图 4.10 所示。

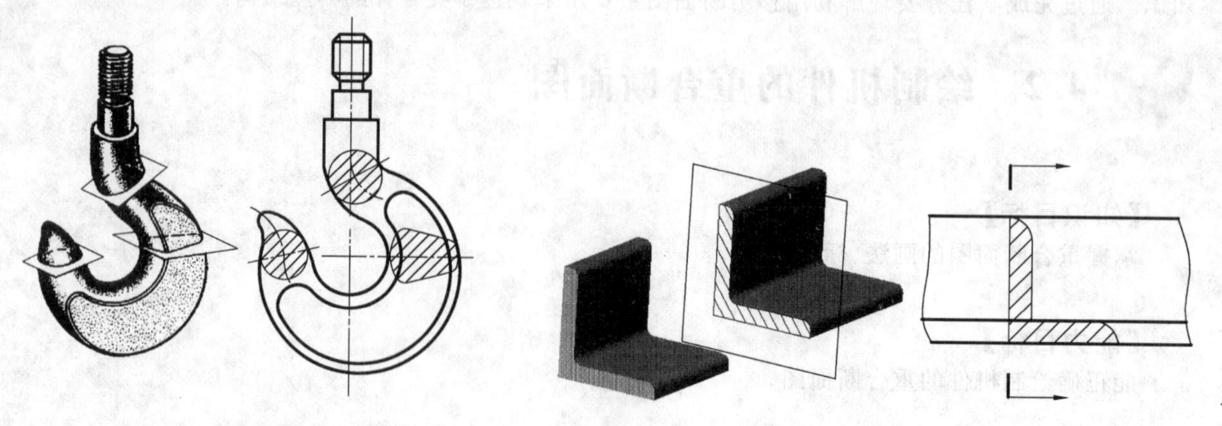

图 4.9　挂钩的重合断面图

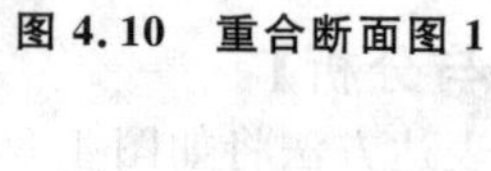

图 4.10　重合断面图 1

(2)对称的重合断面,可不必标注,如图 4.11 所示。

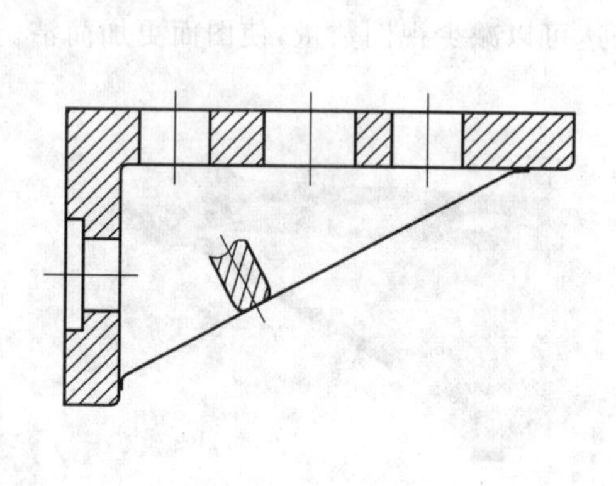

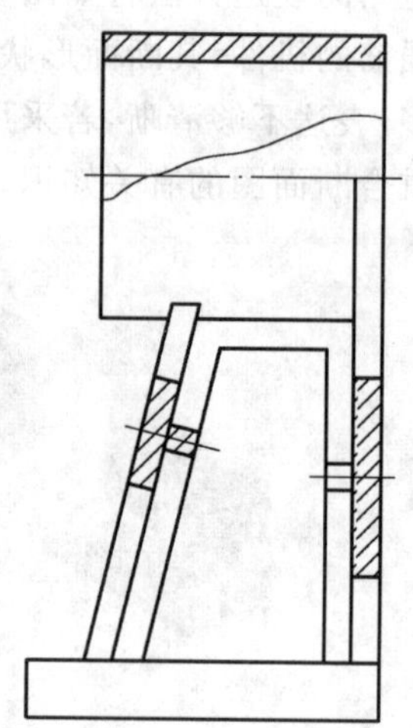

图 4.11　重合断面图 2

【任务小结】

根据断面图的配置位置不同分为移出断面图和重合断面图两种,两者的区别是:

(1)移出断面图布置在基本视图的外部,其轮廓线用粗实线绘制,重合断面图布置在基本视图的内部,其轮廓线用细实线绘制。

(2)重合断面图可以省略标注的字母,对于对称重合断面可不进行标注,非对称重合断面仍需画出剖切符号和投射方向。

移出断面图应用较多,重合断面图应用较少,仅在不影响视图清晰和可以增加表达部位实感时才用重合断面图,重合断面图一般用在断面形状较简单的情况。

第2篇 零件图

项目 5

标准件与常用件零件图的规定画法

5.1 螺纹、螺纹紧固件、键连接、销连接的规定画法

【知识目标】

1. 了解螺纹的基本知识，掌握螺纹的基本要素、规定画法。
2. 掌握了解螺纹紧固件、键连接、销连接的规定画法与标记。

【能力目标】

1. 能正确查阅相应国家标准。
2. 能正确绘制螺纹紧固件、键连接及销连接的装配图。

【任务引入与分析】

表达如图 5.1 所示的标准件结构。任何机器或部件都是由一些零件、部件装配形成的装配体。装配体中零件之间的连接关系包括不可拆卸的焊接、铆接及可拆卸的螺纹连接、键连接、销连接。其中螺纹连接、键连接、销连接在装配中经常使用，螺栓、螺钉螺母、键、销被称为标准件；此外一些通用零件，例如齿轮、蜗轮等被称为常用件，由于用量较大，为了加速设计工作和便于专业化生产，降低成本，这些零件的结构（如齿轮的牙形等）、尺寸、画法均已标准化，因此为了便于绘图，这类零件在零件图、装配体中不按实际投影绘制，国家标准均制定了规定画法。标准件一般不需绘制零件图，装配图中经常出现标准件的画法，根据标准件的代号和标记，可以从相应的国家标准中查出部分形状和全部尺寸。

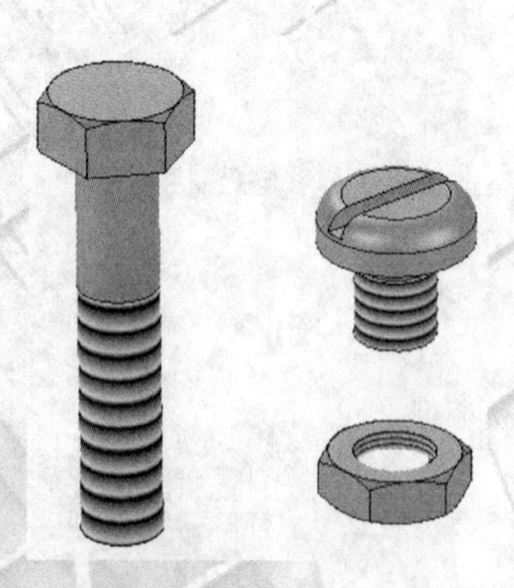

图 5.1 标准件

【任务实施】

教师活动：布置“螺纹连接、键和销装配图的绘制”的工作任务，给学生分析完成该工作任务需要掌握内外螺纹的画法、要素、种类及标注，键和销的种类、标记、规定画法等有关知识，必要时能够查阅相应国家标准。引导学生以自学为主的方式掌握标准件的绘制，教师的重点是对学生自学有难度的知识点进行讲解，指导学生利用所学知识自主完成标准件的装配图绘制，检查评定学生工作任务的完成情况，对工作任务进行归纳总结，布置课后任务。

学生活动：了解工作任务的要求，明确要完成这样的工作任务需要掌握的内外螺纹的画法、要素、种类及标注，键和销的种类、标记、规定画法等的有关知识，然后以自学的方式掌握上述知识，参阅相应国家标准，并自主完成常用标准件的装配图绘制任务。

任务评估：学生完成工作任务后，在学生之间开展完成任务情况的互评，互评的重点在于常用标准件的绘制是否符合国家标准规定，最后各小组组长把评估最优结果上报教师，由教师对完成任务情况进行归纳总结。

【知识链接】

各种机械设备上大量使用螺纹连接、键连接和销连接，这些连接紧固件通常被称为标准件。此外轴类、箱体类零件图上经常有内外螺纹、键槽等结构特征，装配图上更离不开标准件，因此进行机械制图需要了解螺纹紧固件、键联接、销联接的规定画法与标记等有关知识。

5.1.1 螺 纹

各种机器设备中，经常会看到一些螺栓、螺母、螺钉等零件，起着连接的作用。这些零件的共同特点是都有螺纹。就是在日常生活中，螺纹也随处可见。

螺纹是指在圆柱(锥)表面上，沿着螺旋线所形成的，具有相同剖面的连续凸起和沟槽。

1. 螺纹的形成

在圆柱(锥)外表面上加工的螺纹，称为外螺纹；在圆柱(锥)内表面上加工的螺纹，称为内螺纹。

各种螺纹都是根据螺旋线原理加工而成的，螺纹加工大部分采用机械化批量生产。小批量、单件产品，外螺纹可采用车床加工，如图 5.2(a)所示。内螺纹可以在车床上加工，也可以先在工件上钻孔，再用丝锥攻制而成，如图 5.2(b)中加工的是不穿通螺孔。钻孔时钻头顶部形成一个锥坑。其锥顶角应按 120°画出。

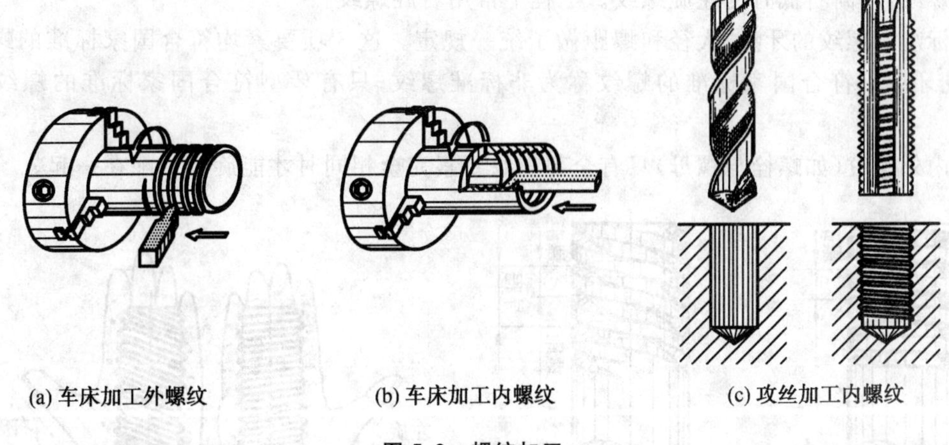

(a) 车床加工外螺纹　(b) 车床加工内螺纹　(c) 攻丝加工内螺纹

图 5.2 螺纹加工

2. 螺纹的基本要素

螺纹的基本要素包括牙型、直径(大径、小径、中径)、螺距和导程、线数、旋向等。

(1)牙型。

在通过螺纹轴线的剖面上,螺纹的轮廓形状称为螺纹牙型。常见的螺纹牙型有三角形(60°、55°)、梯形、锯齿形、矩形等。常见标准螺纹的牙型及符号见表5.1。

(2)螺纹的直径(图5.3)。

①大径(d、D)是指与外螺纹的牙顶或内螺纹的牙底相切的假想圆柱或圆锥的直径。内螺纹的大径用大写字母表示,外螺纹的大径用小写字母表示。

②小径(d_1、D_1)是指与外螺纹的牙底或内螺纹的牙顶相切的假想圆柱或圆锥的直径。

③中径(d_2、D_2)是指一个假想的圆柱或圆锥直径,该圆柱或圆锥的母线通过牙型上沟槽和凸起宽度相等的地方。

④公称直径是代表螺纹尺寸的直径,指螺纹大径的基本尺寸。

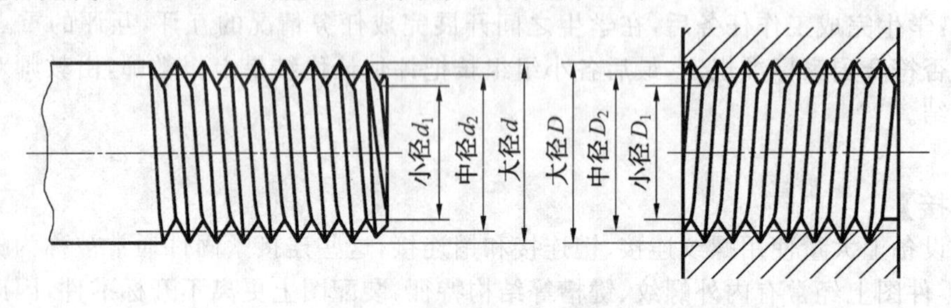

图5.3 螺纹的直径

(3)线数。

形成螺纹的螺旋线条数称为线数,线数用字母n表示。沿一条螺旋线形成的螺纹称为单线螺纹,沿两条以上螺旋线形成的螺纹称为多线螺纹,如图5.4所示。

(4)螺距和导程。

相邻两牙在中径线上对应两点间的轴向距离称为螺距,用字母P表示;同一螺旋线上的相邻两牙在中径线上对应两点间的轴向距离称为导程,导程用字母P_h表示,如图5.4所示。

螺距、导程、线数三者之间的关系式为:单线螺纹的导程等于螺距,即$P_h=P$;多线螺纹的导程等于线数乘以螺距,即$P_h=nP$。

(5)旋向。

螺纹分为左旋螺纹和右旋螺纹两种。顺时针旋转时旋入的螺纹是右旋螺纹;逆时针旋转时旋入的螺纹是左旋螺纹。也可按图5.5所示的方法判断:将外螺纹垂直放置,螺纹的可见部分是右高左低时为右旋螺纹,左高右低时为左旋螺纹。工程上常用右旋螺纹。

国家标准对螺纹的牙型、大径和螺距做了统一规定。这3项要素均符合国家标准的螺纹称为标准螺纹;凡牙型不符合国家标准的螺纹称为非标准螺纹;只有牙型符合国家标准的螺纹称为特殊螺纹。

注意内外螺纹(如螺栓与螺母)只有全部螺纹要素完全相同时才能旋合装配在一起。

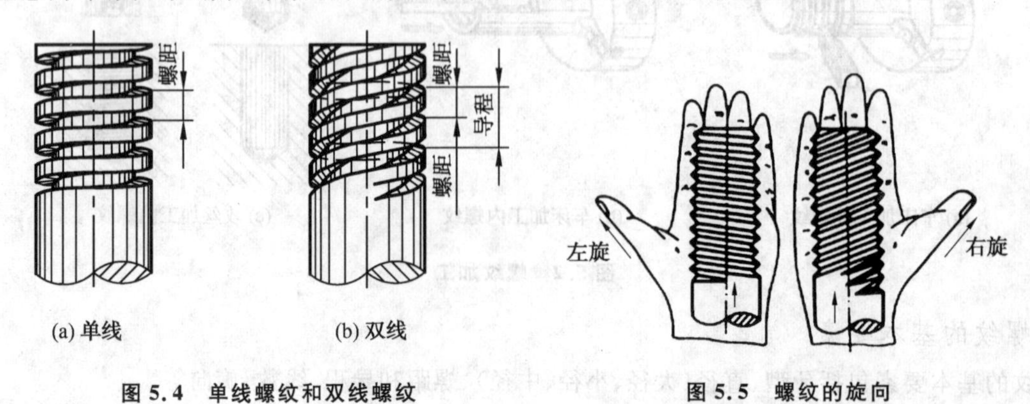

(a) 单线　(b) 双线

图5.4 单线螺纹和双线螺纹　图5.5 螺纹的旋向

3. 螺纹的种类与标注

(1)常用标准螺纹的种类、牙型。

常用标准螺纹的种类、牙型与标注见表 5.1。

表 5.1 为常用标准螺纹的种类、牙型与标注

螺纹类型			特征代号	牙型略图	标注示例	说明
连接螺纹	普通螺纹	粗牙	M	P 60° d d₂ d₁	M16-6g	粗牙普通螺纹,公称直径 16 mm,右旋。中径和顶径公差代号 6g,中等旋合长度
		细牙	M	P d d₂ d₁ 60°	M16X1-6H	粗牙普通螺纹,公称直径 16 mm,螺距 1 mm,右旋。中径和顶径公差代号均为 6H,中等旋合长度
	管螺纹	55°非密封管螺纹	G	P 55° d d₂ d₁	G1A G1	55°非密封管螺纹 G—螺纹特征代号 1—尺寸代号 A—外螺纹公差带代号
		55°密封管螺纹 圆锥内螺纹	Rc	P 55° φ d d₂ d₁	Rc1/2 Rc1/2	圆柱内螺纹与圆锥外螺纹(GB/T7306. 1—2000),圆锥内螺纹与圆锥外螺纹(GB/T7306. 2—2000) R1—与圆柱内螺纹配合的圆锥外螺纹 R2—与圆柱锥内螺纹配合的圆锥外螺纹 1,1/2 尺寸代码
		55°密封管螺纹 圆柱内螺纹	Rp			
		55°密封管螺纹 圆锥外螺纹	R1、R2			
传动螺纹	梯形螺纹		Tr	P d d₂ d₁ 30°	Tr6×12(P6)-7H	梯形螺纹,公称直径 36 mm,双线螺纹,导程 12 mm,螺距 6 mm,右旋。中径公差带 7H,中等旋合长度
	锯齿形螺纹		B	P d d₂ d₁ 30° 3°	B70xLH-7e	锯齿形螺纹,公称直径 70 mm,单线螺纹,螺距 10 mm,左旋。中径公差带 7e,中等旋合长度

(2)螺纹的标注、识读。

①普通螺纹的标注格式。

普通螺纹的标注格式如下:

牙型符号 公称直径×螺距 旋向-中径公差带代号 顶径公差带代号-旋合长度代号

螺纹代号　　螺纹公差代号

普通螺纹的牙型代号用 M 表示，公称直径为螺纹大径。细牙普通螺纹应标注螺距，粗牙普通螺纹不标注螺距。左旋螺纹用“LH”表示；右旋螺纹不标注旋向。螺纹公差代号由表示其大小的公差等级数字和表示其位置的基本偏差的字母(内螺纹为大写，外螺纹为小写)组成，如 6H、6g。如两组公差带不相同，则分别注出代号，如两组公差带相同，则只注一个代号。旋合长度为短(S)、中(N)、长(L)3种，一般多采用中等旋合长度，其代号 N 可省略不注。如采用短旋合长度或长旋合长度，则应标注 S 或 L。

例 5.1　粗牙普通外螺纹，大径为 10，右旋，中径公差带为 5g，顶径公差带为 6g，短旋合长度。应标记为 M10－5g6g－S。

②管螺纹的标注格式。

a. 55°密封管螺纹：螺纹特征代号 尺寸代号 － 旋向代号 (也适用于非螺纹密封的内管螺纹)。

b. 55°非密封管螺纹：螺纹特征代号 尺寸代号 公差等级代号 － 旋向代号 (仅适用于非螺纹密封的外管螺纹)。

以上螺纹特征代号分两类：①55°密封管螺纹特征代号：Rp 表示圆柱内螺纹，R1 表示与圆柱内螺纹相配合的圆锥外螺纹，Rc 表示圆锥内螺纹，R2 表示与圆锥内螺纹相配合的圆锥外螺纹。②55°非密封管螺纹特征代号：G。

公差等级分为 A、B 两级，只对 55°非密封的外管螺纹标记公差等级代号，对内螺纹不标记公差等级代号。

螺纹为右旋时，不标注旋向代号，为左旋时标注“LH”。

例 5.2　55°螺纹密封的圆柱内螺纹，尺寸代号为 1，左旋。应标记为：Rp1LH。

例 5.3　55°非螺纹密封的外管螺纹，尺寸代号为 3/4，公差等级为 A 级，右旋。应标记为：G3/4A。

③梯形螺纹的标注格式。

普通螺纹的标注格式有两种：

a. 单线梯形螺纹：

牙型符号 公称直径×螺距 旋向代号-中径公差带代号-旋合长度

螺纹代号

b. 多线梯形螺纹：

牙型符号 公称直径 × 导程 (螺距代号 P 和数值) 旋向代号-中径公差带代号 旋合长度代号

螺纹公差代号

梯形螺纹的牙型代号为“Tr”。右旋不标注，左旋螺纹的旋向代号为“LH”需标注。梯形螺纹的公差带为中径公差带。梯形螺纹的旋合长度为中(N)和长(L)两组，采用中等旋合长度(N)时，不标注代号(N)，如采用长旋合长度，则应标注“L”。

例 5.4　梯形螺纹，公称直径为 40，螺距为 7，右旋单线外螺纹，中径公差带代号为 7e，中等旋合长度。应标记为：Tr40×7—7e。

例 5.5　梯形螺纹，公称直径为 40，导程为 14，螺距为 7 的左旋双线内螺纹，中径公差带代号为 8E，长旋合长度。应标记为：Tr40×14(P7)LH－8E－L。

锯齿形螺纹标注的具体格式与梯形螺纹完全相同。

需要特别注意的是，管螺纹的尺寸不能像一般线性尺寸那样标注在大径尺寸线上，而应用指引线自大径圆柱(或圆锥)母线上引出标注。

(3)查表。

螺纹加工制造时，可根据其公称直径通过查表获得所需尺寸。但管螺纹的尺寸代号并非螺纹的大径，可根据尺寸代号查出螺纹的大径。如尺寸代号为 1 时，螺纹的大径为 33.249。详见附表 1.3 和附表 1.4。

4. 螺纹的规定的画法(GB/T 4459.1—1995)

(1)外螺纹的画法。

外螺纹不论其牙型如何,螺纹的牙顶圆的投影用粗实线表示,牙底圆的投影用细实线表示(按牙顶圆的 85%绘制),在螺杆的倒角或倒圆部分也应画出,在垂直于螺纹轴线的投影面的视图中,表示牙底圆的细实线只画 3/4 圈(空出约 1/4 圈的位置不作规定)。此时螺杆倒角的投影不应画出。螺纹终止线在不剖的外形图中画成粗实线。如图 5.6(a)所示。在剖视图中的螺纹终止线按图 5.6(b)所示主视图的画法绘制(即终止线只画螺纹高度的一小段)。剖面线必须画到表示牙顶圆投影的实线为止。

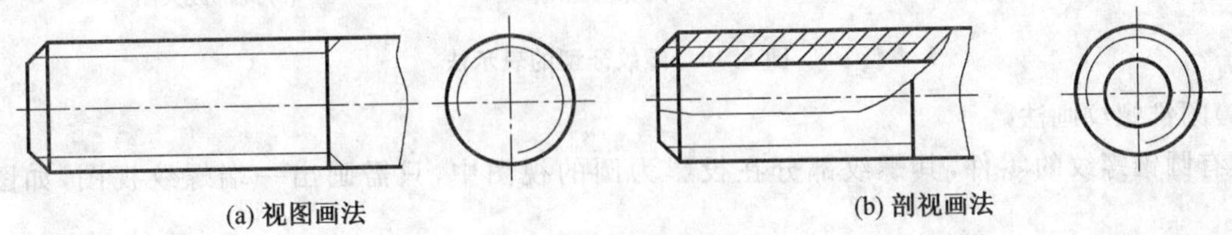

(a) 视图画法　　(b) 剖视画法

图 5.6　外螺纹的画法

(2)内螺纹的画法。

内螺纹不论其牙型如何,在剖视图中,内螺纹牙顶圆(即小径 D_1)的投影用粗实线表示,牙底圆用细实线表示,螺纹终止线用粗实线表示,剖面线应画到表示小径的粗实线为止。在垂直于螺纹轴线的投影面的视图上,表示大径的细实线只画约 3/4 圈,表示倒角的投影不应画出。绘制不穿通的螺孔时,应将钻孔深度和螺孔深度分别画出,如图 5.7(a)中主视图所示。当螺纹为不可见时,螺纹的所有图线用虚线画出,如图 5.7(b)所示。

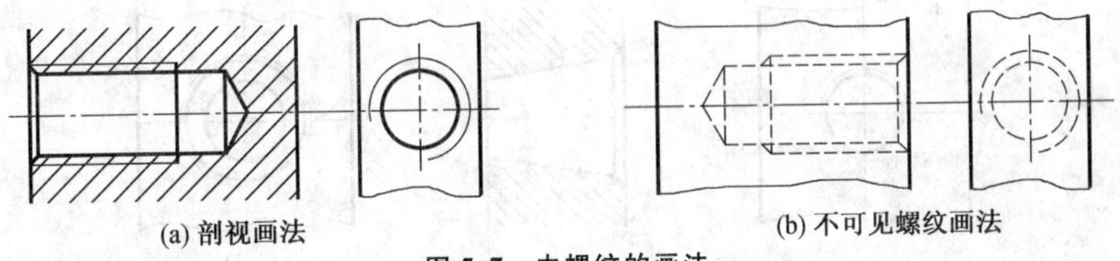

(a) 剖视画法　　(b) 不可见螺纹画法

图 5.7　内螺纹的画法

(3)螺纹连接的画法。

只有当内、外螺纹的 5 项基本要素相同时,内、外螺纹才能进行连接。用剖视图表示螺纹连接时,旋合部分按外螺纹的画法绘制,未旋合部分按各自原有的画法绘制。如图 5.8 和图 5.9 所示。画图时必须注意:表示内、外螺纹大径的细实线和粗实线,以及表示内、外螺纹小径的粗实线和细实线应分别对齐;在剖切平面通过螺纹轴线的剖视图中,实心螺杆按不剖绘制。

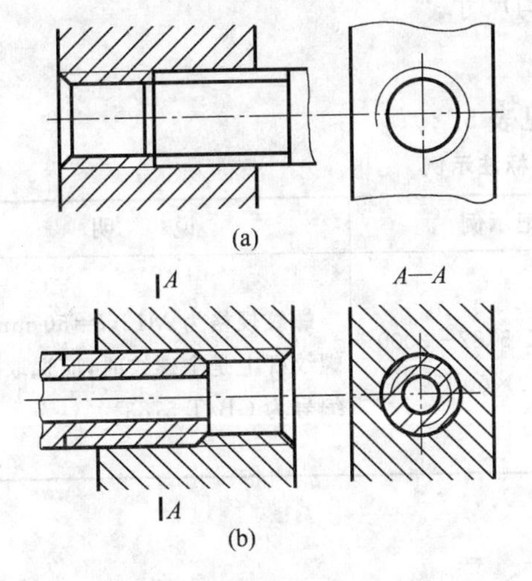

图 5.8　螺纹连接的画法 1

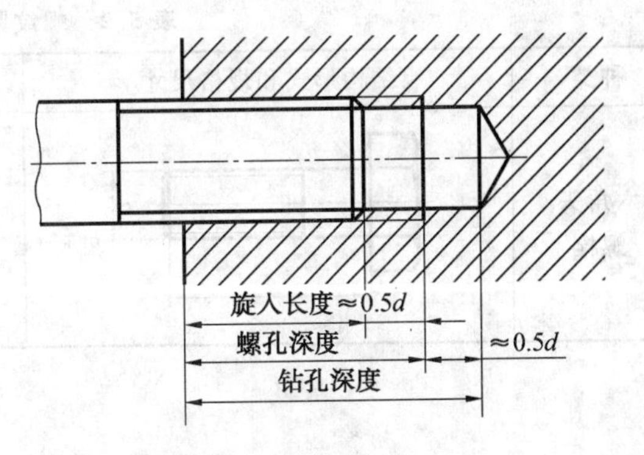

图 5.9　螺纹连接的画法 2

(4)螺纹牙型的表示法。

螺纹的牙型一般不需要在图形中画出，当需要表示螺纹的牙型时，可按图 5.10 的形式绘制。

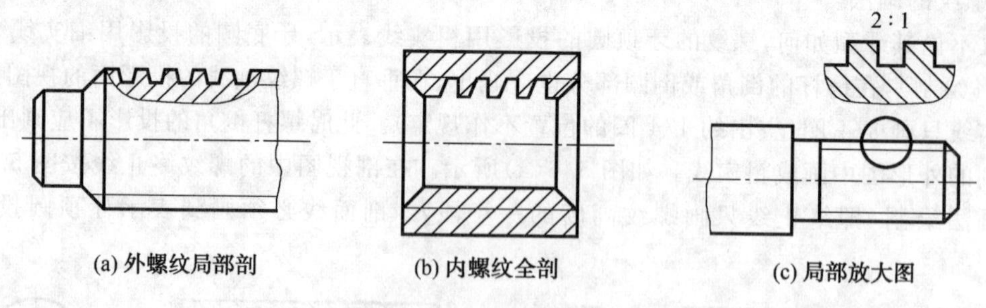

(a) 外螺纹局部剖　(b) 内螺纹全剖　(c) 局部放大图

图 5.10　螺纹牙型的表示法

(5)圆锥螺纹画法。

具有圆锥螺纹的零件，其螺纹部分在投影为圆的视图中，只需画出一端螺纹视图，如图 5.11 所示。

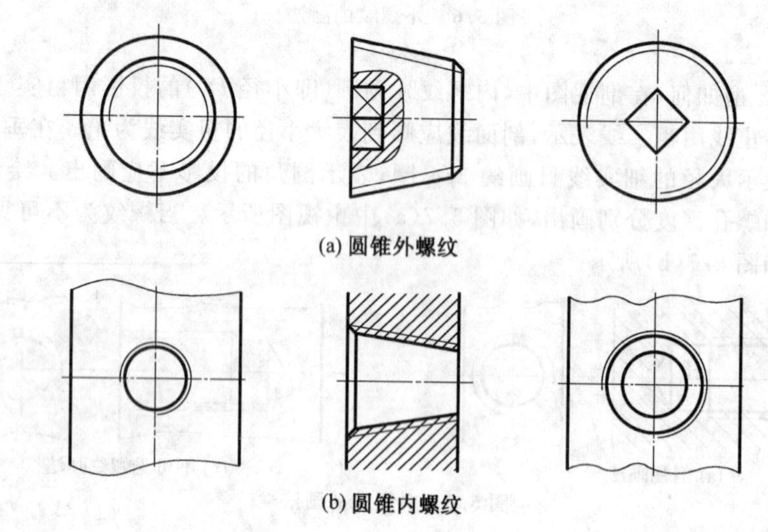

(a) 圆锥外螺纹

(b) 圆锥内螺纹

图 5.11　圆锥螺纹的画法

5.1.2 螺纹紧固件

常用螺纹紧固件有螺栓、双头螺柱、螺钉、螺母和垫圈。它们的结构、尺寸都已分别标准化，称为标准件，使用或绘图时，可以从相应标准中查到所需的结构尺寸。

1. 常用螺纹紧固件的种类和标记

紧固件标记方法按 GB/T 1237—2000 规定执行，详见表 5.2。

表 5.2　螺纹紧固件及其标注示例

种类	结构形式和规格尺寸	标记示例	说　明
六角头螺栓		螺栓 GB/T 5782—2000 M12×50	螺纹规格为 M12，l=50 mm(当螺纹杆上是全螺纹时，应选取标准编号为 GB/T 5783)

续表 5.2

种类	结构形式和规格尺寸	标记示例	说　明
双头螺柱	10 50 M12	螺柱 GB/T 899—1988 M12×50	双头螺柱规格均为 M12，l=50 mm
开槽圆柱头螺钉	d l	螺钉 GB/T 65—2000 M10×50	螺纹规格为 M10，l=50 mm（l 值在 40 mm 以内为全螺纹）
开槽盘头螺钉	d l	螺钉 GB/T 67—2008 M10×50	螺纹规格为 M10，l=50 mm（l 值在 40 mm 以内为全螺纹）
开槽沉头螺钉	M10 60	螺钉 GB/T 68—2000 M10×45	螺纹规格为 M10，l=45 mm（l 值在 45 mm 以内为全螺纹）
开槽锥端紧定螺钉	M5 25	螺钉 GB/T 71—1985 M12×40	螺纹规格为 M12，l=40 mm
1 型六角螺母	D	螺母 GB/T 6170—2000 M8	螺纹规格为 M8 的 1 型六角头螺母
平垫圈	d	垫圈 GB/T 97.1—2002 8—140HV	与螺纹规格 M8 配用的平垫圈，性能等级为 140HV
标准型弹簧垫圈	d	垫圈 GB/T 93—198712	与螺纹规格 M12 配用的弹簧垫圈

2. 常用螺纹紧固件及连接图画法

螺纹紧固件有三种连接形式：螺栓连接、螺柱连接、螺钉连接。

(1)螺栓连接。

螺栓用来连接两个不太厚并能钻成通孔的零件，并与垫圈、螺母配合进行连接。

①螺栓连接中紧固件的画法。

螺栓连接的紧固件有螺栓、螺母和垫圈。紧固件一般用比例画法绘制。所谓比例画法就是以螺栓上螺纹的公称直径为主要参数，其余各部分结构尺寸均按与公称直径成一定比例关系绘制。尺寸比例关系如下(图 5.12)：

螺栓：d、L(根据要求确定)

$d_1 \approx 0.85d, b \approx 2d, e = 2d, R_1 = d, R = 1.5d, k = 0.7d$。

螺母：D(根据要求确定)，$m = 0.8d$ 其他尺寸与螺栓头部相同。

垫圈：$d_2 = 2.2d, d_1 = 1.1d, d_3 = 1.5d, h = 0.15d, s = 0.2d, n = 0.12d$。

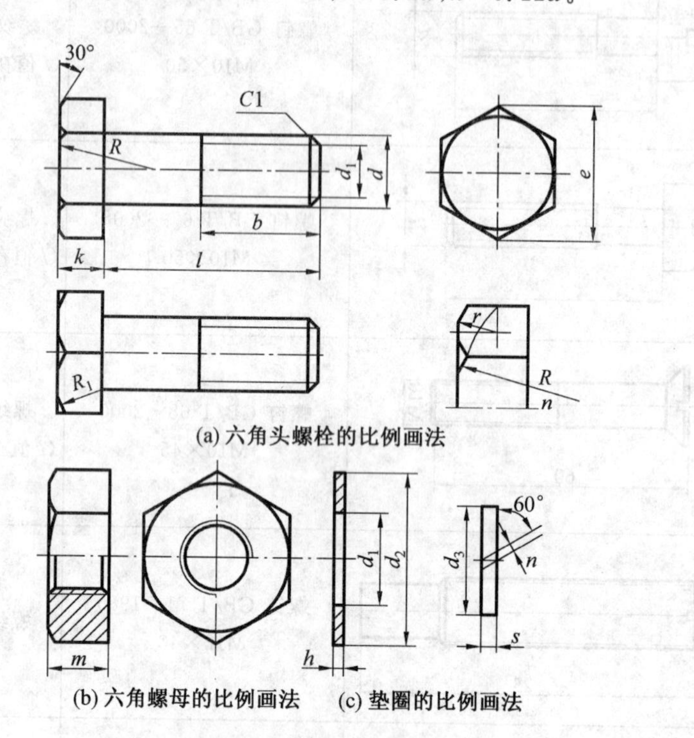

图 5.12 螺栓、螺母、垫圈的比例画法

②螺栓连接的画法。

如图 5.13 所示为螺栓连接的画法。

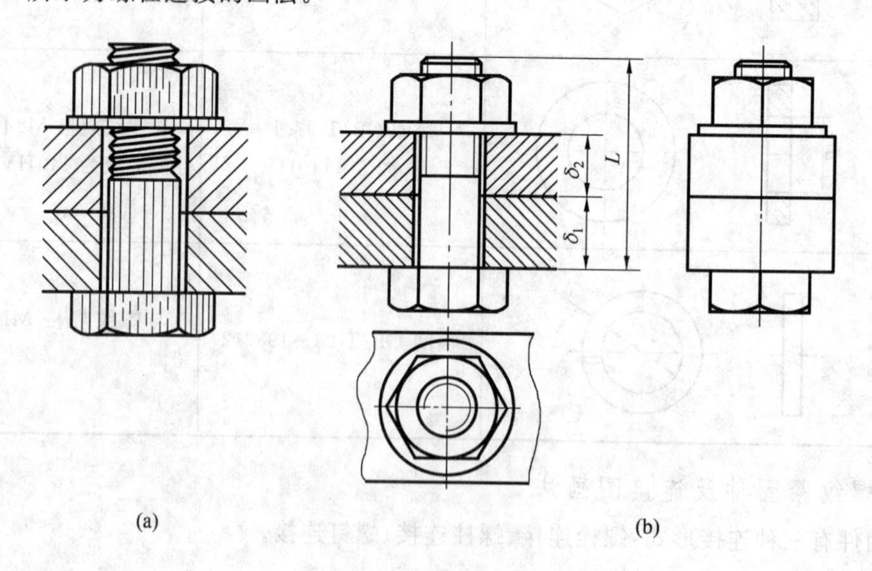

图 5.13 螺栓连接图

用比例画法画螺栓连接的装配图时，应注意以下几点：

a. 两零件的接触表面只画一条线，并不得加粗。凡不接触的表面，不论间隙大小，都应画出间隙（如螺栓和孔之间应画出间隙）。

b. 剖切平面通过螺栓轴线时，螺栓、螺母、垫圈可按不剖绘制，仍画外形。必要时，可采用局部剖视。

c. 两零件相邻接时，不同零件的剖面线方向应相反，或者方向一致而间隔不等。

d. 螺栓长度 $L \geqslant \delta_1 + \delta_2$ + 垫圈厚度 + 螺母厚度 + (0.2～0.3)d，根据上式的估计值，选取与估算值相近的标准长度值作为 L 值。

e. 被连接件上加工的螺栓孔直径稍大于螺栓直径，取 $1.1d$。

(2)螺柱连接。

当两个被连接件中有一个很厚，或者不适合用螺栓连接时，常用双头螺柱连接。双头螺柱两端均加工有螺纹，一端与被连接件旋合，另一端与螺母旋合，如图 5.14 所示。用比例画法绘制双头螺柱的装配图时应注意以下几点：

①旋入端的螺纹终止线应与结合面平齐，表示旋入端已经拧紧。

②旋入端的长度 b_m 要根据被旋入件的材料而定，被旋入端的材料为钢时，$b_m = d$；被旋入端的材料为铸铁或铜时，$b_m = 1.25d～1.5d$；被连接件为铝合金等轻金属时，取 $b_m = 2d$。

③旋入端的螺孔深度取 $b_m + 0.5d$，钻孔深度取 $b_m + d$。

④螺柱的公称长度 $L \geqslant \delta$ + 垫圈厚度 + 螺母厚度 + (0.2～0.3)d，然后选取与估算值相近的标准长度值作为 L 值。

双头螺柱连接的比例画法如图 5.14 所示。

(3)螺钉连接。

螺钉连接一般用于受力不大又不需要经常拆卸的场合，如图 5.15 所示。

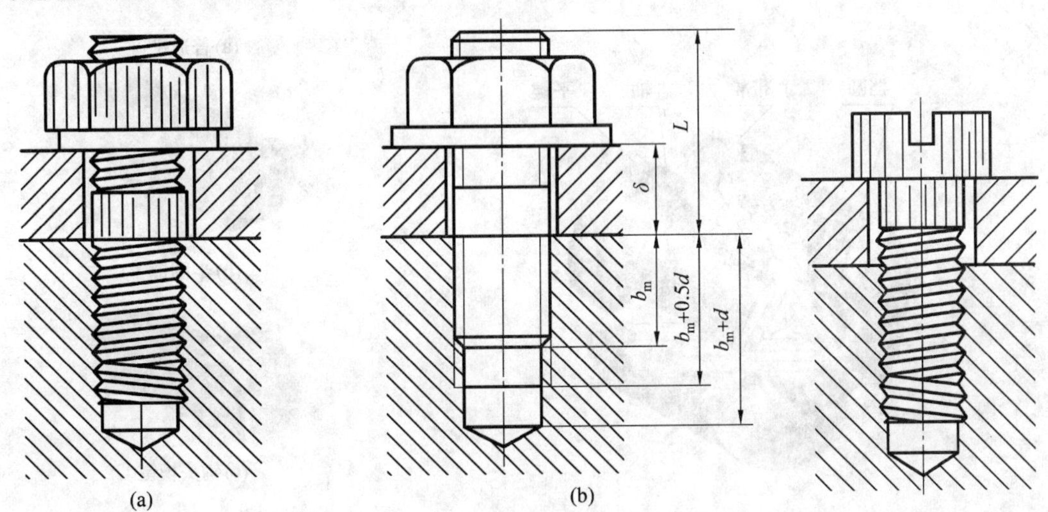

图 5.14　双头螺柱连接图　　**图 5.15　螺钉连接**

用比例画法绘制螺钉连接，其旋入端与螺柱相同，被连接板的孔部画法与螺栓相同，被连接板的孔径取 $1.1d$。螺钉的有效长度 $L = \delta + b_m$，并根据标准校正。画图时注意以下两点：

①螺钉的螺纹终止线不能与结合面平齐，而应画在盖板的范围内。

②具有沟槽的螺钉头部，在主视图中应被放正，在俯视图中规定画成 45°倾斜。

螺钉连接的比例画法如图 5.16 所示。

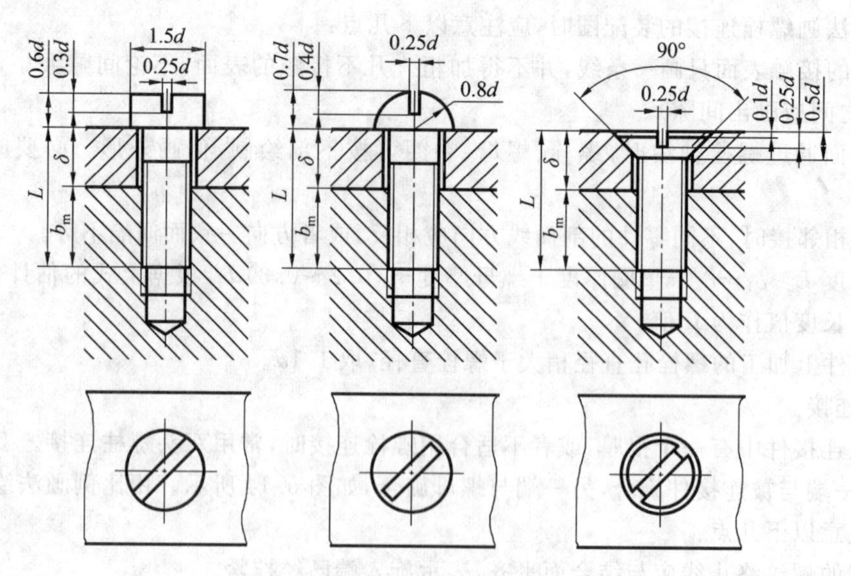

图 5.16　螺钉连接的比例画法

5.1.3 键连接

键通常用于连接轴和装在轴上的齿轮、带轮等传动零件，起传递转矩的作用，如图 5.17 所示。

键是标准件，常用的键有普通平键、半圆键和钩头楔键等，如图 5.18 所示。

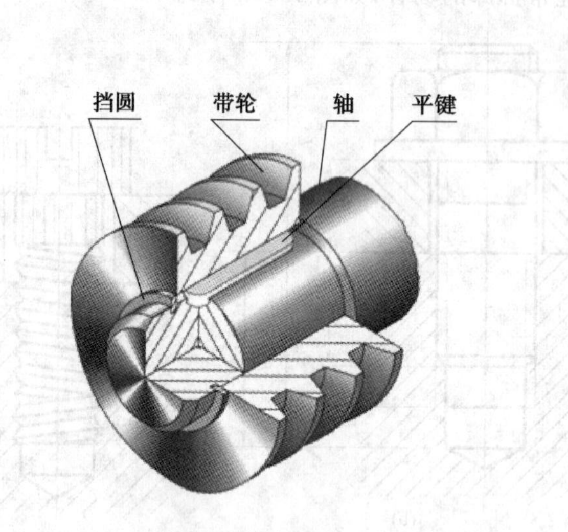

图 5.17　键连接

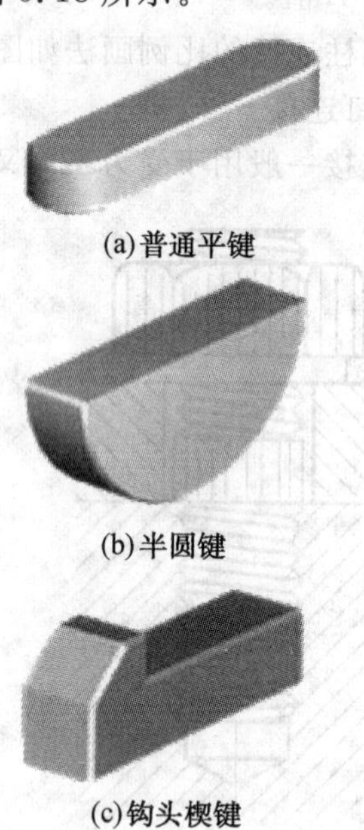

(a)普通平键

(b)半圆键

(c)钩头楔键

图 5.18　常用键

1.键的种类和标记

键的完整标记通式为:名称 类型与规格 标准编号。

普通平键、半圆键结构型式及标记示例见表 5.3。

表 5.3　键的结构型式及标记示例

名称	普通平键			半圆键
结构型式及规格尺寸	A型（h, b, L）	B型（h, b, L）	C型（h, b, L）	L, b, h, D, 6.3
标记示例	键 5×20 GB/T 1096—2003	键 B5×20 GB/T 1096—2003	键 C5×20 GB/T 1096—2003	键 6×25 GB/T 1099—2003
说明	圆头普通平键 b=5 mm l=20 mm 标记中省略“A”	平头普通平键 b=5 mm l =20 mm	单圆头普通平键 b=5 mm l =20 mm	半圆键 b=5 mm d_1=25 mm

2. 键连接装配图的画法

(1)普通平键连接的画法。

普通平键的两个侧面是工作面，在装配图中键与键槽侧面、键与键槽底面之间应不留间隙，只画一条线；键与轮毂的键槽顶面之间应留有间隙，要画两条线。在反映键长的剖视图中，键按不剖处理，将轴作局部剖，其装配图画法如图 5.19 所示。轴、轮毂上键槽的画法及有关尺寸标注如图 5.20 所示，其尺寸大小可查附录表 2.12。

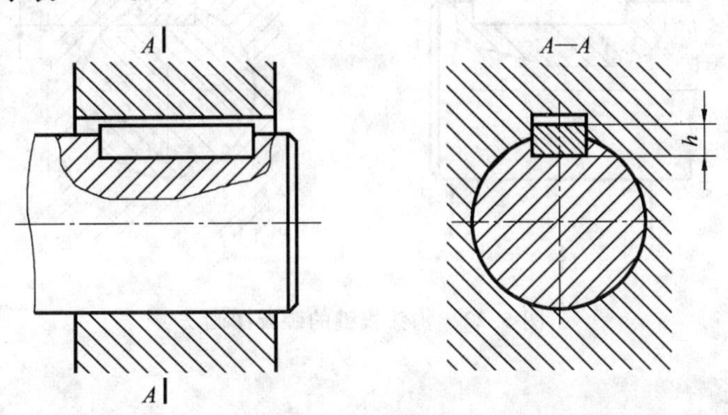

图 5.19　普通平键的装配图画法

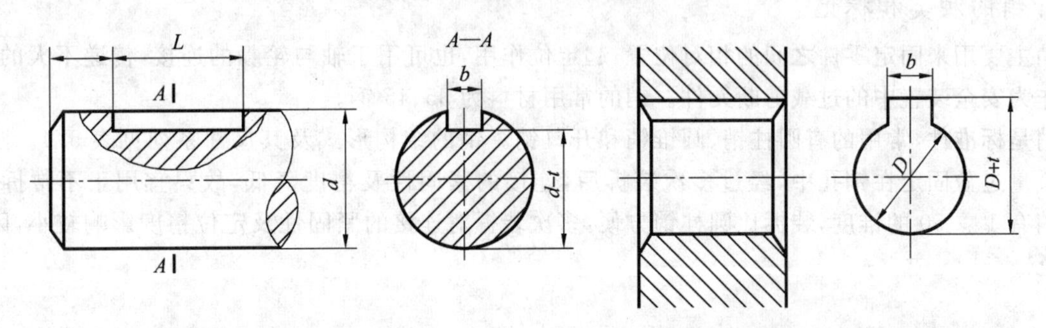

(a) 轴上键槽的画法及尺寸标注　　(b) 轮毂上键槽的画法及尺寸标注

图 5.20　普通平键键槽的尺寸标注

(2)半圆键连接的画法。

半圆键与普通平键连接的作用原理相似,半圆键常用在载荷不大的传动轴上,轴、轮毂上半圆键槽的画法及有关尺寸如图5.21(a)所示,装配图画法如5.21(b)所示。

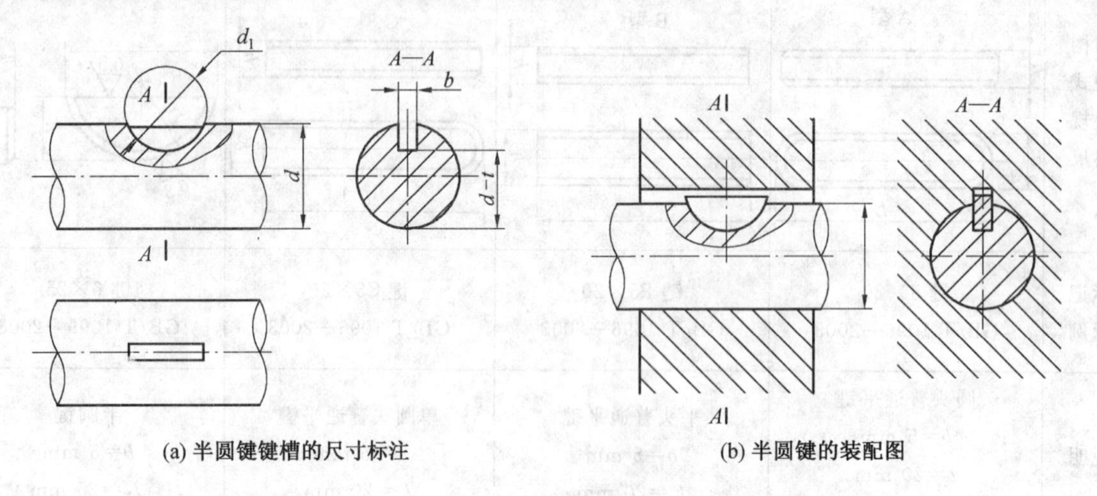

图5.21 半圆键的画法

(3)钩头楔键连接的画法。

钩头楔键的顶面和底面是工作面,画图时顶面和底面与被连接件的键槽底部没有空隙。而键的两侧应留有空隙,如图5.22所示。

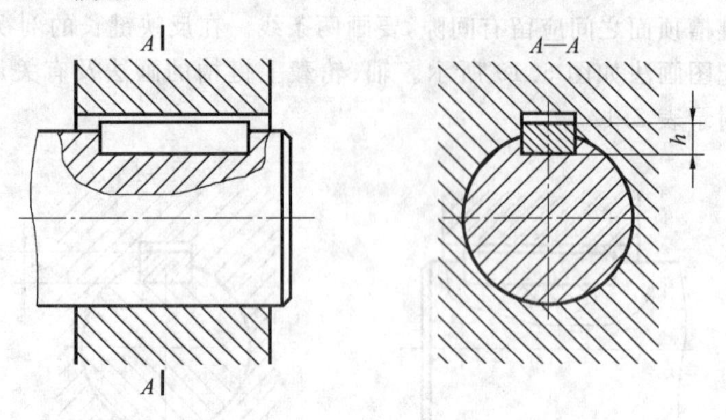

图5.22 钩头楔键的装配图画法

5.1.4 销连接

1.销的种类和标记

销主要用来固定零件之间的相对位置,起定位作用,也可用于轴与轮毂的连接,传递不大的载荷,还可作为安全装置中的过载剪断元件。销的常用材料为35、45钢。

销是标准件,常用的有圆柱销、圆锥销和开口销。销的结构形式及其尺寸系列见表5.4。圆柱销利用微量过盈固定在销孔中,经过多次装拆后,连接的紧固性及精度降低,故只宜用于不常拆卸处。圆锥销有1 : 50的锥度,装拆比圆柱销方便,多次装拆对连接的紧固性及定位精度影响较小,因此应用广泛。

表 5.4 销的标记示例及其装配画法

名称	圆柱销	圆锥销	开口销
结构型式及规格尺寸	d　l	1:50　d　l	l　d
标记示例	销 GB/T 119.1—2000B5×20	销 GB/T 117—20006×24	销 GB/T 91—20005×30
说明	公称直径 d = 5 mm，长度 l = 20 mm的 B 型圆柱销	公称直径 d = 6 mm，长度 l = 24 mm的 A 型圆锥销	公称直径 D = 5 mm，长度 l = 20 mm的开口销

销也属紧固件，标记方法与螺纹紧固件相同，内容包括名称、标准编号、型式与尺寸等。

2. 销连接画法

在销连接中，两零件上的孔是在零件装配时一起配作的。因此，在零件图上标注销孔的尺寸时，应注明“配作”。

绘图时，销的有关尺寸从标准中查找并选用。在剖视图中，当剖切平面通过销的回转轴线时，按不剖处理，如图 5.23 所示。

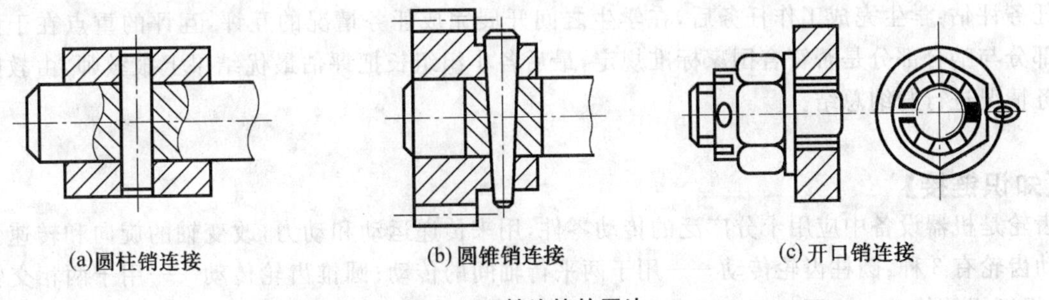

(a)圆柱销连接　(b)圆锥销连接　(c)开口销连接

图 5.23 销连接的画法

【任务小结】

螺纹的基本知识：基本要素有牙型、直径、螺距和导程、线数、旋向等；

普通螺纹的标注格式：

牙型符号 公称直径×螺距 旋向—中径公差带代号 顶径公差带代号—旋合长度代号

内外螺纹及旋合画法；螺栓、螺柱、螺钉连接画法；

键、销的种类、用途和标记；键连接和销连接的画法。

5.2 齿轮的规定画法

【知识目标】

1. 了解齿轮的名称、主要参数。

2. 掌握圆柱齿轮尺寸的计算和规定画法。

【能力目标】

能根据齿数、模数计算圆柱齿轮的尺寸并正确绘制其零件图装配图。

【任务引入与分析】

齿轮广泛应用于各种机械传动,具有传动稳定可靠、效率高、结构紧凑等特点。齿轮的牙齿部分的结构、参数已经标准化,称为常用件。

本任务要求根据图 5.24 所示齿轮的实物模型,表达单个直齿圆柱齿轮和斜齿圆柱齿轮结构以及齿轮的啮合关系。齿轮齿形已标准化,为了便于绘图,齿轮表达方法不是用齿轮的实际投影,制图国家标准规定了齿轮的规定画法。完成该工作任务需要掌握齿轮的参数、各部分尺寸关系、规定画法等有关知识。

图 5.24 齿轮

【任务实施】

教师活动:布置"圆柱齿轮啮合的绘制"的工作任务,并结合齿轮实物模型,给学生分析完成该工作任务需要掌握齿轮的参数、各部分尺寸关系、规定画法等有关知识,引导学生以自学为主的方式掌握绘制圆柱齿轮的基本知识。教师的重点是对学生自学有困难的知识点进行讲解,指导学生利用所学知识自主完成常用直齿与斜齿圆柱齿轮啮合的绘制,检查评定学生工作任务的完成情况,对工作任务进行归纳总结,布置课后任务。

学生活动:了解工作任务的要求,明确要完成这样的工作任务需要掌握的齿轮的参数、各部分尺寸关系、规定画法的有关知识,然后以自学的方式掌握上述知识,并自主完成圆柱齿轮啮合绘制任务。

任务评估:学生完成工作任务后,在学生之间开展完成任务情况的互评,互评的重点在于齿轮的轮齿部分与啮合部分是否符合国家标准规定,最后各小组组长把评估最优结果上报教师,由教师对完成任务情况进行归纳总结。

【知识链接】

齿轮是机器设备中应用十分广泛的传动零件,用来传递运动和动力,改变轴的旋向和转速。常见的传动齿轮有 3 种:圆柱齿轮传动——用于两平行轴间的传动;圆锥齿轮传动——用于两相交轴间的传动;蜗杆蜗轮传动——用于两交错轴间的传动,如图 5.25 所示。

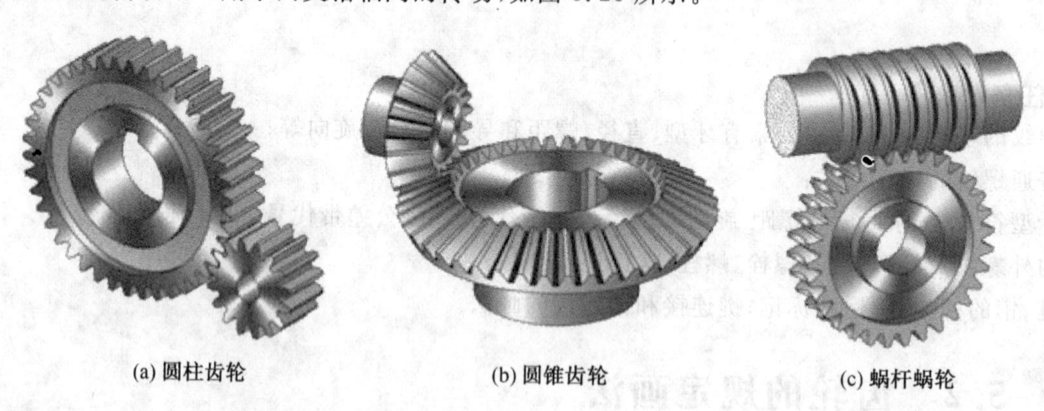

(a) 圆柱齿轮　(b) 圆锥齿轮　(c) 蜗杆蜗轮

图 5.25 齿轮传动的形式

5.2.1 直齿圆柱齿轮的几何参数和尺寸关系

直齿圆柱齿轮用于传递平行两轴之间的运动,最常用的是直齿圆柱齿轮。

1. 直齿圆柱齿轮各部分的名称和代号

直齿圆柱齿轮各部分的名称和代号如图 5.26 所示。

(1)齿顶圆:轮齿顶部的圆,直径用 d_a 表示。

(2)齿根圆：轮齿根部的圆，直径用 d_f 表示。

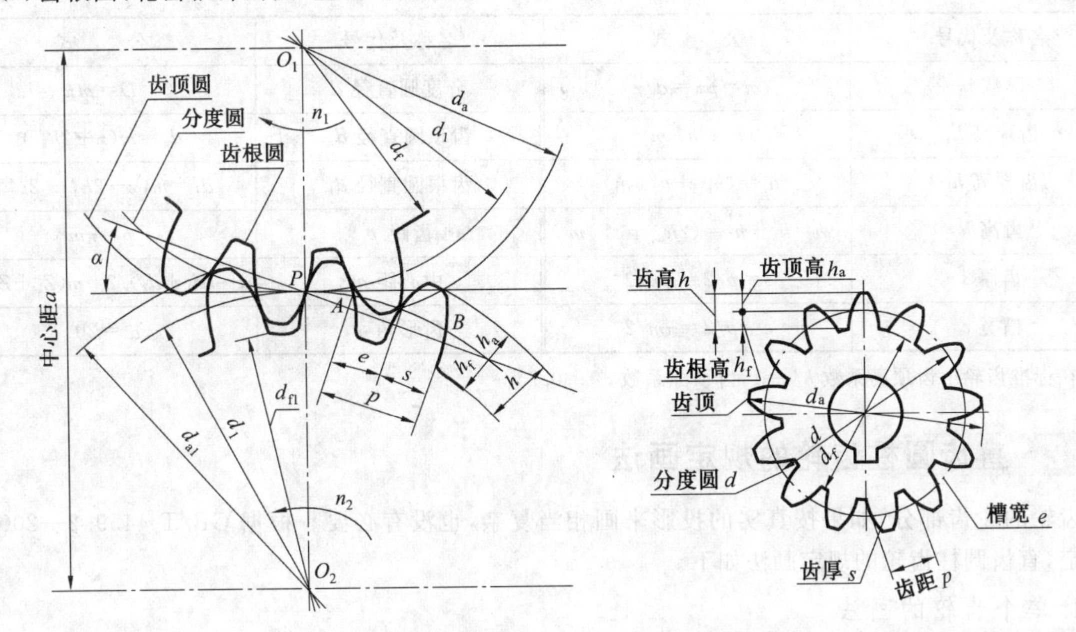

图 5.26　直齿圆柱齿轮各部分的名称和代号

(3)分度圆：齿轮加工时用以轮齿分度的圆，齿厚 s 与齿间距大小相等的圆，直径用 d 表示。在一对标准齿轮互相啮合时，两齿轮的分度圆应相切。

(4)齿距：在分度圆上，相邻两齿同侧齿廓间的弧长，用 p 表示。

(5)齿厚：一个轮齿在分度圆上的弧长，用 s 表示。

(6)槽宽：一个齿槽在分度圆上的弧长，用 e 表示。在标准齿轮中，齿厚与槽宽各为齿距的一半，即 $s=e=p/2, p=s+e$。

(7)齿顶高：分度圆至齿顶圆之间的径向距离，用 h_a 表示。

(8)齿根高：分度圆至齿根圆之间的径向距离，用 h_f 表示。

(9)全齿高：齿顶圆与齿根圆之间的径向距离，用 h 表示。$h=h_a+h_f$。

(10)齿宽：沿齿轮轴线方向测量的轮齿宽度，用 b 表示。

(11)压力角：轮齿在分度圆的啮合点上 C 处的受力方向与该点瞬时运动方向线之间的夹角，用 α 表示。标准齿轮 $\alpha=20°$。

2.直齿圆柱齿轮的基本参数与齿轮各部分的尺寸关系

(1)模数：当齿轮的齿数为 z 时，分度圆的周长 $=\pi d=zp$。令 $m=p/\pi$，则 $d=mz$，m 即为齿轮的模数。因为一对啮合齿轮的齿距 p 必须相等，所以，它们的模数也必须相等。模数是设计、制造齿轮的重要参数。模数越大，则齿距 p 也增大，随之齿厚 s 也增大，齿轮的承载能力也增大。不同模数的齿轮要用不同模数的刀具来制造。为了便于设计和加工，模数已经标准化，我国规定的标准模数数值见表 5.5。

表 5.5　标准模数(GB/T 1357—2008)

第一系列	1　1.25　1.5　2　2.5　3　4　5　6　8　10　12　16　20　25　32　40　50
第二系列	1.25　1.375　1.75　2.25　2.75　3.5　4.5　5.5　(6.5)　7　9　11　14　18　22　28　35　45

注：优先选用第一系列，括号内的模数，尽可能不用。

(2)齿轮各部分的尺寸关系：当齿轮的模数 m 确定后，按照与 m 的比例关系，可计算出齿轮其他部分的基本尺寸，见表 5.6。

表 5.6 标准直齿圆柱齿轮各部分尺寸关系

名称及代号	公 式	名称及代号	公 式
模数 m	$m=p\pi=d/z$	分度圆直径 d	$D=mz$
齿顶高 h_a	$h_a=h_a^* m$	齿顶圆直径 d_a	$d_a=m(z+2h_a^*)$
齿根高 h_f	$h_f=(h_a^*+c^*)m$	齿根圆直径 d_f	$d_f=m(z-2h_a^*-2c^*)$
齿高 h	$h=h_a+h_f=(2h_a^*+c^*)m$	齿距 p	$p=\pi m$
齿厚 s	$s=p/2=\pi m/2$	中心距 a	$a=(d_1+d_2)/2=m(Z_1+Z_2)/2$
槽宽 e	$e=p/2=\pi m/2$	齿形角 α	$\alpha=20°$

注:在标准齿轮中齿顶高系数 $h_a^*=1$,齿顶隙系数 $c^*=0.25$

5.2.2 直齿圆柱齿轮的规定画法

齿轮的轮齿部分,如果按真实的投影来画相当复杂,也没有必要。根据 GB/T 4459.2—2003 中的规定,直齿圆柱齿轮的规定画法如下。

1. 单个齿轮的画法

(1)齿顶圆与齿根圆用粗实线绘制。

(2)分度圆与分度线用细点画线绘制(分度线应超出轮廓线 2～3 mm)。

(3)齿根圆与齿根线用细实线绘制,也可省略不画,在剖视图中,齿根线用粗实线绘制。

(4)在剖视图中,当剖切平面通过齿轮的轴线时,轮齿一律按不剖绘出,如图 5.27 所示,齿轮的其他部分均按其真实的投影画出。

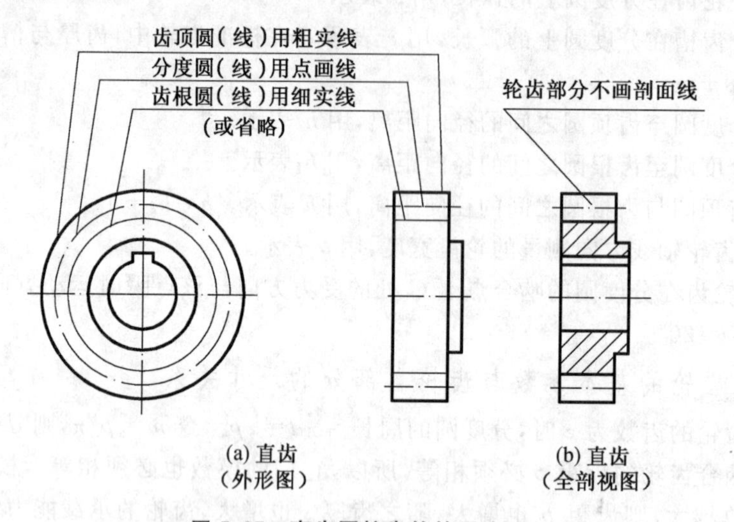

图 5.27 直齿圆柱齿轮的画法

直齿圆柱齿轮零件图如图 5.28 所示。

2. 两直齿齿轮啮合的画法

在表示齿轮端面的视图中,齿根圆可省略不画,啮合区的齿顶圆均用粗实线绘制。啮合区的齿顶圆也可省略不画,但相切的分度圆必须用点画线画出,如图 5.29(b)、(d)所示。若不作剖视,则啮合区内的齿顶线不画,此时分度线用粗实线绘制,如图 5.29(c)所示。

在剖视图中,啮合区的投影如图 5.29(b)所示,一个齿轮的齿顶线与另一个齿轮的齿根线之间有 0.25m(m 为模数)的间隙,被遮挡的齿顶线用虚线画出,也可省略不画。

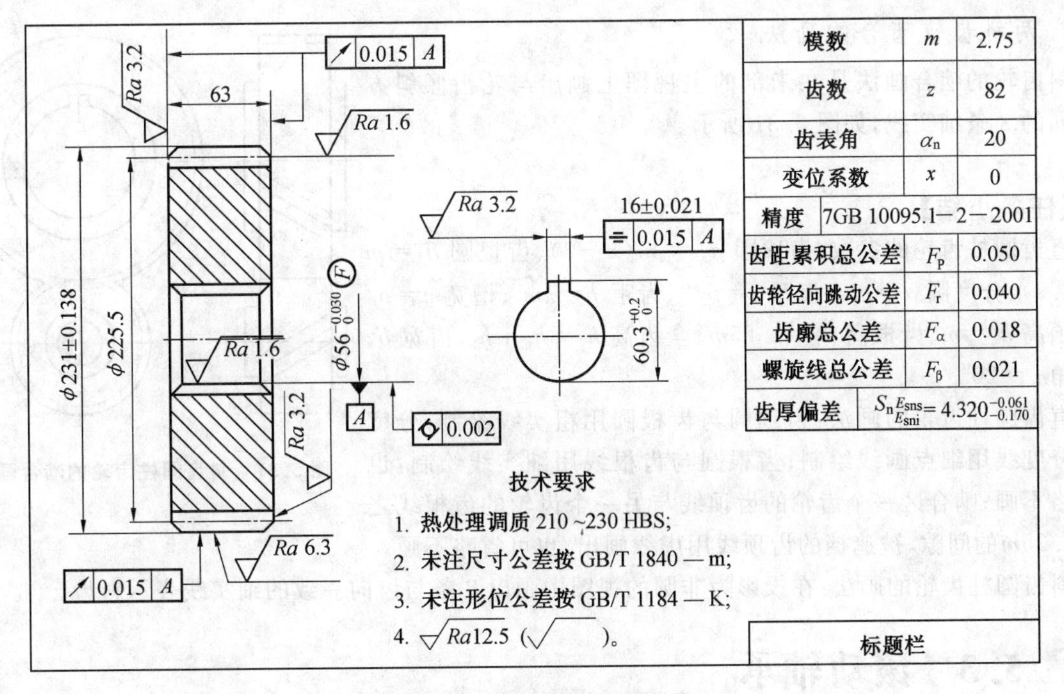

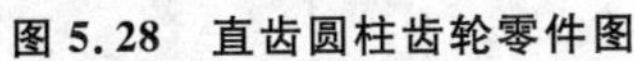
图 5.28 直齿圆柱齿轮零件图

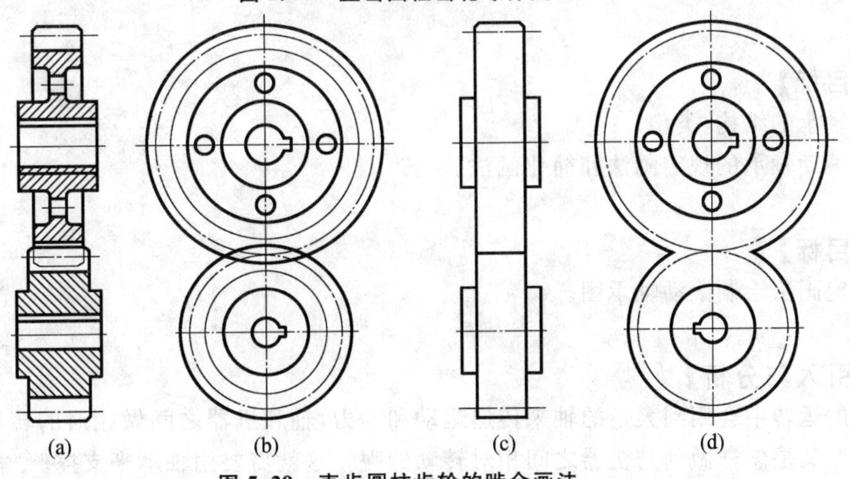

图 5.29 直齿圆柱齿轮的啮合画法

5.2.3 斜齿圆柱齿轮的规定画法

1. 单个斜齿圆柱齿轮的画法

斜齿圆柱齿轮的画法与直齿圆柱齿轮的画法基本相同。只是在投影为非圆的视图中画出 3 条与齿向一致的细实线表示斜齿，如图 5.30(a)所示。当画成剖视图时，常采用局部剖视或半剖视，把 3 条细实线画在未剖处，表达斜齿轮的倾斜螺旋旋向，如图 5.30(b)所示。

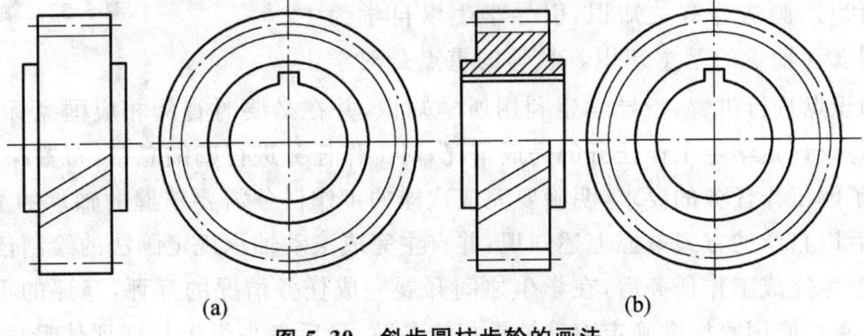

图 5.30 斜齿圆柱齿轮的画法

2. 两斜齿轮啮合的画法

斜齿轮的啮合画法是在未剖的主视图上画出与轮齿倾斜方向相同的3条细实线，如图5.31所示。

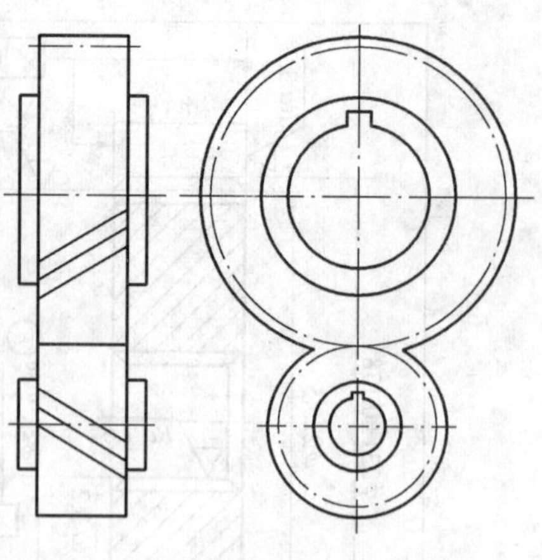

图5.31　斜齿圆柱齿轮的啮合画法

【任务小结】

直齿圆柱齿轮的参数：齿顶圆 $d_a=m(z+2)$、齿根圆 $d_f=m(z-2.5)$、分度圆 $d=mz$、齿厚 $s=p/2$、齿距 $p=\pi m$、槽宽 $e=p/2$、齿顶高 $h_a=m$、齿根高 $h_f=1.25m$、全齿高 $h=h_a+h_f$、齿宽 b、压力角 $\alpha=20°$。

直齿圆柱齿轮的画法：齿顶圆与齿根圆用粗实线绘制；分度圆与分度线用细点画线绘制；齿根圆与齿根线用细实线绘制，也可省略不画；啮合区一个齿轮的齿顶线与另一个齿轮的齿根线之间有 $0.25m$ 的间隙，被遮挡的齿顶线用虚线画出，也可省略不画。

斜齿圆柱齿轮的画法：在投影为非圆的视图中画出3条与齿向一致的细实线表示斜齿。

5.3　滚动轴承

【知识目标】

1. 了解轴承的结构、类型。
2. 掌握滚动轴承的规定画法和简化画法。

【能力目标】

能用规定画法绘制滚动轴承图。

【任务引入与分析】

在机器的运转中会用到大量的轴来传递运动和动力，轴和机器之间做相对的转动，那么轴是怎样被支撑的呢？又是怎样做到与机器之间相对转动的呢？这就需要用轴承来支撑。

本任务要求结合实际零部件模型，认识滚动轴承的类型和代号，掌握滚动轴承在装配图中的规定画法和简化画法。轴承如图5.32所示。

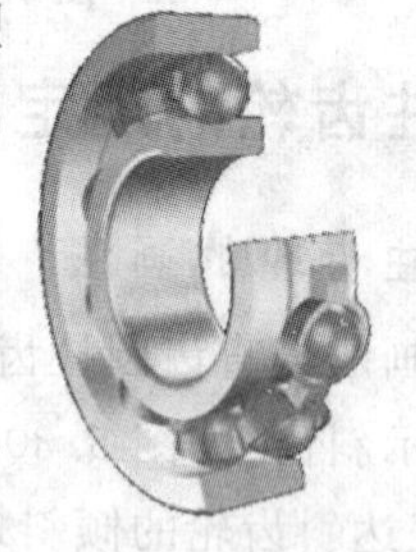
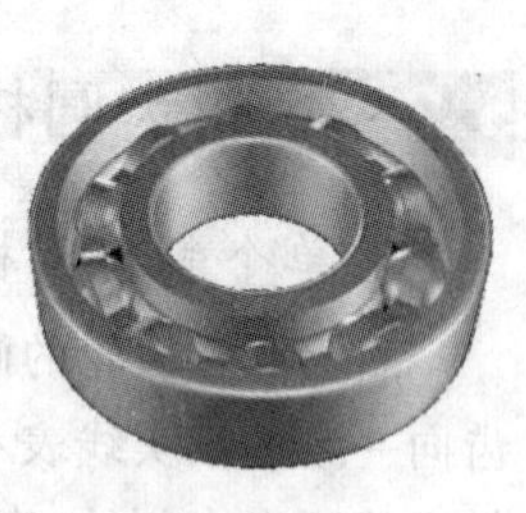

图5.32　轴承

【任务实施】

教师活动：布置“用图样表达滚动轴承”的工作任务。并结合滚动轴承实物模型，给学生分析完成该工作任务需要掌握轴承的类型、代号、画法等有关知识，引导学生以自学为主的方式掌握绘制滚动轴承的基本知识。教师的重点是对学生自学有困难的知识点进行讲解，指导学生利用所学知识，并在必要时查阅相应国家标准，自主完成滚动轴承的绘制，检查评定学生工作任务的完成情况，对工作任务进行归纳总结，布置课后任务。

学生活动：了解工作任务的要求，明确要完成这样的工作任务需要掌握的轴承的类型、代号、画法的有关知识，然后以自学的方式掌握上述知识，并自主完成滚动轴承规定画法的绘制任务。

任务评估：学生完成工作任务后，在学生之间开展完成任务情况的互评，互评的重点在于结合滚动轴承的代号查阅相应国家标准确定滚动轴承相应参数，最后各小组组长把评估最优结果上报教师，由教师对完成任务情况进行归纳总结。

【知识链接】

滚动轴承是支撑旋转轴的组件，具有结构紧凑、摩擦力小等优点，在生产中得到广泛应用，各项参数也均已标准化，同样称为标准件，需要时可根据设计要求选择。

5.3.1 滚动轴承的类型和代号

1. 滚动轴承的类型

滚动轴承一般由外圈、内圈、滚动体和保持架组成，如图 5.33 所示。

(1)内圈：装到轴上；

(2)外圈：装在轴承孔中；

(3)滚动体：可以做成滚珠或滚子形状装在内外圈之间的滚道中；

(4)保持架：可以把滚动体相互隔开，使其均匀分布在内外圈之间。

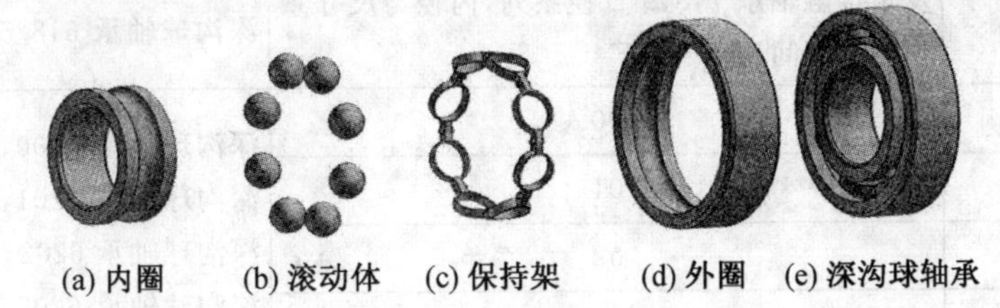

(a) 内圈　(b) 滚动体　(c) 保持架　(d) 外圈　(e) 深沟球轴承

图 5.33　常用滚动轴承的结构

按承受载荷的方向，滚动轴承可分为 3 类：

①主要承受径向载荷，如图 5.34(a)所示的深沟球轴承。

②主要承受轴向载荷，如图 5.34 (b)所示的推力球轴承。

③同时承受径向载荷和轴向载荷，如图 5.34 (c)所示的圆锥滚子轴承。

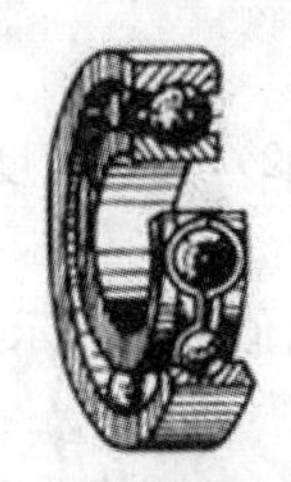

(a) 深沟球轴承

(b) 推力球轴承

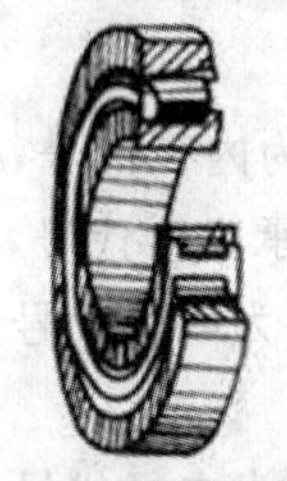

(c) 圆锥滚子轴承

图 5.34　常用滚动轴承的类型

2. 滚动轴承的代号

滚动轴承常用基本代号由轴承类型代号、尺寸系列代号和内径代号构成。

(1)轴承类型代号：用数字或字母表示，见表 5.7。

表 5.7　轴承类型代号 (GB/T 272—1993)

代号	0	1	2	3	4	5	6	7	8	N	U	QJ
轴承类型	双列角接触球轴承	调心球轴承	调心滚子轴承	推力调心滚子轴承	圆锥滚子轴承	双列深沟球轴承	推力球轴承	深沟球轴承	角接触球轴承	推力圆柱滚子轴承	圆柱滚子轴承	外球面球轴承	四点接触球轴承

(2)尺寸系列代号:由轴承宽(高)度系列代号和直径系列代号组合而成,一般用两位数字表示(有时省略其中一位)。它的主要作用是区别内径(d)相同而宽度和外径不同的轴承,具体代号需查阅相关标准。

(3)内径代号:表示轴承的公称内径,一般用两位数字表示。

①代号数字为 00,01,02,03 时,分别表示内径 d=10 mm,12 mm,15 mm,17 mm。

②代号数字为 04~96 时,代号数字乘以 5,即得轴承内径。

③轴承公称内径为 1~9 mm、22 mm、28 mm、32 mm、500 mm 或大于 500 mm 时,用公称内径毫米数值直接表示,但与尺寸系列代号之间用“/”隔开,如“深沟球轴承 62/22,d=22 mm”,见表 5.8。

表 5.8　轴承内径代号 (GB/T **272—1993**)

轴承公称直径/ mm		内径代号	示例
0.6~10(非整数)		用公称直径毫米数直接表示,在其与尺寸系列代号之间用“/”分开	深沟球轴承 618/2.5,d=2.5 mm
1~9(整数)		用公称内径毫米数直接表示,对深沟球轴承及角接触轴承 7,8,9 直径系列,内径与尺寸系列代号之间用“/”分开	深沟球轴承 625,d=5 mm 深沟球轴承 618/5,d=5 mm
10~17	10	00	深沟球轴承 6200,d=10 mm
	12	01	深沟球轴承 6201,d=12 mm
	15	02	深沟球轴承 6202,d=15 mm
	17	03	深沟球轴承 6203,d=17 mm
20~480 (22,28,32 除外)		公称内径除以 5 的商数,商数为个位数,需在商数左边加“0”,如 08	圆锥滚子轴承 30308,d=40 mm 深沟球轴承 6215,d=75 mm
≥500 以及 22,28,32		用公称内径毫米数直接表示,但在与尺寸系列之间用“/”分开	调心滚子轴承 230/500,d=500 mm 深沟球轴承 62/22,d=22 mm

轴承基本代号举例:

例 5.6　6209　09 为内径代号,d=45 mm,2 为尺寸系列代号(02),其中宽度系列代号 0 省略,直径系列代号为 2;6 为轴承类型代号,表示深沟球轴承。

例 5.7　62/22　22 为内径代号,d=22 mm(用公称内径毫米数值直接表示),2 和 6 与例 5.6 的含义相同。

例 5.8　30314　14 为内径代号,d=70 mm,03 为尺寸系列代号(03),其中宽度系列代号为 0,直径系列代号为(3),3 为轴承类型代号,表示圆锥滚子轴承。

5.3.2 滚动轴承的画法

滚动轴承在装配图中的表示方法,可采用规定画法,也可采用简化画法。简化画法分为特征画法和通用画法,在同一张图上一般采用其中的一种画法。表 5.9 为常用的几种滚动轴承的画法。

1. 通用画法

在装配图的剖视图中,若不必确切地表示滚动轴承的外形轮廓、载荷特性及结构特征时,可以采用通用画法;在轴的两侧用矩形线框(为粗实线)及位于线框中央正立的十字形符号(为粗实线)表示,十字形符号不应与矩形线框接触。

2. 规定画法

规定画法能较详细地表达滚动轴承的主要结构形状。用规定画法绘制装配图时,滚动轴承的保持架及倒角等均可省略不画。轴承的滚动体不画剖面线,各套圈的剖面线可画成方向一致、间隔相同。在不致引起误解时，还允许省略剖面线。一般只绘轴的一侧，另一侧可按简化画法绘制。

3. 特征画法

在装配图的剖视图中，若需要较形象地表示滚动轴承的结构特征时，可采用特征画法，在轴的两侧矩形线框内，用粗实线表示滚动轴承结构特征和载荷特征的要素符号组合。

表 5.9 滚动轴承的画法及尺寸比例

轴承类型	结构形式	通用画法	规定画法	特征画法	承载特征
		均指滚动轴承在所属装配图的剖视图中的画法			
深沟球轴承 GB/T 276—1994	6000 型				主要承受径向载荷
圆锥滚子轴承 GB/T 297—1994	30000 型				承受轴向径向载荷
单向推力球轴承 GB/T 301—1995	50000 型				承受单方向的轴向载荷

【任务小结】

滚动轴承的组成：外圈、内圈、滚动体和保持架。

滚动轴承的类型：深沟球轴承、推力球轴承、圆锥滚子轴承。

滚动轴承的代号：类型代号用数字或字母表示；尺寸系列代号由轴承宽（高）度系列代号和直径系列代号组合而成；内径代号表示轴承的公称内径。

滚动轴承的画法：规定画法和简化画法。

5.4 从CAXA图库调标准件图

【知识目标】

1. 了解CAXA图库，掌握按规格尺寸（或输入的非标准尺寸）提取各标准件操作方法。
2. 掌握CAXA利用自定义图符建立自己的图形库的方法。

【能力目标】

绘制装配图时能快速利用CAXA提供的图库调取所需标准件的零件图。

【任务引入与分析】

前期已经学习过标准件与常用件零件图的规定画法。在后期作装配图的同时会用到较多的标准件零件图，我们能否在做装配图的同时快速调取标准件零件图呢？CAXA电子图板为用户提供了设计时可以直接应用这些标准件的标准图形，使用户方便、快捷地进行绘图工作。避免不必要的重复劳动，提高绘图效率。

【任务实施】

教师活动：布置工作任务，要求学生通过自学方式学习与完成本任务相关的知识，只讲解学生自学有困难的问题，重点放在指导学生完成工作任务上。学生完成任务后教师要对学生完成任务的情况进行总结，评定学生成绩以肯定学生成绩为主，纠正不足为辅。最后布置课下练习任务，巩固所学知识点。

学生活动：按教师的要求，积极参与教学活动，自学有关知识，并在教师指导下完成工作任务。

【知识链接】

CAXA电子图板图库中的标准件和图形符号，统称为图符。用户可以按规格尺寸提取各标准件，也可以按输入的非标准尺寸提取。CAXA电子图板的图库是一个开放式的图库，用户不但可以提取图符，还可以自定义图符建立自己的图形库，并能通过图库管理工具对图符进行各种管理。

5.4.1 提取图符

提取图符是从图库中选择合适的图符，并将其插入到图中合适的位置。

调用方式：

(1)命令行“sym”。

(2)菜单：“绘图”→“图库”→“提取图符”，如图5.35所示。

(3)工具栏：“库操作”→（提取图符）。

1. 参数化图符的提取

操作步骤：

(1)启动CAXA电子图板2011，新建空白文档，选择“绘图”→“图库”→“提取图符”命令，系统弹出“提取图符”对话框，如图5.36所示。

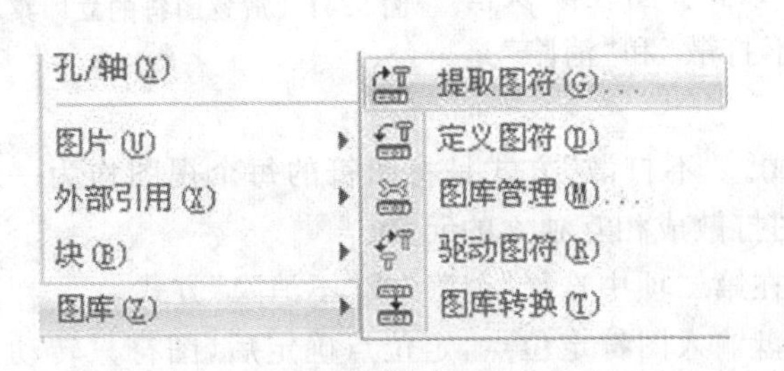

图 5.35 图库菜单

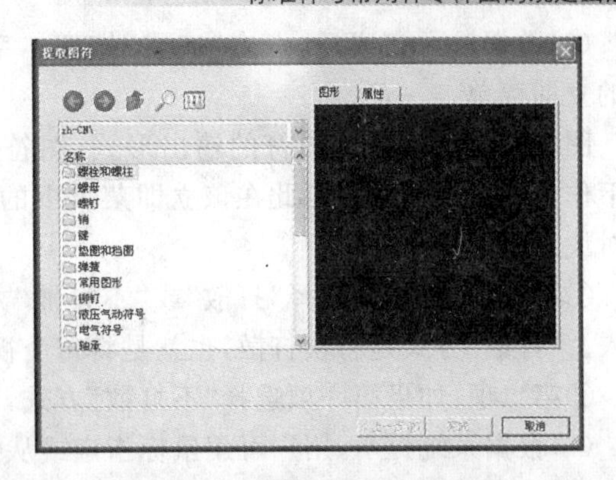

图 5.36 “提取图符”对话框

(2)因为电子图板图库中的图符数量比较多，单击对话框中图标，系统弹出“搜索图符”对话框。如图 5.37 所示。

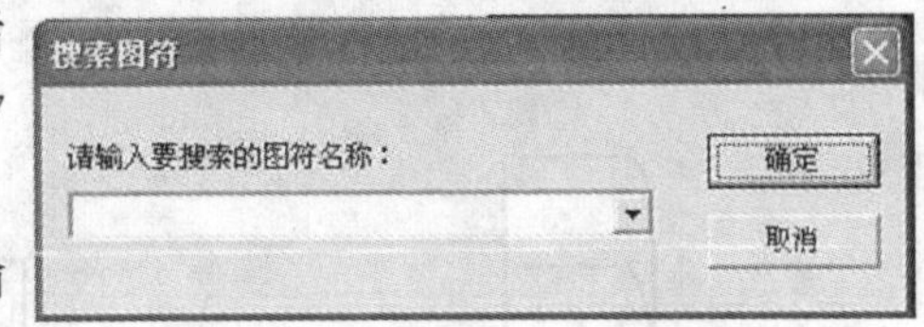

图 5.37 “搜索图符”对话框

(3)可通过图符名称来搜索图符。搜索图符时不必输入图符的完整名称，只需输入图符名称的“A 级 GB/T 27—1988”或“六角全螺纹”就可以检索到。此外，图库检索增加了模糊搜索功能，这就是，在检索条中输入检索对象的名称或者型号，图符列表中列出有关输入内容的所有图符，如图 5.38 所示。

(4)在对话框的右侧为预览框，包括“图形”和“属性”两个标签，可对用户选择的当前图符属性和图形进行预览，系统默认为图形预览，点击“属性”即可切换到属性预览方式，如图 5.39 所示。

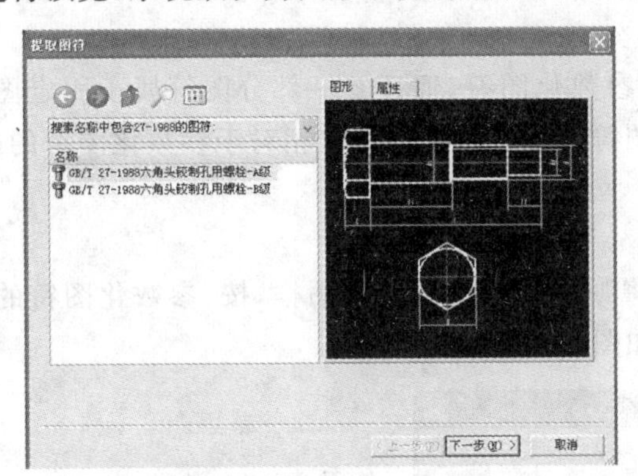

图 5.38 “提取图符”示例

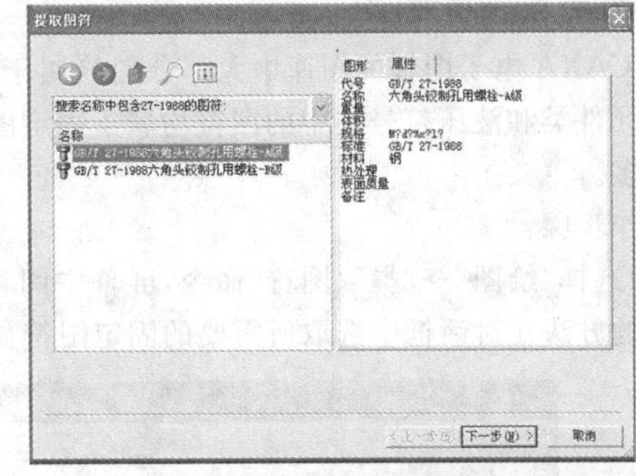

图 5.39 图符的属性显示

(5)用户选定图符后，单击“下一步”按钮进入“图符预处理”对话框，如图 5.40 所示。

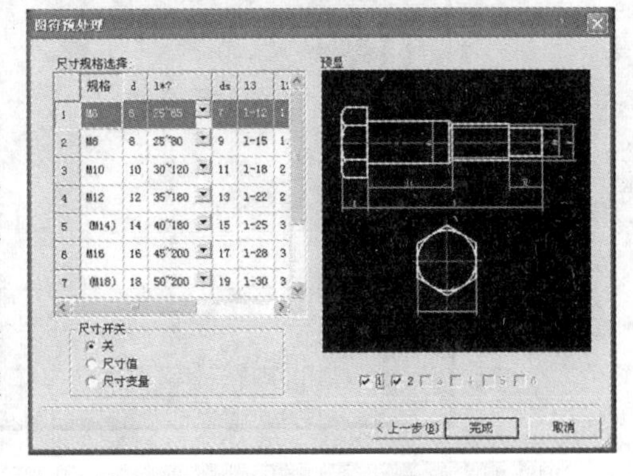

图 5.40 “图符预处理”对话框

在该对话框中右半部分是图符预览区，下面排列 6 个视图控制开关，用鼠标点击可打开或关闭，被关闭的视图将不被提取出来。当然并不是所有的图符都有 6 个视图，一般的图符用 2～3 个视图就足够了。

对话框左半部分是图符处理区，第一项是尺寸规格选取，它以电子表格的形式出现。表格的表头为尺寸变量名，在右侧预览区域内可直观地看到每个尺寸变量名的具体位置和含义。

尺寸开关选项是控制图形提取后的尺寸标注情况，可用鼠标左键单击，其中“关”表示提取后不标注任何尺寸；“尺寸值”表示提取后标注实际尺寸；“尺寸变量”表示只标注尺寸变量名，而不标注实际尺寸。

(6)数据输入完成后，点击“完成”按钮。系统弹出如图 5.41 所示的立即菜单。

图 5.41 放置图符的立即菜单

图符处理选项控制图符的输出形式，图符的每个视图在默认情况下作为一个块插入。因此在该立即菜单中的“不打散”和“消隐”是针对块进行的操作。

①第一项：可切换选择“打散”或“不打散”方式。“不打散”方式是将图符的每个视图作为一个块插入。“打散”方式是将块打散，也就是将每个视图打散成相互独立的元素。

②第二项：如果第一项选择“不打散”方式，可在第二项中选择“消隐”或“不消隐”方式。

(7)根据系统提示，用户可用鼠标指定或从键盘输入图符定位点，定位点确定后，图符只转动而不移动。根据系统提示，用户可通过键盘输入图符旋转角度；若接受系统默认 0°角（不旋转），直接单击右键即可；还可以通过鼠标旋转图符到合适位置后，单击鼠标左键确认，结果如图 5.42 所示。

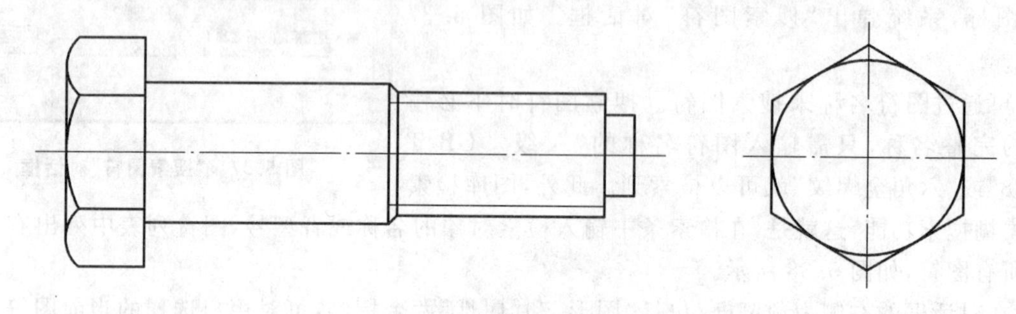

图 5.42 放置后的图符

2. 固定图符提取

在 CAXA 电子图板的图库中大部分图符属于参数化图符，但还有一部分图符属于固定图符，比如电气元件类和液压符号类中的图符均属于固定图符。固定图符的提取相对于参数化图符的提取要简单很多。

操作步骤：

(1)选择“绘图”→“提取图符”命令，屏幕中间将弹出“提取图符”对话框，按“参数化图符的提取”中介绍的方法在对话框中选取所需要的固定图符如图 5.43 所示。

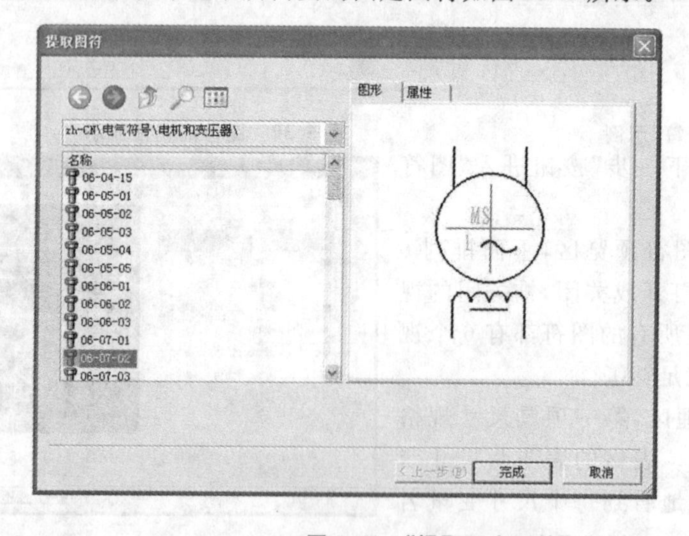

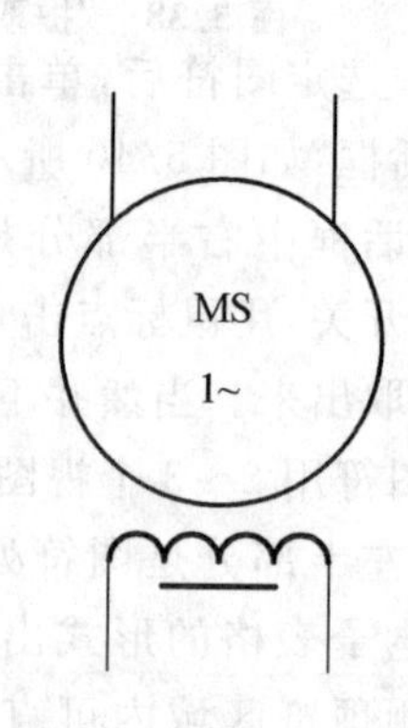

图 5.43 “提取固定图符”对话框

(2)单击“确定”按钮后，屏幕底部弹出如图 5.44 所示的立即菜单，放缩倍数的缺省值均为 1。如果用户不想使用缺省值，可用鼠标单击相应的立即菜单，在弹出的编辑框中输入合适的放缩倍数。

(3)输入完放缩倍数后，按照系统提示，选择定位点和旋转角度后，图符的提取也就完成了。

1. 不打散 | 2. 消隐 | 3. 放缩倍数 1

图 5.44 固定图符提取的立即菜单

5.4.2 自定义图符

自定义图符实际上就是用户根据实际需要,建立自己的图库的过程。不同场合、不同技术背景的用户可能用到一些电子图板没有提供的图形或符号,为了提高作图效率,用户可以利用电子图板提供的工具建立自己的图形库。

1. 调用方式

(1)命令行:symdef。

(2)菜单:"绘图"→"图库"→"定义图符",如图 5.35 所示命令行。

(3)工具栏:"库操作"→(定义图符)。

2. 操作方式

图符分为固定图符和参量图符,其操作过程有所不同,下面介绍定义固定图符的过程。

定义参量图符比定义固定图符的过程要复杂一些,本书从略。

(1)在绘图区绘制好所要定义成图符的图形,不必标注图形尺寸,如图 5.45 所示。

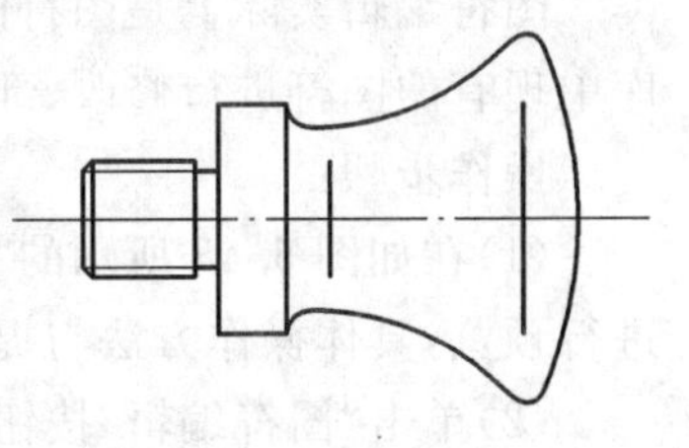

图 5.45 绘制好的手柄

(2)单击图库工具栏图标,系统提示"请选择第 1 视图",选取刚才绘制的图形后单击鼠标右键,系统提示"请单击或输入视图的基点",选择图形中心点。系统提示"请选择第 2 视图",如还有视图,操作步骤同上。若没有,则单击鼠标右键,系统弹出"图符入库"对话框。在新建类别下输入"自定义",图符名称下输入"手柄",如图 5.46 所示。

(3)如果要对图符增加属性说明,则单击"属性编辑"按钮,进行编辑,如图 5.47 所示。

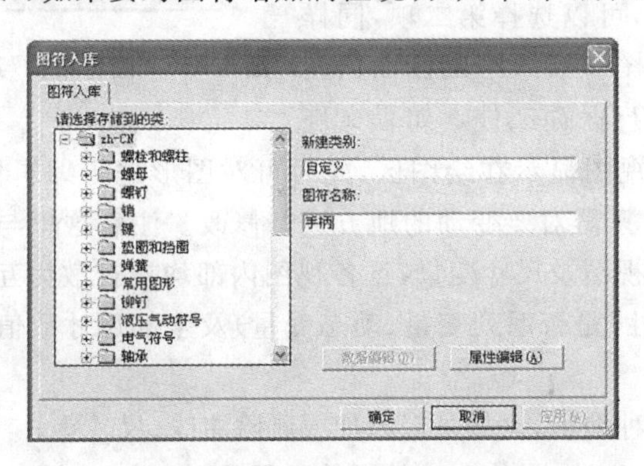

图 5.46 "图符入库"对话框

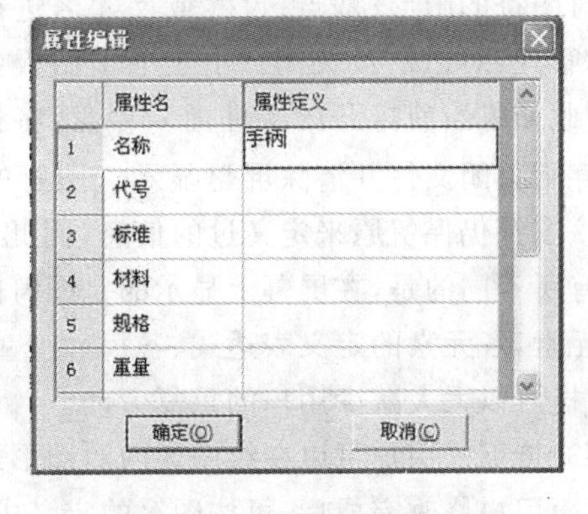

图 5.47 "属性编辑"对话框

5.4.3 图库管理

CAXA 电子图板 2011 的图库是一个面向用户的开放图库,用户不仅可以提取图符、定义图符,还可以通过软件提供的图库管理工具对图库进行管理。

有 3 种调用方式:

(1)命令行:symman。

(2)菜单:"绘图"→"图库"→"图库管理",如图 5.35 所示命令行。

(3)工具栏:"库操作"→ (图库管理)。

选择"绘图"→"库操作"命令,在弹出库操作子菜单中单击"图库管理"按钮,屏幕弹出"图库管理"

对话框，如图 5.48 所示。

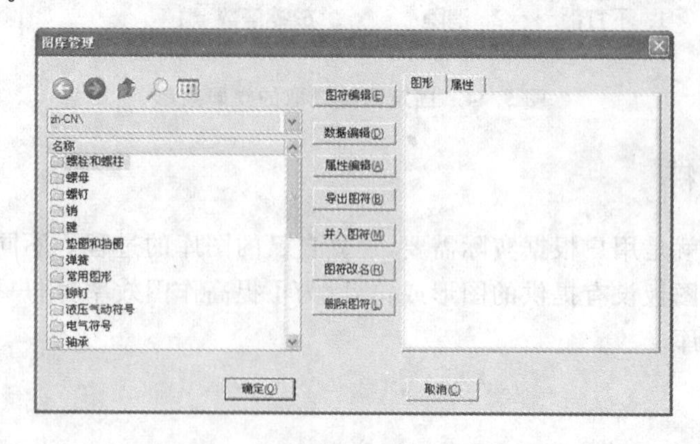

图 5.48 “图库管理”对话框

这个对话框与图符提取中遇到的“提取图符”对话框非常相似。其中左侧的图符选择、右侧的预览和下方的图符检索的使用方法相同，只是在中间安排了 7 个操作按钮，通过这 7 个按钮，用户可实现图库管理的全部功能。

1. 图符编辑

图符编辑实际上是图符的再定义，用户可以对图库中原有的图符进行全面的修改，也可以利用图库中现有的图符进行修改、部分删除、添加或重新组合，定义成相类似的新图符。

操作步骤：

(1)在如图 5.48 所示的“图库管理”对话框中选择要编辑的图符名称，可通过右侧预览框对图符进行预览，具体操作方法与提取图符相同。

(2)单击“图符编辑”按钮，弹出如图 5.49 所示菜单。如果只要修改参量图符中图形元素的定义或尺寸变量的属性，可以选择第一项，则“图库管理”对话框被关闭，进入元素定义，开始对图符的定义进行编辑修改。如果需要对图符的图形、基点、尺寸或尺寸名进行编辑，可以选择第二项，同样“图库管理”对话框被关闭。由于电子图板要把该图符插入绘图区以供编辑，因此如果当前打开的文件尚未存盘，将提示用户保存文件。如果文件已保存则关闭文件并清除屏幕显示。图符的各个视图显示在绘图区，此时可对图形进行编辑修改。由于该图符仍保留原来定义过的信息，因此编辑时只需对要变动的地方进行修改。注意这里与图库提取有所不同的是，在屏幕上显示的是图符的全部视图及尺寸变量，且各视图内部均被打散为互不相关的元素，各元素的定义表达式、各尺寸变量的属性(是否系列变量、动态变量)及全部尺寸数值均保留，这样可以大大减少用户的重复劳动。

图 5.49 “图符编辑”菜单

(3)接下来用户可以在绘图区内对图形进行各种编辑，比如可以添加或删除曲线、尺寸等。

(4)用户修改完成后，可按图符的定义中介绍的方法，对修改过的图符进行重新定义。

(5)在图符入库时如果输入了一个与原来不同的名字，就定义了一个新的图符；如果使用原来的图符类别和名称，则实现对原来图符的修改。

2. 数据编辑

对参数化图符原有的数据进行修改、添加和删除。

操作步骤：

(1)在如图 5.48 所示的“图库管理”对话框中选择要进行数据编辑的图符名称，可通过右侧预览框对图符进行预览，具体方法与提取图符相同。

(2)单击“数据编辑”按钮，弹出“标准数据录入与编辑”对话框，如图 5.50 所示。

(3)在对话框中可以对数据进行修改，操作办法同定义图符时的数据录入操作一样，用户可以参考前面的相应部分。

(4)修改结束后单击“确定”按钮，可返回“图库管理”对话框，进行其他图库管理操作。全部操作完成后，单击“确定”按钮，结束图库管理操作。

3. 属性编辑

对图符原有的属性进行修改、添加和删除。

操作步骤：

(1)在如图 5.48 所示的“图库管理”对话框中选择要进行属性编辑的图符名称，可通过右侧预览框对图符进行预览。

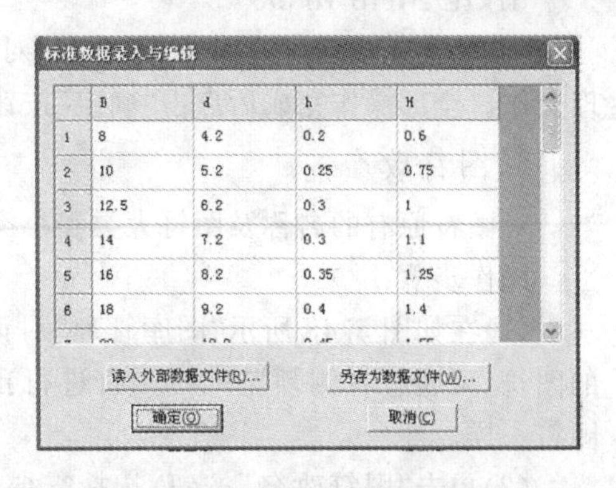

图 5.50 “标准数据录入与编辑”对话框

(2)单击“属性编辑”按钮，弹出“属性编辑”对话框，如图 5.51 所示。

(3)在对话框中可以对属性进行修改，操作方法同定义图符的属性编辑操作一样。

(4)修改结束后单击“确定”按钮，可返回“图库管理”对话框，进行其他图库管理操作。全部操作完成后，单击“确定”按钮，结束图库管理操作。

4. 导出图符

将需要导出的图符以“图库索引文件(＊.idx)”的方式在系统中进行保存。

操作步骤：

(1)在如图 5.48 所示的“图库管理”对话框中单击“导出图符”按钮，选择要导出的图符，同时系统弹出导出图符要存储的位置对话框，如图 5.52 所示。

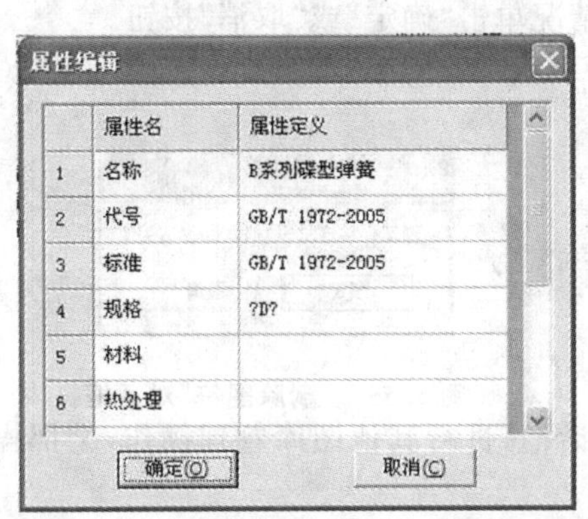

图 5.51 “属性编辑”对话框

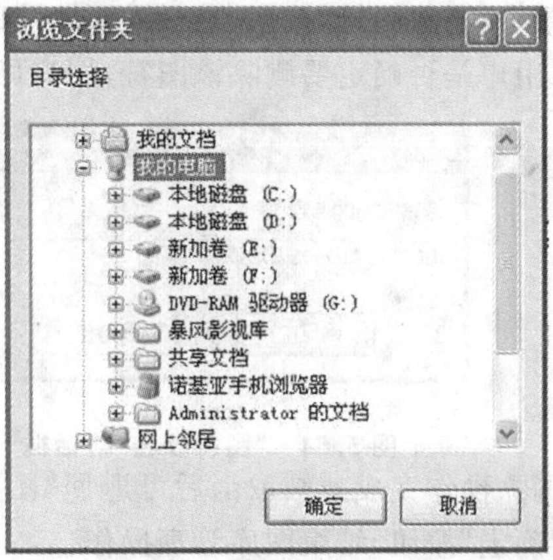

图 5.52 “存储的位置”对话框

(2)在图符列表框中列出了该类型中的所有图符，可以选择需要导出的图符，如果全部需要导出，可单击“全选”按钮。

(3)在选择完需要导出的图符后，单击“导出”按钮，在弹出的“另存文件”对话框中输入要保存的图库索引文件名，单击“保存”完成图符的导出。

5. 并入图符

将格式为“图库索引文件(＊.idx)”的图符并入图库。

操作步骤：

(1)在如图 5.48 所示的“图库管理”对话框中单击“并入图符”按钮，弹出“并入图符”对话框。用户可选择需要转换图库的索引文件，选择完后，单击“并入”按钮，如图 5.53 所示。

(2)在图符列表框中列出了索引文件中的所有图符，可以选择需要转换的图符，如果全部需要转换，可单击“全选”按钮，然后再选择转换后图符放在哪个类，也可输入新类名以创建新的类。所有选择完成后，单击“并入”按钮。对话框底部的进程条将显示转换的进度。

(3)转换完成后可返回“图库管理”对话框，进行其他图库管理操作。全部操作完成后点击“确定”按钮，结束图库管理操作。

图 5.53 “并入图符”对话框

6. 图符改名

对图符原有的名称及图符大类和小类进行名称修改。

操作步骤：

(1)在如图 5.48 所示“图库管理”对话框中选择要修改名称的图符，可通过右侧预览框对图符进行预览。具体方法与提取图符一样。

(2)单击“图符改名”按钮，选择需要修改的选项，如需要修改图符的名称，单击“重命名当前图符”，弹出“图符改名”对话框，如图 5.54 所示。

(3)在编辑框中输入新的图符名称。

(4)输入结束后单击“确定”按钮，可返回“图库管理”对话框，进行其他图库管理操作。全部操作完成后，单击“确定”按钮，结束图库管理操作。

7. 删除图符

删除图库中无用的图符，也可以一次性删除无用的一大类或者一小类图符。

操作步骤：

(1)在如图 5.48 所示的“图库管理”对话框中选择要删除的图符，可通过右侧预览框对图符进行预览，具体方法与提取图符时一样。

(2)单击“删除图符”按钮，选择需要删除的图符，弹出对话框，如图 5.55 所示。为了避免误操作，系统询问用户是否确定要删除该图符，用户可根据实际情况单击“确定”或“取消”按钮。

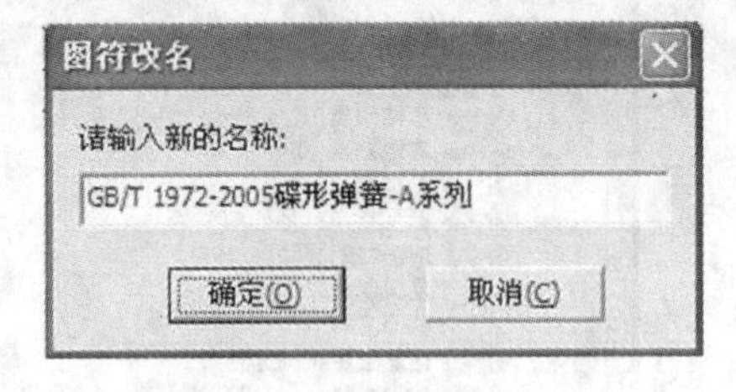

图 5.54 “图符改名”对话框

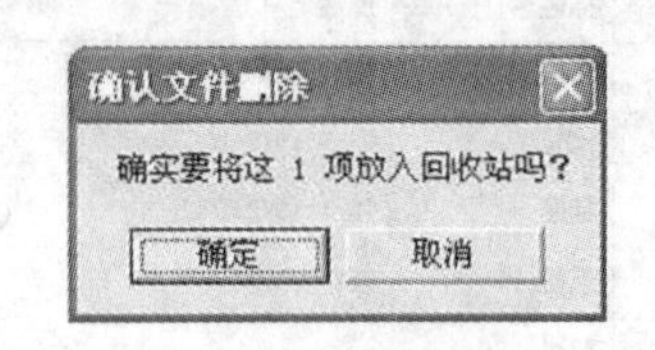

图 5.55 “删除图符”对话框

(3)删除操作完成或被取消后可返回“图库管理”对话框，进行其他图库管理操作，全部操作完成后，单击“确定”按钮，结束图库管理操作。

5.4.4 图库驱动

对已提取出的没有打散的图符进行驱动，即改变已提取出来的图符的尺寸规格、尺寸标注情况和图符输出形式(打散、消隐、原态)。图符驱动实际上是对图符提取的完善处理。

1. 调用方式

(1)命令行：symdrv。

(2)菜单：“绘图”→“图库” →“驱动”，如图 5.35 所示命令行。

(3)工具栏：“库操作”→ (驱动图符)。

2. 操作步骤

(1)启动 CAXA 电子图板 2011，新建空白文档，选择“绘图”→“图库”→“驱动”命令。

(2)根据系统提示，用鼠标左键拾取想要变更的图符。

(3)选定以后，屏幕上弹出“图符预处理”对话框，这与提取图符操作一样，可对图符的尺寸规格、尺寸开关以及图符处理等项目进行修改。

（4）修改完成点击“确认”按钮，绘图区域内原图符被修改后的图符替代，但图符的定位点和旋转角度不改变。

5.4.5 构件库

构件库是一种新的二次开发模块的应用形式，构件库的开发和普通二次开发基本上是一样的，只是在使用上与普通二次开发应用程序有以下区别：

①它在电子图板启动时自动载入，在电子图板关闭时退出，不需要通过应用程序管理器进行加载和卸载。

②普通二次开发程序中的功能是通过菜单激活的，而构件库模块中的功能是通过构件库管理器进行统一管理和激活的。

③构件库一般用于不需要用对话框进行交互，而只需要用立即菜单进行交互的功能。

④构件库的功能使用更直观，它不仅有功能说明等文字说明，还配有图片说明，更加形象。

调用方式：

（1）命令行：conlib。

（2）菜单：“绘图”→“构件库”，如图 5.35 所示命令行。

（3）工具栏：“库操作”→（构件库）。

在使用构件库之前，首先应该把编写好的库文件 eba 复制到 EB 安装路径下的构件库目录\Conlib 中，在该目录中已经提供了一个构件库的例子 EbcSample，然后启动电子图板，选择“绘图”→“构件库”命令，弹出如图 5.56 所示的对话框。

在“构件库”下拉列表框中可以选择不同的构件库，在“选择构件”栏中以图标按钮的形式列出了这个构件库中所有的构件，用鼠标左键单击选中以后在“功能说明”栏中列出了所选构件的功能说明，单击“确定”以后就会执行所选的构件。

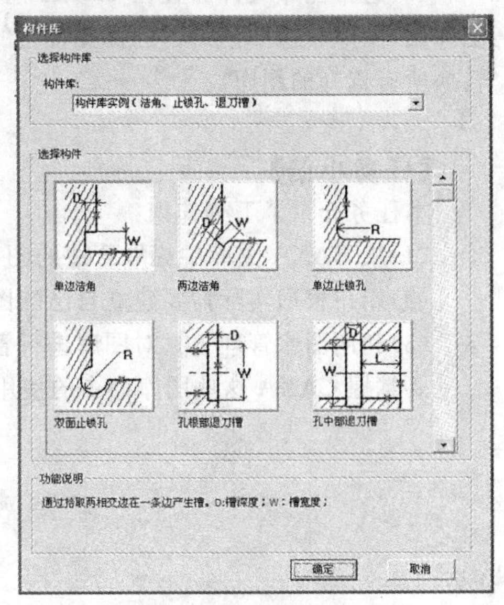

图 5.56 “构件库”对话框

5.4.6 图库转换

图库转换用来将用户在旧版本中自己定义的图库转换成当前的图库格式，或者将用户在另一台计算机上定义的图库加入到本计算机的图库中。

1. 调用方式

（1）命令行：symexchange。

（2）菜单：“绘图”→“图库”→“图库转换”，如图 5.35 所示命令行。

（3）工具栏：“库操作”→（图库转换）。

2. 操作步骤

（1）启动 CAXA 电子图板 2011，新建空白文档，选择“绘图”→“库操作”→“图库转换”命令。

（2）系统弹出如图 5.57 所示的对话框，系统默认选择电子图板 2007 及更早版本，单击对话框中的“下一步”按钮。

（3）系统弹出如图 5.58 所示的对话框，在该对话框中有两种可选择文件类型：主索引文件和小类索引文件。

①主索引文件（index. sys）：将所有类型图库同时转换。

②小类索引文件（*. idx）：选择单一类型图库进行转换。

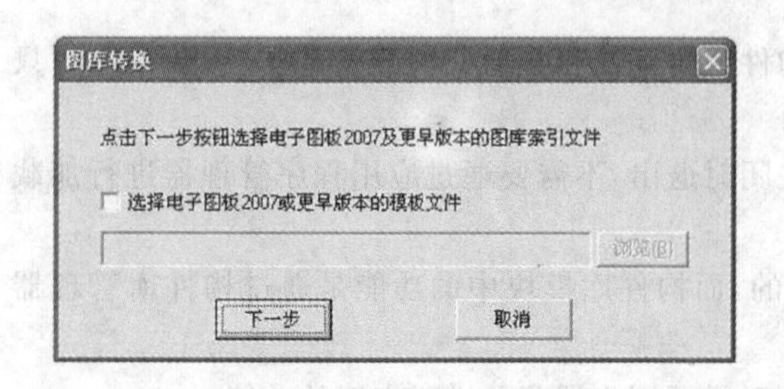

图 5.57 “图库转换”对话框

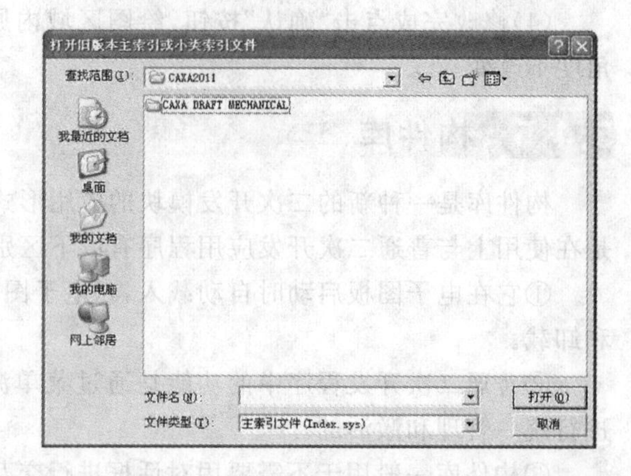

图 5.58 “打开旧版本主索引或小类索引文件”对话框

(4)通常图库文件放置在 CAXA 电子图板安装目录下的 Lib 文件夹中，选择要转换的图库后，系统弹出“图库转换”对话框，选择要转化的图库，同时输入“新类名”，单击“开始转换”按钮，系统就自动转换所有选择的图库。

【任务小结】

本任务介绍了下列知识：

(1)从 CAXA 图库中提取合适的图符或构件工艺结构并将其插入到图中合适位置。

(2)用户根据实际需要建立自己的图库。

(3)利用图库管理工具对图库进行管理。

要掌握 CAXA 这些图库命令的使用技巧不仅要完成本任务，课后还需进行专门的练习。

项目6

测绘与识读典型零件图

6.1 测绘与识读轴类零件图

【知识目标】

1.了解轴类零件的结构特点,掌握轴类零件的表达方案。

2.掌握轴类零件尺寸的标注。

3.掌握极限与配合、表面粗糙度和几何公差的知识。

4.掌握利用CAXA软件绘制轴类零件的零件图、标注尺寸、极限与配合、几何公差和表面粗糙度。

【能力目标】

能测绘轴类零件并利用CAXA软件绘制出完整的轴类零件图。

【任务引入与分析】

机器是由零件装配而成的,零件的结构千变万化,但是我们可根据其几何特征分成四大类:轴类零件、盘盖类零件、叉架类零件和箱壳类零件。

轴类零件是机器中经常遇到的典型旋转体零件,它主要用来支承传动零部件(齿轮、带轮等),起到支撑和传递扭矩的作用。

轴套类零件的基本形状是同轴回转体。在轴上通常有键槽、销孔、螺纹退刀槽及倒圆等结构。此类零件主要是在车床或磨床上加工。直轴是由位于同一轴线上数段直径不同的回转体组成的阶梯状圆柱组合体,轴向尺寸一般比径向尺寸大,其上常有键槽、销孔、螺纹、螺纹退刀槽、砂轮越程槽、中心孔、油槽、倒角、圆角和锥度等结构。

本次工作任务是测绘如图6.1所示零件的零件图,并能读如图6.2所示的零件图。要完成这一工作任务,不仅需要掌握前面所学机件的表达方法、尺寸标注的要求、方法,而且需要掌握零件的有关技术要求及标注方法等的有关知识。

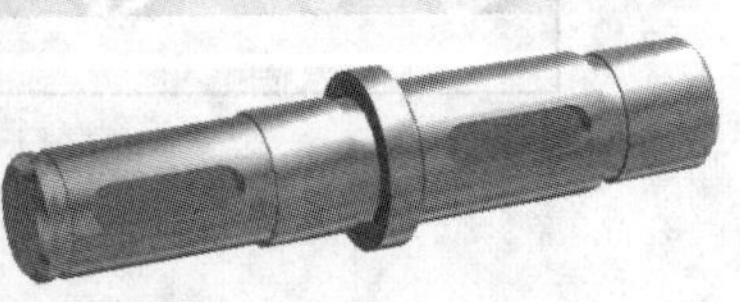

图6.1 轴

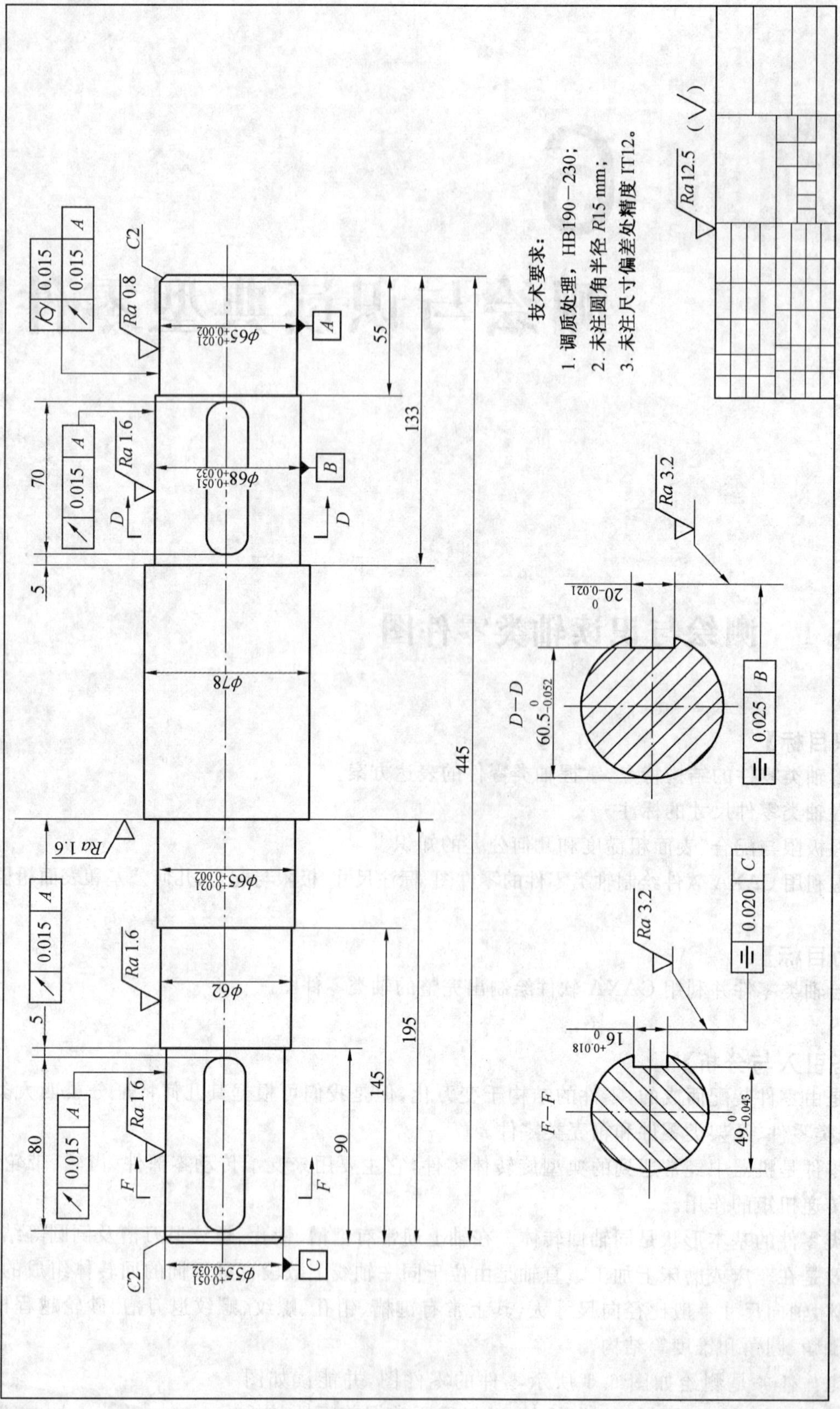

技术要求：

1. 调质处理，HB190－230；
2. 未注圆角半径 $R15$ mm；
3. 未注尺寸偏差处精度 IT12。

Ra 12.5 （√）

图6.2 轴的零件图

【任务实施】

教师活动:给学生布置“绘制如图 6.1 所示零件的零件图,并标注尺寸公差、几何公差、粗糙度及其他技术要求;读如图 6.2 所示零件图”的工作任务,给学生分析完成该工作任务需要掌握的知识,引导学生以自学方式为主掌握表达轴类零件外形所需的知识,教师重点对学生自学有困难的知识点(极限与配合、几何公差等)进行讲解,指导学生自主完成工作任务,学生完成工作任务后组织学生之间对完成任务情况进行互评,互评的重点在于对轴外结构表达方法的应用是否恰当合理,最后各小组组长把评估最优结果上报教师,由教师对完成任务情况进行归纳总结。并对学生完成工作任务的不足之处进行重点讲评,特别是要重点纠正学生的共性错误,再布置课后任务进一步巩固需要掌握的知识。

学生活动:了解工作任务的要求,明确要完成这样的工作任务需要掌握的轴的视图的选择方法、机件尺寸的标注及技术要求等有关知识,然后以自学的方式掌握完成该任务所需的知识,并自主完成绘制轴类零件图的任务,通过在做中学,培养学生表达轴(套)结构的能力,以及表达轴(套)尺寸和表面性状(GPS)的能力。

1. 确定表达方案并绘图

该类零件一般都由棒料或锻件在车床、磨床上加工而成,为了便于加工读图,所以其主视图应按加工位置原则确定,车床、磨床一般均为卧式,其轴线应水平放置,所以轴的主视图一般选择轴线水平布置外形视图,主视图一般不剖,必要时可在主视图上进行局部剖视,一般不画视图为圆的侧视图,而是围绕主视图根据需要画一些局部视图、移出断面图和局部放大图,对于一些形状简单而轴向尺寸较长的轴常用断开画法进行绘制,空心套类零件中由于多存在内部结构,一般采用全剖、半剖或局部剖绘制。如图 6.2 所示。

确定表达方案后即可进行手工绘图或利用 CAXA 绘图,这些内容在前面已经讲过,故不再介绍。

2. 标注尺寸

零件图上的尺寸是加工和检验零件的重要依据,是零件图的重要内容之一,是图样中指令性最强的部分,在零件图上标注尺寸要便于读图,必须做到:正确、完整、清晰、合理。

3. 轴类零件技术要求的标注

零件图上技术要求主要有 4 方面:

(1)零件尺寸公差的标注。为了便于装配维修,零件要有互换性,其配合部分需要考虑极限与配合的问题,零件重要的定形尺寸、定位尺寸要注出其线性尺寸的公差值。

(2)表面粗糙度的标注。零件的表面粗糙度直接影响着配合的性质和产品质量,因此零件图还要注出各表面的粗糙度。一般轴的外圆柱面、轴向定位的轴肩、键槽的主要配合面均有粗糙度的要求。

(3)几何公差。轴套类零件在制造时其几何形状与设计之间往往存在一定的偏差,因此在零件图上需要标出其几何公差,如直线度、圆度、圆柱度、垂直度、同轴度及跳动等几何公差的要求。

(4)其他技术要求。除上述技术要求外,轴套类零件还要在技术要求里标出其材料及热处理方法,可查阅相关手册。

【知识链接】

零件图上的尺寸是零件图的重要内容之一,是图样中指令性最强的部分,是加工和检验零件的重要依据,零件图上标注尺寸的合理与否直接影响着零件的加工与装配质量,要测绘轴套类零件,必须掌握尺寸标注、极限与配合、表面粗糙度、几何公差等基本概念,了解轴类零件的读图方法与测绘步骤。

6.1.1 尺寸的标注

进行尺寸标注前需要搞清楚零件的设计基准及工艺基准。

1. 正确选择尺寸基准

尺寸基准，是指零件装配到机器上或在加工测量时，用以确定其位置的一些面、线或点。它可以是零件上对称平面、安装底平面、端面、零件的结合面、主要孔和轴的轴线等。选择尺寸基准的目的，一是为了确定零件在机器中的位置或零件上几何元素的位置，以符合设计要求；二是为了在制造、检测零件结构要素时，确定测量尺寸的起点位置。因此，根据基准作用不同，一般将基准分为设计基准和工艺基准两类。

设计基准：设计时为满足零件在机器或部件中装配的需要，确定其结构、形状而选定的基准（点、线、面）。如图 6.3 所示，B 为高度方向设计基准；C 为长度方向设计基准；D 为宽度方向设计基准。

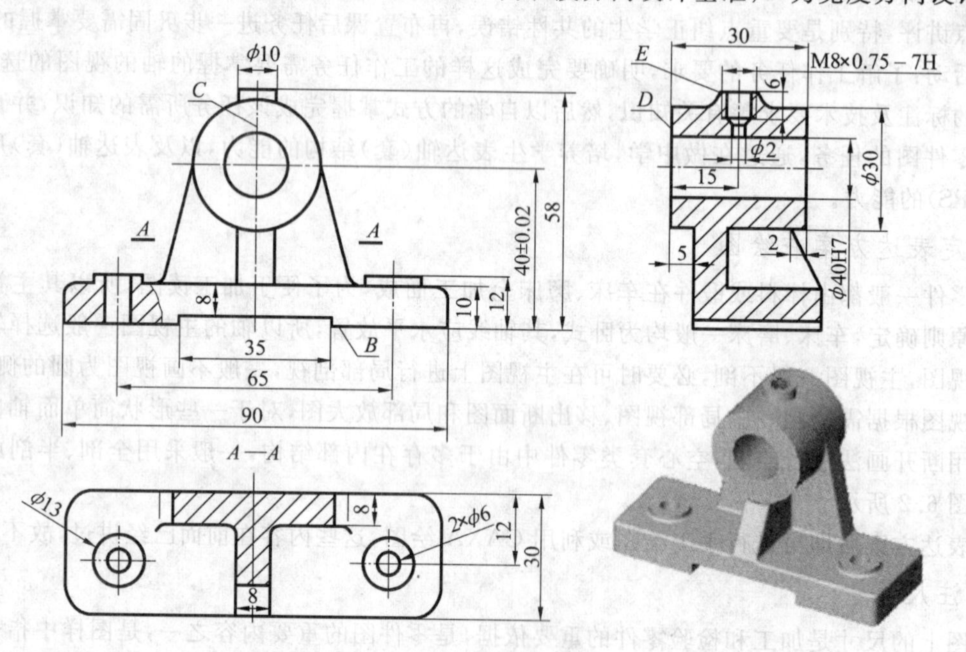

图 6.3 零件的设计基准

工艺基准：从加工工艺的角度考虑，为便于零件的加工、测量而选定的一些基准，称为工艺基准。轴套类零件实际设计中经常采用的是轴向基准和径向基准，而不用长、宽、高基准。如图 6.4 所示，端面 F 即为该零件轴向工艺基准。

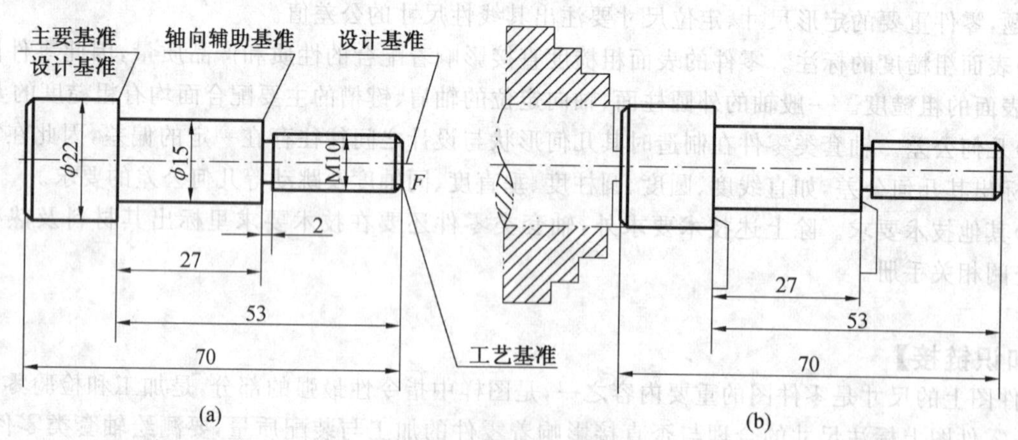

图 6.4 零件的工艺基准

2. 尺寸基准的选择原则

应尽量使设计基准与工艺基准重合，以减少尺寸误差，保证产品质量，任何一个零件都有长、宽、高 3 个方向的尺寸。因此，每个零件也应有 3 个方向的尺寸基准。零件的其他方向可能会有两个或两个以上的基准，一般只有一个是主要基准，其他为次要基准，或称辅助基准。应选择零件上重要几何要素作为主要基准。

3.轴类零件尺寸标注的要求

零件的尺寸标注要齐全，定位、定形尺寸一个不能少，标注时应从基准出发，依次标注定位、定形尺寸。零件尺寸标注有以下几种形式：

(1)链状式：零件同一方向的几个尺寸依次首尾相连，称为链状式，如图 6.5 所示。链状式可保证各端尺寸的精度要求，但由于基准依次推移，使各端尺寸的位置误差受到影响。

(2)坐标式：零件同一方向的几个尺寸由同一基准出发，称为坐标式，如图 6.6 所示。坐标式能保证所注尺寸误差的精度要求，各段尺寸精度互不影响，不产生位置误差积累。

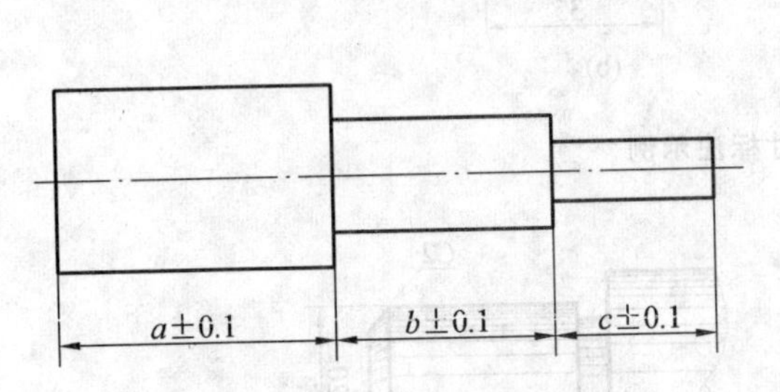

图 6.5　链状式尺寸标注

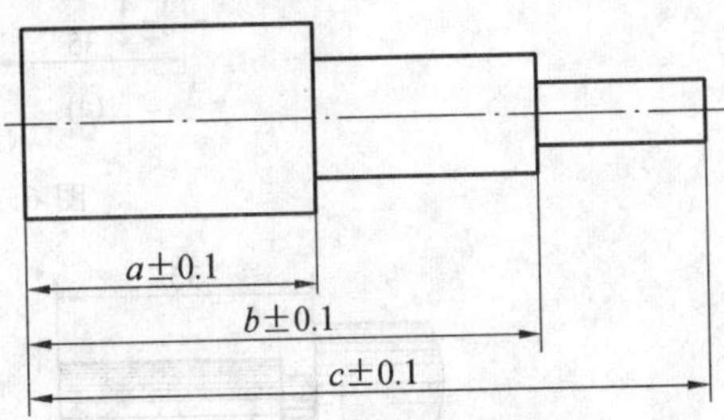

图 6.6　坐标式尺寸标注

(3)综合式：零件同方向尺寸标注既有链状式又有坐标式标注，如图 6.7 所示。综合式既能保证零件一些部位的尺寸精度，又能减少各部位的尺寸位置误差积累，在尺寸标注中应用最广泛。

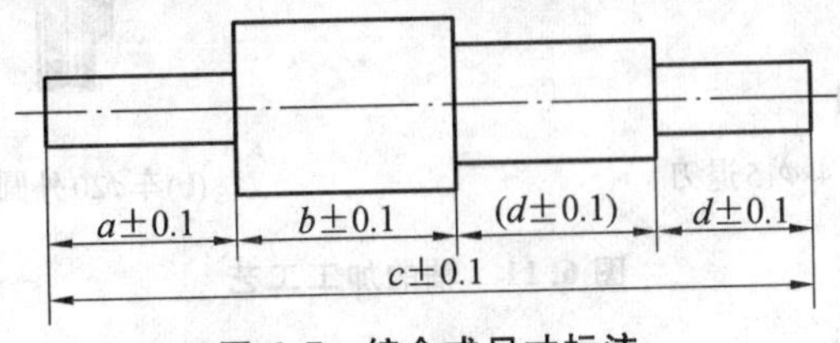

图 6.7　综合式尺寸标注

尺寸标注的注意事项：

①避免注成封闭的尺寸链：如图 6.8(a)所示，长度方向的尺寸 b、c、e、d 首尾相接，构成一个封闭的尺寸链。由于加工时，尺寸 c、d、e 都会产生误差，这样所有的误差都会积累到尺寸 b 上，不能保证尺寸 b 的精度要求，正确标注如图 6.8(b)所示。

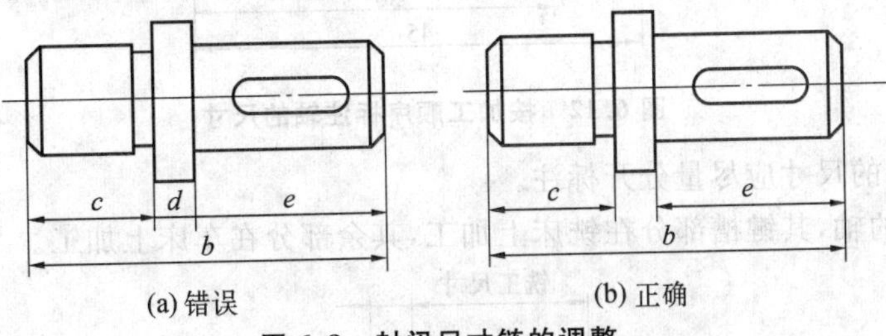

图 6.8　封闭尺寸链的调整

②应尽量符合加工顺序。

轴一般采用棒料车削加工，如图 6.9 所示为轴的外形轮廓的加工顺序图。

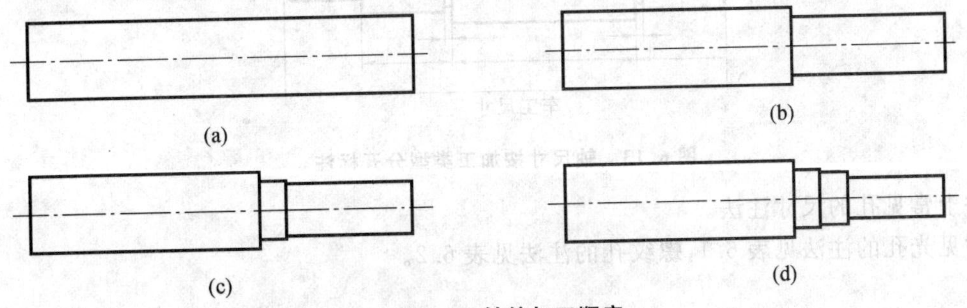

图 6.9　轴的加工顺序

为了便于正确、迅速读图，轴各结构要素的定形、定位尺寸要尽量符合加工顺序，图 6.10 为某根阶轴左端的尺寸标注图，图 6.10(a)尺寸标注合理，图 6.10(b)中尺寸标注不合理，该零件的加工工艺如图 6.11 所示，首先进行图 6.11(a)所示的车 $\phi 20$ 外圆及倒角；再进行图 6.11(b)所示的车 $4\times\phi 15$ 退刀槽。完成该轴尺寸标注后的图样如图 6.12 所示。

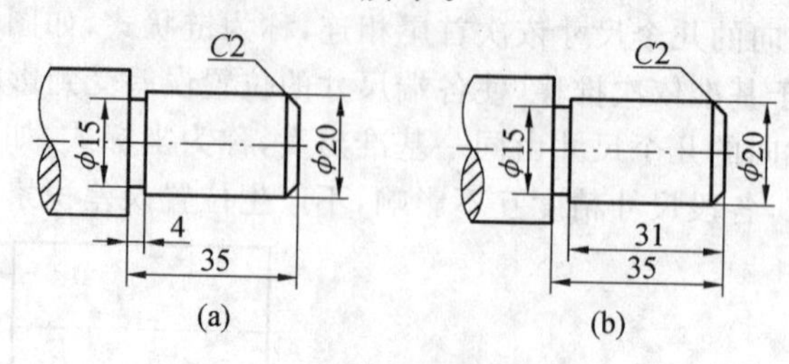

图 6.10　轴尺寸标注示例

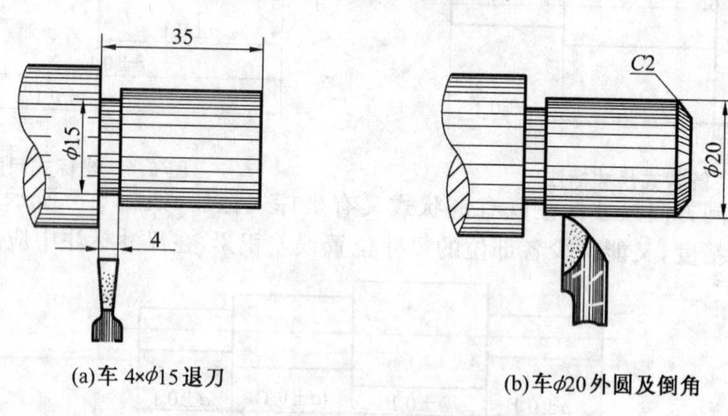

图 6.11　轴的加工工艺

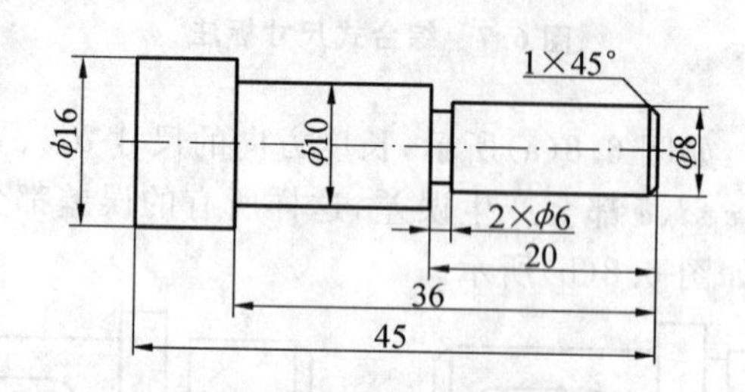

图 6.12　按加工顺序标注轴的尺寸

③不同工种加工的尺寸应尽量分开标注。

如图 6.13 所示的轴，其键槽部分在铣床上加工，其余部分在车床上加工。

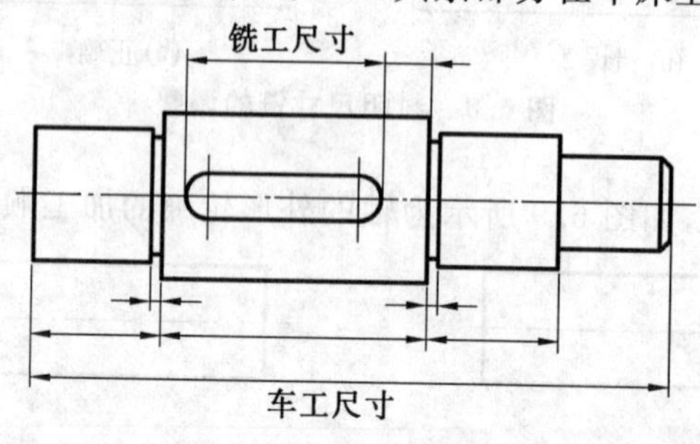

图 6.13　轴尺寸按加工类型分开标注

④零件上常见孔的尺寸注法。

轴上常见光孔的注法见表 6.1，螺纹孔的注法见表 6.2。

表 6.1 光孔尺寸的注法

结构类型		普通注法	旁注法	说明
光孔	一般孔	4×φ5 10	4×φ5↧10 ; 4×φ5↧10	4×φ5 表示四个孔的直径均为 φ5。3 种注法任选一种均可(下同)
	精加工孔	$4\times\phi5^{+0.012}_{0}$ 10 12	$4\times\phi5^{+0.012}_{0}$↧10 ; $4\times\phi5^{+0.012}_{0}$↧10	钻孔深为 12,钻孔后需精加工至 $\phi5^{+0.012}_{0}$,精加工深度为 9
	锥销孔	锥销孔φ5	锥销孔φ5 ; 锥销孔φ5	φ5 为与锥销孔相配的锥销小头直径(公称直径) 锥销孔通常是相邻两零件装在一起时加工的
沉孔	锥形沉孔	90° φ13 6×φ7	6×φ7 ⌵φ13×90° ; 6×φ7 ⌵φ13×90°	6×φ7 表示 6 个孔的直径均为 φ7。锥形部分大端直径为 φ13,锥角为 90°
	柱形沉孔	φ10 3.5 4×φ8	4×φ8 ⌴φ10↧4.5 ; 4×φ8 ⌴φ10↧4.5	4 个柱形沉孔的小孔直径为 φ6.4,大孔直径为 φ12,深度为 4.5
	锪平面孔	φ16 4×φ7	4×φ7⌴φ16 ; 4×φ7⌴φ16	锪平面 φ20 的深度不需标注,加工时一般锪平到不出现毛面为止

表 6.2 螺纹孔尺寸的注法

结构类型		普通注法	旁注法	说明
螺纹孔	通孔	3×M6−7H	3×M6−7H ; 3×M6−7H	3×M6－7H 表示 3 个直径为 6,螺纹中径、顶径公差带为 7H 的螺孔
	不通孔	3×M6-7H 10	3×M6-7H↧10 ; 3×M6-7H↧9	深 9 是指螺孔的有效深度尺寸为 9,钻孔深度以保证螺孔有效深度为准,也可查有关手册确定
	不通孔	3×M6 10 12	3×M6↧10 孔↧12 ; 3×M6↧10 孔↧12	需要注出钻孔深度时,应明确标注出钻孔深度尺寸

6.1.2 极限与配合

1. 互换性简介

为了便于加工、制造、维修，要求零件应具有互换性，所谓互换性是指同一批零件，不经挑选和辅助加工，任取一个就可顺利地装到机器上去并满足机器的性能要求。互换性分为完全互换性和不完全互换性两类。零件具有互换性的技术经济意义在于：

(1)简化设计：采用标准件、通用件，使设计工作简化，缩短设计周期，并便于用计算机辅助设计。

(2)便于制造：可以采用分散加工、集中装配，有利于组织专业化协作生产，有利于采用先进的生产方式，从而既保证产品质量，又可以提高劳动生产率和降低成本。

(3)便于使用、维修：当机器的零件突然损坏或按计划需要定期更换时，便可在最短时间内用备件加以替换，从而提高了机器的利用率和延长机器的使用寿命。

总结：互换性对保证产品质量，缩短设计周期，提高制造和维修的效率具有重要的技术经济意义。保证零件具有互换性的措施：由设计者根据极限与配合的有关标准，确定零件合理的配合要求和尺寸极限。

零件制造时经常谈到零件的加工精度及加工误差和公差等概念，实际上公差与加工误差是不同的概念。加工精度是指机械加工后，零件几何参数(尺寸、几何要素的形状和相互间的位置、轮廓的微观不平度等)的实际值与设计的理想值相一致的程度；加工误差是指实际几何参数对其设计理想值的偏离程度。加工误差越小，加工精度越高。

机械加工误差可分为：①尺寸误差，②几何误差，③表面微观不平度。

公差是为了控制加工误差，满足零件功能要求，设计者通过零件图样，提出相应的加工精度要求，这些要求是用几何量公差的标注形式给出的。

几何量公差可分为：形状公差、位置公差、方向公差、跳动公差。

2. 极限的有关术语、定义

零件图中除了视图和尺寸之外，还应具备加工和检验零件的技术要求。技术要求包括下列内容：尺寸公差、几何公差、表面粗糙度、零件的热处理、表面修饰说明、特殊加工和检验的说明。

如图 6.14 所示，极限与配合的基本术语包括：

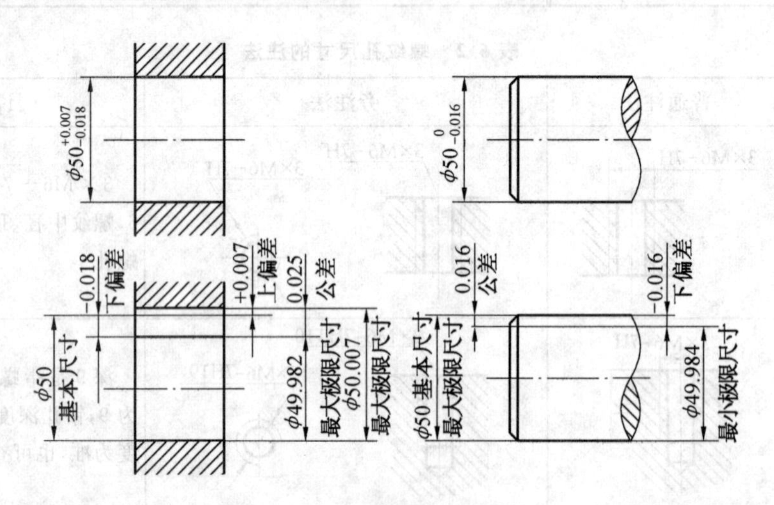

图 6.14 公差与配合的基本概念

(1)基本尺寸：它是设计给定的尺寸。

(2)极限尺寸：允许尺寸变化的两个极限值，它是以基本尺寸为基数来确定的。

(3)尺寸偏差(简称偏差)：某一尺寸减其基本尺寸所得的代数差，分别称为上偏差和下偏差。

例：一根轴的直径为 $\phi50\pm0.008$，基本尺寸：$\phi50$；最大极限尺寸：$\phi50.008$；最小极限尺寸：

$\phi49.992$。

上偏差：最大极限尺寸和基本尺寸的差。孔的上偏差代号为 ES，轴的上偏差代号为 es。

下偏差：最小极限尺寸和基本尺寸的差。孔的下偏差代号为 EI，轴的下偏差代号为 ei。

公差：允许尺寸的变动量，公差等于最大极限尺寸与最小极限尺寸的差。

3. 公差带图

用零线表示基本尺寸，上方为正，下方为负，用矩形的高表示尺寸的变化范围（公差），矩形的上边代表上偏差，矩形的下边代表下偏差，距零线近的偏差为基本偏差，矩形的长度无实际意义，这样的图形称为公差带图。如图 6.15 所示。

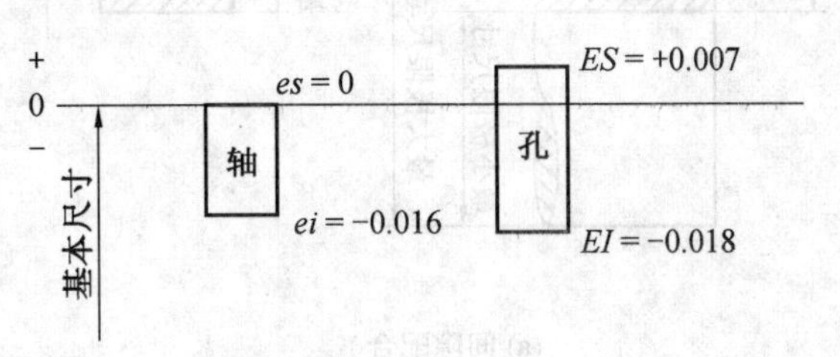

图 6.15　公差带图

4. 标准公差和基本偏差系列

标准公差是由国家标准规定的公差值，其大小由两个因素决定：一个是公差等级；另一个是基本尺寸。国家标准（GB/T 1800. 1—2009）将公差划分为 20 个等级，分别为 IT01、IT0、IT1、IT2、IT3、…、IT17、IT18。其中 IT01 精度最高，IT18 精度最低。

轴和孔的基本偏差系列代号各有 28 个，用字母或字母组合表示，孔的基本偏差代号用大写字母表示，轴的基本偏差代号用小写字母表示，如图 6.16 所示。基本偏差决定公差带的位置，标准公差决定公差带的高度。

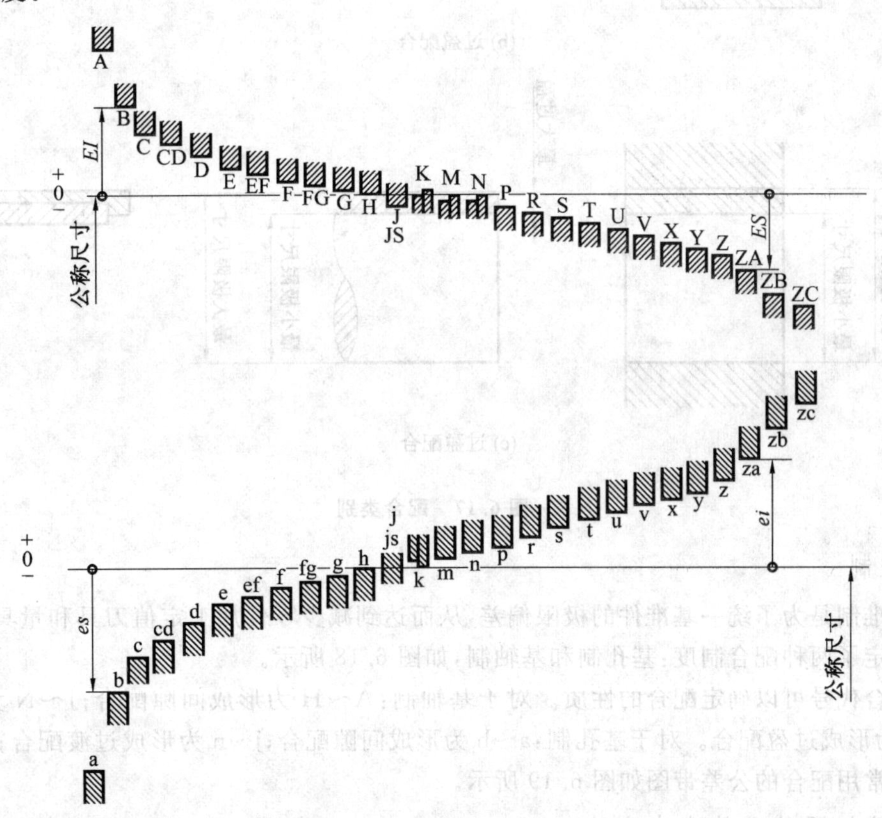

图 6.16　基本偏差系列

5.配合类别

基本尺寸相同,相互结合的轴和孔公差带之间的关系称为配合。按配合性质不同可分为间隙配合、过盈配合和过渡配合,如图6.17所示。

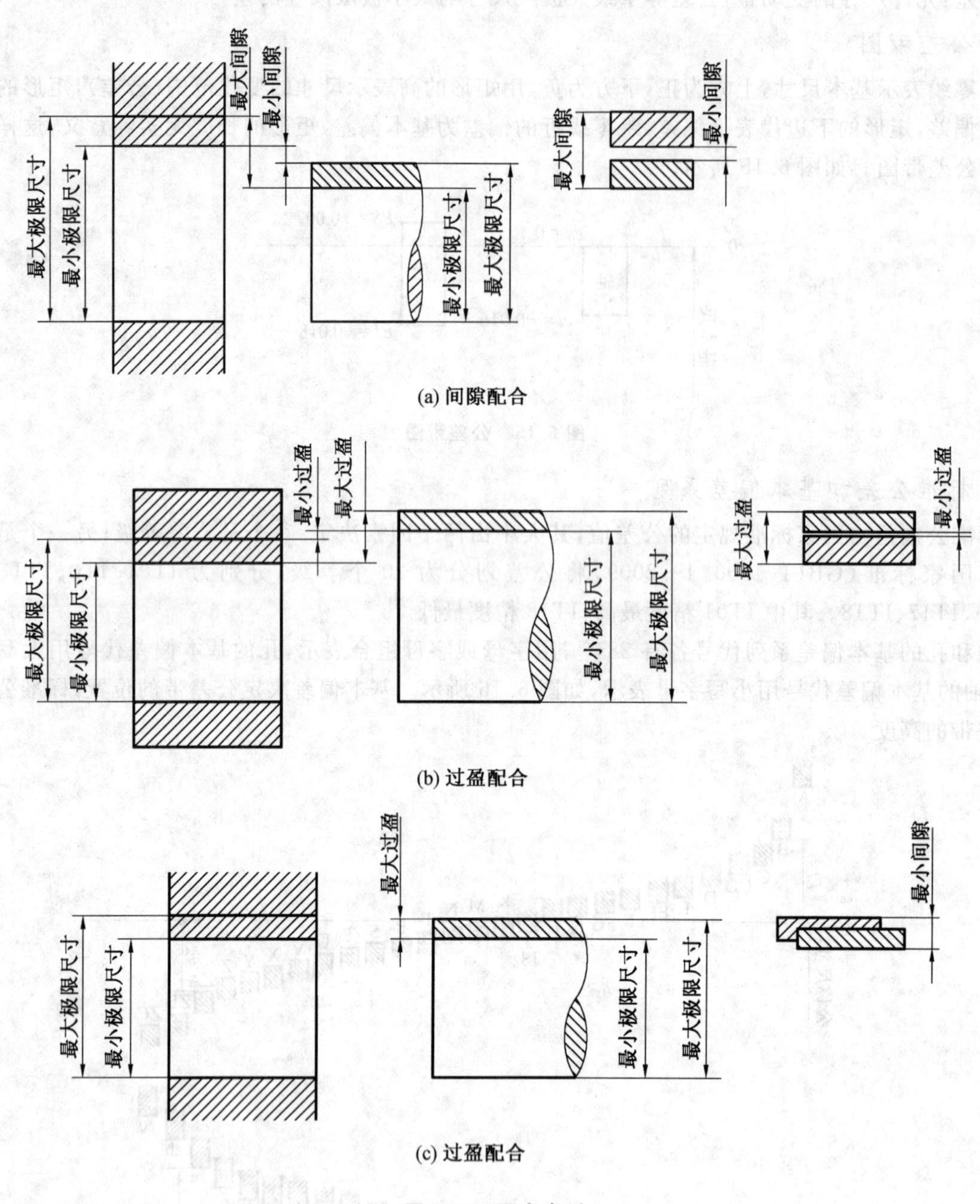

图6.17 配合类别

6.基准制

采用基准制是为了统一基准件的极限偏差,从而达到减少零件加工定值刀具和量具的规格数量,国家标准规定了两种配合制度:基孔制和基轴制,如图6.18所示。

根据配合代号可以确定配合的性质。对于基轴制:A～H为形成间隙配合;J～N为形成过渡配合;P～ZC为形成过盈配合。对于基孔制:a～h为形成间隙配合;j～n为形成过渡配合;p～zc为形成过盈配合。常用配合的公差带图如图6.19所示。

7.轴、孔极限偏差的查表方法

若已知基本尺寸和公差带代号,则尺寸的上下偏差值,可从极限偏差表中查得。

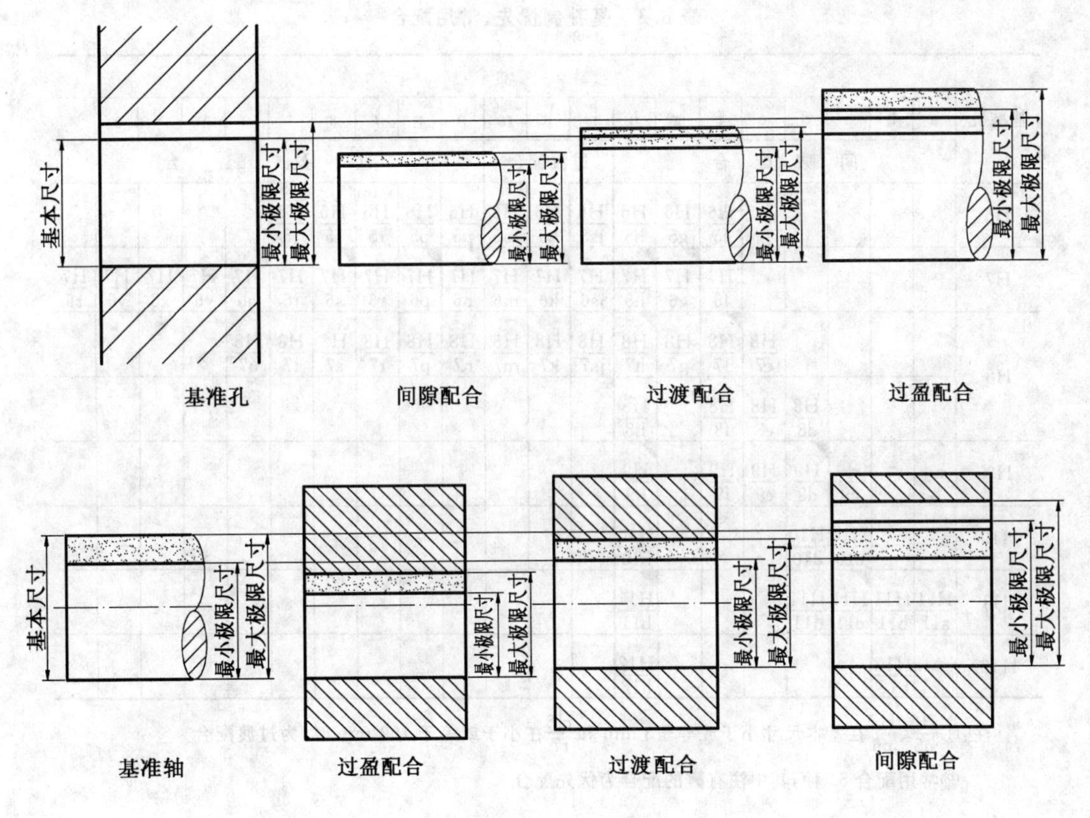

图 6.18 基准制

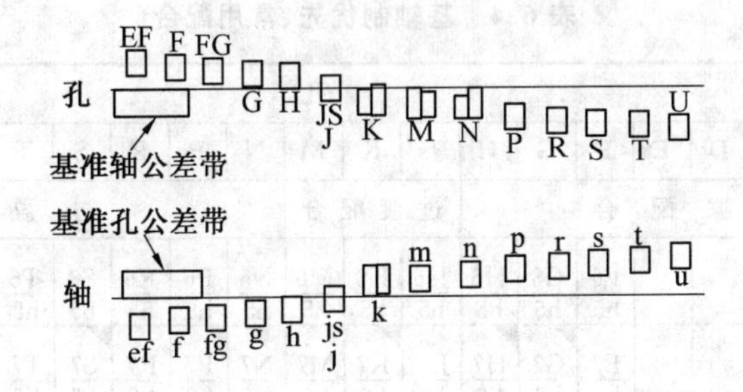

图 6.19 常用公差带图

查表的步骤一般是：先查出轴和孔的标准公差，然后查出轴和孔的基本偏差（配合件只列出一个偏差）；最后由配合件的标准公差和基本偏差的关系，算出另一个偏差。优先及常用配合的极限偏差可直接由表查得，也可按上述步骤进行。基孔制、基轴制优先、常用配合见表 6.3 和表 6.4，标准公差数值（GB/T 1800.3—1998）见表 6.5。

表 6.3　基孔制优先、常用配合

基准孔	a	b	c	d	e	f	g	h	js	k	m	n	p	r	s	t	u	v	x	y	z
	轴																				
	间隙配合								过渡配合			过盈配合									
H6						H6/f5	H6/g5	H6/h5	H6/js5	H6/k5	H6/m5	H6/n5	H6/p5	H6/r5	H6/s5	H6/t5					
H7						H7/f6	◤H7/g6	◤H7/h6	H7/js6	◤H7/k6	H7/m6	◤H7/n6	◤H7/p6	H7/r6	◤H7/s6	H7/t6	◤H7/u6	H7/v6	H7/x6	H7/y6	H7/z6
H8					H8/e7	◤H8/f7	H8/g7	◤H8/h7	H8/js7	H8/k7	H8/m7	H8/n7	H8/p7	H8/r7	H8/s7	H8/t7	H8/u7				
				H8/d8	H8/e8	H8/f8		H8/h8													
H9			H9/c9	◤H9/d9	H9/e9	H9/f9		◤H9/h9													
H10			H10/c10	H10/d10				H10/h10													
H11	H11/a11	H11/b11	◤H11/c11	H11/d11				◤H11/h11													
H12		H12/b12						H12/h12													

注：① $\frac{H6}{n5}$、$\frac{H7}{p6}$在基本尺寸小于或等于3 mm和$\frac{H8}{r7}$在小于或等于100 mm时，为过渡配合

② 常用配合59种，其中注有◤的配合为优先配合

表 6.4　基轴制优先、常用配合

基准轴	A	B	C	D	E	F	G	H	Js	K	M	N	P	R	S	T	U	V	X	Y	Z
	孔																				
	间隙配合								过渡配合			过盈配合									
h5						F6/h5	G6/h5	H6/h5	Js6/h5	K6/h5	M6/h5	N6/h5	P6/h5	R6/h5	S6/h5	T6/h5					
h6						F7/h6	◤G7/h6	◤H7/h6	Js7/h6	◤K7/h6	M7/h6	◤N7/h6	◤P7/h6	R7/h6	◤S7/h6	T7/h6	◤U7/h6				
h7					E8/h7	◤F8/h7		◤H8/h7	Js8/h7	K8/h7	M8/h7	N8/h7									
h8				D8/h8	E8/h8	F8/h8		H8/h8													
h9				◤D9/h9	E9/h9	F9/h9		◤H9/h9													
h10				D10/h10				H10/h10													
h11	A11/h11	B11/h11	◤C11/h11	D11/h11				◤H11/h11													
h12		B12/h12						H12/h12													

注：① $\frac{H6}{n5}$、$\frac{H7}{p6}$在基本尺寸小于或等于 3 mm 和$\frac{H8}{r7}$在小于或等于 100 mm 时，为过渡配合

② 常用配合 59 种，其中注有◤的配合为优先配合

表 6.5 标准公差数值(GB/T 1800.3—1998)

基本尺寸 mm		公差等级																	
		IT1	IT2	IT3	IT4	IT5	IT6	IT7	IT8	IT9	IT10	IT11	IT12	IT13	IT14	IT15	IT16	IT17	IT18
大于	至	μm											mm						
—	3	0.8	1.2	2	3	4	6	10	14	25	40	60	0.1	0.14	0.25	0.4	0.6	1	1.4
3	6	1	1.5	2.5	4	5	8	12	18	30	48	75	0.12	0.18	0.3	0.48	0.75	1.2	1.8
6	10	1	1.5	2.5	4	6	9	15	22	36	58	90	0.15	0.22	0.36	0.58	0.9	1.5	2.2
10	18	1.2	2	3	5	8	11	18	27	43	70	110	0.18	0.27	0.43	0.7	1.1	1.8	2.7
18	30	1.5	2.5	4	6	9	13	21	33	52	84	130	0.21	0.33	0.52	0.84	1.3	2.1	3.3
30	50	1.5	2.5	4	7	11	16	25	39	62	100	160	0.25	0.39	0.62	1	1.6	2.5	3.9
50	80	2	3	5	8	13	19	30	46	74	120	190	0.3	0.46	0.74	1.2	1.9	3	4.6
80	120	2.5	4	6	10	15	22	35	54	87	140	220	0.35	0.54	0.87	1.4	2.2	3.5	5.4
120	180	3.5	5	8	12	18	25	40	63	100	160	250	0.4	0.63	1	1.6	2.5	4	6.3
180	250	4.5	7	10	14	20	29	46	72	115	185	290	0.46	0.72	1.15	1.85	2.9	4.6	7.2
250	315	6	8	12	16	23	32	52	81	130	210	320	0.52	0.81	1.3	2.1	3.2	5.2	8.1
315	400	7	9	13	18	25	36	57	89	140	230	360	0.57	0.89	1.4	2.3	3.6	5.7	8.9
400	500	8	10	15	20	27	40	63	97	155	250	400	0.63	0.97	1.55	2.5	4	6.3	9.7
500	630	9	11	16	22	32	44	70	110	175	280	440	0.7	1.1	1.75	2.8	4.4	7	11
630	800	10	13	18	25	36	50	80	125	200	320	500	0.8	1.25	2	3.2	5	8	12.5
800	1000	11	15	21	28	40	56	90	140	230	360	560	0.9	1.4	2.3	3.6	5.6	9	14
1000	1250	13	18	24	33	47	66	105	165	260	420	660	1.05	1.65	2.6	4.2	6.6	10.5	16.5
1250	1600	15	21	29	39	55	78	125	195	310	500	780	1.25	1.95	3.1	5	7.8	12.5	19.5
1600	2000	18	25	35	46	65	92	150	230	370	600	920	1.5	2.3	3.7	6	9.2	15	23
2000	2500	22	30	41	55	78	110	175	280	440	700	1100	1.75	2.8	4.4	7	11	17.5	28
2500	3150	26	36	50	68	96	135	210	330	540	860	1350	2.1	3.3	5.4	8.6	13.5	21	33

8. 配合尺寸公差的标注

在零件图中配合尺寸公差的标注有 3 种形式：只标注上下偏差、只标注偏差代号、既标注偏差代号又标注上下偏差，但偏差用括号括起来。在装配图上一般只标注配合代号，配合代号用分数表示，分子为孔的偏差代号，分母为轴的偏差代号。如图 6.20 所示，其中图 6.20(a)、6.20(b)、6.20(c)为零件图公差标注示例，图 6.20(d)、6.20(e)为装配图公差标注示例。

9. 一般公差的标注

国家标准 GB/T 1804—2000 介绍了“一般公差未注公差的线性和角度尺寸的公差”。一般公差分精密(f)、中等(m)、粗糙(c)、最粗(v)共 4 个公差等级。一般公差的公差等级和极限偏差数值应按未注公差的线性尺寸和角度尺寸确定，表 6.6 给出了各公差等级的极限偏差数值。

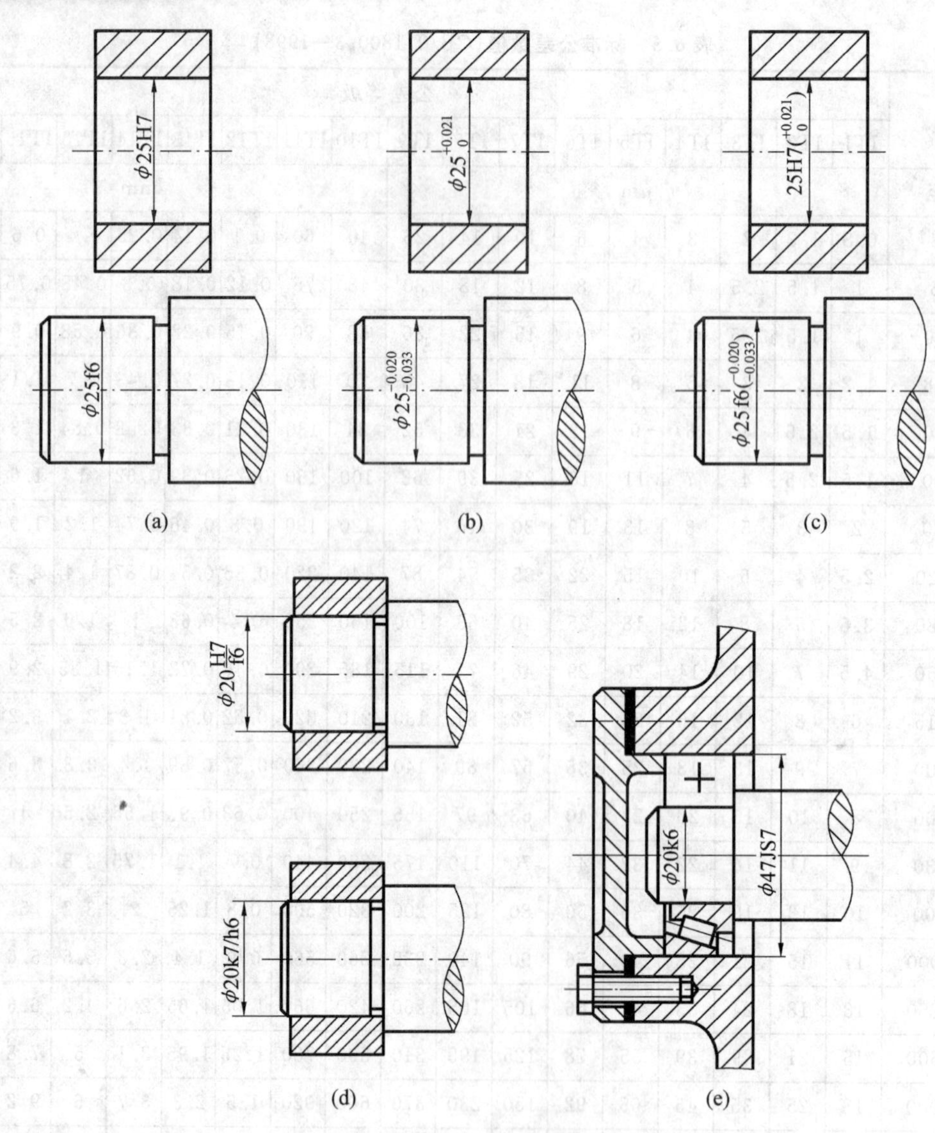

图 6.20　装配图中偏差的标注

表 6.6　线性尺寸的极限偏差数值

mm

公差等级	尺寸分段							
	0.5～3	＞3～6	＞6～30	＞30～120	＞120～400	＞400～1 000	＞1 000～2 000	＞2 000～4 000
f(精密级)	±0.05	±0.05	±0.1	±0.15	±0.2	±0.3	±0.5	—
m(中等级)	±0.1	±0.1	±0.2	±0.3	±0.5	±0.8	±1.2	±2
c(粗糙级)	±0.2	±0.3	±0.5	±0.8	±1.2	±2	±3	±4
v(最粗级)	—	±0.5	±1	±1.5	±2.5	±4	±6	±8

在零件的视图上对一般公差不进行标注，通常在技术要求中进行统一说明，一般公差的图样表示法若采用本标准规定的一般公差，应在图样标题栏附近或技术要求、技术文件(如企业标准)中注出本标准号及公差等级代号。

例如选取中等级时，标注为 GB/T 1804—m。

6.1.3 表面粗糙度

1. 表面粗糙度的概念和评定参数

零件表面上具有较小间距的峰谷所组成的微观几何形状特性称为表面粗糙度。这主要是在加工零件时，由于刀具在零件表面上留下的刀痕及切削分裂时表面金属的塑性变形形成的。零件表面粗糙度也是评定零件表面质量的一项技术指标，它对零件的配合性质、工作精度、耐磨性、抗腐蚀性、密封性、外观等都有影响。在保证机器性能的前提下，为获得相应的零件表面粗糙度，应根据零件的作用，选用恰当的加工方法，尽量降低生产成本。一般来说，凡零件上有配合要求或有相对运动的表面，表面粗糙度参数值要小。

表面粗糙度的评定参数有：轮廓算术平均偏差（*Ra*）和轮廓最大高度（*Rz*）。实际使用时多选用*Ra*，也可选用*Rz*。参数值可给出极限值，也可给出取值范围。参数*Ra*较能客观地反映表面微观不平度，所以优先选用*Ra*作为评定参数；参数*Rz*在反映表面微观不平程度上不如*Ra*，但易于在光学仪器上测量，特别适用于超精加工零件表面粗糙度的评定。粗糙度现行国家标准为 GB/T 131—2006，它与老标准的差别见表 6.7。

表 6.7 粗糙度新旧国家标准对比

GB/T 1031—1995		GB/T 131—2006	
Ra	轮廓的算术平均偏差	*Ra*	轮廓的算术平均偏差
Ry	轮廓的最大高度	*Ry*	（停止使用）
Rz	微观不平度十点度	*Rz*	轮廓的最大高度

2. 表面粗糙度代号

GB/T 131—2006 规定，表面粗糙度代号是由规定的符号和有关参数组成，表面粗糙度符号的画法和意义见表 6.8。

表 6.8 表面粗糙度的符号和画法

序号	符号	意义
1		基本符号，表示表面可用任何方法获得。当不加注粗糙度参数值或有关说明时，仅适用于简化代号标注
2		表示表面是用去除材料的方法获得，如车、铣、钻、磨
3		表示表面是用不去除材料的方法获得，如铸、锻、冲压、冷轧等
5		在上述 3 个符号的长边上可加一小圆，表示所有表面具有相同的表面粗糙度要求
6	3.5 60° 8	当参数值的数字或大写字母的高度为 2.5 mm 时，粗糙度符号的高度取 8 mm，三角形高度取 3.5 mm，三角形是等边三角形。当参数值不是 2.5 mm 时，粗糙度符号和三角形符号的高度也将发生变化

3. 常用表面粗糙度 Ra 的数值与加工方法

常用表面粗糙度 Ra 的数值与加工方法见表 6.9。

表 6.9 常用的 Ra 值及对应的加工方法、应用

$Ra/\mu m$	表面特征	主要加工方法	应用举例
50	明显可见刀痕	粗车、粗铣、粗刨、钻孔等	不重要的接触面或不接触面。如凸台顶面、轴的端面、倒角、穿入螺纹紧固件的光孔表面
25	可见刀痕		
12.5	微见刀痕		
6.3	可见加工痕迹	精车、精铣、精刨、铰孔等	较重要的接触面，转动和滑动速度不高的配合面和接触面。如轴套、齿轮端面、键及键槽工作面
3.2	微见加工痕迹		
1.6	看不见加工痕迹		
0.8	可辨加工痕迹	精铰、磨削、抛光等	要求较高的接触面、转动和滑动速度较高的配合面和接触面。如齿轮工作面、导轨表面、主轴轴颈表面、销孔表面
0.4	微辨加工痕迹		
0.2	不可辨加工痕迹		

4. 表面粗糙度代号的标注

在同一图样上，同一表面一般只标注一次表面粗糙度代号，并尽可能标注在反映该表面位置特征的视图上，表面粗糙度代号应注在可见轮廓线、尺寸界限、或它们的延长线上，符号的尖端必须从材料外指向表面。当零件的大部分表面具有相同的表面粗糙度时，可将最多的一种粗糙度代号统一标注在技术要求中。国标规定代号中数字的方向和尺寸数字的方向一致，如图 6.21 所示。

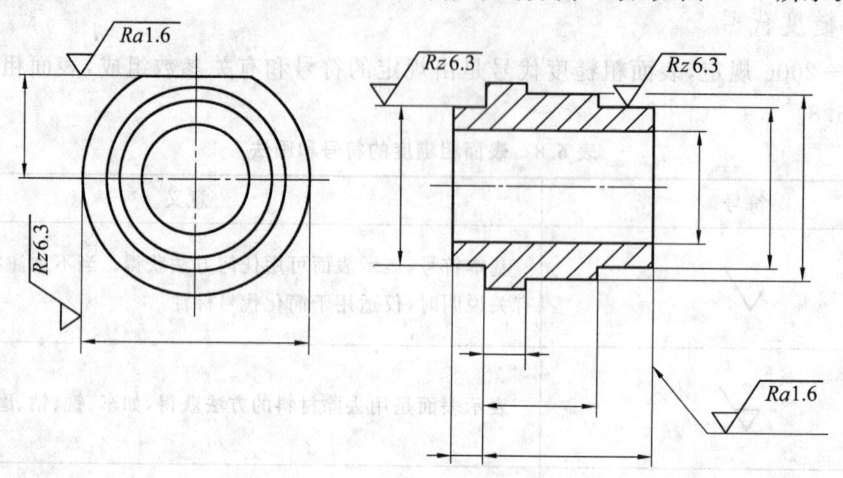

图 6.21 表面粗糙度代号的标注

6.1.4 几何公差

1. 基本术语

几何公差的研究对象是零件的几何要素，它是构成零件几何特征的点、线、面的统称。

(1)理想要素和实际要素。

具有几何学意义的要素称为理想要素。零件上实际存在的要素称为实际要素，通常都以测得要素代替实际要素。

(2)被测要素和基准要素。

在零件设计图样上给出了形状或(和)位置公差的要素称为被测要素。用来确定被测要素的方向或(和)位置的要素，称为基准要素。

(3)单一要素和关联要素。

给出了形状公差的要素称为单一要素。给出了位置公差的要素称为关联要素。

(4)轮廓要素和中心要素。

由一个或几个表面形成的要素,称为轮廓要素。对称轮廓要素的中心点、中心线、中心面或回转表面的轴线,称为中心要素。

几何公差主要有4类,其含义详见表6.10。

表6.10 几何公差

公差类型	几何特征	符号	有无基准	参见条款
形状公差	直线度	⏤	无	18.1
	平面度	⏥	无	18.2
	圆度	○	无	18.3
	圆柱度	⌭	无	18.4
	线轮廓度	⌒	无	18.5
	面轮廓度	⌓	无	18.7
方向公差	平行度	∥	有	18.9
	垂直度	⊥	有	18.10
	倾斜度	∠	有	18.11
	线轮廓度	⌒	有	18.6
	面轮廓度	⌓	有	18.8
位置公差	位置度	⌖	有或无	18.12
	同心度 (用于中心点)	◎	有	18.13
	同轴度 (用于轴线)	◎	有	18.13
	对称度	⌯	有	18.14
	线轮廓度	⌒	有	18.6
	面轮廓度	⌓	有	18.8
跳动公差	圆跳动	↗	有	18.15
	全跳动	⌰	有	18.16

2.几何公差的标注

(1)基准的标注。

基准代号放置在轮廓上或者延长线上,或者平面的引出线上,标法如图6.22所示(一定要与轮廓线接触)。

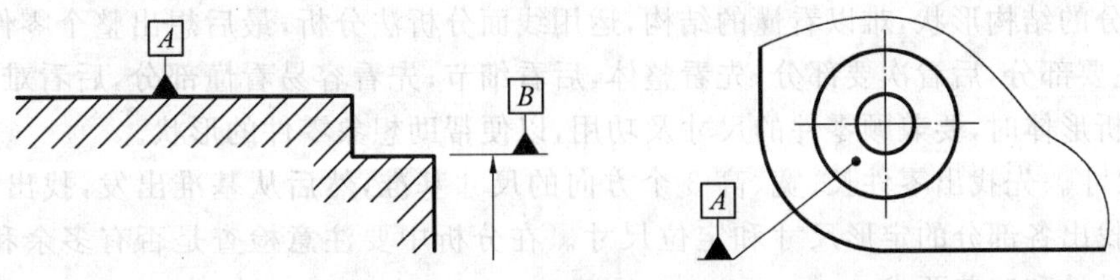

图6.22 基准的标注示例

(2)几何公差在图样上的标注。

几何公差的标注示例如图 6.23 所示，图中符号Ⓔ表示尺寸公差和几何公差的关系符合包容要求。符号Ⓜ表示尺寸公差和几何公差的关系符合最大实体要求。具体内容请参考相关资料。

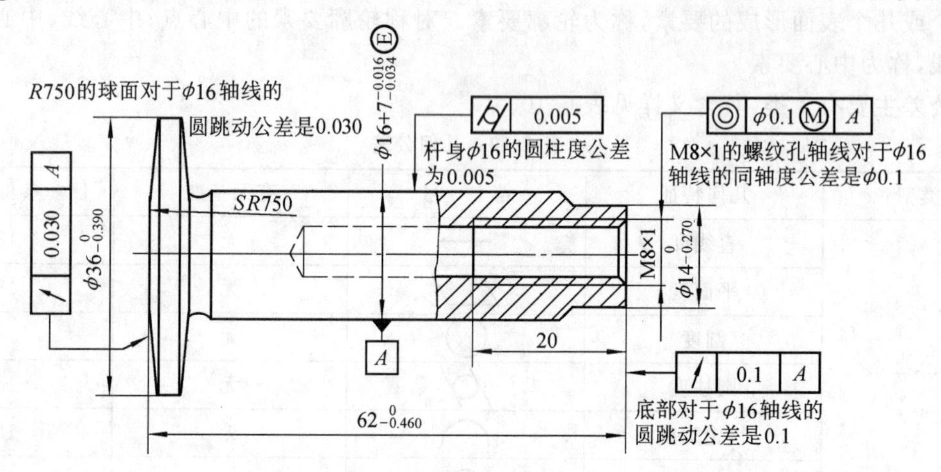

图 6.23　几何公差标注示例

6.1.5 轴类零件的读图

1. 看零件图的基本要求

在零件设计制造、机器安装、机器的使用和维修及技术革新、技术交流等工作中，常常要看零件图。

看零件图的目的是为了弄清零件图所表达零件的结构形状、尺寸和技术要求，以便指导生产和解决有关的技术问题，这就要求工程技术人员必须具有熟练阅读零件图的能力。

看零件图的基本要求是：

(1)了解零件的名称、用途和材料。

(2)分析零件各组成部分的几何形状、结构特点及作用。

(3)分析零件各部分的定形尺寸和各部分之间的定位尺寸。

(4)熟悉零件的各项技术要求。

(5)初步确定出零件的制造方法。(在制图课中可不作此要求)

2. 读零件图的方法和步骤

从标题栏内了解零件的名称、材料、比例等，并浏览视图，初步得出零件的用途和形体概貌。接着进行详细分析，步骤如下：

(1)分析表达方案。视图布局，找出主视图、其他基本视图和辅助视图。根据剖视、断面的剖切方法、位置，分析剖视、断面的表达目的和作用。

(2)分析形体、想出零件的结构形状。先从主视图出发，联系其他视图进行分析。用形体分析法分析零件各部分的结构形状，难以看懂的结构，运用线面分析法分析，最后想出整个零件的结构形状。看图时：先看主要部分，后看次要部分；先看整体，后看细节；先看容易看懂部分，后看难懂部分。按投影对应关系分析形体时，要兼顾零件的尺寸及功用，以便帮助想象零件的形状。

(3)分析尺寸。先找出零件长、宽、高 3 个方向的尺寸基准，然后从基准出发，找出主要尺寸。再用形体分析法找出各部分的定形尺寸和定位尺寸。在分析中要注意检查是否有多余和遗漏的尺寸、尺寸是否符合设计和工艺要求。

(4)分析技术要求。分析零件的尺寸公差、形位公差、表面粗糙度和其他技术要求，弄清哪些尺寸要求高，哪些尺寸要求低，哪些表面要求高，哪些表面要求低，哪些表面不加工，以便进一步考虑相应的加工方法。

综合前面的分析，把图形、尺寸和技术要求等全面系统地联系起来思考，并参阅相关资料，得出零件的整体结构、尺寸大小、技术要求及零件的作用等完整的概念。

必须指出，在看零件图的过程中，上述步骤不能把它们机械地分开，往往是穿插进行的。另外，对于较复杂的零件图，往往要参考有关技术资料，如装配图，相关零件的零件图及说明书等，才能完全看懂。对于有些表达不够理想的零件图，需要反复仔细地分析，才能看懂。

3. 轴类零件识读实例分析

以图 6.24 为例介绍读图的方法。

(1)概括了解。

从标题栏可知，该零件称为齿轮轴，用来传递动力和运动，材料是 45 钢，属于轴类零件。最大直径为 60 mm，总长为 228 mm，属于较小的零件。绘图比例为 1∶1。

(2)详细分析。

①表达方案和形体结构分析。该零件采用两个视图表达零件的结构，主视图采用局部剖视，除了主视图外，还采用了移出断面图来表达键槽的结构深度。主视图(结合尺寸)已将齿轮轴的主要结构表达清楚了，由几段不同直径的回转体组成，最大圆柱上制有轮齿，齿轮两端面处有退刀槽，零件两端及轮齿两端有倒角。

②尺寸分析。首先分析零件的尺寸基准，然后找出主要尺寸。该零件有两个尺寸基准，长度方向的尺寸基准是轴的右端面，标有 7、200 等定位尺寸；宽度方向的尺寸基准为轴的中心线；高度方向是轴的中心线，ϕ60f6、、ϕ35k6、ϕ20f8、、6N9 是主要尺寸，加工时必须保证。

③技术要求分析。该零件毛坯是 45 优质碳素结构钢。连接及配合等几处重要的接触面的表面粗糙度 Ra 值为 1.6 及 3.2，要求较高，以便对外连接紧密。其余表面粗糙度 Ra 为 12.5。为了保证齿轮的啮合精度，对齿轮提出了同轴度要求；为了保证齿轮的耐磨性，对轮齿进行热处理。

(3)综合分析。通过上述看图分析，对齿轮轴的作用、结构形状、尺寸大小、主要加工方法及加工中的主要技术指标要求，就有了较清楚的认识。综合起来，即可得出齿轮轴的总体印象。

6.1.6 测绘轴类零件

绘制如图 6.25 所示从动轴的零件图。

分析：首先利用 A4 样板文件新建一个图形文件；执行直线命令，绘制中心线，确定视图的位置，然后根据给定的尺寸，从左端开始绘制，用偏移和修剪命令执行，最后整理并标注尺寸。

具体步骤如下：

(1)新建文件，选定建立的 A4 图纸样板，然后保存文件名为“从动轴”。

(2)绘制中心线及长度方向基准(左端面)。选择中心线图层，执行直线命令，在界面处适当位置绘制长度约 150 mm 的中心线，然后换成粗实线图层，继续执行直线命令，在中心线左端处利用对象捕捉的捕捉临时追踪点和捕捉最近点，绘制长度为 30 mm 的直线，如图 6.26 所示。

(3)绘制轴 ϕ30 圆柱面轮廓线。执行偏移命令，将左边粗实线分别向右偏移 2 mm 和 31 mm，继续执行偏移命令，将中心线向上下分别偏移 15 mm，如图 6.27(a)所示；将偏移的中心线换成粗实线图层，执行修剪命令，如图 6.27(b)所示。

(4)绘制轴 ϕ32 圆柱面轮廓线。执行偏移命令，将左边粗实线向右偏移 25 mm，将中心线向上下分别偏移 16 mm，如图 6.28(a)所示；将偏移的中心线换成粗实线图层，执行修剪命令，将换为粗实线的线段为边界，按住 Shift 键，将右边的两条垂直的粗实线分别延伸到边界，如图 6.28(b)所示；继续执行修剪命令，剪去多余图线，如图 6.28(c)所示。

(5)绘制键槽。执行偏移命令，将左边粗实线向右偏移 6 mm，将右边粗实线向左偏移 7 mm；将中心线向上下分别偏移 5 mm，如图 6.29(a)所示；将偏移的中心线换成粗实线图层，粗实线换为中心线图层，执行修剪命令，整理后图形如图 6.29(b)所示；在粗实线图层执行圆角命令，绘制键槽两端的圆弧，如图 6.29(c)所示。

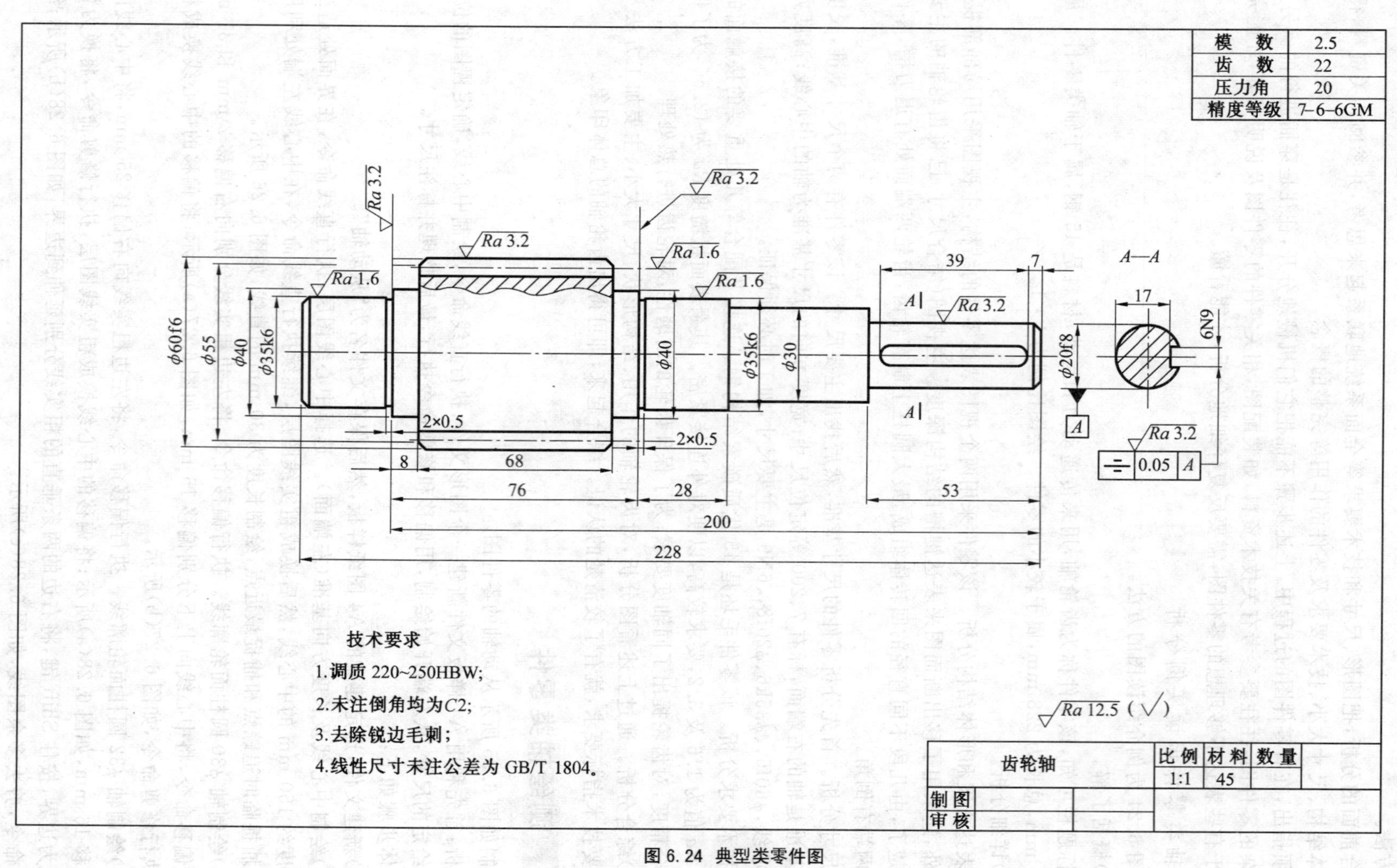
模数 2.5
齿数 22
压力角 20
精度等级 7-6-6GM
A—A
17
6N9
Ra 3.2
0.05 A
A
φ20f8
39
7
Ra 3.2
A
53
φ30
φ35k6
Ra 1.6
Ra 1.6
Ra 3.2
φ40
2×0.5
28
Ra 3.2
Ra 3.2
Ra 1.6
2×0.5
8
68
76
200
228
φ35k6
φ40
φ55
φ60f6
Ra 12.5 (√)
技术要求
1.调质 220~250HBW;
2.未注倒角均为C2;
3.去除锐边毛刺;
4.线性尺寸未注公差为GB/T 1804。
齿轮轴
比例 材料 数量
1:1 45
制图
审核

图 6.24 典型类零件图

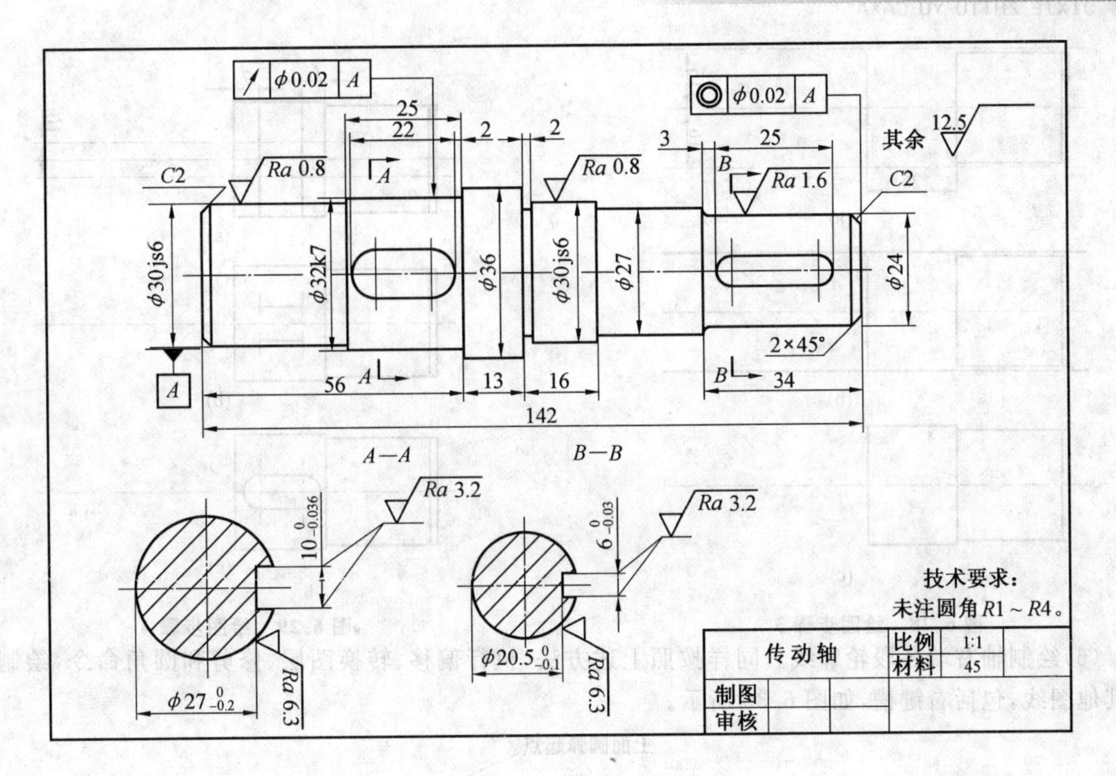

图 6.25 从动轴图形

图 6.26 绘图步骤 1

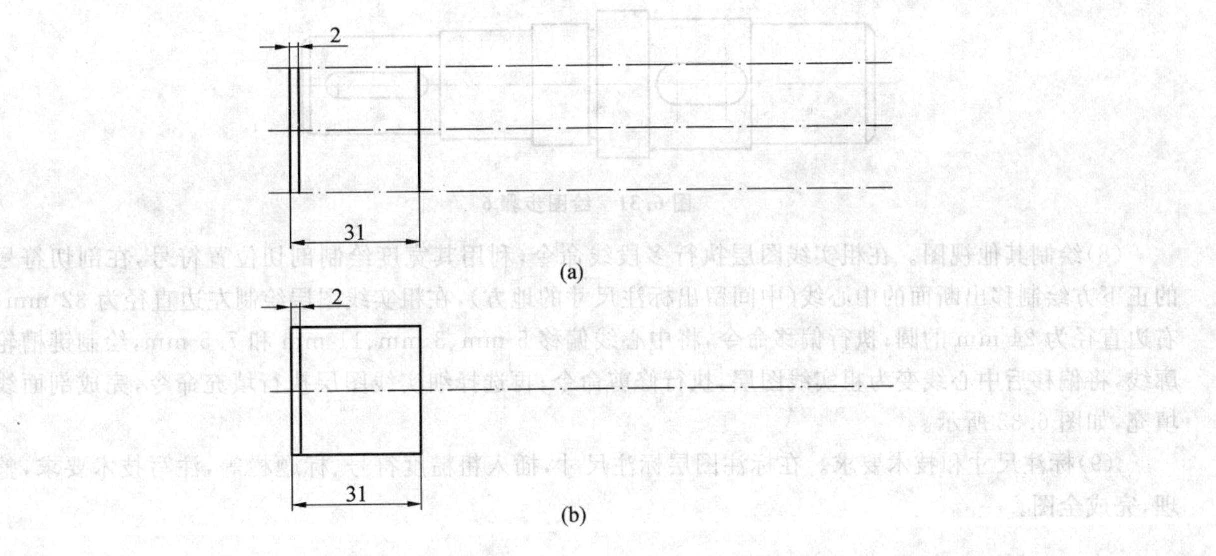

图 6.27 绘图步骤 2

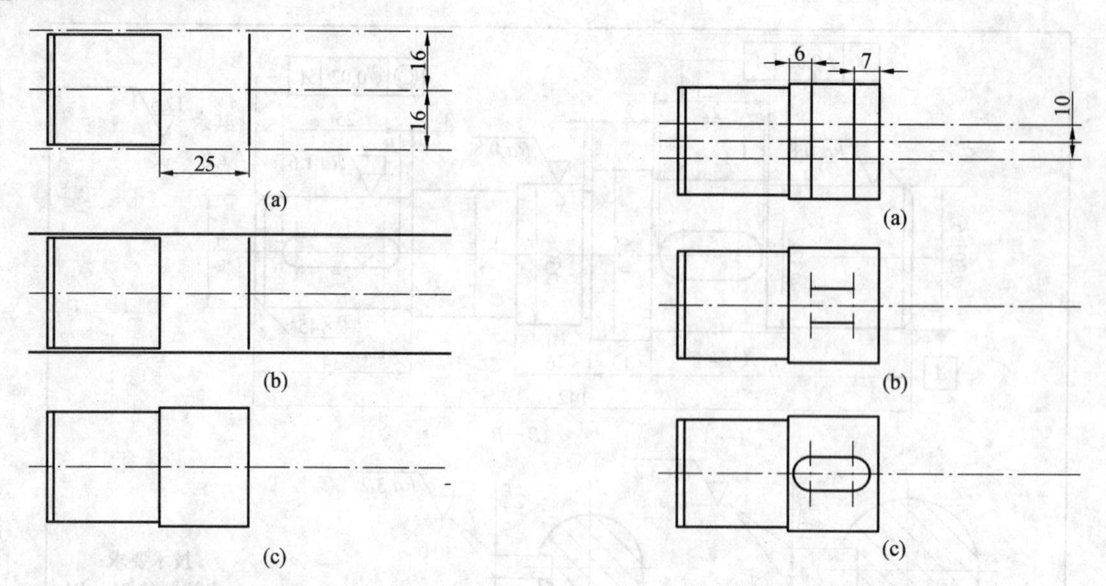

图 6.28　绘图步骤 3　　图 6.29　绘图步骤 4

(6)绘制轴右端各段轮廓线。同样按照上述方法,执行偏移、转换图层、修剪和圆角命令,绘制右端其他图线,包括右键槽,如图 6.30 所示。

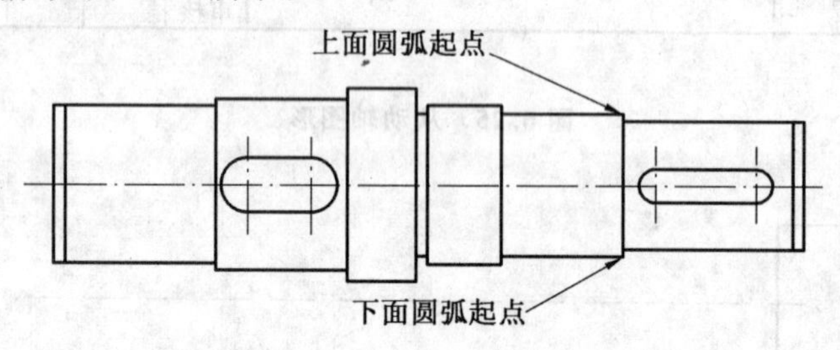

图 6.30　绘图步骤 5

(7)绘制倒角。执行倒角命令,选择角度(A),选项,输入距离 2 mm,角度 45°,选择多个(M)选项,将 4 个角进行倒角,如图 6.31 所示。

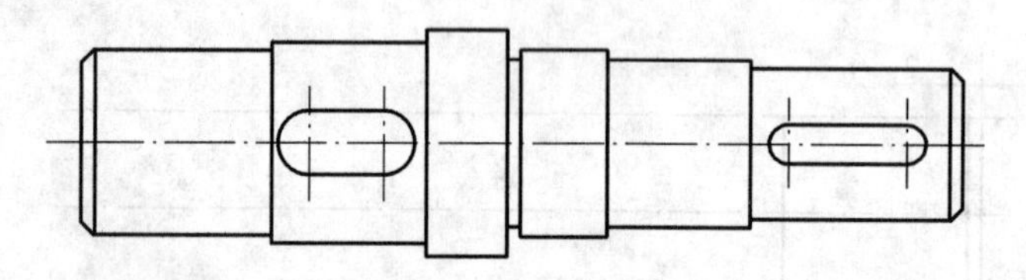

图 6.31　绘图步骤 6

(8)绘制其他视图。在粗实线图层执行多段线命令,利用其宽度绘制剖切位置符号,在剖切符号的正下方绘制移出断面的中心线(中间留出标注尺寸的地方),在粗实线图层绘制左边直径为 32 mm、右边直径为 24 mm 的圆;执行偏移命令,将中心线偏移 5 mm、3 mm、11 mm 和 7.5 mm,绘制键槽轮廓线,将偏移后中心线变为粗实线图层,执行修剪命令;再选择细实线图层执行填充命令,完成剖面线填充,如图 6.32 所示。

(9)标注尺寸和技术要求。在标注图层标注尺寸,插入粗糙度符号、标题栏等,注写技术要求,整理,完成全图。

【任务小结】

(1)选择正确表达方法表达轴套类零件的典型结构,如键槽、定位孔、工艺退刀槽、螺纹结构、中心孔结构。

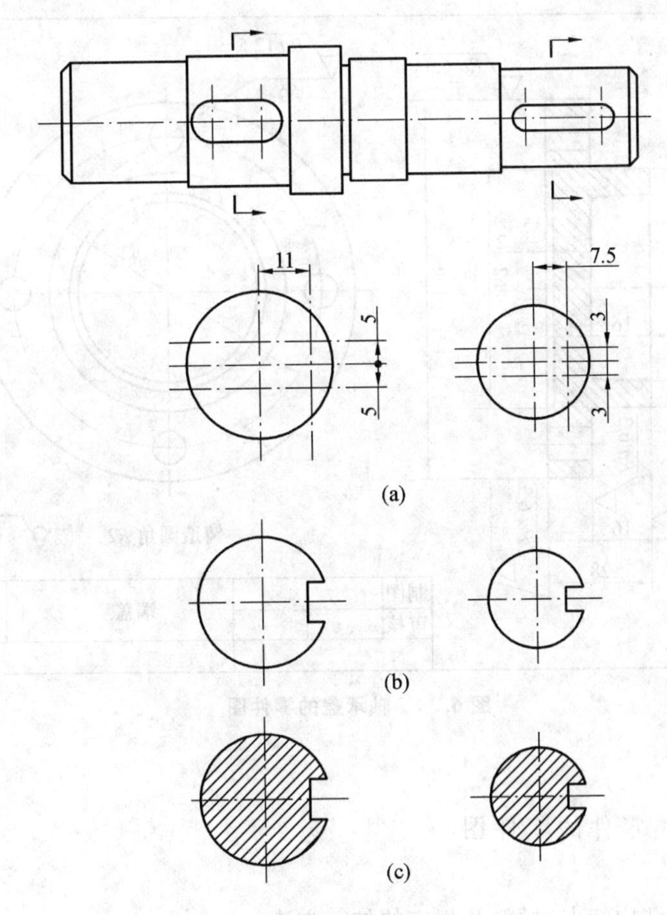

图 6.32　绘图步骤 7

(2)合理确定尺寸基准，正确标注轴套类零件典型结构的定形尺寸、定位尺寸。

(3)合理标注零件的技术要求。

6.2　测绘与识读盘盖类零件图

【知识目标】

1. 掌握盘盖类零件的视图表达方法。
2. 掌握测绘盘盖类零件、标注尺寸、极限与配合、几何公差、表面粗糙度的方法。

【能力目标】

测绘盘盖类零件并用 CAXA 绘制出完整的零件图。

【任务引入与分析】

本任务是根据图 6.33 所示轴承盖实物测绘轴承盖零件图，或由图 6.34所示轴承盖零件图识读轴承盖。要完成这个任务，需要在掌握前面所学机件表达方法的基础上，对盘盖类零件的结构及加工工艺有一定的了解，根据该类零件的特点，选择合理的表达方法，正确标注尺寸和技术要求，并能利用 CAXA 完成零件图的绘制。

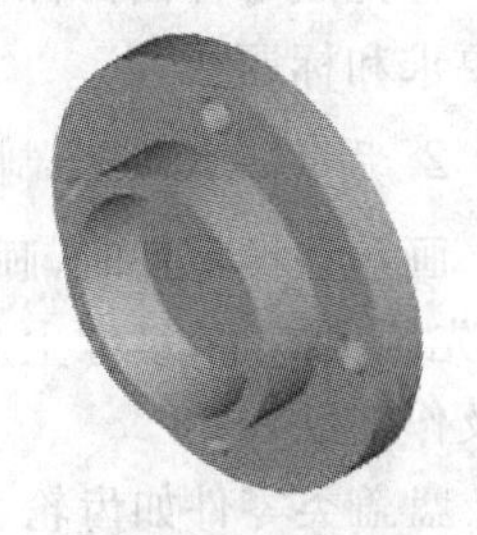

图 6.33　轴承盖外形

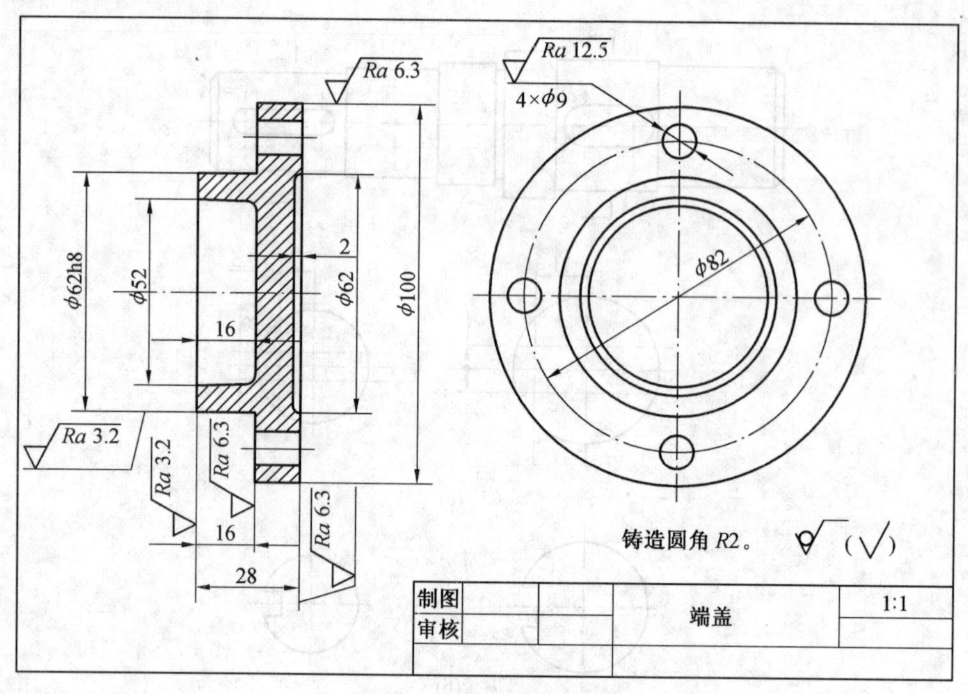

图 6.34　轴承盖的零件图

【任务实施】

1. 手工绘制盘盖类零件的零件图

(1)画图前的准备。

①了解零件的用途、结构特点、材料及相应的加工方法。

②分析零件的结构形状,确定零件的视图表达方案。

(2)画图方法和步骤:

①定图幅。根据视图数量和大小,选择适当的绘图比例,确定图幅大小。

②画出图框和标题栏。

③布置视图。根据各视图的轮廓尺寸,画出确定各视图位置的基线。画图基线包括:对称线、轴线、某一基面的投影线。如图6.35所示。

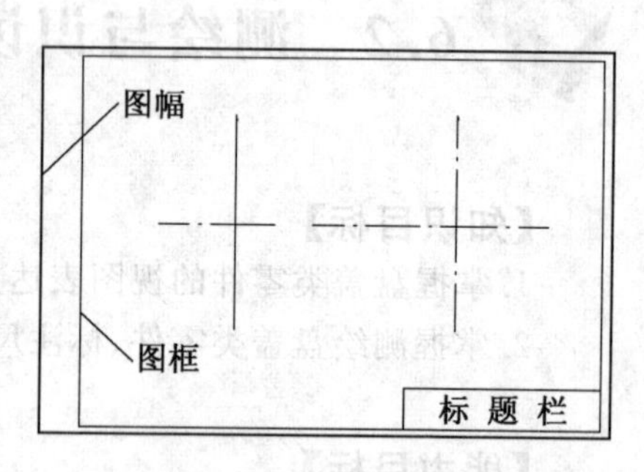

图 6.35　布置视图

注意:各视图之间要留出标注尺寸的位置。

④画底稿。按投影关系,逐个画出各个形体。画底稿步骤为:先画主要形体,后画次要形体;先定位置,后定形状;先画主要轮廓,后画细节。

⑤加深。检查无误后,加深并画剖面线。

⑥完成零件图。标注尺寸、表面粗糙度、尺寸公差等,填写技术要求和标题栏。

2. 用 CAXA 绘制盘盖类零件图

画盘盖类零件时,画出一个图以后,要利用"高平齐"画另一个视图,以减少尺寸输入;对于对称图形,先画出一半,镜像生成另一半。复杂的盘盖类零件图中的相切圆弧有3种画法:画圆修剪、圆角命令及作辅助线。

盘盖类零件如齿轮、端盖、皮带轮、手轮、法兰盘、阀盖等。它们大多是由回转体构成的,且轴向尺寸较小而径向尺寸较大。这类零件上常有键槽、凸台、退刀槽、均匀分布的小孔、肋和轮辐等结构,毛坯多为铸件,也有锻件,切削加工主要是车削,所以轴线亦应水平放置,一般选择非圆方向为主视图,根据其形状特点再配合画出局部视图或左视图。

以图 6.36 所示的主轴承盖为例介绍利用 CAXA 绘制盘盖类零件图的方法，其作图步骤如下：

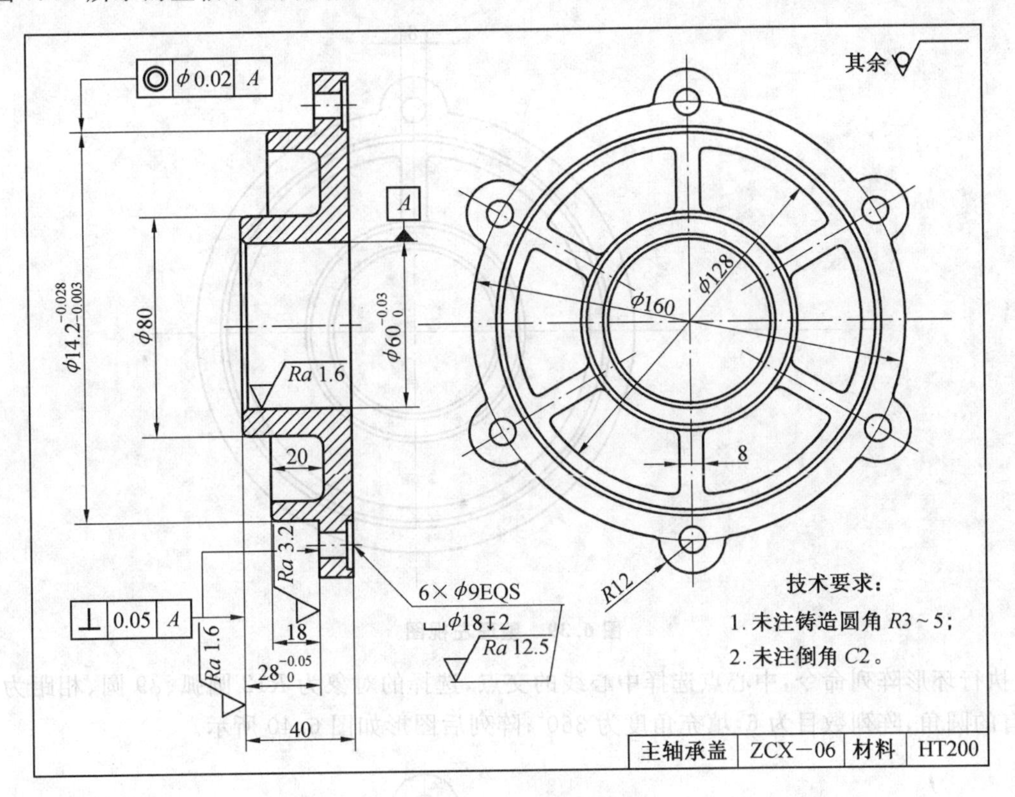

图 6.36　主轴承盖零件图

(1)新建一个文件，选定建立的 A3 图纸样板，保存文件名称为“主轴承盖”。

(2)绘制基准线。选择中心线图层，执行直线命令，在界面处适当位置绘制中心线，如图 6.37 所示。

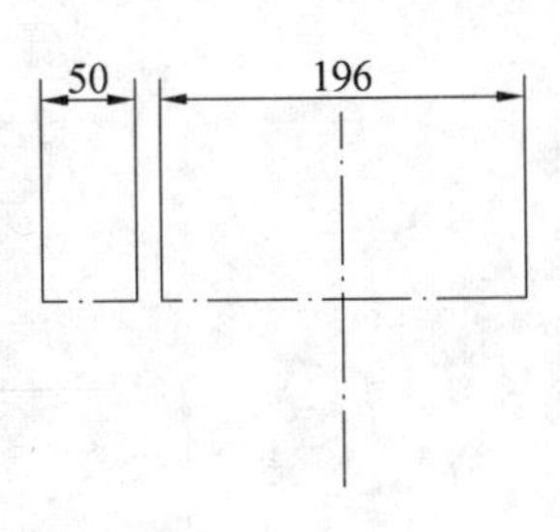

图 6.37　绘制基准线

(3)根据图中的图线样式选择不同的图层，执行圆命令，根据图中圆的半径，先绘制左视图的各个圆，如图 6.38 所示。

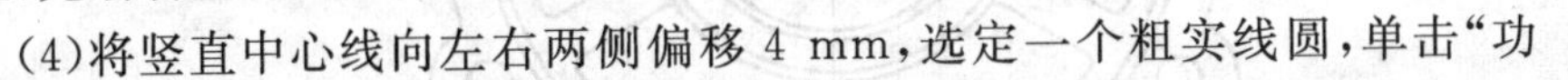

(4)将竖直中心线向左右两侧偏移 4 mm，选定一个粗实线圆，单击“功

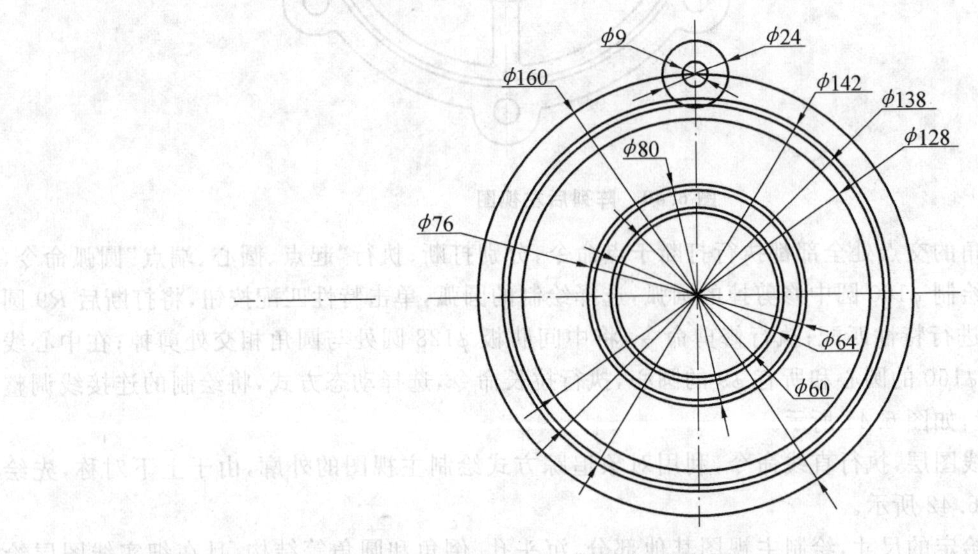

图 6.38　绘制左视图的圆

能区"→"常用"→"特性"中特性匹配按钮，然后单击偏移后的中心线，将其变为粗实线，执行修剪和夹点编辑命令，并执行圆角半径为 3 的圆角命令为修剪模式，如图 6.39 所示。

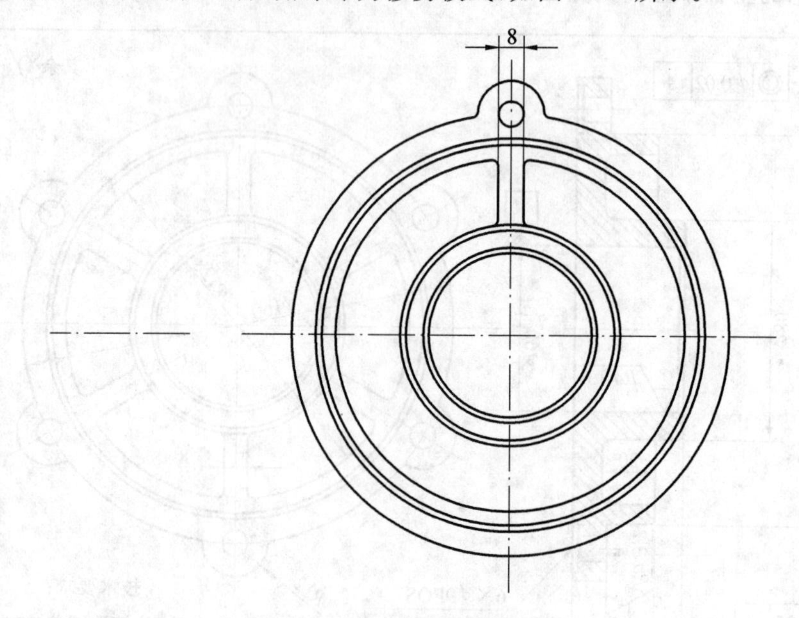

图 6.39 整理左视图

(5)执行环形阵列命令，中心点选择中心线的交点，选择的对象为 $R12$ 圆弧、$\phi9$ 圆、相距为 8 的直线和所有的圆角，阵列数目为 6，填充角度为 360°；阵列后图形如图 6.40 所示。

图 6.40 阵列后左视图

(6)将圆与圆角的交点处全部都执行打断于点命令，分别打断；执行"起点、圆心、端点"圆弧命令，选用中心线图层，绘制 $\phi160$ 圆中修剪掉的圆弧，选择绘制的圆弧，单击特性匹配按钮，将打断后 $R9$ 圆弧内 $\phi160$ 的圆弧进行特性匹配；执行修剪命令，将中间肋板 $\phi128$ 圆处与圆角相交处剪掉；在中心线图层，用直线连接 $\phi160$ 的圆心和所有 $\phi9$ 的圆心，执行拉长命令，选择动态方式，将绘制的连接线调整为合适长度和位置，如图 6.41 所示。

(7)选择粗实线图层，执行直线命令，利用对象追踪方式绘制主视图的外廓，由于上下对称，先绘制上半部分，如图 6.42 所示。

(8)根据图中给定的尺寸，绘制主视图其他部分，沉头孔、倒角和圆角等结构，且在细实线图层绘制重合断面结构，如图 6.43 所示。

图 6.41 整理后的左视图

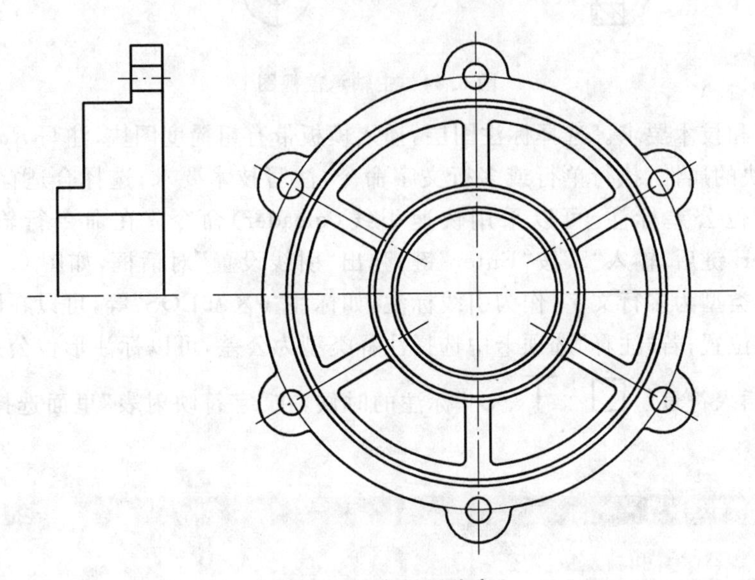

图 6.42 主视图外廓

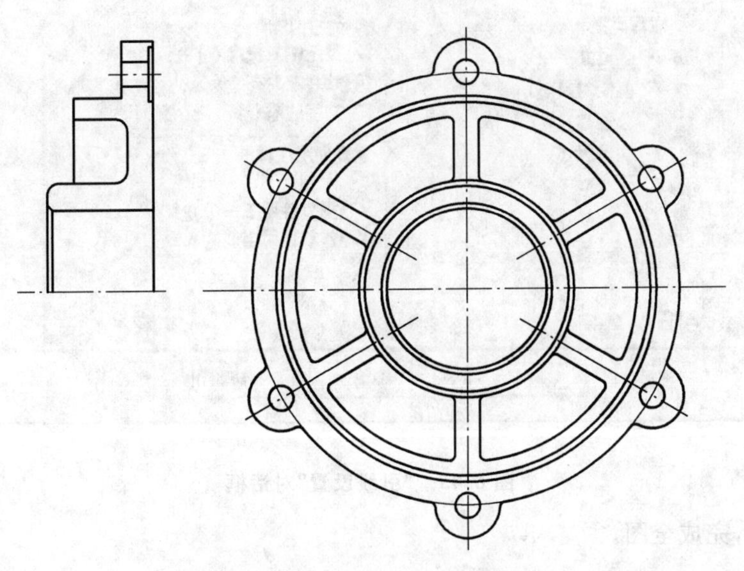

图 6.43 主视图上半部分结构

(9)绘制剖面线。除去重合断面部分,选择主视图其他图线,执行镜像命令,然后选择细实线图层,执行填充命令,绘制剖面线,注意重合断面要与其他部分剖面线错开,如图 6.44 所示。

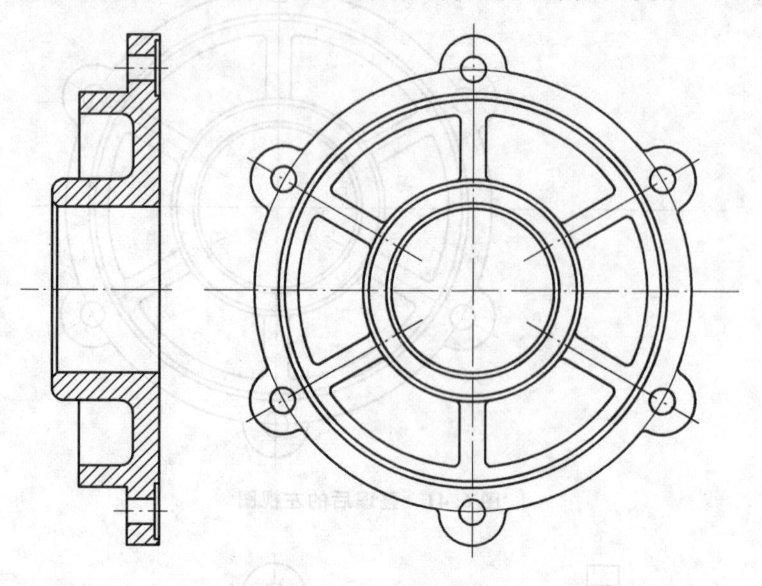

图 6.44 主轴承盖视图

(10)标注尺寸和技术要求。选择标注图层,插入模板带有粗糙度图块,注写 *Ra* 数值,插入标题栏图块,填写标题栏块的属性;执行单行或多行文字命令,注写技术要求;选择合适标注样式标注尺寸,其中引出标注和形位公差标注,可以采用快速引线(qleader)命令。在命令行输入快速引线命令"qleader",按"Enter"键后,输入"S"按"Enter"键,弹出"引线设置"对话框,如图 6.45 所示;在"注释"选项卡中选择注释类型为多行文字,作为引线标注,如标注"6×ϕ9EQS"等,可以在附着选项中设置引线后面多行文字的位置;若"注释"选项卡中选择注释类型为公差,可以标注形位公差,则无最后的"附着"选项卡。对于插入符号"□、⊤、∨"标注的时候,在"字符映射表"里面选择"AMGDT"字体,找到这些符号插入。

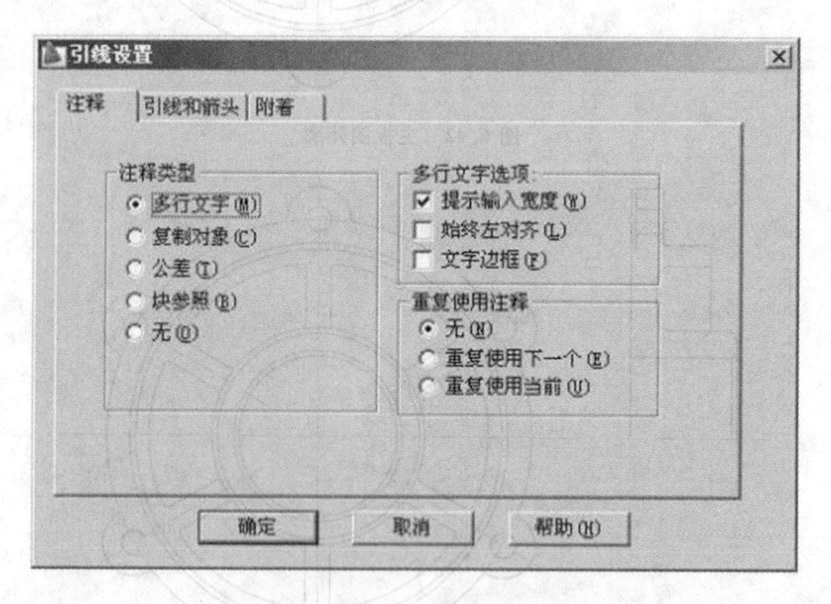

图 6.45 "引线设置"对话框

(11)整理图形,完成全图。

【知识链接】

绘制盘盖类零件，首先得了解此类零件的结构特点，对其形体进行分析。

6.2.1 分析形体、结构

盘类零件主要由不同直径的同心圆柱面组成，其厚度相对于直径小得多，成盘状，周边常分布一些孔、槽及肋板等。

6.2.2 选择主视图

因为这类零件多在车床上完成加工，一般选择安放状态原则：轴线水平放置，符合加工位置。投射方向选择如图 6.46 所示的 A 向，通常采用全剖视图。

图 6.46 主视图投影方向的选择

6.2.3 选择其他视图

一般的轴承盖（盘盖）上面分布一些孔，这些孔一般在钻床或铣床上加工，常用左视图表达孔、槽的分布情况，如图 6.47 所示。

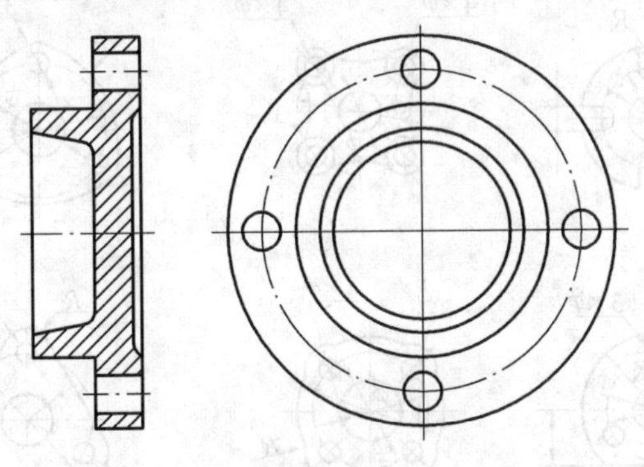

图 6.47 轴承盖的表达方案

6.2.4 尺寸标注

（1）确定尺寸基准。

进行尺寸标注前首先要选择好尺寸基准，轴承盖的尺寸基准选择如图 6.48 所示。

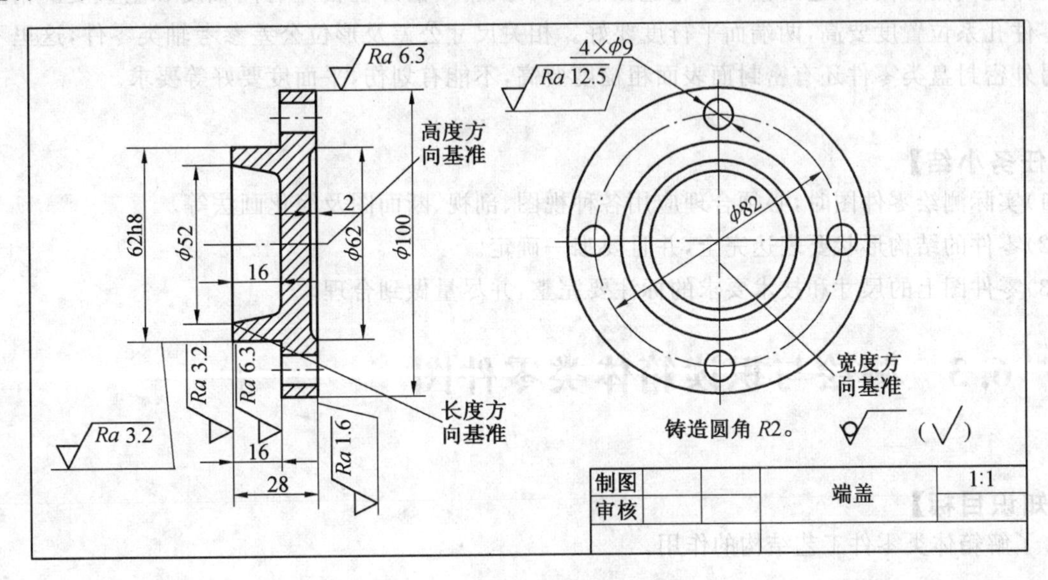

图 6.48 基准选择

(2)正确、完整、清晰、合理地标注全部定形、定位及总体尺寸。

(3)标注重要配合尺寸,配合代号及公差:ϕ62h8。

(4)标注表面粗糙度。

(5)填写标题栏内容。

6.2.5 盘盖类零件常见结构的尺寸标注

盘盖类零件常见结构的尺寸标注如图6.49所示。由于盘盖类零件上一般有均匀分布的孔、槽等结构,对于这些孔、槽相关尺寸的标注,都选择放在最能表达孔、槽形状位置的圆视图上,并且只标注一个位置的槽,对于其他位置的槽不标注;对于孔选择其中一个标注尺寸,并在其前面加上"4×ϕ",其中4表示均布有4个相同的孔,ϕ后面带数字表示孔直径尺寸。

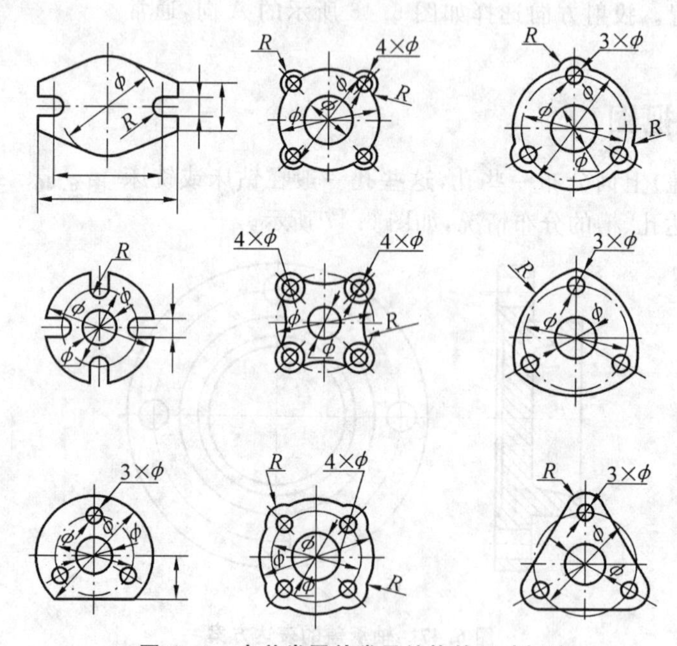

图6.49 盘盖类零件常见结构的尺寸标注

6.2.6 技术要求标注

盘盖类零件孔类较多,为机加工获得,一般有相关的尺寸公差和形位公差来保证较高的精度,另外需要标注倒角和倒圆、退刀槽和砂轮越程槽等尺寸,常用的形位公差有同轴度和垂直度。精度高的盘类零件孔系位置度要高,两端面平行度要好。相关尺寸公差及形位公差参考轴类零件,这里不再赘述。另外密封盘类零件还有密封面表面粗糙度要高,不能有划伤,平面度要好等要求。

【任务小结】

(1)实际测绘零件图时,必须合理应用各种视图、剖视、断面图及简化画法等。

(2)零件的结构形状要表达完全,并且要唯一确定。

(3)零件图上的尺寸和技术要求的标注要完整,并尽量做到合理。

6.3 测绘与识读箱体类零件图

【知识目标】

1.了解箱体类零件工艺结构的作用。

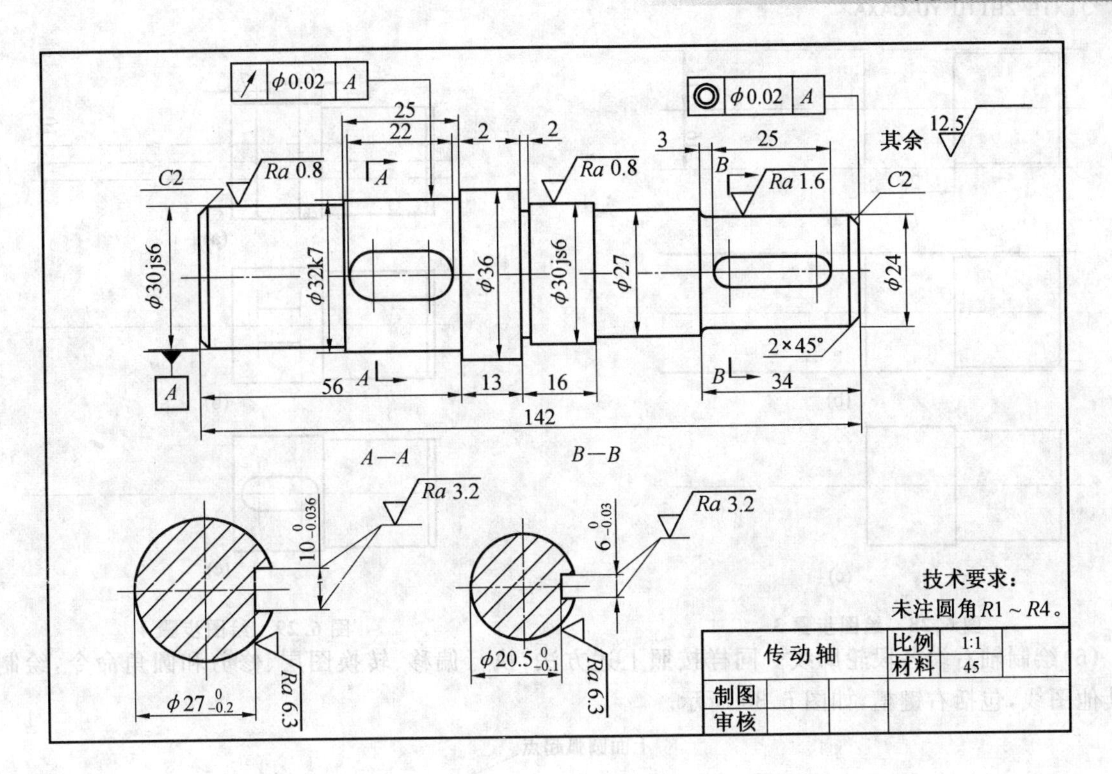

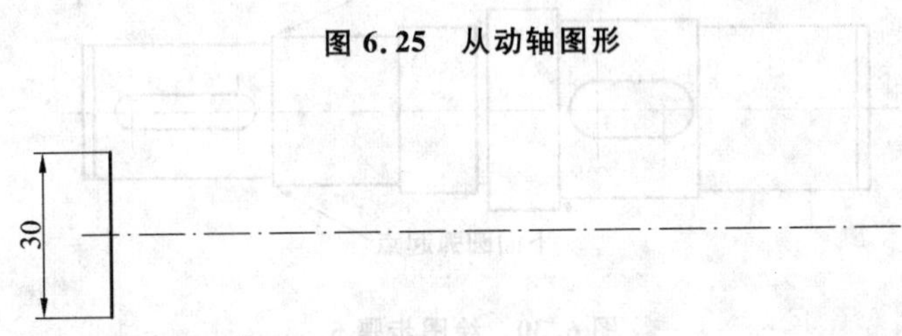

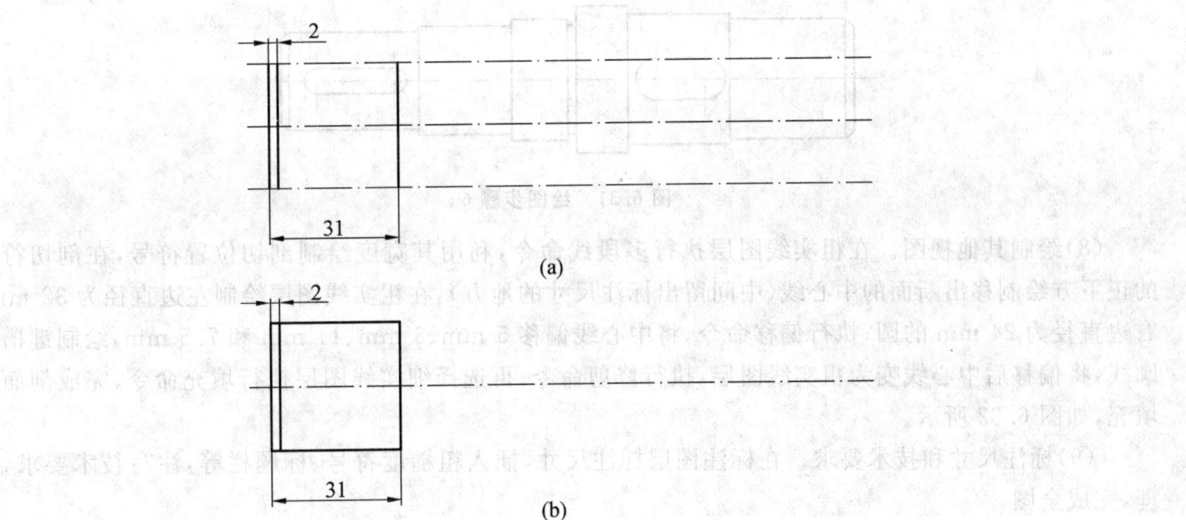

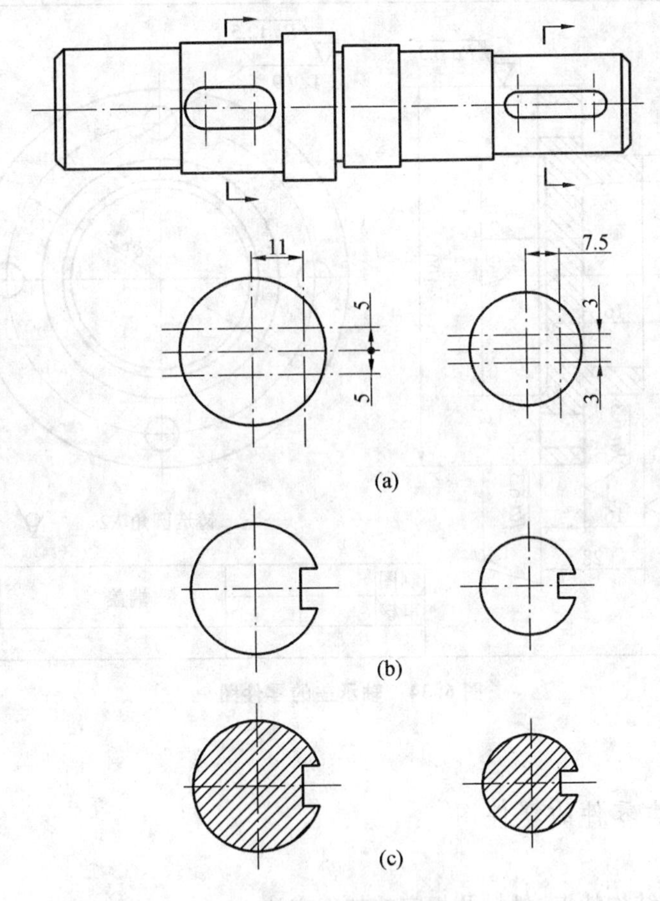

图 6.32　绘图步骤 7

(2)合理确定尺寸基准，正确标注轴套类零件典型结构的定形尺寸、定位尺寸。

(3)合理标注零件的技术要求。

6.2　测绘与识读盘盖类零件图

【知识目标】

1. 掌握盘盖类零件的视图表达方法。
2. 掌握测绘盘盖类零件、标注尺寸、极限与配合、几何公差、表面粗糙度的方法。

【能力目标】

测绘盘盖类零件并用 CAXA 绘制出完整的零件图。

【任务引入与分析】

本任务是根据图 6.33 所示轴承盖实物测绘轴承盖零件图，或由图 6.34所示轴承盖零件图识读轴承盖。要完成这个任务，需要在掌握前面所学机件表达方法的基础上，对盘盖类零件的结构及加工工艺有一定的了解，根据该类零件的特点，选择合理的表达方法，正确标注尺寸和技术要求，并能利用 CAXA 完成零件图的绘制。

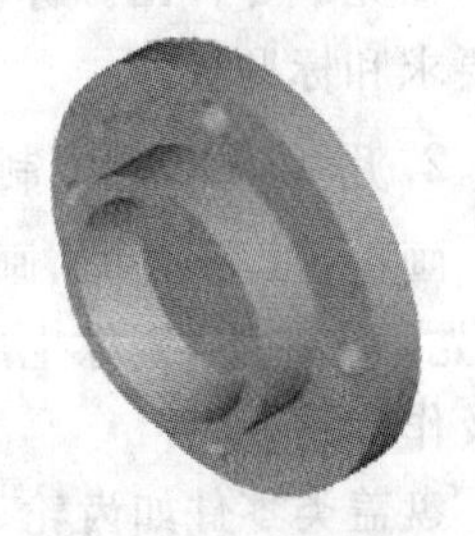

图 6.33　轴承盖外形

2. 掌握箱体类零件常见的表达方法。

3. 掌握箱体类零件的尺寸及技术要求的标注。

4. 掌握零件测绘的方法和步骤。

【能力目标】

测绘箱体类零件并用 CAXA 绘制出完整的零件图。

【任务引入与分析】

如图 6.50、图 6.51 所示机件均为箱体类零件，本次的工作任务是绘制如图 6.50 所示零件的零件图。箱体类零件一般多为铸件，通常起支承、容纳、零件定位等作用；内外结构比较复杂。

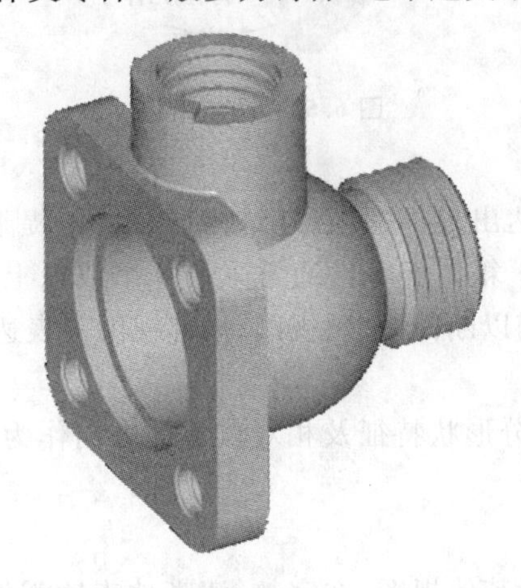

图 6.50　阀体

图 6.51　减速器

结构特点：箱体类零件大致由以下几个部分构成：容纳运动零件和储存润滑油的内腔，由厚薄较均匀的壁部组成；其上有支承和安装运动零件的孔及安装端盖的凸台（或凹坑）、螺纹等；将箱体固定在机座上的安装底板及安装孔；加强筋、润滑油孔、油槽、放油螺孔等。

要表达这类零件的结构，通常采用下列表达方法：

(1)通常以最能反映其形状特征及结构间相对位置的方向作为主视图的投影方向。以自然安放位置或工作位置作为主视图的摆放位置。

(2)一般需要两个或两个以上的基本视图才能将其主要结构形状表示清楚。

(3)常在基本视图的基础上，增加局部视图、局部剖视图和局部放大图等来表达尚未表达清楚的局部结构。

【任务实施】

1. 进行结构分析

以如图 6.52 所示的减速器箱体为例。该箱体类零件的结构特点是复杂的组合体机件，此类零件的内、外结构都很复杂，常用薄壁围成不同的空腔，以容纳润滑油，形成闭式传动，此外箱体上还常有安装轴与轴承的支承孔、凸台、放油孔、安装底板、肋板、销孔、螺纹孔和螺栓孔等结构。

再以如图 6.53 所示的球阀阀体为例。球阀的功用是控制流通的通断，阀体是球阀的主体件，用于形成流通通道，支撑和密封装阀芯。

对其进行形体分析可以看出该阀体为组合体，包括球形壳体、圆柱筒、方板、管接头等几部分。

其结构特点是：两部分圆柱与球形壳体相交，内孔相通，以便于形成流通通道，支撑和密封装阀芯。

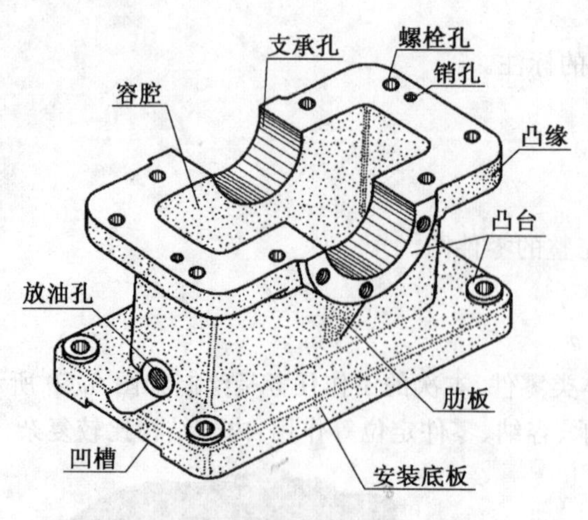

图 6.52　蜗轮减速器箱体的立体结构

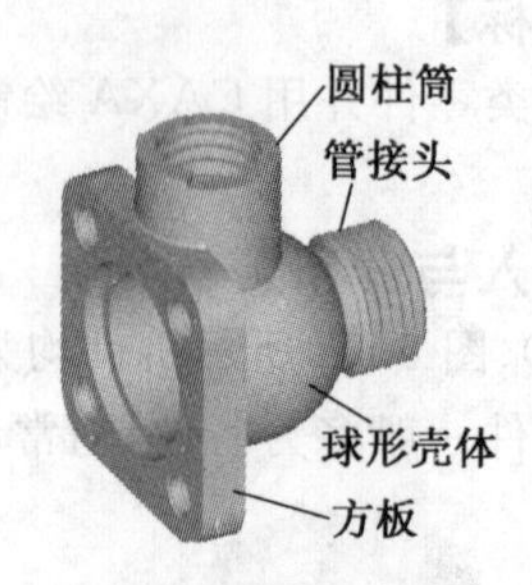

图 6.53　阀体结构

2. 确定表达方法

绘制零件图时首先考虑看图方便。在完整、清晰地表达出零件的内、外结构形状的前提下，力求绘图简便。要达到这个目的，应选择一个较好的表达方案。箱体类零件通常采用3个或以上的基本视图，根据具体结构特点选用半剖、全剖或局部剖视图，并辅以断面图、斜视图、局部视图等表达方法。

(1)主视图的选择。

以工作位置或自然安放位置和以最能反映其各组成部分形状特征及相对位置的方向作为主视图的投影方向，如图 6.54 所示的阀体的轴测图。

(2)其他视图的选择。

主视图确定后，根据零件的具体情况，合理、恰当地选择其他视图，在完整、清晰地表达零件的内、外结构形状的前提下，应尽量减少视图数量。

阀体的主视图表达采用安装位置原则进行放置，选择 A 向作为投射方向，采用全剖的主视图表达了阀体的内部形状特征、各组成部分的相对位置等。

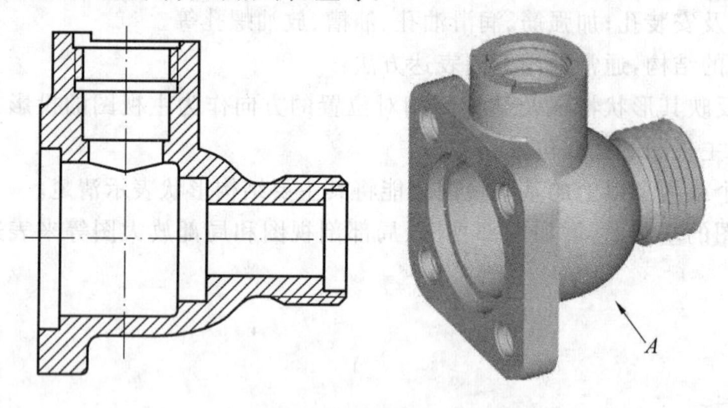

图 6.54　选择主视图

(3)其他视图的选择。

选半剖的左视图表达阀体主体部分的外形特征、左侧方形板形状及内孔的结构等。选择俯视图表达阀体整体形状特征及顶部扇形限位凸台的形状及结构。

3. 完成视图绘制

绘图的步骤和方法可参考前面的有关内容，本部分不再介绍，铸件的工艺结构的绘制可参考后面“知识链接”的有关内容，绘制完成的阀体视图如图 6.55 所示。

4. 进行尺寸和技术要求的标注

本部分不再介绍，可参考“知识链接”的有关内容。

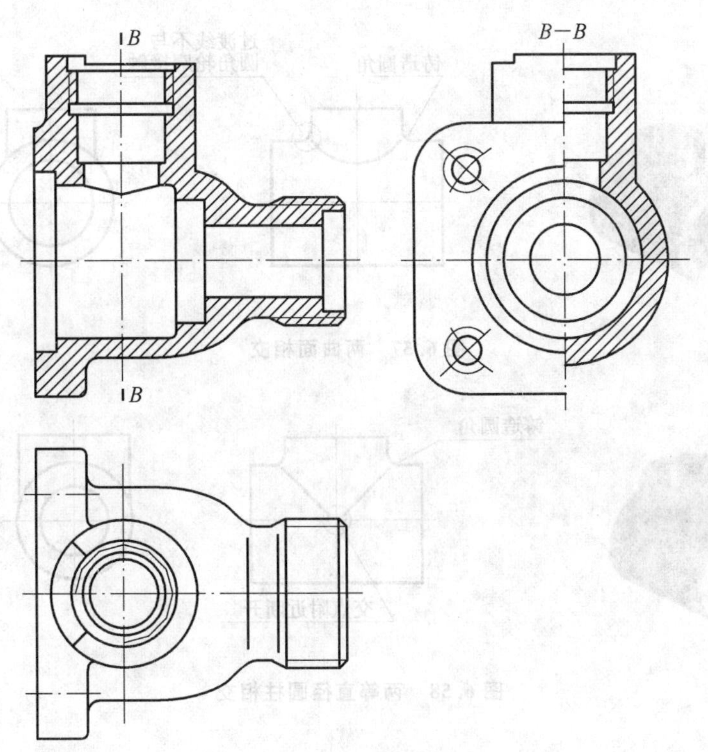

图 6.55 阀体视图

【知识链接】

要测绘与识读箱体类零件图,必须了解箱体类零件的工艺结构、箱体类零件的尺寸及技术要求的标注以及识读箱体类零件的方法和步骤,最终才能利用 CAXA 绘制箱体类零件图。

6.3.1 箱体类零件的工艺结构

箱体类零件多采用铸件,因此绘图时要了解铸造工艺的有关知识。

1. 铸造工艺对零件结构的要求

(1)铸造圆角。

铸件表面相交处应有圆角,以免铸件冷却时产生缩孔或裂纹,同时防止脱模时砂型落砂。如图 6.56(a)所示,铸件设置有铸造工艺圆角,图 6.56(b)为未设计铸造工艺圆角的情况。

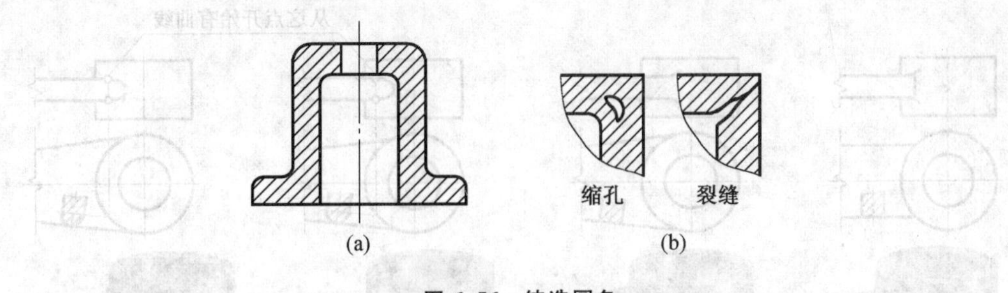

图 6.56 铸造圆角

由于铸造圆角的存在,使得铸件表面的相贯线变得不明显,为了区分不同表面,以过渡线的形式画出。铸件画图时要注意过渡线的绘制。

①两曲面相交过渡线画法,如图 6.57 所示。

②两等直径圆柱相交过渡线画法,如图 6.58 所示。

③平面与平面、平面与曲面过渡线画法,如图 6.59 所示。

④圆柱与肋板组合时过渡线的画法,如图 6.60 所示。

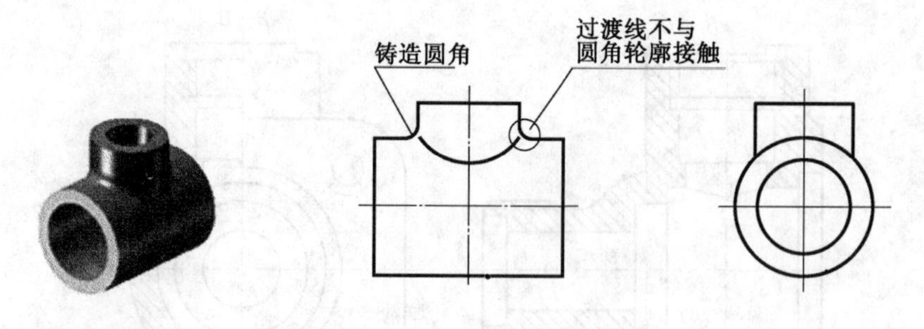

图 6.57　两曲面相交

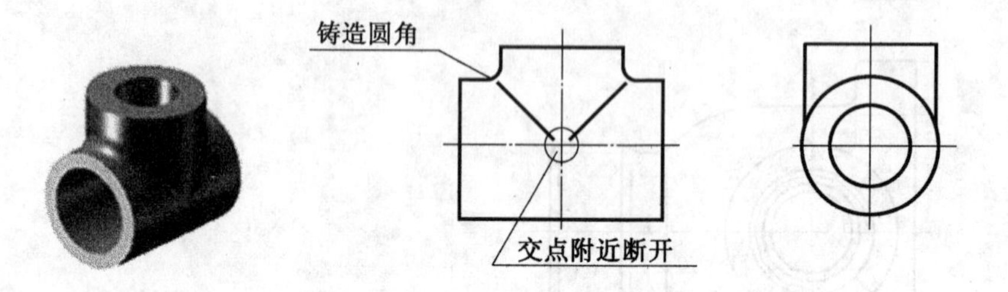

图 6.58　两等直径圆柱相交

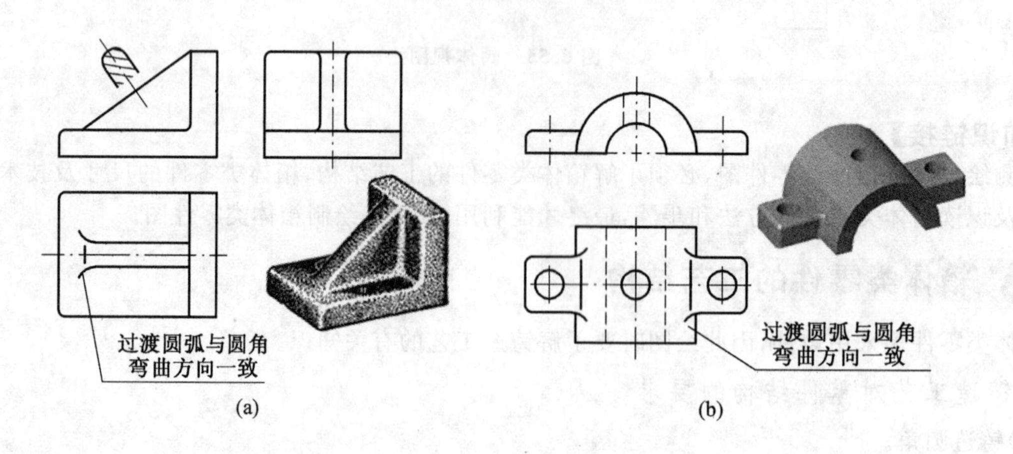

图 6.59　平面与平面、平面与曲面过渡线画法

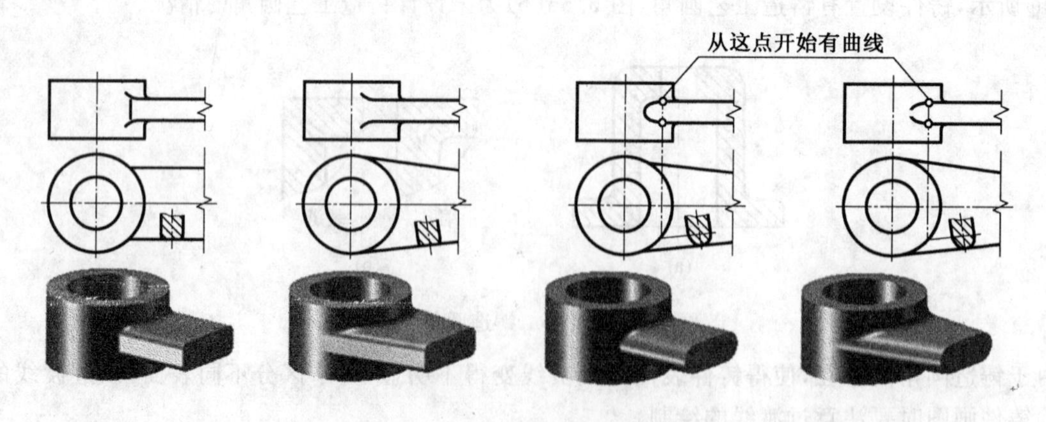

图 6.60　圆柱与肋板组合过渡线画法

(2)拔模斜度。

为了实现顺利起模，铸件在内外壁沿起模方向应设计有斜度，称为拔模斜度。当斜度较大时，应

在图中表示出来，否则不予表示。如图 6.61 所示，图 6.61(a)为铸件在砂箱的放置位置，图 6.61(b)为铸造成型后零件。

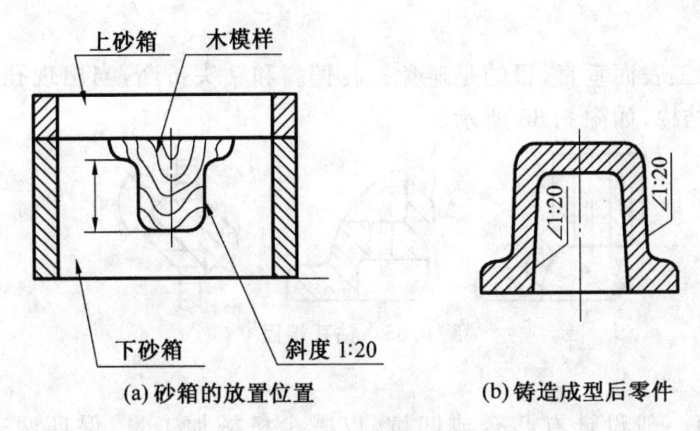

(a) 砂箱的放置位置 (b) 铸造成型后零件

图 6.61 拔模斜度

(3)壁厚均匀。

为了确保铸件同步冷却或按顺序冷却，以免产生铸造缺陷，铸件壁厚应均匀一致，如图 6.62 所示。

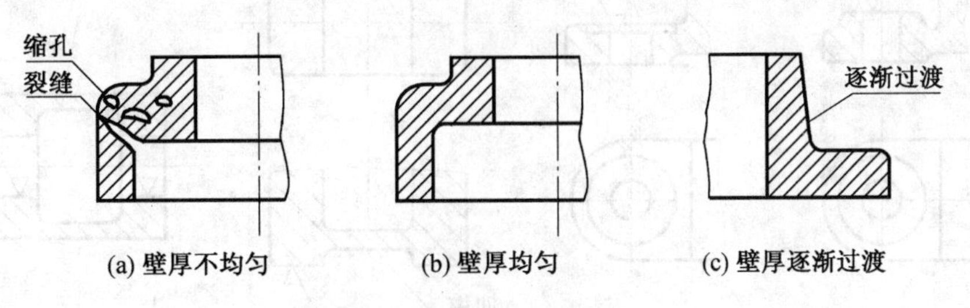

(a) 壁厚不均匀 (b) 壁厚均匀 (c) 壁厚逐渐过渡

图 6.62 壁厚均匀要求

2. 斜度和锥度画法与标注

(1)斜度。

斜度画法如图 6.63 所示，标注斜度符号的倾斜方向应与铸件的实际倾斜方向一致。

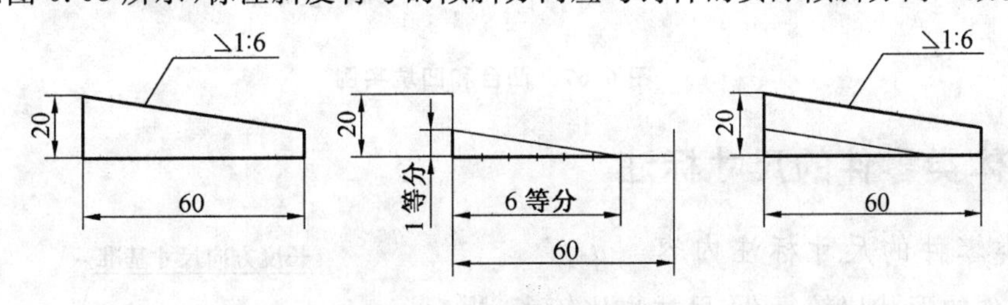

图 6.63 斜度画法

(2)锥度。

锥度画法如图 6.64 所示，标注锥度符号的倾斜方向应与铸件的实际倾斜方向一致。

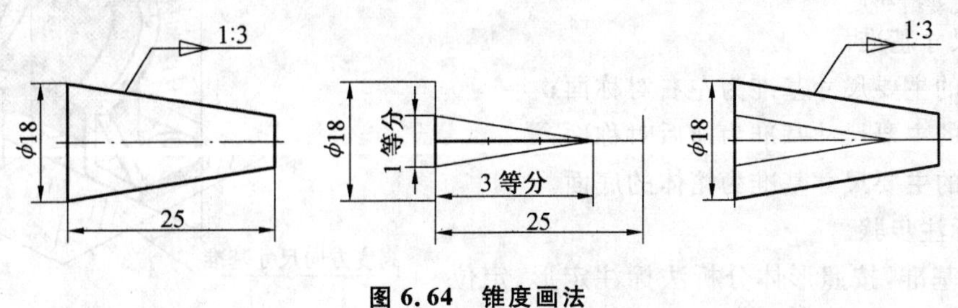

图 6.64 锥度画法

6.3.2 箱体类零件对结构工艺的要求

1. 钻孔端面

钻头轴线应与孔加工表面垂直，目的是避免钻孔偏斜和钻头折断，当出现孔轴线与工件表面不垂直时，应改变工件表面结构，如图 6.65 所示。

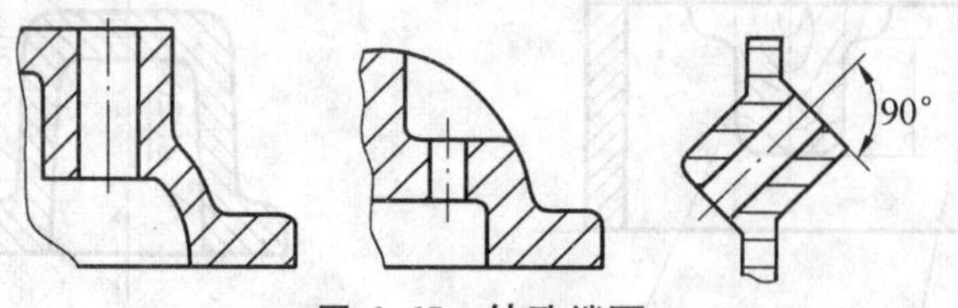

图 6.65 钻孔端面

2. 凸台和凹坑

铸件上的孔的端面一般设计有凸台或凹坑，以减少机械加工量，保证两表面接触良好。如图 6.66 所示，其轴测图如图 6.67 所示。

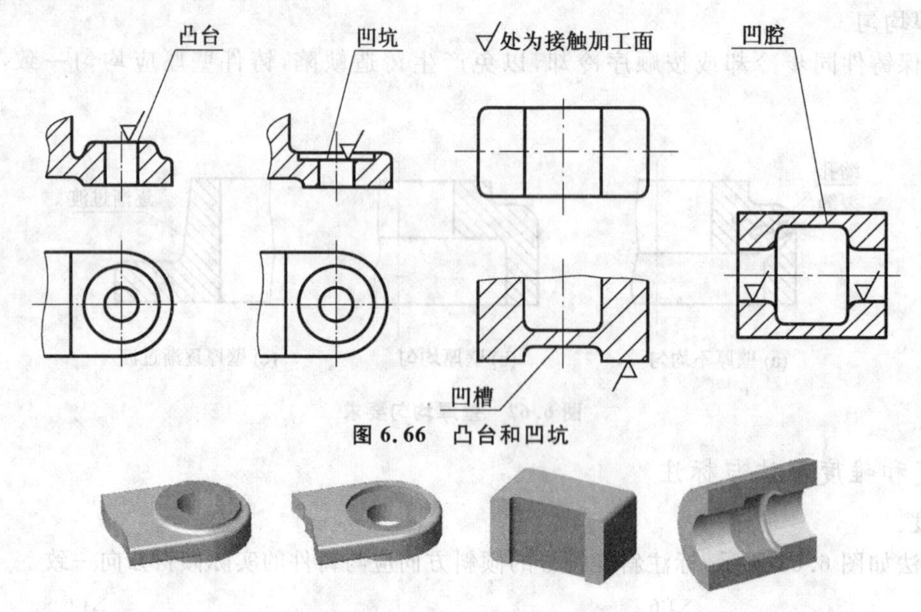

图 6.66 凸台和凹坑

图 6.67 凸台和凹坑实例

6.3.3 箱体类零件的尺寸标注

1. 箱体类零件的尺寸标注内容

箱体类零件的形状比较复杂，尺寸也比较多，所以标注尺寸时应按一定的方法和步骤进行。下面以图 6.68 所示的传动器箱体为例，说明箱体类零件尺寸的标注方法与步骤。

(1)确定尺寸基准。

长度方向的主要尺寸基准为左右对称面；

宽度方向的主要尺寸基准为前后对称面；

高度方向的主要尺寸基准为箱体的底面。

(2)尺寸标注步骤。

根据尺寸基准，按照形体分析法标注定形、定位尺寸及总体尺寸，如图 6.69 所示。

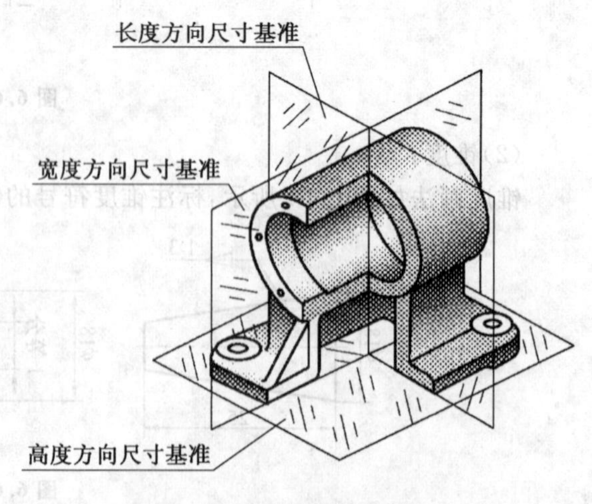

图 6.68 传动器箱体轴测图

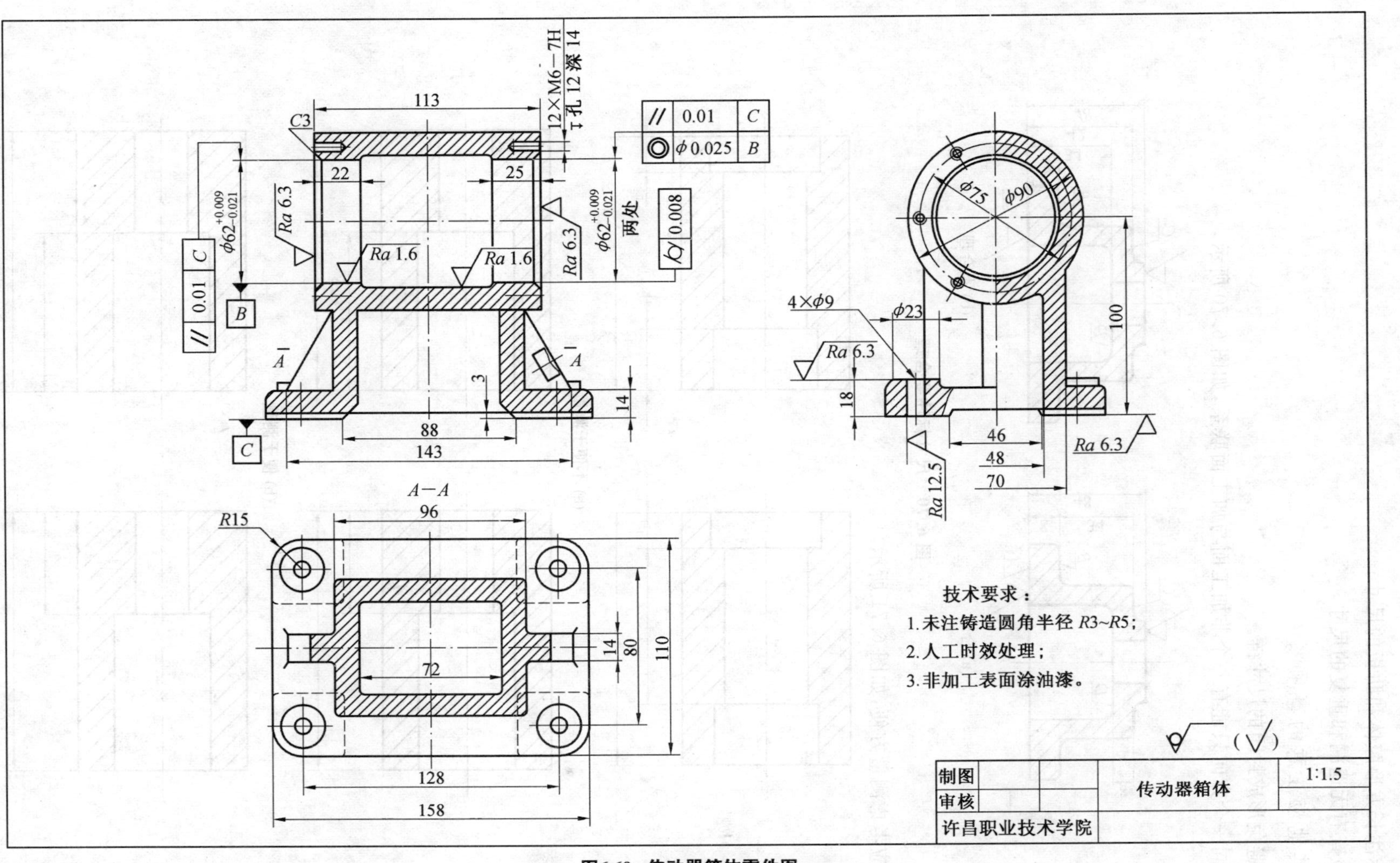

图6.69 传动器箱体零件图

①标注空心圆柱的尺寸；

②标注底板的尺寸；

③标注长方形腔体和肋板的尺寸；

④检查有无遗漏和重复的尺寸。

2.其他应注意的事项

(1)避免形成封闭的尺寸链。

(2)同一个方向只能有一个非加工面与加工面联系，如图6.70所示。

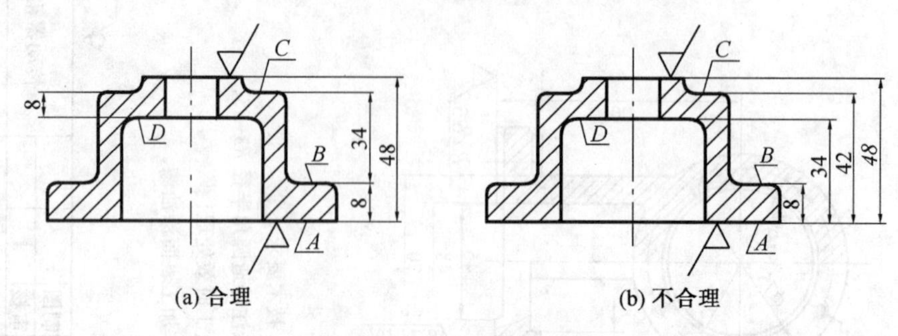

图6.70 尺寸标注要合理

(3)应考虑测量方便，如图6.71所示。

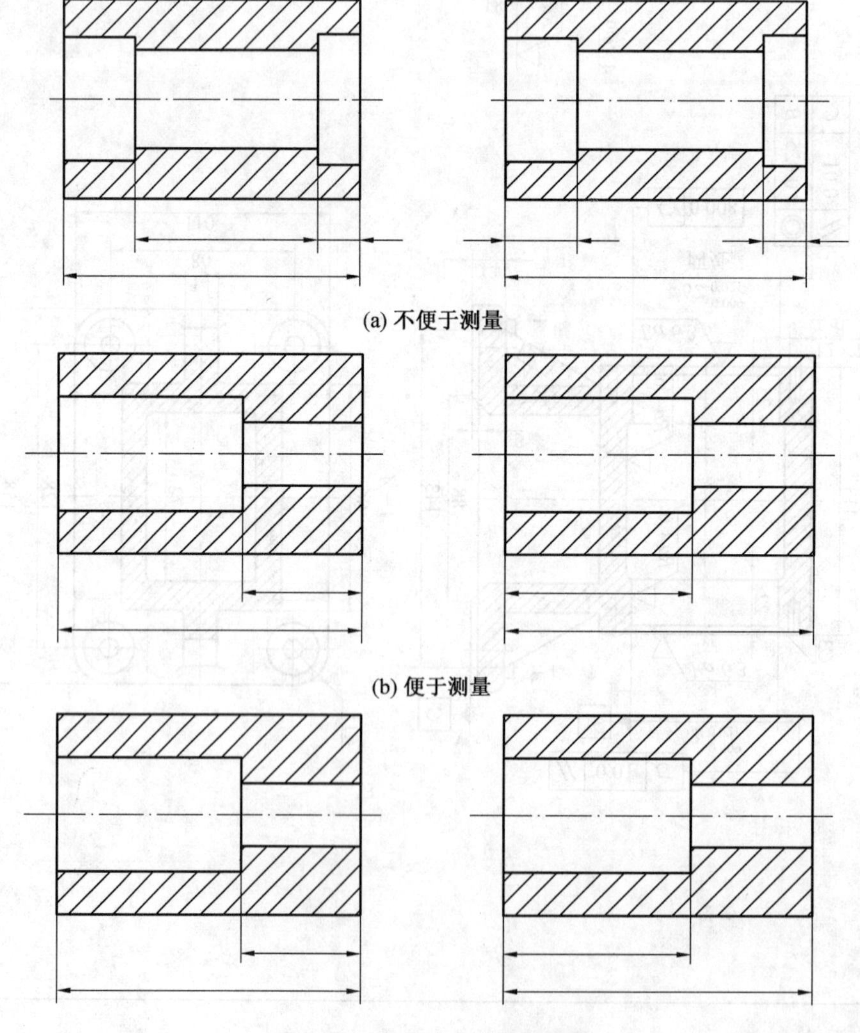

图6.71 尺寸标注要便于测量

6.3.4 箱体类零件技术要求的标注

1. 极限与配合及表面粗糙度

箱体类零件中轴承孔、结合面、销孔等表面粗糙度要求较高，其余加工面要求较低。轴承孔的中心距、孔径以及一些有配合要求的表面、定位端面一般有尺寸精度的要求，如图 6.69 所示。轴承孔为工作孔，表面粗糙度 *Ra* 为 1.6，要求最高。

2. 形位公差

同轴的轴、孔之间一般有同轴度要求。不同轴的轴、孔之间、轴和孔与底面间一般有平行度要求。传动器箱体的轴承孔为工作孔，给出了同轴度、平行度、圆柱度 3 项形位公差要求。

3. 其他技术要求

箱体类零件的非加工表面在图样的右上角标注粗糙度要求。

零件图的文字技术要求中常注明：箱体需要人工时效处理；铸造圆角为 *R*3～*R*5；非加工面涂漆等。

6.3.5 识读箱体零件图的方法和步骤

识读箱体零件图的方法和步骤为：

(1)概括了解。

(2)分析表达方案。

(3)分析形体，想象零件的结构形状。

(4)分析尺寸和技术要求。

例：识读图 6.72 泵体零件图。

(1)看标题栏。

了解零件的名称、材料、绘图比例等内容。从图 6.72 可知：零件名称为泵体，绘图比例为 1∶1。

(2)分析视图。

找出主视图，分析各视图之间的投影关系及所采用的表达方法。

主视图是全剖视图，俯视图取局部剖，左视图是外形图。

(3)分析投影，想象零件的结构形状。

看图步骤：

先看主要部分，后看次要部分；先看整体，后看细节；先看容易看懂部分，后看难懂部分。

按投影对应关系分析形体时，要兼顾零件的尺寸及其功用，以便帮助想象零件的形状。

从 3 个视图看，泵体由 3 部分组成：

①半圆柱形的壳体，其圆柱形的内腔用于容纳其他零件。

②两块三角形的安装板。

③两个圆柱形的进出油口，分别位于泵体的右边和后边。综合分析后，想象出泵体的形状。

(4)分析尺寸和技术要求。

首先找出长、宽、高 3 个方向的尺寸基准，然后找出主要尺寸。长度方向是安装板的端面。宽度方向是泵体前后对称面。高度方向是泵体的上端面。47±0.100、60±0.200 是主要尺寸，加工时必须保证。

从进出油口及顶面尺寸 M14×1.5－7H 和 M33×1.5－7H 可知，它们都属于细牙普通螺纹，同时这几处端面粗糙度 *Ra* 值为 6.3，要求较高，以便对外连接紧密，防止漏油。

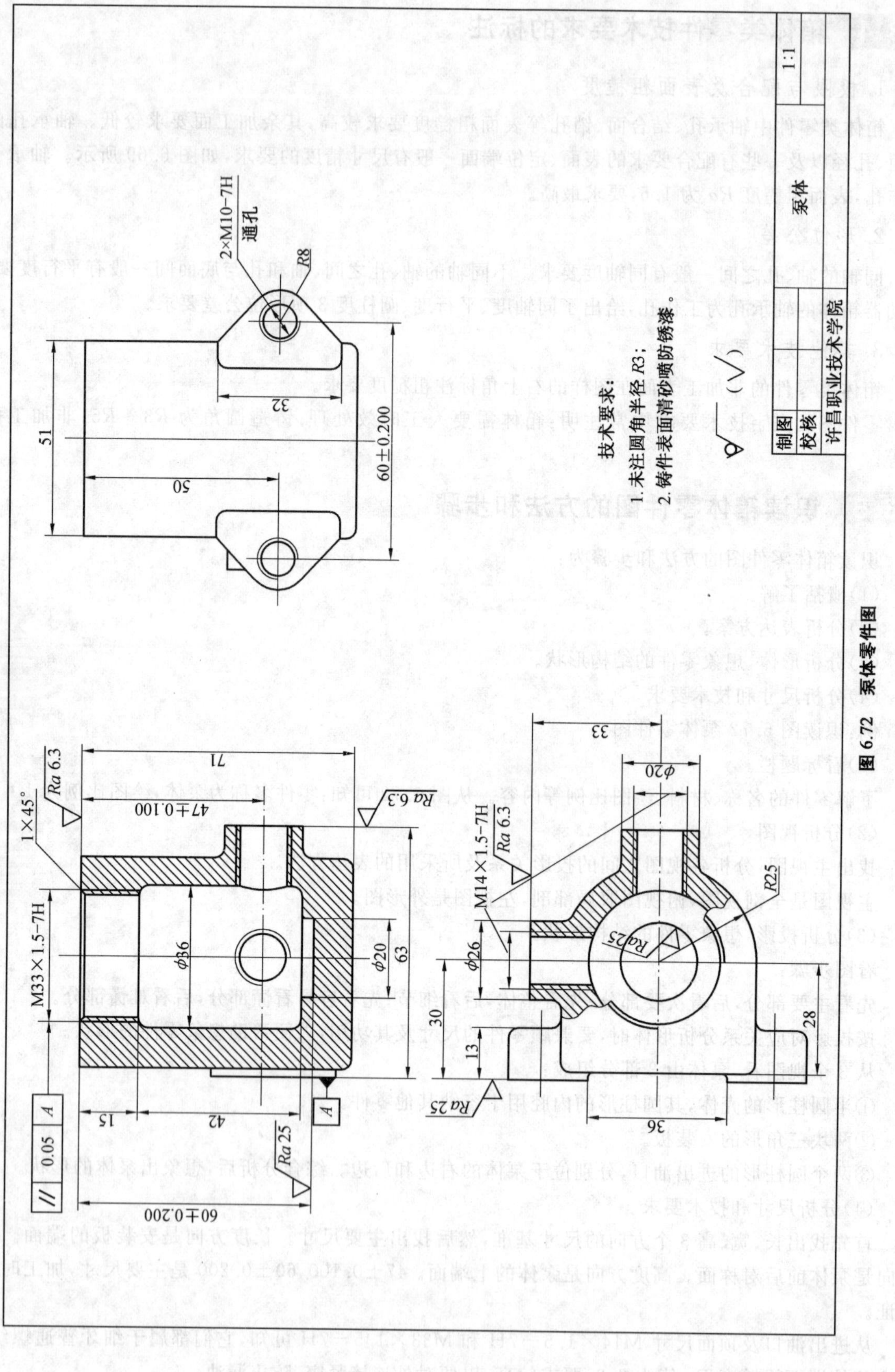

技术要求：

1. 未注圆角半径 $R3$；
2. 铸件表面清砂喷防锈漆。

制图		泵体	1:1
校核			
许昌职业技术学院			

图 6.72　泵体零件图

6.3.6 利用 CAXA 绘制箱体类零件

绘制如图 6.73 所示的阀体图形，由于图形较复杂，要首先确定图形的基准线，故据图形分析，可以先绘制俯视图，然后利用“长对正、高平齐、宽相等”来绘制其他视图，只绘制图形。

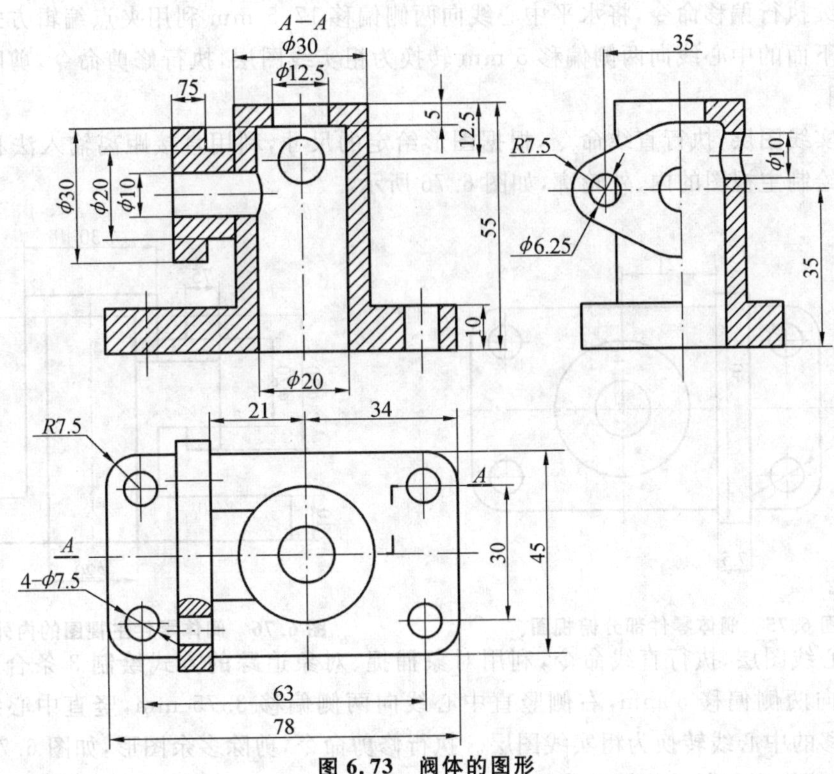

图 6.73　阀体的图形

绘制步骤如下：

(1)在下拉菜单或者标准工具栏单击“新建”命令，选定建立的 A3 图纸样板，新建一个文件，然后保存文件的名称为“阀体”。

(2)选择中心线图层，执行直线命令，在界面处适当位置绘制 3 个视图的中心线，然后选择粗实线图层，执行矩形命令，绘制带半径为 7.5 圆角的矩形，执行直线命令，绘制视图的边界基准线，如图6.74 所示。

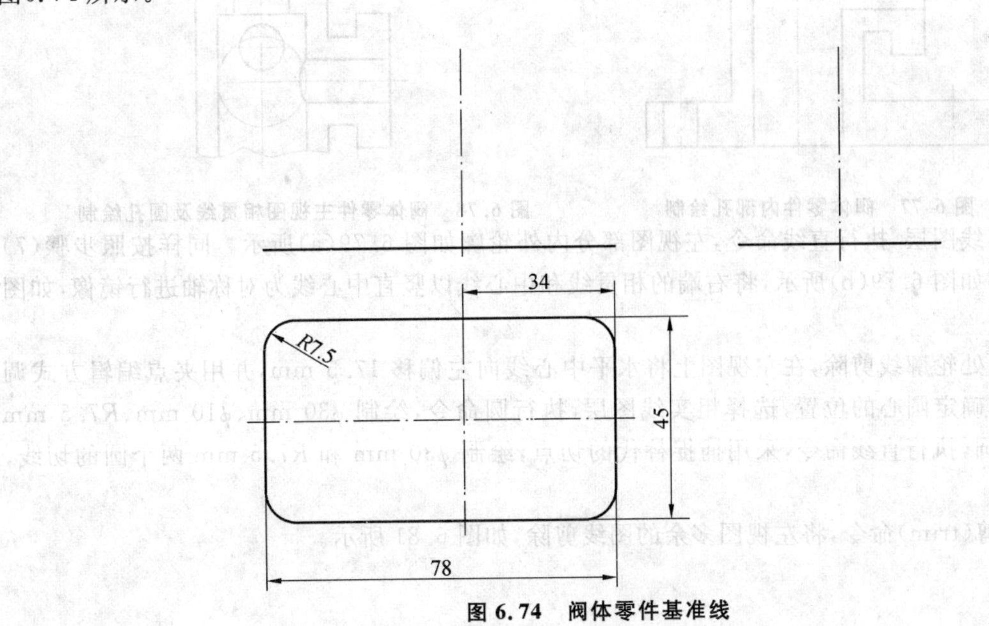

图 6.74　阀体零件基准线

(3)选择粗实线图层，执行圆命令，在俯视图中心线处绘制 ϕ30 mm、ϕ12.5 mm 的圆，在矩形的 4 个圆角的圆心绘制 4 个 ϕ7.5 mm 的圆，执行矩形命令，采用捕捉替代的“捕捉自”确定矩形的第一点的位置，然后由相对坐标确定矩形的第二点位置，执行修剪命令，剪去多余图线，如图 6.75 所示。

(4)将图 6.75 中的水平中心线分别向两侧各偏移 10 mm，转换为粗实线图层，执行修剪命令，剪除多余图形，继续执行偏移命令，将水平中心线向两侧偏移 17.5 mm 利用夹点编辑方式，得到合适长度，将编辑好的下面的中心线向两侧偏移 5 mm 转换为粗实线图层，执行修剪命令，剪除多余图形，得到较完整俯视图。

(5)选择粗实线图层，执行直线命令，根据图形给定的尺寸，利用直接距离输入法和对象捕捉、对象追踪的方式，绘制主视图的内、外轮廓，如图 6.76 所示。

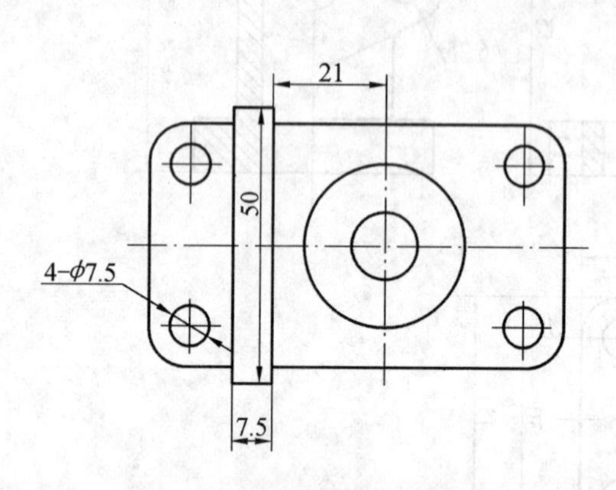

图 6.75　阀体零件部分俯视图

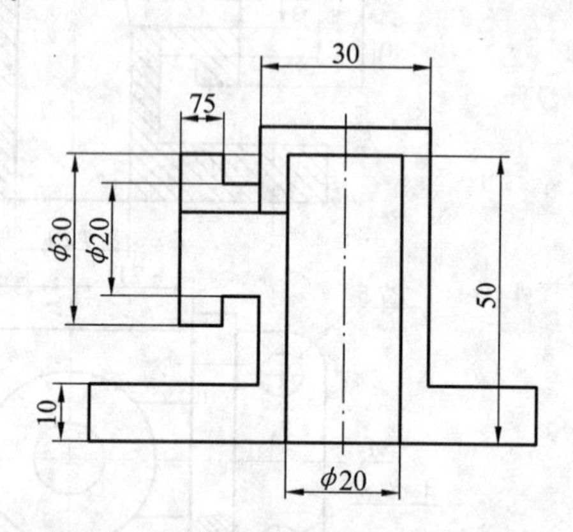

图 6.76　阀体零件主视图的内外轮廓

(6)选择中心线图层，执行直线命令，利用对象捕捉、对象追踪的方式绘制 3 条合适长度的中心线，水平中心线向两侧偏移 5 mm，右侧竖直中心线向两侧偏移 3.75 mm，竖直中心线向两侧偏移 6.25 mm，将偏移的中心线转换为粗实线图层。执行修剪命令，剪除多余图形，如图 6.77 所示。

(7)先绘制如图 6.78 所示的辅助线，选择粗实线图层，执行三点圆弧命令，绘制相贯线，选择中心线图层，执行直线命令，绘制圆中心线，确定圆心位置，选择粗实线图层，执行圆命令，绘制 ϕ10 mm 的圆，如图 6.78 所示。删除主视图的辅助线，得到主视图。

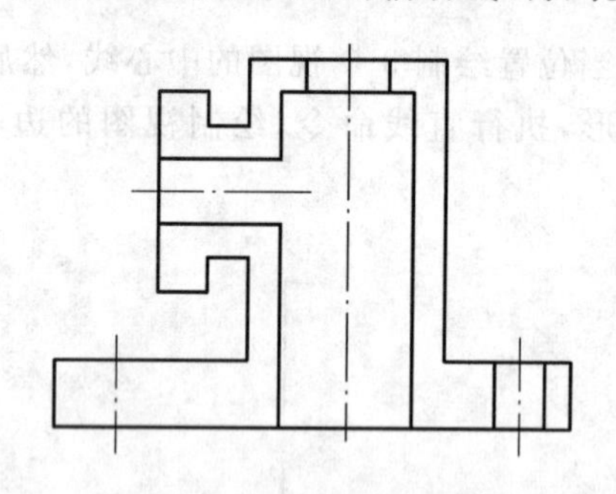

图 6.77　阀体零件内部孔绘制

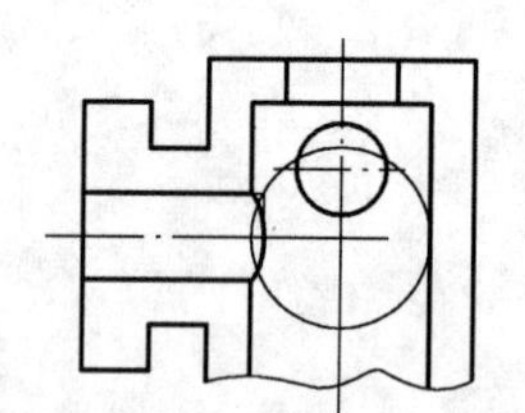

图 6.78　阀体零件主视图相贯线及圆孔绘制

(8)选择粗实线图层，执行直线命令，左视图部分内外轮廓如图 6.79(a)所示。同样按照步骤(7)方法绘制相贯线，如图 6.79(b)所示，将右端的相贯线和中心线以竖直中心线为对称轴进行镜像，如图 6.79(c)所示。

(9)将相贯线处轮廓线剪除，在左视图上将水平中心线向左偏移 17.5 mm，并用夹点编辑方式调整中心线的长度，确定圆心的位置，选择粗实线图层，执行圆命令，绘制 ϕ30 mm、ϕ10 mm、R7.5 mm 和 ϕ6.25 mm 的圆，执行直线命令，采用捕捉替代的切点，绘制 ϕ30 mm 和 R7.5 mm 两个圆的切线，如图 6.80 所示。

(10)执行修剪(trim)命令，将左视图多余的图线剪除，如图 6.81 所示。

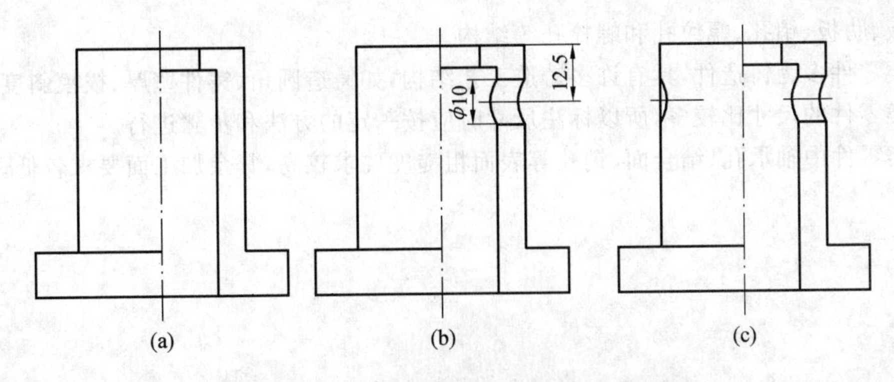

图 6.79　阀体零件左视图相贯线及圆孔绘制

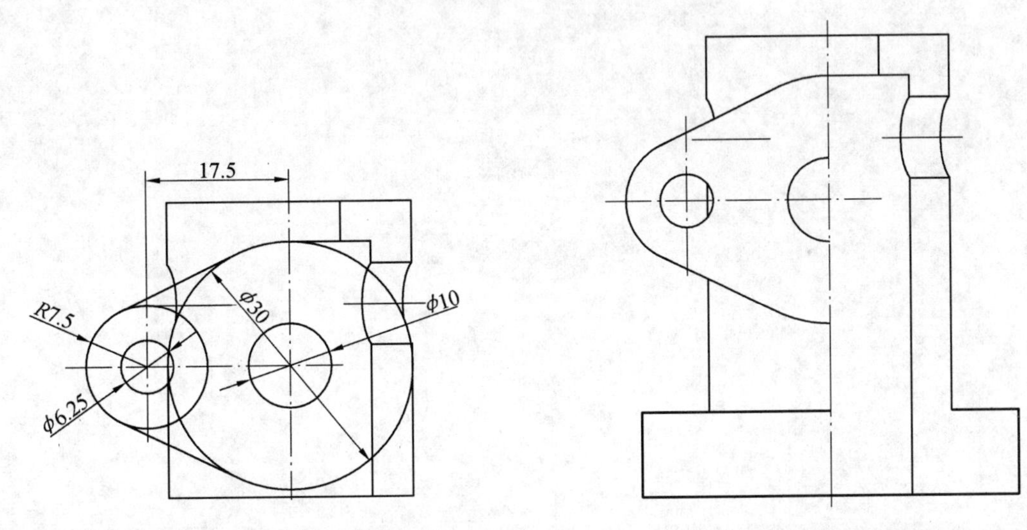

图 6.80　绘制半剖视图的视图　　图 6.81　修剪后的视图

(11)在俯视图位置,执行直线命令,绘制局部剖视的中心线,执行偏移命令,确定局部剖视孔的轮廓线,执行样条曲线命令,绘制断开处波浪线,注意开始和终止点要捕捉最近点,如图 6.82 所示。

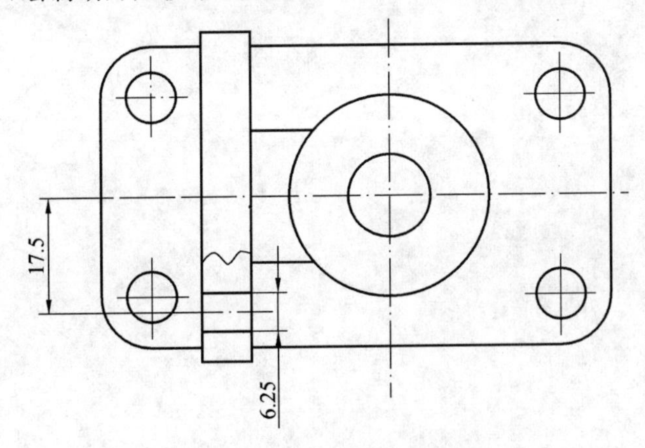

图 6.82　绘制俯视图的局部视图

(12)执行图案填充(bhatch)命令,选择 ANSI31 图案,边界选择单击“添加,拾取点”按钮,在图形区域单击要填充的区域,选择区域完毕,按“Enter”键后,回到图案填充对话框,单击“确定”按钮即可,执行直线(line)命令,绘制剖切位置符号,用单行文本命令,绘制剖切位置字母,得到图形。

【任务小结】

(1)箱体类零件的内、外结构都很复杂,常用薄壁围成不同的空腔,箱体上还常有支承孔、凸台、放油孔、安装底板、肋板、销孔、螺纹孔和螺栓孔等结构。

(2)箱体类零件多为铸造件,具有许多铸造工艺结构,如铸造圆角、铸件壁厚、拔模斜度。

(3)箱体类零件的尺寸比较多,所以标注尺寸时应按一定的方法和步骤进行。

(4)箱体类零件中轴承孔、结合面、销孔等表面粗糙度要求较高,其余加工面要求较低。

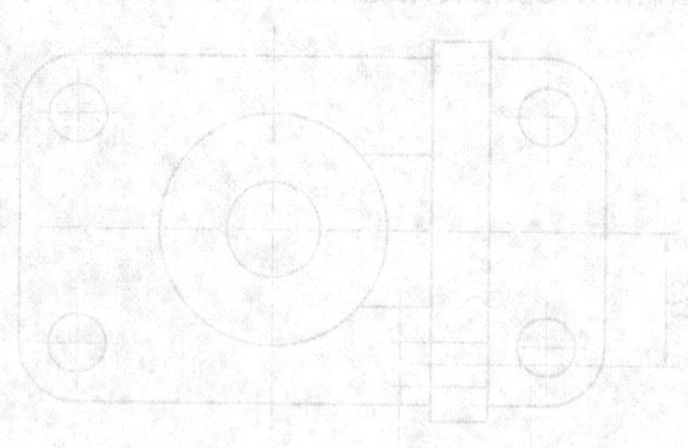

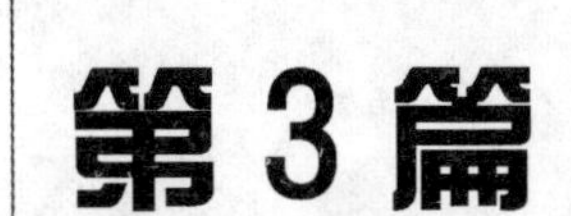

第3篇

装配图

项目 7

识读装配图

7.1 识读齿轮油泵装配图

【知识目标】

1. 了解装配图的功用、内容。
2. 了解读装配图的要求。
3. 熟练掌握读装配图的一般步骤。
4. 由装配图拆画零件图的方法。

【能力目标】

1. 能正确识读装配图。
2. 能根据装配图测绘零件图。

【任务引入与分析】

识读如图 7.1 所示的齿轮泵装配图。读懂其工作原理、主要零件的结构形状、零件之间的装配连接关系及拆卸顺序。

要完成这样的任务，必须熟悉装配图的内容和表达特点，掌握读装配图的方法和步骤及由装配图拆画零件图等有关知识。搞清楚每个视图的表达重点，分析零件间的装配关系及各零件的作用和结构，了解产品在装配、调试、安装、使用等过程中必须的尺寸精度和技术要求。

【任务实施】

图 7.1 所示齿轮泵装配图的读图方法和步骤如下。

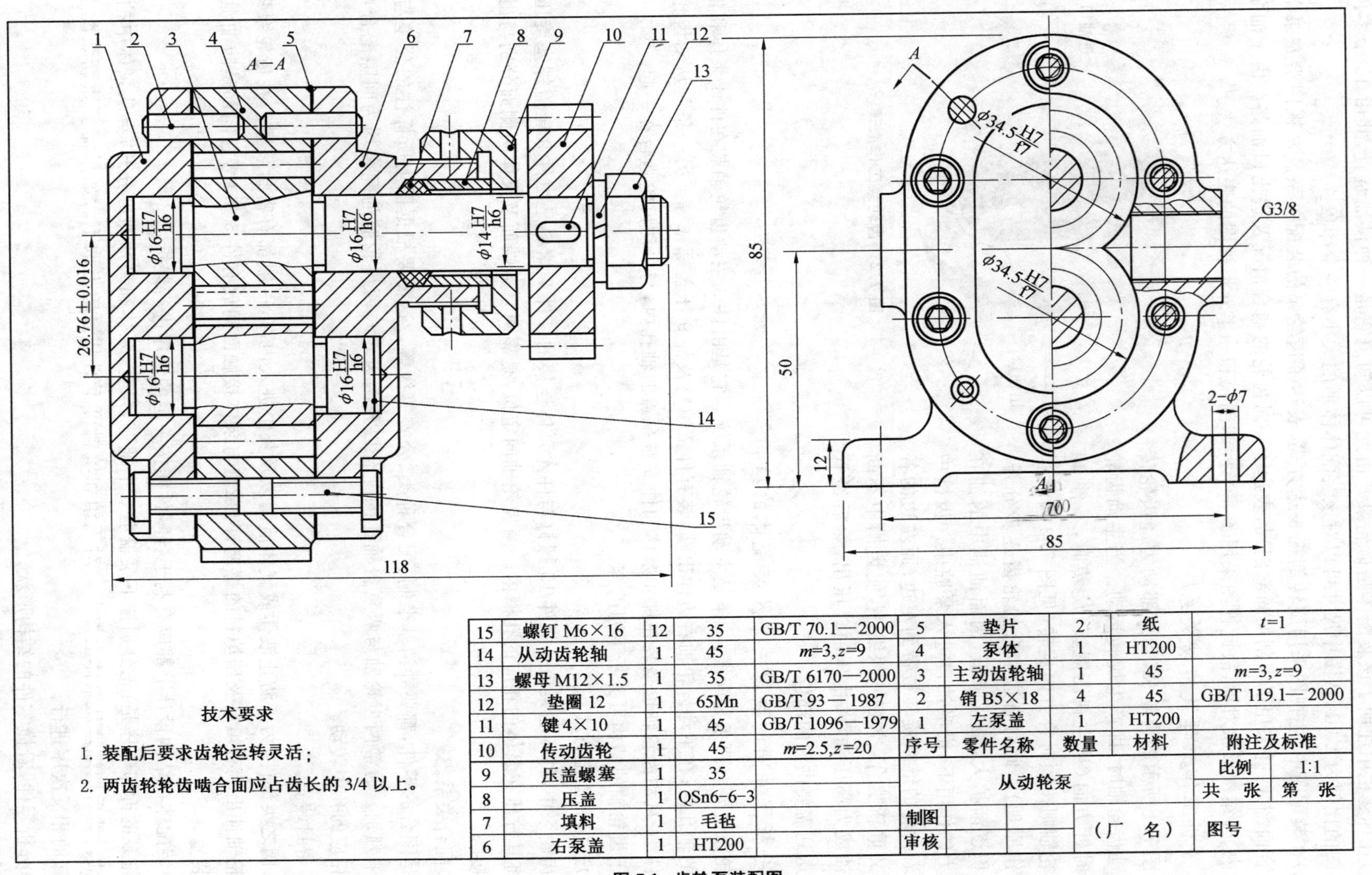

15	螺钉 M6×16	12	35	GB/T 70.1—2000	5	垫片	2	纸	t=1
14	从动齿轮轴	1	45	m=3, z=9	4	泵体	1	HT200	
13	螺母 M12×1.5	1	35	GB/T 6170—2000	3	主动齿轮轴	1	45	m=3, z=9
12	垫圈 12	1	65Mn	GB/T 93—1987	2	销 B5×18	4	45	GB/T 119.1—2000
11	键 4×10	1	45	GB/T 1096—1979	1	左泵盖	1	HT200	
10	传动齿轮	1	45	m=2.5, z=20	序号	零件名称	数量	材料	附注及标准
9	压盖螺塞	1	35		从动轮泵			比例	1:1
8	压盖	1	QSn6-6-3					共 张	第 张
7	填料	1	毛毡		制图		（厂 名）	图号	
6	右泵盖	1	HT200		审核				

图 7.1 齿轮泵装配图

1. 概括了解

(1)在标题栏中注明了该装配体是齿轮泵。由此可以知道它是一种供油装置，共由15个零件组成。绘图的比例为1∶1，从图中尺寸可以对该装配体体形的大小有一个印象。

(2)在装配图中，主视图采用旋转剖视表达方式，表达了齿轮泵的装配关系。左视图沿左泵盖与泵体结合面剖开，并采用了半剖加局部剖视，表达了一对齿轮的啮合情况及进出口油路。由于油泵在此方向内、外结构形状对称，故此视图采用了一半拆卸剖视和一半外形视图的表达方法。

2. 分析工作原理及传动关系

如图7.1所示的齿轮泵，当外部动力经齿轮传至3主动齿轮轴时，即产生旋转运动。当主动齿轮轴按逆时针方向(从主视图观察)旋转时，零件14从动齿轮轴则按顺时针方向旋转(见图7.2所示齿轮泵工作原理)。此时右边啮合的轮齿逐步分开，空腔体积逐渐扩大，油压降低，因而油池中的油在大气压力的作用下，沿吸油口进入泵腔中。齿槽中的油随着齿轮的继续旋转被带到左边；而左边的各对轮齿又重新啮合，空腔体积缩小，使齿槽中不断挤出的油成为高压油，并由压油口压出，然后经管道被输送到需要供油的部位。

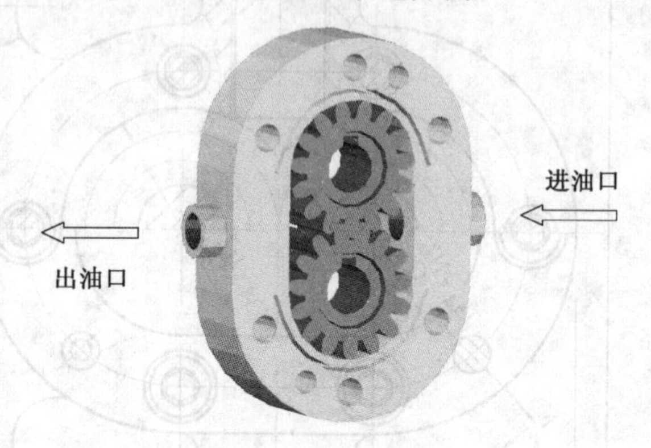

图7.2　齿轮泵工作原理

3. 分析零件间的装配关系及装配体的结构

齿轮泵主要有两条装配线：一条是主动齿轮轴系统。它是由件3主动齿轮轴装在件4泵体和件6右泵盖的轴孔内；在主动齿轮轴右边伸出端，装有件7填料及件9压盖螺塞等。另一条是从动齿轮轴系统。件14从动齿轮轴也是装在件4泵体和件6右泵盖的轴孔内，与主动齿轮啮合在一起。

对于齿轮轴的结构可分析下列内容。

(1)连接和固定方式。

在齿轮泵中，件6右泵盖是靠件15螺钉与件4泵体连接的。件7填料是由件9压盖螺塞旋压件8压盖将其拧压在泵体的相应的孔槽内。两齿轮轴向定位，是靠两泵盖端面及泵体两侧面分别与齿轮两端面接触。

(2)配合关系。

凡是配合的零件，都要弄清基准制、配合种类、公差等级等。这需要根据图上所标注的公差与配合代号来判别。通常两齿轮轴与两泵盖轴孔的配合以及两齿轮与两齿轮腔的配合均为间隙配合，都可以在相应的孔中转动。

(3)密封装置。

泵、阀之类部件，为了防止液体或气体泄漏以及灰尘进入内部，一般都有密封装置。在齿轮泵中，主动齿轮轴伸出端有填料及压填料的螺塞；两泵盖与泵体接触面间放有件5垫片，它们都是防油泄漏的密封装置。

(4)装配体在结构设计上都应有利于各零件能按一定的顺序进行装拆。

齿轮泵的拆卸顺序是：先分别拧下泵盖上6个螺钉，泵盖、泵体和垫片即可分开；再从泵体中抽出两齿轮轴。然后把螺塞从泵体上拧下。对于销和填料可不必从泵盖上取下。如果需要重新装配上，可按拆卸的相反次序进行。

(5)分析零件，看懂零件的结构形状。

分析零件，首先要会正确地区分零件。区分零件的方法主要是依靠不同方向和不同间隔的剖面线，以及各视图之间的投影关系进行判别。零件区分出来之后，便要分析零件的结构形状和功用。分析时一般从主要零件开始，再看次要零件。例如，齿轮泵件 1 的结构形状。首先，从标注序号的主视图中找到件 1，并确定该件的视图范围；然后用对线条找投影关系，以及根据同一零件在各个视图中剖面线应相同这一原则来确定该件在俯视图和左视图中的投影。这样就可以根据从装配图中分离出来的属于该件的 3 个投影进行分析，想象出它的结构形状。齿轮泵的泵盖与泵体装在一起，将两齿轮密封在泵腔内；同时对两齿轮轴起支承作用。

4. 总结归纳

想象出整个装配体的结构形状。

【知识链接】

识读装配图必须熟悉装配图的内容和表达特点，掌握装配图的识读方法和步骤。搞清楚每个视图的表达重点，分析零件间的装配关系及各零件的作用和结构，了解产品在装配、调试、安装、使用等过程中所必需的尺寸精度和技术要求等。

7.1.1 装配图的作用

装配图表示装配体的基本结构、各零件相对位置、装配关系和工作原理。在设计过程中，首先要画出装配图，将其零件间的装配关系、连接方式、传动路线及装配技术等表达清楚，然后按照装配图设计并拆画出零件图，该装配图称为设计装配图；在使用产品时，装配图又是了解产品结构、制订工艺规程和进行调试、维修的主要依据；此外，装配图也是进行科学研究和技术交流的工具。因此，装配图是生产中的主要技术文件。

7.1.2 装配图的内容

装配图的内容一般包括以下 4 个方面。

1. 一组视图

用来表示装配体的结构特点、各零件的装配关系和主要零件的重要结构形状。

2. 必要的尺寸

表示装配体的规格、性能、装配、安装和总体尺寸等。

3. 技术要求

在装配图的空白处(一般在标题栏、明细栏的上方或左面)，用文字、符号等对装配体的工作性能、装配要求、试验或使用等方面的有关条件或要求进行说明。

4. 零件序号、标题栏和明细栏

零件序号、标题栏和明细栏说明装配体及其各组成零件的名称、数量和材料等一般概况。

如图 7.3 所示为滑动轴承的实体，图 7.4 所示为滑动轴承的装配图。应当指出，由于装配图的复杂程度和使用要求不同，以上各项内容并不是在所有的装配图中都要毫无遗漏地表现出来，而是要根据实际情况来决定。

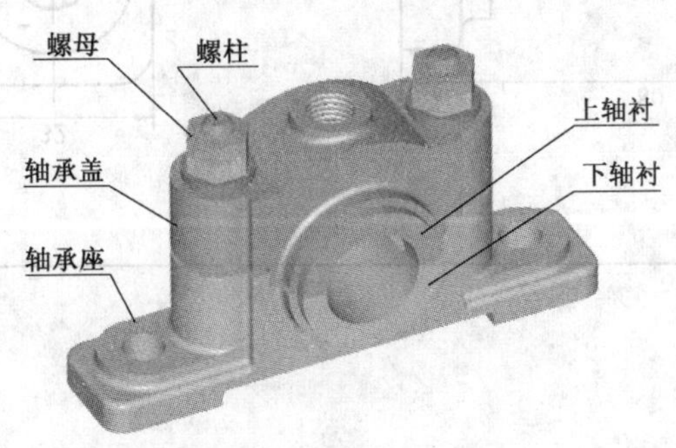

图 7.3 滑动轴承实体

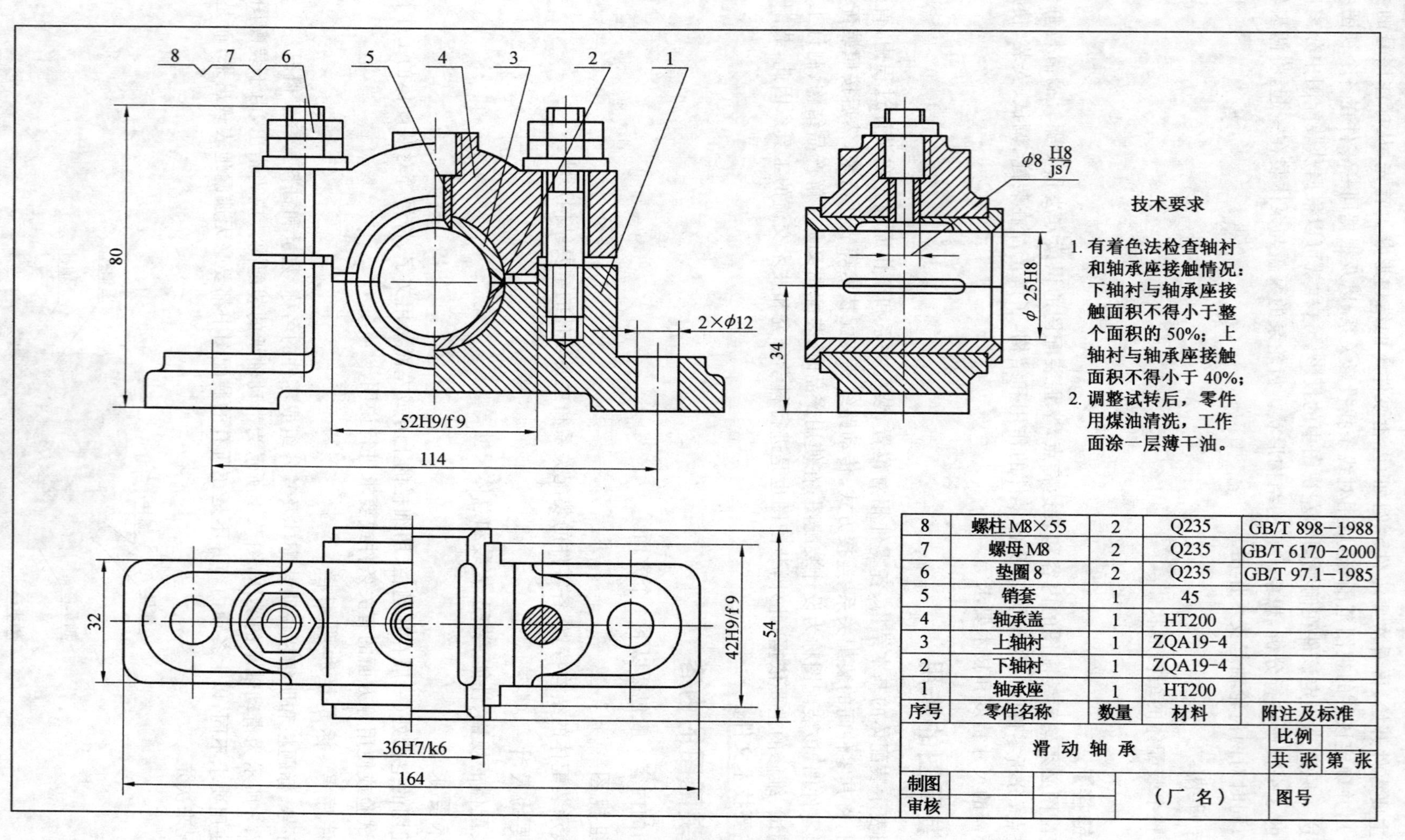

序号	零件名称	数量	材料	附注及标准
8	螺柱 M8×55	2	Q235	GB/T 898—1988
7	螺母 M8	2	Q235	GB/T 6170—2000
6	垫圈 8	2	Q235	GB/T 97.1—1985
5	销套	1	45	
4	轴承盖	1	HT200	
3	上轴衬	1	ZQA19-4	
2	下轴衬	1	ZQA19-4	
1	轴承座	1	HT200	

滑动轴承		比例	
		共 张	第 张
制图	（厂名）	图号	
审核			

图 7.4 滑动轴承装配图

7.1.3 读装配图

在设计和生产实际工作中，经常要阅读装配图。例如，在设计过程中，要按照装配图来设计和绘制零件图；在安装机器及其部件时，要按照装配图来装配零件和部件；在技术学习或技术交流时，则要参阅有关装配图才能了解、研究一些工程、技术等有关问题。

1. 读装配图的一般要求

(1)了解装配体的功用、性能和工作原理。

(2)弄清各零件间的装配关系和装拆次序。

(3)看懂各零件的主要结构形状和作用等。

(4)了解技术要求中的各项内容。

2. 读装配图的方法和步骤

(1)概括了解装配图的内容。

①从标题栏中可以了解装配体的名称、大致用途及图的比例等。

②从零件编号及明细栏中，可以了解零件的名称、数量及在装配体中的位置。

③分析视图，了解各视图、剖视、断面等相互间的投影关系及表达意图。

(2)分析工作原理及传动关系。

分析装配体的工作原理，一般应从传动关系入手，分析视图及参考说明书进行了解。

(3)分析零件间的装配关系及装配体的结构。

这是读装配图进一步深入的阶段，需要把零件间的装配关系和装配体结构搞清楚。

①连接和固定方式。

②配合关系。

③密封装置。

④装配体在结构设计上都应有利于各零件能按一定的顺序进行装拆。

⑤分析零件，看懂零件的结构形状。

(4)总结归纳。

想象出整个装配体的结构形状。

以上所述是读装配图的一般方法和步骤，事实上有些步骤不能截然分开，而要交替进行。再者，读图总有一个具体的重点目的，在读图过程中应该围绕着这个重点目的去分析、研究。只要这个重点目的能够达到，那就可以不拘一格，灵活地解决问题。

7.1.4 由装配图拆画零件图

在设计过程中，先是画出装配图，然后再根据装配图画出零件图。所以，由装配图拆画零件图是设计工作中的一个重要环节。

拆画零件图前必须认真读懂装配图。一般情况下，主要零件的结构形状在装配图上已表达清楚，而且主要零件的形状和尺寸还会影响其他零件。因此，可以从拆画主要零件开始。对于一些标准零件，只需确定其规定标记，可以不拆画零件图。

在拆画零件图的过程中，要注意处理好以下问题。

1. 对于视图的处理

装配图的视图选择方案，主要是从表达装配体的装配关系和整个工作原理来考虑；而零件图的视图选择，则主要是从表达零件的结构形状这一特点来考虑。由于表达的出发点和主要要求不同，所以在选择视图方案时，就不应强求与装配图一致，即零件图不能简单地照抄装配图上对于该零件的视图数量和表达方法，而应该重新确定零件图的视图选择和表达方案。

2.零件结构形状的处理

在装配图中对零件上某些局部结构可能表达不完全，而且对一些工艺标准结构还允许省略（如圆角、倒角、退刀槽、砂轮越程槽等）。但在画零件图时均应补画清楚，不可省略。

3.零件图上的尺寸处理

(1)拆画零件时应按零件图的要求注全尺寸。

装配图已注的尺寸，在有关的零件图上应直接注出。对于配合尺寸，一般应注出偏差数值。

(2)对于一些工艺结构，如圆角、倒角、退刀槽、砂轮越程槽、螺栓通孔等，应尽量选用标准结构，查有关标准尺寸标注。

(3)对于与标准件相连接的有关结构尺寸，如螺孔、销孔等的直径，要从相应的标准中查取标注在图中。

(4)有的零件的某些尺寸需要根据装配图所给的数据进行计算才能得到（如齿轮分度圆、齿顶圆直径等），应进行计算后标注在图中。

(5)一般尺寸均按装配图的图形大小、图的比例，直接量取注出。

应该特别注意，配合零件的相关尺寸不可互相矛盾。

4.对于零件图中技术要求等的处理

要根据零件在装配体中的作用和与其他零件的装配关系，以及工艺结构等要求，标注出该零件的表面粗糙度等方面的技术要求。

在标题栏中填写零件的材料时，应和明细栏中的一致。

读装配图应特别注意从机器或部件中分离出每个零件，并分析其主要结构形状和作用，以及同其他零件的关系。然后再将各个零件合在一起，分析机器或部件的作用、工作原理及防松、润滑、密封等系统的原理和结构，必要时还应查阅有关的专业资料。

【任务小结】

读装配图的方法和步骤，重点掌握：

(1)分析部件的工作原理和零件间的装配关系。

(2)确定主要零件的结构形状。这是看图中的难点，在练习中逐步掌握。

(3)通过拆画零件图，提高看图和画图的能力。

项目 8

测绘装配图

设置本项目是为了培养学生的测绘能力及 CAXA 出图能力，为了达到这个目的，项目下设两个工作任务。

8.1　测绘一级齿轮减速器

【知识目标】

1.了解装配图的规定画法和特殊画法 、常见装配结构的要求。

2.掌握如何正确选择装配图的视图。

3.掌握绘制装配图的步骤。

4.掌握标注装配图的尺寸和技术要求。

5.掌握编写零件序号和填写零件明细表。

【能力目标】

能正确绘制简单装配图。

【任务引入与分析】

测绘如图 8.1 所示一级齿轮减速器。要完成这样的工作任务需要首先了解装配图的规定画法和特殊画法 、常见装配结构的要求，掌握绘制装配图的方法；再学会用测绘工具进行测绘，并用 CAXA 软件绘制其装配图。

图 8.1 一级齿轮减速器

【任务实施】

1. 了解装配体，分析一级齿轮减速器工作原理

齿轮减速器是通过一对齿数不同的齿轮啮合传递转矩进而实现减速的一个部件。其工作原理(参见图 8.2)是：动力从主动轴即小齿轮轴伸出箱外的一端传入，通过互相啮合的一对齿轮，传递到从动轴上，从而带动工作机械传动。由于从动齿轮的齿数比主动齿轮的齿数多，所以从动轴的转速下降，达到减速的目的。

图 8.2 齿轮减速器

2. 一级齿轮减速器的装配示意图及拆卸

装配示意图如图 8.3 所示。

3. 测绘零件画零件草图

测绘后的减速器零件草图如图 8.4～8.7 所示。

序号	名 称	数量	材 料	备 注
35	螺栓 M8×65	2		GB 5782—1986
34	密封垫	1	石棉	
33	螺母 M10	1		GB 6170—1986
32	透气塞	1	Q235	
31	透视盖	1	玻璃	
30	螺钉 M3×10	4		GB 67—1976
29	垫圈 8	6		GB 93—2000
28	螺母 M8	6		GB 6170—2000
27	螺栓 M8×65	4		GB 5782—2000
26	机盖	1	HT200	
25	销 4×18	2		GB 117—1986
24	螺钉 M3×12	3		GB 67—1976
23	压盖	1	Q235	
22	玻璃片	1	玻璃	
21	透油片	1	铝片	
20	密封垫	2	石棉	
19	闷盖	1	Q235	
18	调整环	1	Q235	
17	透盖	1	Q235	
16	密封圈	1	石棉	
15	密封垫	1	石棉	
14	油塞	1	Q235	
13	机座	1	HT200	
12	挡油环	2	0235	
11	轴承 6204	2		GB/T 276—1997
10	密封圈	1	石棉	
9	齿轮轴	1	45	
8	透盖	1	Q235	
7	闷盖	1	Q235	
6	调整环	1	Q235	
5	轴承 6206	2		GB/T 276—1997
4	轴	1	45	
3	套	1	Q235	
2	键 10×22	1	45	GB 1096—1979
1	齿轮	1	45	
减速器装配示意图		共 张 数 量	第 张	比例 图号
制图				
审核				

图8.3 齿轮减速器装配示意图

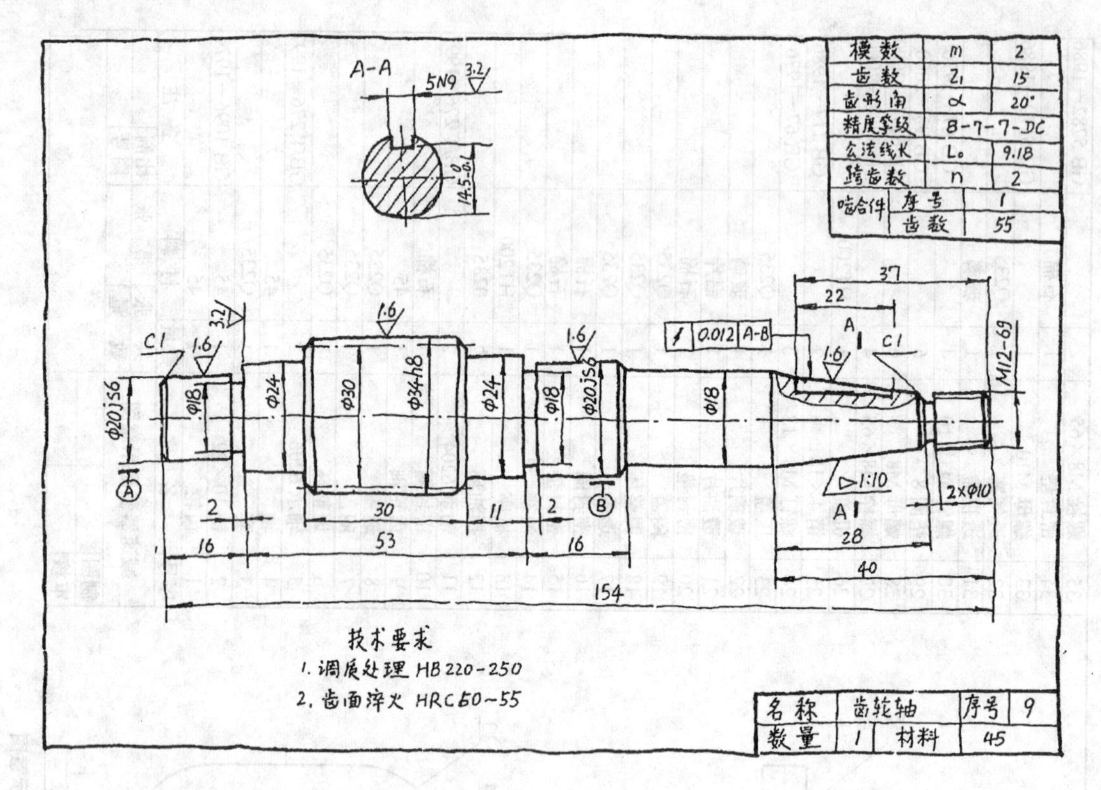

图 8.4 齿轮轴

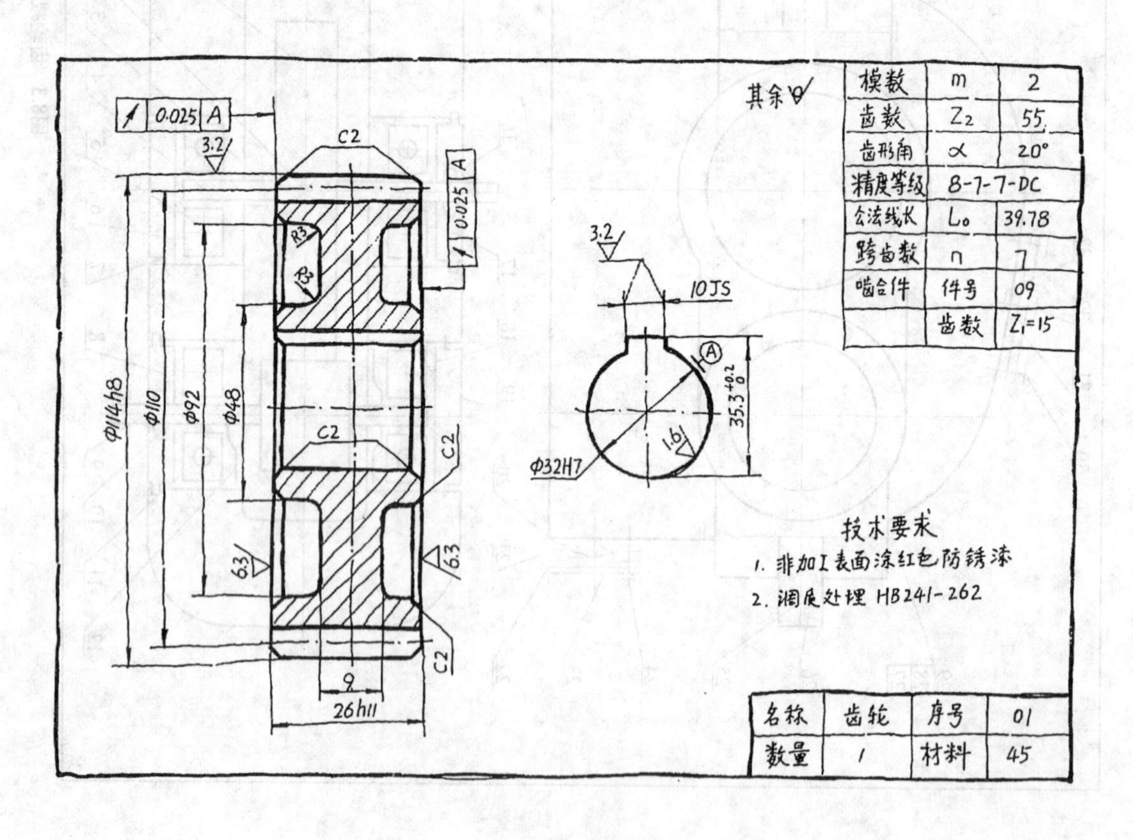

图 8.5 齿轮

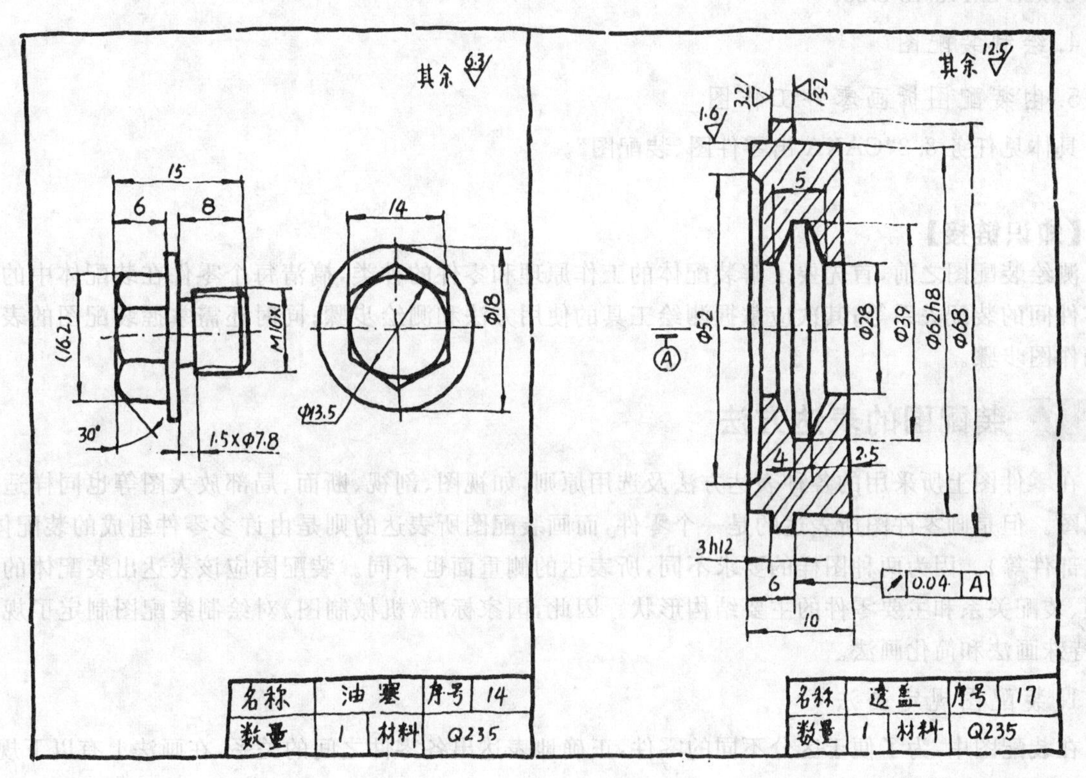

图 8.6 油塞、透盖

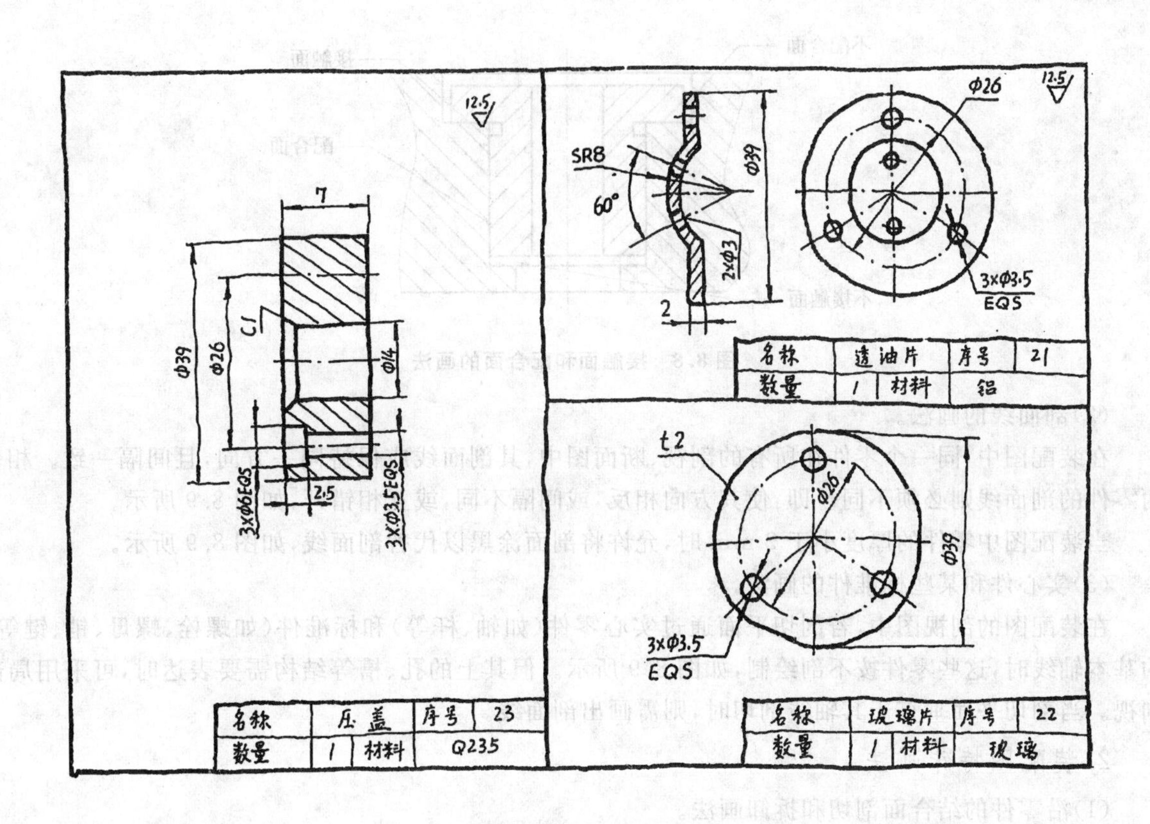

图 8.7 压盖、玻璃片

4. 绘制装配图

5. 由装配图拆画零件工作图

具体见任务8.2“CAXA出零件图、装配图”。

【知识链接】

测绘装配图之前，首先要了解装配体的工作原理和零件的种类，搞清每个零件在装配体中的作用和零件间的装配关系等；其次应掌握测绘工具的使用方法和测绘步骤；同时还需掌握装配图的表达方法和作图步骤。

8.1.1 装配图的表达方法

在零件图上所采用的各种表达方法及选用原则，如视图、剖视、断面、局部放大图等也同样适用于装配图。但是画零件图所表达的是一个零件，而画装配图所表达的则是由许多零件组成的装配体（机器或部件等）。因为两种图样的要求不同，所表达的侧重面也不同。装配图应该表达出装配体的工作原理、装配关系和主要零件的主要结构形状。因此，国家标准《机械制图》对绘制装配图制定了规定画法、特殊画法和简化画法。

1. 装配图规定画法

在装配图中，为了便于区分不同的零件，正确地表达出各零件之间的关系，在画法上有以下规定。

(1)接触面和配合面的画法。

相邻两零件的接触表面和基本尺寸相同的两配合表面只画一条线；而基本尺寸不同的非配合表面，即使间隙很小，也必须画成两条线，如图8.8所示。

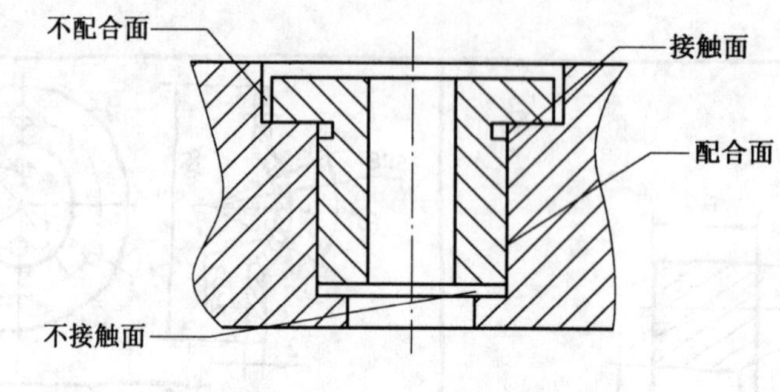

图8.8 接触面和配合面的画法

(2)剖面线的画法。

在装配图中，同一个零件在所有的剖视、断面图中，其剖面线应保持同一方向，且间隔一致。相邻两零件的剖面线则必须不同。即：使其方向相反，或间隔不同，或互相错开，如图8.9所示。

当装配图中零件的厚度小于2 mm时，允许将剖面涂黑以代替剖面线，如图8.9所示。

(3)实心件和某些标准件的画法。

在装配图的剖视图中，若剖切平面通过实心零件（如轴、杆等）和标准件（如螺栓、螺母、销、键等）的基本轴线时，这些零件按不剖绘制，如图8.9所示。但其上的孔、槽等结构需要表达时，可采用局部剖视。当剖切平面垂直于其轴线剖切时，则需画出剖面线。

2. 装配图特殊画法

(1)沿零件的结合面剖切和拆卸画法。

在装配图中，为了表示内部结构，可假想沿着某些零件的结合面剖开。当某些零件遮住了需要表达的零件或结构，而此零件或结构在其他视图上已经表示清楚时，则可沿某些零件的结合面剖切或假想将其拆卸掉不画而画剩下部分的视图。为了避免看图时产生误解，常在图上加注“拆去零件

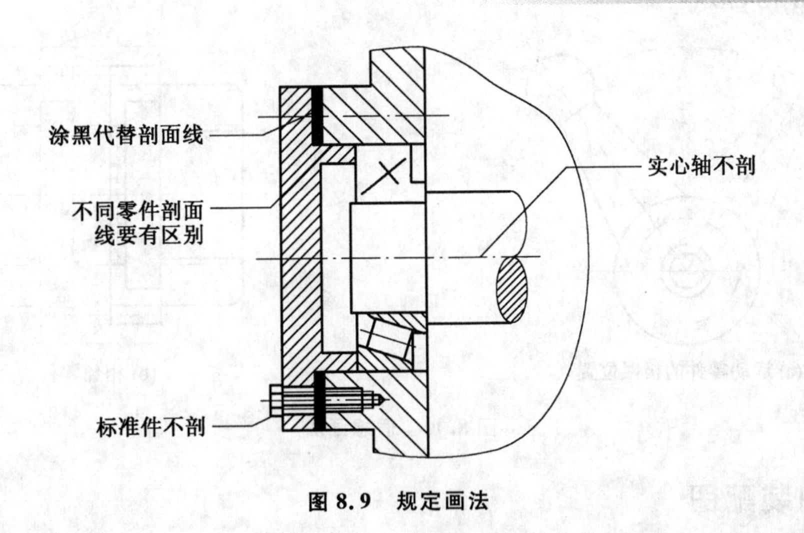

图 8.9 规定画法

×、×……”。

(2)单独表示某个零件。

在装配图中,当某个零件的形状未表达清楚,或对理解装配关系有影响时,可另外单独画出该零件的某一视图。

(3)夸大画法。

在装配图中,对于一些直径或厚度小于 2 mm 的孔、薄片零件、细丝弹簧、小的间隙和小的锥度等,可不按其实际尺寸作图,而适当地夸大画出。如图 8.10 中垫片的表示及孔间隙的表达。

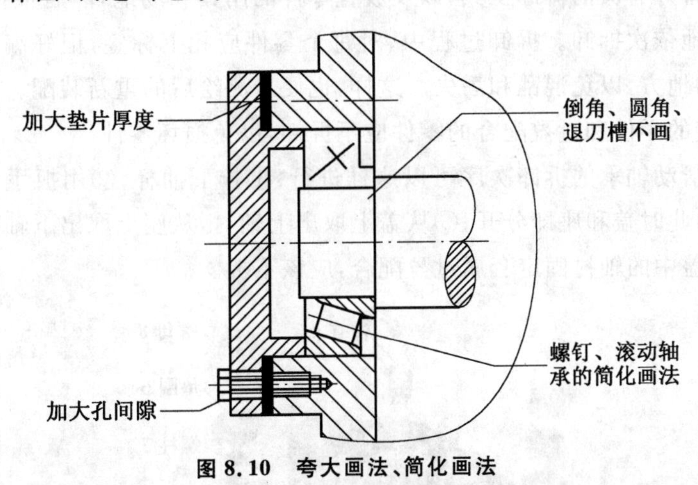

图 8.10 夸大画法、简化画法

(4)简化画法。

①在装配图中,对若干相同的零件组如螺栓、螺钉连接等,可以仅详细地画出一处或几处,其余只需用点画线表示其位置。如图 8.10 中,螺钉连接只画了一组。

②图 8.10 表示滚动轴承的简化画法。滚动轴承只需表达其主要结构时,可采用示意画法。

③在装配图中,对于零件上的一些工艺结构,如小圆角、倒角、退刀槽和砂轮越程槽等可以不画。如图 8.10 所示。

④装配图中,当剖切平面通过的某些部件为标准产品(如管接头、油杯、游标等)或该组件已由其他视图表达清楚时,可只画出外形轮廓。

(5)假想画法。

①对于运动零件,当需要表明其运动极限位置时,可以在一个极限位置上画出该零件,而在另一个极限位置用双点画线来表示。如图 8.11(a)中工件另一位置的表示法。

②为了表明本部件与其他相邻部件或零件的装配关系,可用双点画线画出该件的轮廓线。如图 8.11(b)中辅助相邻零件的表示。

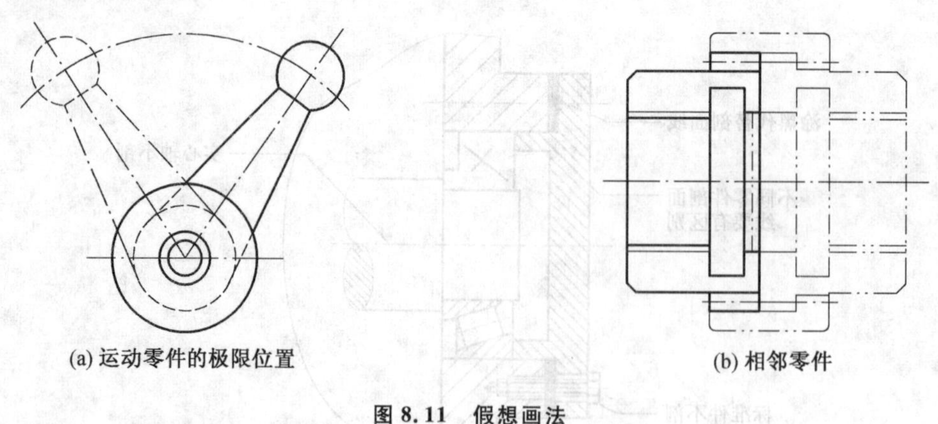

图 8.11 假想画法

8.1.2 绘制装配图

1. 了解和分析装配体

要正确地表达一个装配体，画装配图前，必须首先了解和分析它的性能、用途、工作原理、结构特点、零件之间的装配和连接方式以及装拆顺序等情况。要了解这些情况，除了观察实物、阅读有关技术资料和类似产品图样外，还可以向有关人员学习和了解。

2. 拆卸装配体

在拆卸前，应准备好有关的拆卸工具，以及放置零件的用具和场地，然后根据装配的特点，按照一定的拆卸次序，正确地依次拆卸。拆卸过程中，对每个零件应扎上标签，记好编号。对拆下的零件要分区分组放在适当的地方，以免混乱和丢失。这样，也便于测绘后的重新装配。

对不可拆卸连接的零件和过盈配合的零件应不拆卸，以免损坏零件。

如图 8.12 所示滑动轴承的拆卸次序可以这样进行：①拧下油杯；②用扳手分别拧下两组螺栓连接的螺母，取出螺栓，此时盖和座即分开；③从盖上取出上轴衬，从座上取出下轴衬。拆卸完毕。

注意：装在轴承盖中的轴衬固定套属过盈配合，应该不拆。

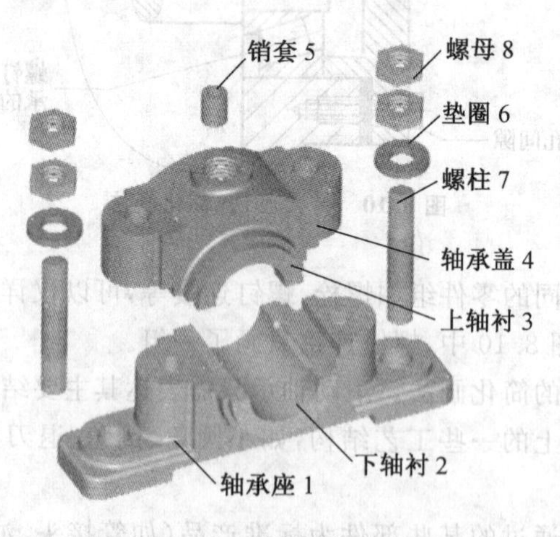

图 8.12 滑动轴承装配示意图

3. 画装配示意图

装配示意图一般是用简单的图线画出装配体各零件的大致轮廓，以表示其装配位置、装配关系和工作原理等情况的简图。国家标准《机械制图》中规定了一些零件的简单符号，画图时可以参考使用。

画装配示意图应在对装配体全面了解、分析之后画出，并在拆卸过程中进一步了解装配体内部结构和各零件之间的关系，进行修正、补充，以备将来正确地画出装配图和重新装配装配体之用。图 8.12 为滑动轴承装配示意图。

4.画零件草图

把拆下的零件逐个地徒手画出其零件草图。对于一些标准零件，如螺栓、螺钉、螺母、垫圈、键、销等可以不画，但需确定它们的规定标记。

画零件草图时应注意以下 3 点：

①对于零件草图的绘制，除了图线是用徒手完成的外，其他方面的要求均和画正式的零件工作图一样。

②零件的视图选择和安排，应尽可能地考虑到画装配图的方便。

③零件间有配合、连接和定位等关系的尺寸，在相关零件上应注得相同。

5.画装配图

根据装配体各组成件的零件草图和装配示意图就可以画出装配图。

6.拟定表达方案

表达方案应包括选择主视图、确定视图数量和各视图的表达方法。

(1)进行视图选择的过程。

①选择主视图。一般按装配体的工作位置选择，并使主视图能够反映装配体的工作原理、主要装配关系和主要结构特征。如图 7.4 所示滑动轴承，因其正面能反映其主要结构特征和装配关系，故选择正面作为主视图。

②确定视图数量和表达方法。主视图选定之后，一般只能把装配体的工作原理、主要装配关系和主要结构特征表示出来，但是，只靠一个视图是不能把所有的情况全部表达清楚的。因此，就需要有其他视图作为补充，并应考虑以何种表达方法最能做到易读易画。图 7.4 所示滑动轴承的俯视图表示了轴承顶面的结构形状，以及前后左右都是这一特征。为了更清楚地表示下轴衬和轴承座之间的接触情况，以及下轴衬的油槽形状，所以在俯视图右边采用了拆卸剖视。

(2)画装配图的步骤。

①根据所确定的视图数目、图形的大小和采用的比例选定图幅；并在图纸上进行布局。在布局时，应留出标注尺寸、编注零件序号、书写技术要求、画标题栏和明细栏的位置。

②画出图框、标题栏和明细栏。

③画出各视图的主要中心线、轴线、对称线及基准线等，如图 8.13 所示。

④画出各视图主要部分的底稿，如图 8.14 所示。通常可以先从主视图开始。根据各视图所表达的主要内容不同，可采取不同的方法着手。如果是画剖视图，则应从内向外画。这样被遮住的零件的轮廓线就可以不画。如果画的是外形视图，一般则是从大的或主要的零件着手。

⑤画次要零件、小零件及各部分的细节，如图 8.15 所示。

⑥加深并画剖面线。在画剖面线时，主要的剖视图可以先画。最好画完一个零件所有的剖面线，然后再开始画另外一个，以免剖面线方向画错。

⑦注出必要的尺寸。

⑧编注零件序号，并填写明细栏和标题栏。

⑨填写技术要求等。

⑩仔细检查全图并签名，完成全图，如图 7.4 所示。

序号	零件名称	数量	材料	附注及标准
8	螺柱M8×55	2	Q235	GB/T 898—1988
7	螺母M8	2	Q235	GB/T 6170—2000
6	垫圈8	2	Q235	GB/T 97.1—1985
5	销套	1	45	
4	轴承盖	1	HT200	
3	上轴衬	1	ZQA19-4	
2	下轴衬	1	ZQA19-4	
1	轴承座	1	HT200	

滑动轴承			比例	
			共 张	第 张
制图		（厂 名）	图号	
审核				

图 8.13 装配图底稿 1

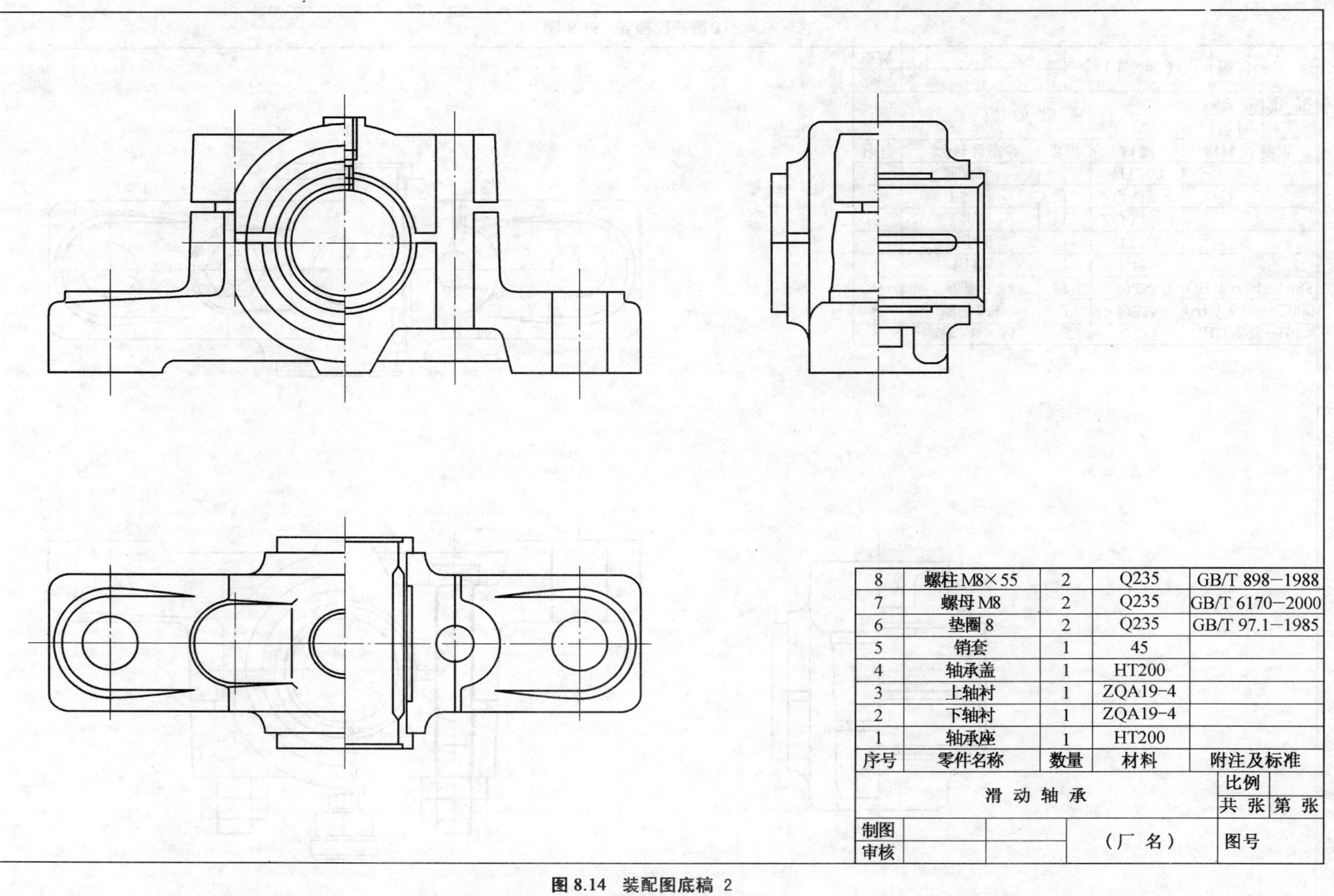

序号	零件名称	数量	材料	附注及标准
8	螺柱 M8×55	2	Q235	GB/T 898—1988
7	螺母 M8	2	Q235	GB/T 6170—2000
6	垫圈 8	2	Q235	GB/T 97.1—1985
5	销套	1	45	
4	轴承盖	1	HT200	
3	上轴衬	1	ZQA19-4	
2	下轴衬	1	ZQA19-4	
1	轴承座	1	HT200	

滑 动 轴 承			比例	
			共 张	第 张
制图		（厂 名）	图号	
审核				

图 8.14 装配图底稿 2

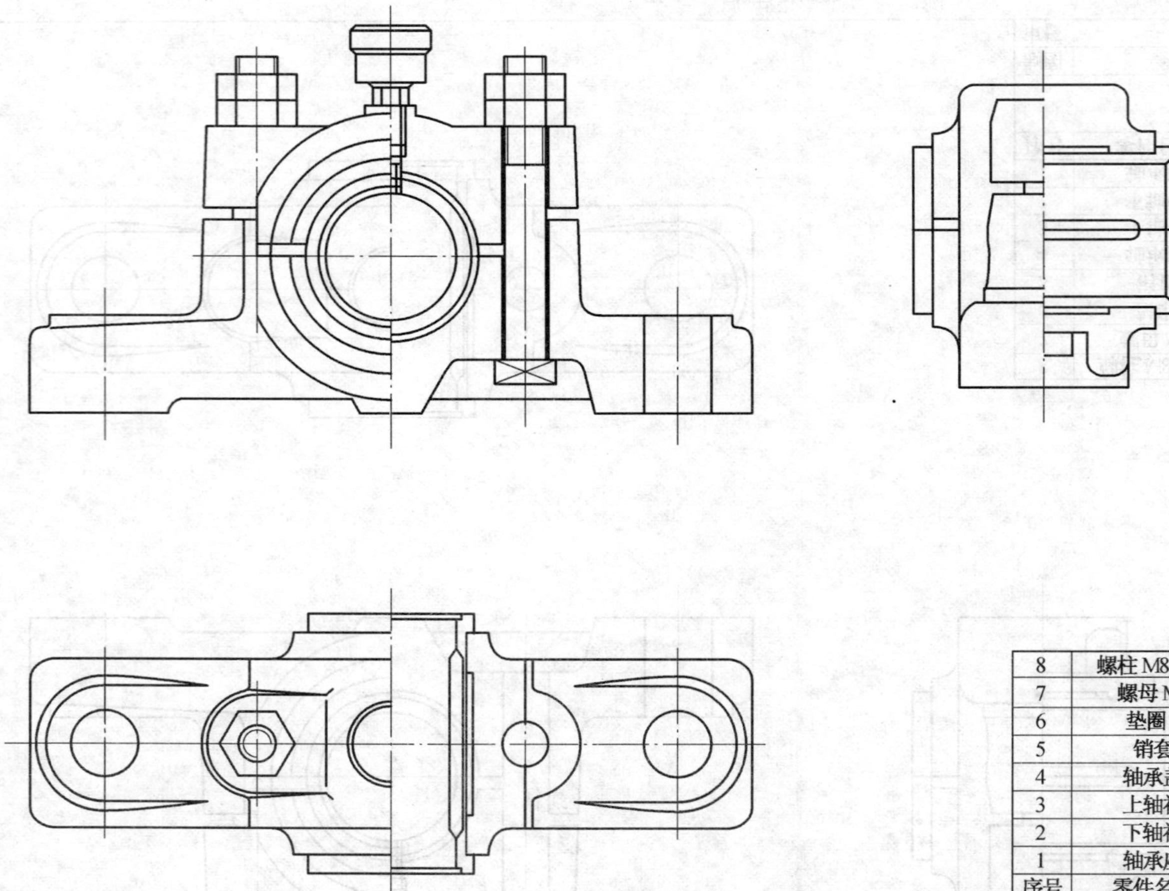

8	螺柱 M8×55	2	Q235	GB/T 898—1988
7	螺母 M8	2	Q235	GB/T 6170—2000
6	垫圈 8	2	Q235	GB/T 97.1—1985
5	销套	1	45	
4	轴承盖	1	HT200	
3	上轴衬	1	ZQA19-4	
2	下轴衬	1	ZQA19-4	
1	轴承座	1	HT200	
序号	零件名称	数量	材料	附注及标准

滑动轴承			比例	
			共 张	第 张
制图		（厂 名）	图号	
审核				

图 8.15 装配图底稿3

8.1.3 装配图的尺寸标注和技术要求

装配图的作用与零件图不同，因此，在图上标注尺寸的要求也不同。在装配图上应该按照对装配体的设计或生产的要求来标注某些必要的尺寸。一般常标注的有以下几方面的尺寸。

1. 装配图的尺寸标注

(1)性能规格尺寸。

性能规格尺寸是表示装配体性能规格的尺寸，这些尺寸是设计时确定的。也是了解和选用该装配体的依据。如图 7.5 的滑动轴承的轴孔直径 ϕ25H8。

(2)装配尺寸。

装配尺寸是表示装配体中各零件之间相互配合关系和相对位置的尺寸。这种尺寸是保证装配体装配性能和质量的尺寸。

①配合尺寸。表示零件间配合性质的尺寸。如图 7.4 中的尺寸 ϕ36H7/k6 就是配合尺寸。

②相对位置尺寸。表示装配时需要保证的零件间相互位置的尺寸。图 7.4 中滑动轴承中心轴线到基面的距离 34 即是。

(3)安装尺寸。

安装尺寸是将装配体安装到其他装配体上或地基上所需的尺寸。图 7.4 中对螺栓通孔所注的尺寸 114 和 2×ϕ12 等。

(4)外形尺寸。

外形尺寸是表示装配体外形的总体尺寸，即总的长、宽、高。它反映了装配体的大小，提供了装配体在包装、运输和安装过程中所占的空间尺寸。如图 7.4 中的尺寸 164(长)、54(宽)、80(高)。

(5)其他重要尺寸。

这些尺寸是在设计中确定的，而又未包括在上述几类尺寸之中的主要尺寸。

①对实现装配体的功能有重要意义的零件结构尺寸。

②运动件运动范围的极限尺寸。

上述 5 类尺寸之间并不是互相孤立无关的，实际上有的尺寸往往同时具有多种作用。此外，在一张装配图中，也并不一定需要全部注出上述 5 类尺寸，而是要根据具体情况和要求来确定。如果是设计装配图，所注的尺寸应全面些；如果是装配工作图，则只需把与装配有关的尺寸注出就行了。

2. 装配图的技术要求

装配图中的技术要求主要为说明机器或部件在装配、检验、使用时应达到的技术性能及质量要求等。技术要求是装配图中必不可少的重要组成部分，可写在标题栏的上方或左边。技术要求应根据实际需要注写，主要从以下几方面考虑：

(1)装配要求。

装配时要注意的事项及装配后应达到的指标等。包括机器或部件中零件的相对位置、装配方法、装配加工及工作状态等。

(2)检验要求。

装配后对机器或部件进行验收时所要求的检验方法和测试条件。

(3)使用要求。

对机器或部件的使用条件、维修、保养的要求以及操作说明等。例如限速要求、限温要求、绝缘要求等。

(4)其他要求。

不使用符号或尺寸标注的性能规格参数等，也可用文字注写在技术要求中。专项的技术要求一般写在明细表的上方或图纸空余处，要条理清楚、文字简练准确；内容太多时可以另编技术文件。

其实技术要求的内容在装配图中也常常反映在其他地方，例如 ϕ36H7/k6，其中 H7/k6 就是技术要求，再如明细表中的材料也是技术要求。

8.1.4 装配图零部件序号和明细表

为了便于装配时看图查找零件，便于作生产准备和图样管理，必须对装配图中的零件进行编号，并列出零件的明细栏。

1.零部件序号

(1)一般规定。

装配图中所有的零件都必须编写序号。相同的零件只编一个序号。如图 7.4 中、件 7 螺母、件 7 螺柱都不止一个，但只编一个序号。

(2)零件编号的方法。

零件编号是由圆点、指引线、水平线或圆(均为细实线)及数字组成。序号写在水平线上或小圆内。序号字高应比该图中尺寸数字大一号或两号。

常用的编号方式有两种：一种是对机器或部件中的所有零件(包括标准件和常用件)按一定顺序进行编号；另一种是将装配图中标准件的数量、标记按规定标注在图上，标准件不占编号，而将非标准件按顺序进行编号。

①指引线应自所指零件的可见轮廓内引出，并在其末端画一圆点，如图 8.16 所示；若所指的部分不宜画圆点，如很薄的零件或涂黑的剖面等，可在指引线的末端画一箭头，并指向该部分的轮廓。如图 8.17 所示垫片。

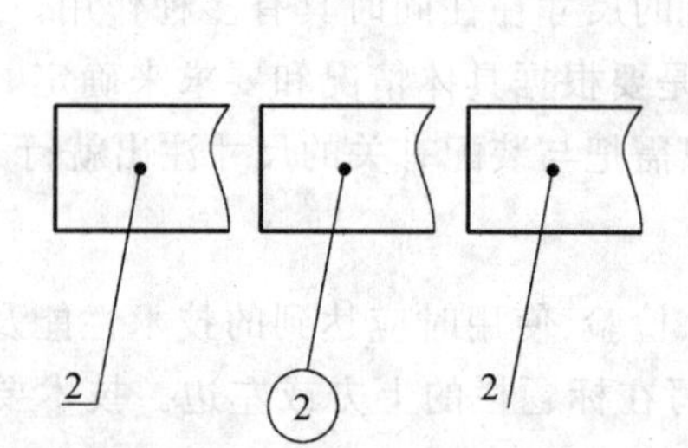

图 8.16 标注序号的方法

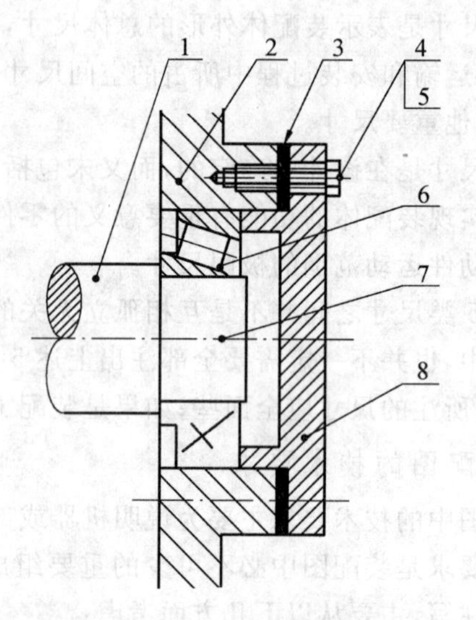

图 8.17 指引线末端画箭头

②如果是一组紧固件，以及装配关系清楚的零件组，可以采用公共指引线，如图 8.17 所示 4、5(螺钉、螺母)。公共指引线的标注如图 8.18 所示。

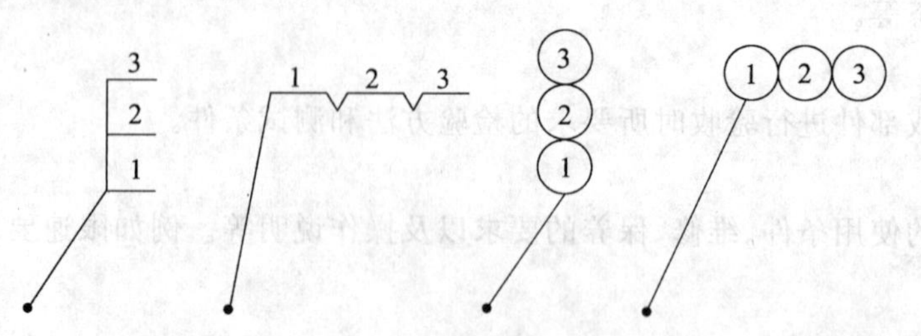

图 8.18 公共指引线的标注

③指引线应尽可能分布均匀且不要彼此相交，也不要过长。指引线通过有剖面线的区域时，要尽量不与剖面线平行，必要时可画成折线，但只允许折一次，如图 8.17 中的 1 号零件。

④同一装配图编注序号的形式应一致。

⑤序号编排方法。应按水平或垂直方向排列整齐，并按顺时针或逆时针方向顺序编号。如图8.17所示标注。

2. 明细栏和标题栏

在装配图的右下角必须设置标题栏和明细栏。明细栏位于标题栏的上方，并和标题栏紧连在一起。标题栏及明细栏格式如图8.19所示。

8	JB/T 7940.3—1995	油杯 A—12	1				
7		轴衬固定套	1	Q215			
6	GB/T 6171—2000	螺母 M12	4				
5	GB/T 8—1988	螺栓 M12×120	2				
4		上轴衬	1	ZCuA110Fe3			
3		轴承盖	1	HT150			
2		下轴衬	1	ZCuA110Fe3			
1		轴承座	1	HT150			
序号	代号	名称	数量	材料	单件质量	总计质量	备注

								××××厂
标记	处数	分区	更改文件号	签名	年月日			滑动轴承
设计		标准化			阶段标记	质量	比例	
审核								
工艺		标准			共 张 第 张			

图8.19 标题栏及明细栏格式

明细栏是装配体全部零件的详细目录，里面填有零件的序号、名称、数量、材料等。其序号填写的顺序要由下而上。如位置不够时，可移至标题栏的左边继续编写。

8.1.5 测绘一级齿轮减速器

1. 测绘教学周的目的和意义

零件测绘对推广先进技术，交流革新成果，改进现有设备，修配零件等都有重要作用，是工程技术人员必须掌握的制图技能之一。因此，测绘教学周的安排具有重要的意义。目的在于：

(1)通过实践，熟悉零件测绘的方法和步骤，掌握简单工具的使用；

(2)熟练掌握草图画法，提高测绘技能；

(3)进一步提高对典型零件的表达能力，掌握装配图的表达方法和技巧；

(4)进一步加强作图能力、提高作图速度，为今后的工作积累经验。

2. 测绘的基本方法和步骤

(1)测绘前的准备。测绘装配体之前，应首先根据装配体的复杂程度编制工作进度和计划，编组分工，准备好测绘工具及绘图用品等。

(2)了解装配体。根据实物和工作原理图、结构示意图了解装配体的工作原理和结构特点,分析各零件的作用及零件之间的装配关系和连接方式,弄清各零件的装配位置及拆卸顺序,初步了解装配体的用途、性能。

(3)拆卸零件。拆卸前应先测量一些必要的尺寸数据,如某些零件之间的相对位置尺寸、运动件极限位置的尺寸等,以作为测绘中校核图样的参考。在拆卸零件时要按顺序逐一拆卸,对不可拆连接和过盈配合的零件尽量不拆,以免影响装配体的性能及精度。拆卸时拆下的零件应妥善放置,以免碰坏或丢失。

(4)测绘零件画零件草图。组成装配体的每个零件,除标准件外,都应画出草图。根据各个零件的结构形状画出零件视图,确定要标注的尺寸,测量零件后将尺寸填入图中,加以整理后得到零件草图。对于标准件可通过测量有关尺寸,从相应标准中查出名称、规格和标准代号等,做好相应记录。画零件草图时还应尽可能注意到零件间尺寸的协调。

(5)画装配图。根据装配示意图、零件草图画出装配图。画装配图的过程是一次检验、校对零件形状和尺寸的过程,草图中的形状和尺寸如有错误或不妥之处,应及时改正,保证使零件之间的装配关系能在装配图上正确地反映出来,以便顺利地拆画零件图。

(6)画零件图。根据装配图和修改后的零件草图画出每个零件的零件图,此时的图形和尺寸应比较正确、可靠。

3.测绘工具的使用

测绘工具分为拆卸工具和测量工具。

拆卸工具有扳手、榔头、铜棒、木棒等。拆卸工具使用要得当,对装配体不得盲目拆卸,乱敲乱打,以免造成损伤,影响其精度和性能。

测量工具应根据尺寸精度要求的不同来选用。常用的通用量具有钢直尺、内卡钳、外卡钳、游标卡尺、千分尺等,专用量具有螺纹规、圆角规等。

常见尺寸的测量方法如下:

(1)用钢直尺测量一般线性尺寸;

(2)用外卡钳测量轴的直径,用内卡钳测量孔的直径;

(3)用游标卡尺或千分尺精确测量直径;

(4)用钢直尺直接测量或用卡钳与钢直尺配合测量壁厚、中心高;

(5)用卡钳和钢直尺测量孔间距。

4.画装配示意图方法及拆卸事项

装配示意图是在部件拆卸过程中所画的示意性图样,其作用是避免由于零件拆卸后可能产生错乱而给重新装配时带来困难,它是通过目测,徒手用简单的线条示意性地画出部件的图样,主要表达部件的装配关系、工作原理、传动路线等,而不是整个部件的详细结构和各个零件的形状。画装配示意图时,应采用画法几何及机械制图国家标准"机构运动简图符号"中所规定的符号。

注意事项:

(1)图形画好后,应编上零件序号或名称。

(2)标准件应及时确定其尺寸规格。

拆卸事项:

在初步了解部件的基础上,依次拆卸各零件,这样可以进一步搞清减速器部件中各零件的装配关系、结构和作用,弄清零件间的配合关系和配合性质。

注意:

(1)拆卸前应先测量一些重要的装配尺寸,如零件间的相对位置尺寸,两轴中心距、极限尺寸和装配间隙等。

(2)注意拆卸顺序,对精密的或主要零件,不要使用粗笨的重物敲击,对精密度较高的过盈配合零件尽量不拆，以免损坏零件。

(3)拆卸后各零件要妥善保管，以免损坏丢失。

8.1.6 绘制零件草图

1. 画零件草图的基本要求及注意事项

零件草图是目测比例，徒手画出的零件图，它是实测零件的第一手资料，也是整理装配图与零件工作图的主要依据。草图不能理解为潦潦草草的图，而应认真对待草图的绘制工作，零件草图满足以下两点要求：

①零件草图所采用的表达方法、内容和要求与零件工作图一致。

②表达完整、线型分明、投影关系正确、字体工整、图面整洁。

画零件草图时的注意事项：

①注意保持零件各部分的比例关系及各部分的投影关系。

②注意选择比例，一般按 1∶1 画出，必要时可以放大或缩小。视图之间留足标注尺寸的位置。

③零件的制造缺陷，如刀痕、砂眼、气孔、及长期使用造成的磨损不必画出。

④零件上因制造、装配需要的工艺结构，如倒角、倒圆、退刀槽、铸造圆角、凸台、凹坑等，必须画出。

2. 视图选择的一般原则

选择视图时，基本原则是：在完整、清晰地表达零件内、外形状结构的前提下，尽量减少图形数量，以便画图和看图。

(1)主视图的选择。

主视图是表达零件最主要的一个视图，在选择主视图时应考虑以下两个方面：①确定零件的安放位置，其原则是尽量符合零件的主要加工位置和工作(安装)位置。这样便于加工和安装，通常对轴、套、盘等回转体零件选择其加工位置；对叉架、箱体类零件选择其工作位置。②确定零件主视图的投射方向，选择最能明显地反映零件形状和结构特征以及各组成形体之间的相互关系的投射方向，这样能较快地看清楚零件的结构与相对位置。

(2)其他视图的选择。

主视图选定以后，其他视图的选择应考虑以下几点：①根据零件的内外结构和复杂程度全面地考虑所需的其他视图，使每个视图有一个表达重点，注意采用的视图数目不宜过多，以免繁琐、重复，导致主次不分。②优先考虑用基本视图以及在基本视图上作剖视图。③合理布置视图位置：使图样清晰美观又有利于图幅的充分利用。

3. 作图步骤

(1)画出各视图的对称中心线、作图基准线。

(2)画零件的外形轮廓、主要结构部分。

(3)画零件的细微结构部分，可采用局部视图、局部剖视、局部放大和断面图，简化画法等。

(4)认真检查，发现错误及时修正。

4. 尺寸标注

零件图上的尺寸标注，要做到正确、完整、清晰、合理，且能满足设计要求和工艺要求。标注尺寸时应做到：

(1)从设计要求和工艺要求出发，选择恰当的尺寸基准，不要注成封闭尺寸链。

(2)尺寸应尽量注在视图外边、两视图之间。

(3)部件中两零件有联系的部分，尺寸基准应统一。

(4)对于标准结构，如螺纹、退刀槽、轮齿，应把测量结果与标准核对，采用标准值。

(5)重要尺寸,如配合尺寸、定位尺寸、保证工作精度和性能的尺寸等,应直接标注出来。

(6)零件上一些常见结构,如底板、端面、法兰盘,要考虑主副基准标注尺寸。

(7)尺寸标注要考虑便于加工和测量。

5. 技术要求

(1)材料。

零件材料的确定,可根据实物结合有关标准、手册的分析初步确定。常用的金属材料有碳钢、铸铁、铜、铅及其合金。参考同类型零件的材料,用类比法确定或参阅有关手册。

(2)表面粗糙度。

零件表面粗糙度等级可根据各个表面的工作要求及精度等级来确定,可以参考同类零件的粗糙度要求或使用粗糙度样板进行比较确定,表面粗糙度等级可根据下面几点决定:

①一般情况下,零件的接触表面比非接触表面的粗糙度要求高。

②零件表面有相对运动时,相对速度越高所受单位面积压力越大,粗糙度要求越高。

③间隙配合的间隙越小,表面粗糙度要求应越高,过盈配合为了保证连接的可靠性亦应有较高要求的粗糙度。

④在配合性质相同的条件下,零件尺寸越小则粗糙度要求越高,轴比孔的粗糙度要求高。

⑤要求密封、耐腐蚀或装饰性的表面粗糙度要求高。

⑥受周期载荷的表面粗糙度要求应较高。

(3)形位公差。

标注形位公差时参考同类型零件,用类比法确定,无特殊要求时一律不标注。

(4)公差配合的选择。

参考相类似的部件的公差配合,通过分析比较来确定。我们测绘的减速器中,齿轮与轴之间,滚动轴承轴承座与箱体孔之间,轴承内圈与轴之间都有配合要求,选择时可参考有关手册。

(5)技术要求。

凡是用符号不便于表示,而在制造时或加工后又必须保证的条件和要求都可注写在“技术要求”中,其内容参阅有关资料手册,用类比法确定。

8.1.7 绘制零件工作图

由于测绘是在现场进行的,所画的草图不一定很完善,所以在画零件工作图之前,要对草图进行全面审查、核对,对测量所得的尺寸,要参照标准直径、标准长度系列贴近、圆整。对于标准结构要素的尺寸,应从有关标准中查对校正。有的问题需重新考虑,如表达方案、尺寸标注等。经过复查、补充、修改后,再进行零件图的绘制工作。

画零件工作图的方法与步骤:

(1)定比例:根据零件的复杂程度和尺寸大小,确定画图比例。

(2)选图幅:根据表达方案及所选定的比例,估计各图形布置所占的面积,对所需标注的尺寸留有余地,选择合理的图幅。

(3)画底稿:先定出各视图的轴线、对称线、作图基准线,再画图。

(4)检查、描深。

(5)标注尺寸,注写技术要求,填写标题栏。

8.1.8 绘制齿轮减速器装配图

根据零件草图和装配示意图画出部件装配图。在画装配图时,要及时改正草图上的错误,零件的尺寸大小一定要画得准确,装配关系不能搞错,这是很重要的一次校对工作,必须认真仔细。具体步骤如下:

1.确定表达方案

由于装配图不仅表达了部件的工作原理,各零件的装配关系,而且反映了主要零件的形状结构,所以我们应根据已学过的装配图的各种表达方法(包括一些特殊的表达方法,如拆卸画法、夸大画法,简化画法等),选用适合的表达方法,较好地反映部件装配关系、工作原理和主要零件的结构形状,根据前面对减速器的表达分析,主视图按工作位置选定,采用局部剖,主要表达装配关系,俯视图可采用沿结合面剖切画法。

2.画装配图的步骤

(1)合理布局。

装配图的表达方法确定后,应根据具体部件真实大小及其结构的复杂程度,确定合适的比例和图幅,选定图幅时不仅要考虑到视图所需的面积,而且要把标题栏、明细表、零件序号、标注尺寸和注写技术要求的位置一并计算在内,确定用哪一号图纸幅面后即可着手合理地布置图面。通常先画出各主要视图的轴线、对称线、作图基准线。

(2)画出部件的主要零件。

如减速器的装配图可先画箱座的结构,再依次画出其他一系列零件,将零件逐个画在装配图上时,要考虑零件的相对位置和装配顺序。

(3)画出部件的次要结构部分。

如减速器主视图上的螺栓、螺钉等结构。

(4)检查校核。

除了检查零件的主要结构外,特别要注意视图上细节部分的投影是否遗漏或错误。由于装配图图形复杂,线条较多,容易漏画部分投影。应认真检查,发现错误及时修改。

(5)完成全图。

检查底稿后加深图线并画剖面代号;注写必要的尺寸、公差配合和技术要求;标注序号,填写标题栏及明细表。最后完成减速器装配图。

3.尺寸标注

装配图主要是设计和装配机器或部件时用的图样,因此不必注出零件的全部尺寸,只需标出一些必要的尺寸。如性能规格尺寸、装配尺寸、安装尺寸、外形尺寸和其他重要尺寸等。

4.技术要求及性能

不同性能的机器部件,其技术要求也不同,一般可以从以下几个方面来考虑:

(1)装配要求。

装配后必须保证的准确度,装配时的要求及需要在装配时的加工说明。

(2)检验要求。

基本性能的检验方法和要求,装配后必须保证达到的准确度,关于检验方法的说明,其他检验要求等。

(3)使用要求。

对产品的基本性能、维护、保养的要求以及使用操作时的注意事项等。

上述各项内容,并不要求装配图全部注写,要根据具体情况而定,如已在零件图上提出的技术要求在装配图上一般可以不必注写。

技术要求一般写在明细表上方或视图下方的某空白处,也可以另编技术文件,附于图纸后。

【任务小结】

(1)掌握装配图的规定画法、特殊画法。

(2)画装配图首先选好主视图,确定较好的视图表达方案,把部件的工作原理、装配关系、零件之间的连接固定方式和重要零件的主要结构表达清楚。

(3)掌握正确的画图方法和步骤。画图时必须首先了解每个零件在轴向、径向的固定方式,使它在装配体中有一个固定的位置,一般径向靠配合、键、销连接固定;轴向靠轴肩或端面固定。

(4)根据尺寸的作用,装配图应标注5类尺寸:

①性能尺寸:表示性能、规格的尺寸。

②装配尺寸:作为装配依据的尺寸和重要的相对位置的尺寸。

③安装尺寸。

④外形尺寸:表示总长、总宽、总高的尺寸。

⑤其他重要尺寸:运动件的极限尺寸。

(5)零件编号需要注意:

①相同零件只对其中一个编号,其数量填在明细栏内。

②指引线不能相交,在通过剖面线的区域时不能与剖面线平行。

③零件编号应按顺时针或逆时针方向顺序编号,全图按水平方向或垂直方向整齐排列。

(6)填写明细栏需要注意:

明细栏中的零件序号应与装配图中的零件编号一致,并且由下往上填写,因此,应先编零件序号再填明细栏。

(7)测绘的基本过程:了解机器的工作原理,熟悉拆装顺序,绘制装配示意图、零件草图、装配图及零件图。

(8)了解徒手画草图的意义:零件草图是目测比例,徒手画出的零件图,它是实测零件的第一手资料,也是整理装配图与零件工作图的主要依据。草图不能理解为潦潦草草的图,而应认真对待草图的绘制工作,零件草图满足以下两点要求:

①零件草图所采用的表达方法、内容和要求与零件工作图一致。

②表达完整、线型分明、投影关系正确、字体工整、图面整洁。

(9)在测绘中,注意培养认真负责,踏实细致的工作作风和保质、保量按时完成任务的习惯,在测绘过程中要做到复习教材,查找资料,学以致用。

8.2 用CAXA绘制一级齿轮减速器装配图

【知识目标】

1.了解装配图的功用、内容。

2.熟练掌握CAXA绘制零件图的方法和步骤。

3.掌握由零件图拼画装配图的方法。

【能力目标】

1.能正确使用各种命令绘制图样。

2.能根据零件图拼画装配图。

【任务引入与分析】

根据齿轮减速器的各个零件图(部分图见图8.21~8.22),应用CAXA拼画图8.20所示的齿轮减速器装配图。

应用CAXA绘制装配图通常有两种方法:一种是应用绘图等命令按手工绘图的步骤直接绘制装配图,这种方法作图过程繁杂,比较适合绘制较简单的装配图样;另一种是"拼画法",即先画出各个零件图,然后将各个零件以图块的形式"拼画"出装配图。

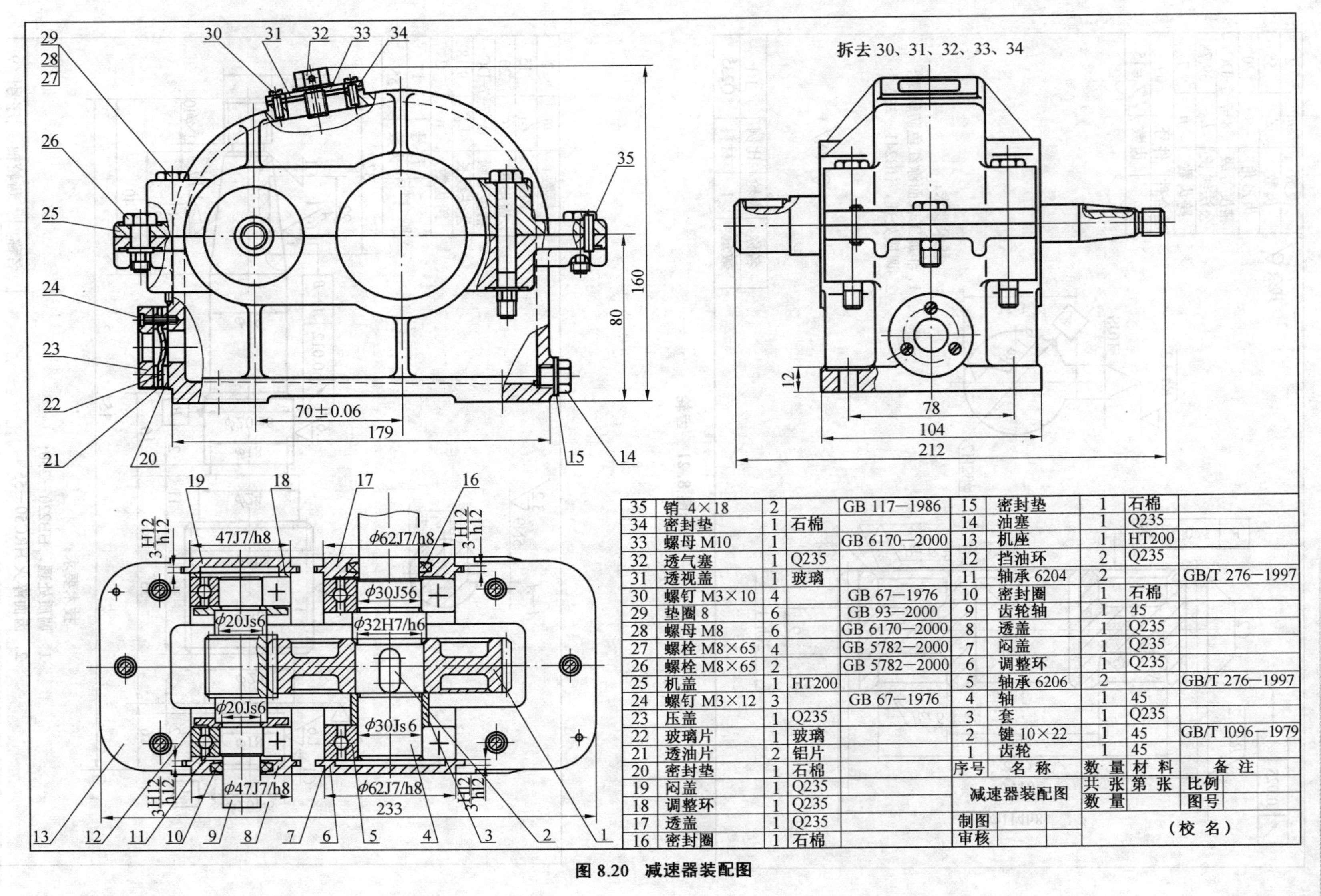

序号	名称	数量	材料	备注	序号	名称	数量	材料	备注
35	销 4×18	2		GB 117—1986	15	密封垫	1	石棉	
34	密封垫	1	石棉		14	油塞	1	Q235	
33	螺母 M10	1		GB 6170—2000	13	机座	1	HT200	
32	透气塞	1	Q235		12	挡油环	2	Q235	
31	透视盖	1	玻璃		11	轴承 6204	2		GB/T 276—1997
30	螺钉 M3×10	4		GB 67—1976	10	密封圈	1	石棉	
29	垫圈 8	6		GB 93—2000	9	齿轮轴	1	45	
28	螺母 M8	6		GB 6170—2000	8	透盖	1	Q235	
27	螺栓 M8×65	4		GB 5782—2000	7	闷盖	1	Q235	
26	螺栓 M8×65	2		GB 5782—2000	6	调整环	1	Q235	
25	机盖	1	HT200		5	轴承 6206	2		GB/T 276—1997
24	螺钉 M3×12	3		GB 67—1976	4	轴	1	45	
23	压盖	1	Q235		3	套	1	Q235	
22	玻璃片	1	玻璃		2	键 10×22	1	45	GB/T 1096—1979
21	透油片	2	铝片		1	齿轮	1	45	
20	密封垫	1	石棉		序号	名称	数量	材料	备注
19	闷盖	1	Q235		减速器装配图		共 张 第 张		比例
18	调整环	1	Q235				数量		图号
17	透盖	1	Q235		制图		（校 名）		
16	密封圈	1	石棉		审核				

图 8.20 减速器装配图

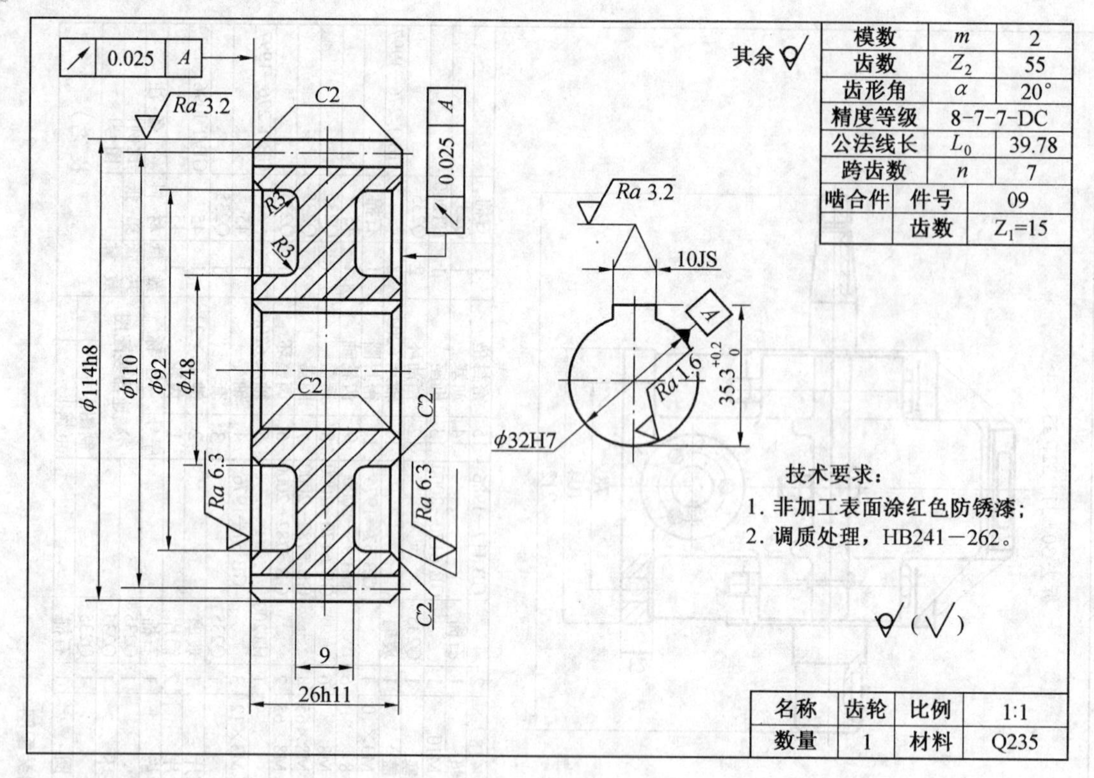

模数	m	2
齿数	Z_2	55
齿形角	α	20°
精度等级	8-7-7-DC	
公法线长	L_0	39.78
跨齿数	n	7
啮合件	件号	09
	齿数	Z_1=15

名称	齿轮	比例	1:1
数量	1	材料	Q235

图 8.21　齿轮

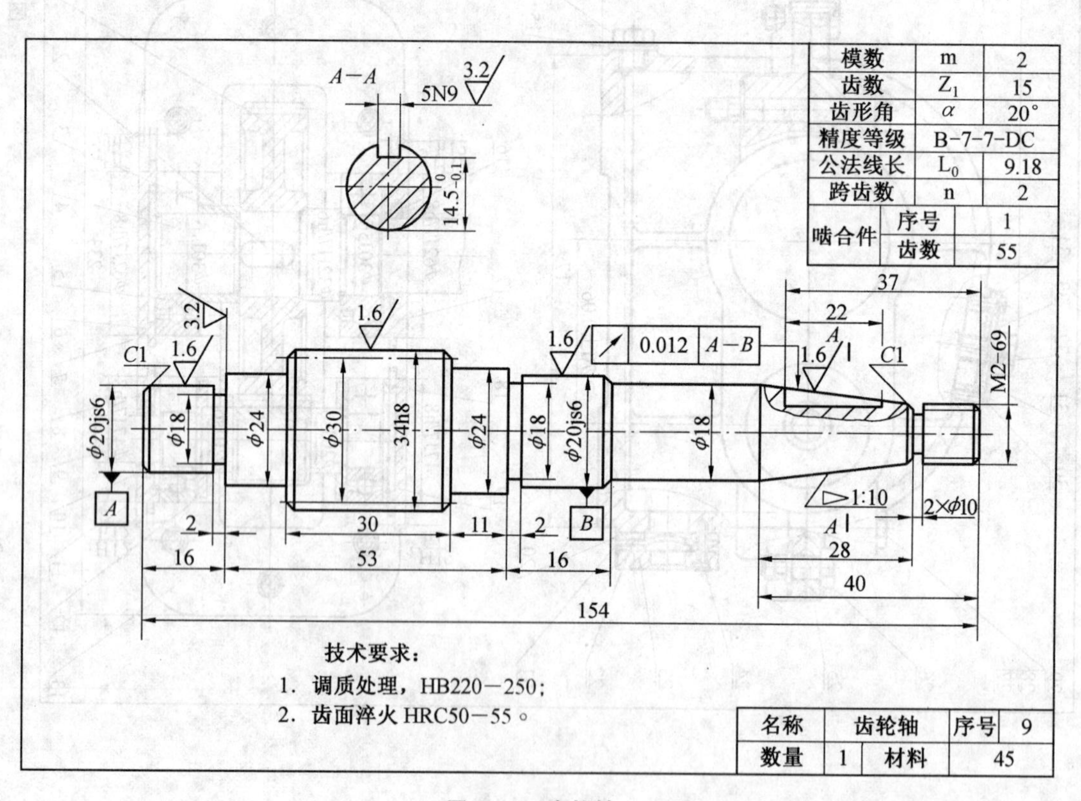

模数	m	2
齿数	Z_1	15
齿形角	α	20°
精度等级	B-7-7-DC	
公法线长	L_0	9.18
跨齿数	n	2
啮合件	序号	1
	齿数	55

名称	齿轮轴	序号	9
数量	1	材料	45

图 8.22　齿轮轴

【任务实施】

应用 CAXA 拼画装配图方法如下：

1. 调用模板

(1)在绘制一张新图前，应根据所绘图形大小确定绘图比例及图纸尺寸，建立或调用符合国标要求的模板。绘图时尽量采用 1∶1 的绘图比例。减速器装配图根据尺寸大小选择 GB－A2(chs)模板。

(2)指定保存路径和文件名，如“学号－姓名－减速器装配图.dwg”。

2. 绘制图形

(1)绘图前应分析图形，设计好绘图顺序，合理布置图样，在绘图过程中要充分利用对象捕捉、对象追踪等辅助绘图工具。

(2)打开绘制好的零件图，用“定义图库”命令分别将各个零件图视图创建到图库中，供绘制装配图调用。为保证绘制装配图时各个零件之间的相对位置和装配关系，在创建图库对象时要注意选择好插入基准点。

装配体由 35 个零件组成，其中螺栓、轴承等常用标准件，可以根据规格尺寸直接在图库中调用。

(3)插入机座各面视图。在装配图中单击“提取图符”命令插入机座，如图 8.23 所示。

(4)插入齿轮轴。在装配图中单击“提取图符”命令插入齿轮轴，俯视图修改后如图 8.24 所示。

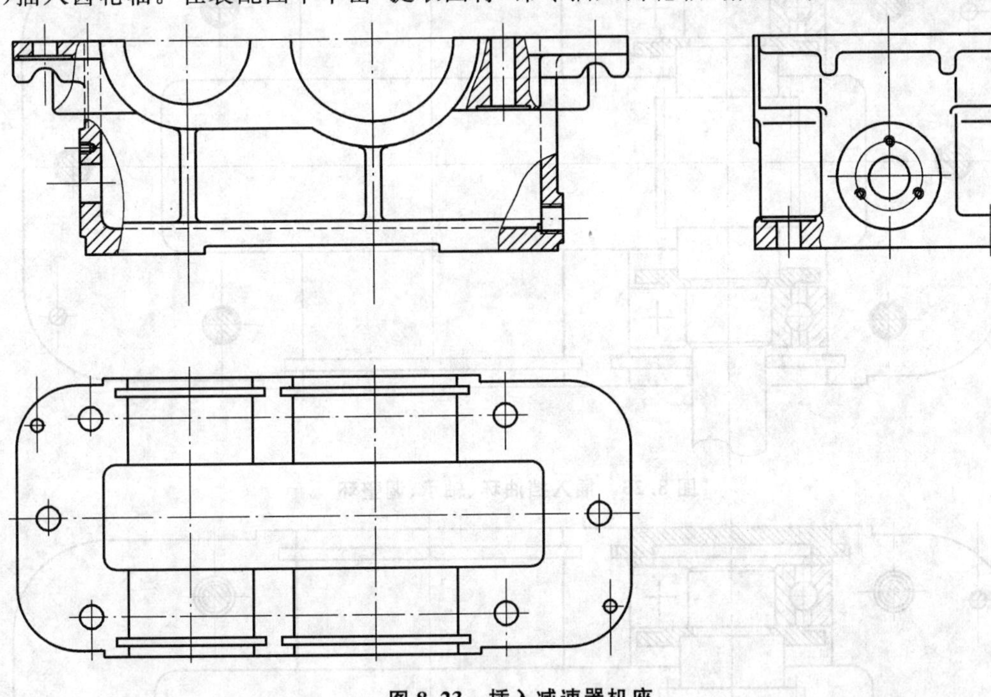

图 8.23　插入减速器机座

(5)齿轮轴上“装配”挡油环、轴承、调整环。在装配图中单击“提取图符”命令插入挡油环；单击“提取图符”命令插入深沟球轴承 6204 并作必要修改；单击“提取图符”命令插入调整环，修改后俯视图如图 8.25 所示。

(6)在齿轮轴上最后插入闷盖、密封圈和透盖。在装配图中单击“提取图符”命令插入闷盖、密封圈和透盖，俯视图如图 8.26 所示。

(7)插入轴及轴上齿轮。在装配图中单击“提取图符”命令插入轴、齿轮，如图 8.27 所示。

(8)插入套、轴承。在装配图中单击“提取图符”命令插入套、轴承，如图 8.28 所示。

(9)插入调整环、闷盖、密封圈和透盖。在装配图中单击“提取图符”命令插入调整环、闷盖、密封圈和透盖，最终俯视图如图 8.29 所示。

(10)插入箱盖各面视图，并装配螺栓等紧固件。在装配图中单击“提取图符”命令插入箱盖、各种

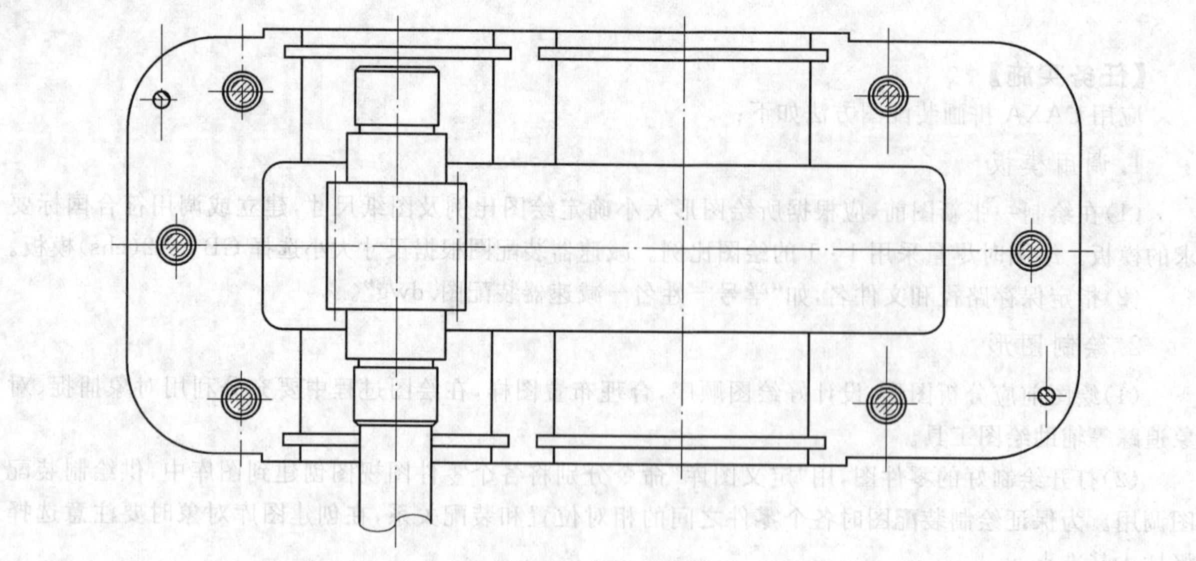

图 8.24 插入齿轮轴

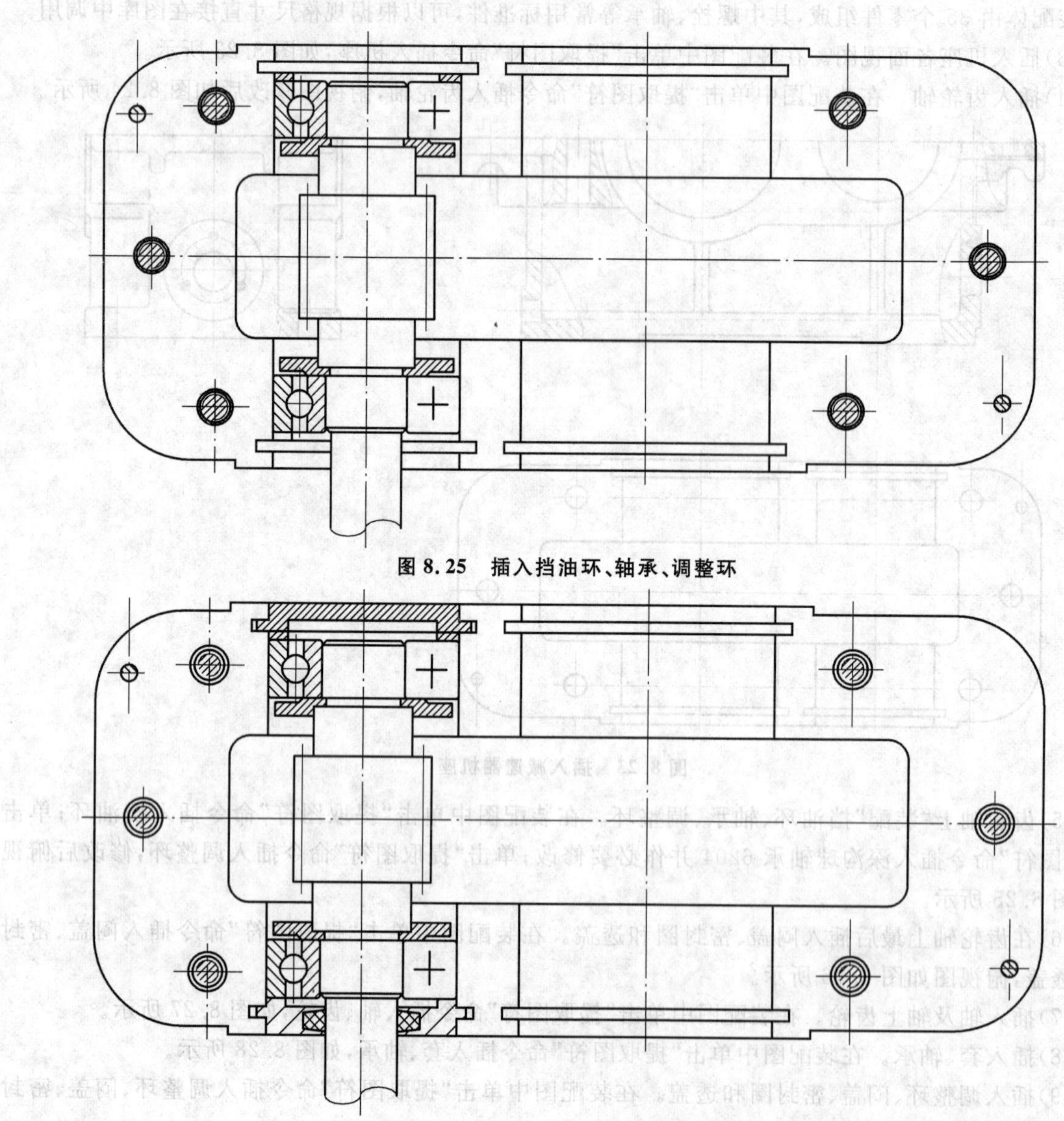

图 8.25 插入挡油环、轴承、调整环

图 8.26 插入闷盖、密封圈和透盖

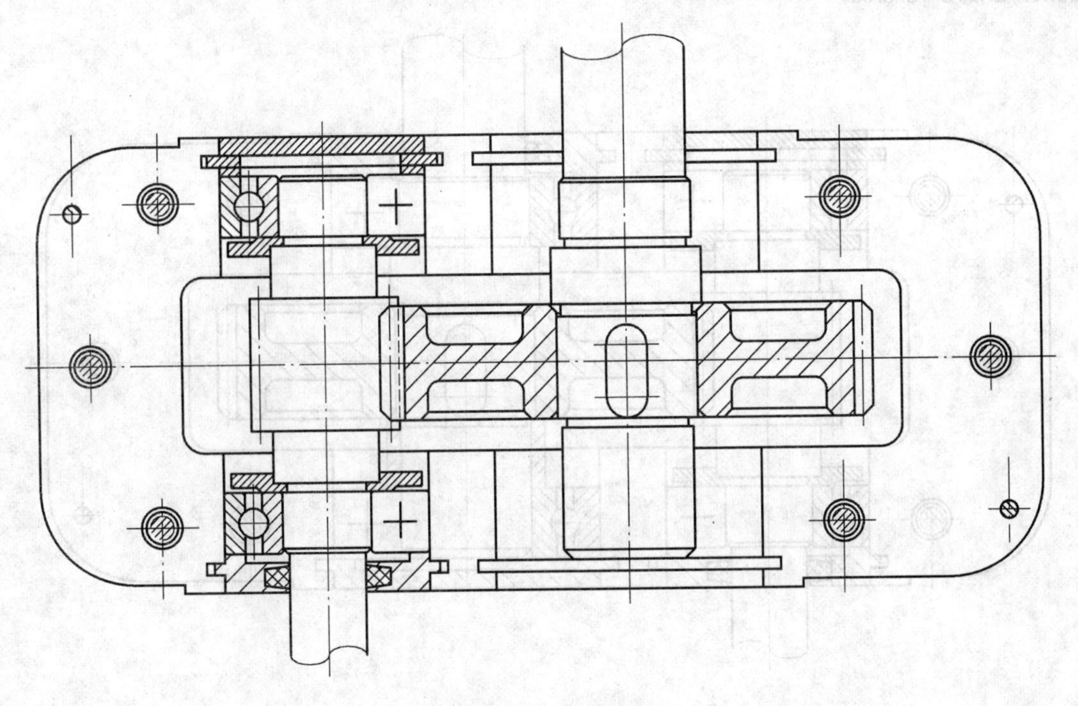

图 8.27　轴、齿轮

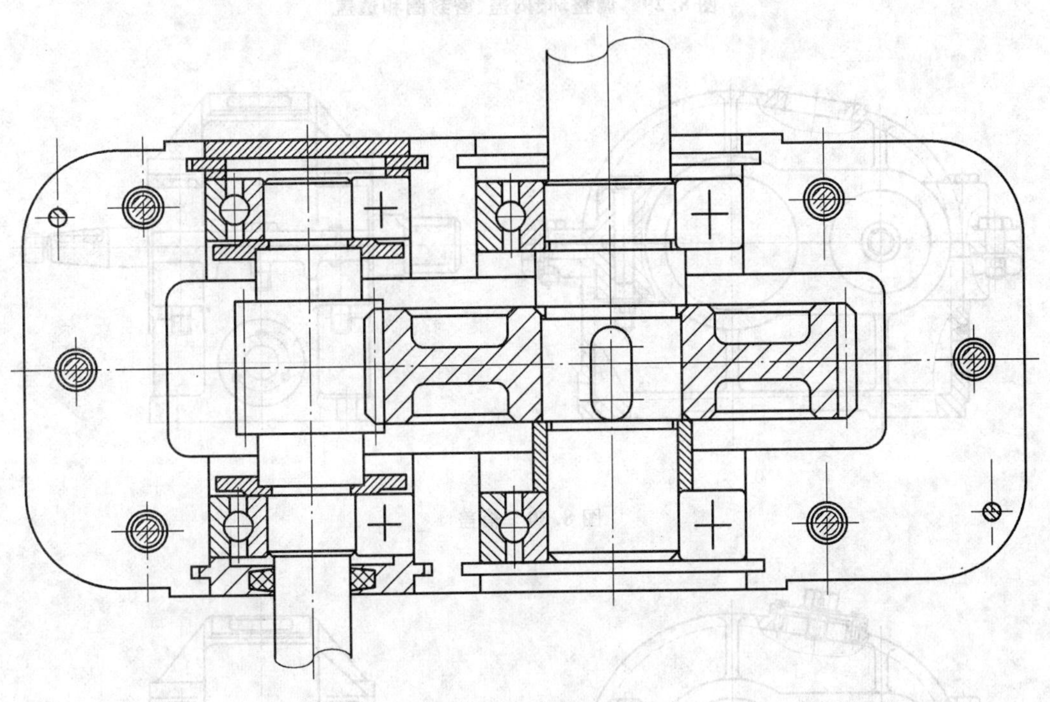

图 8.28　插入套、轴承

紧固标准件，并做细节修改，如图 8.30 所示。

(11)插入透气塞、透视盖、密封垫、油塞等。在装配图中单击“提取图符”命令插入透气塞、透视盖、密封垫、油塞等，修改后如图 8.31 所示。

(12)对图形细节进行修改、完善。

3. 标注装配图尺寸

标注减速器尺寸，完成后如图 8.20 所示。

4. 编写零件序号并填写明细表

在功能区点击“图幅”，再单击“生成序号”，在下方立即菜单中 设置“水平”“生成明细表”并“填写”。

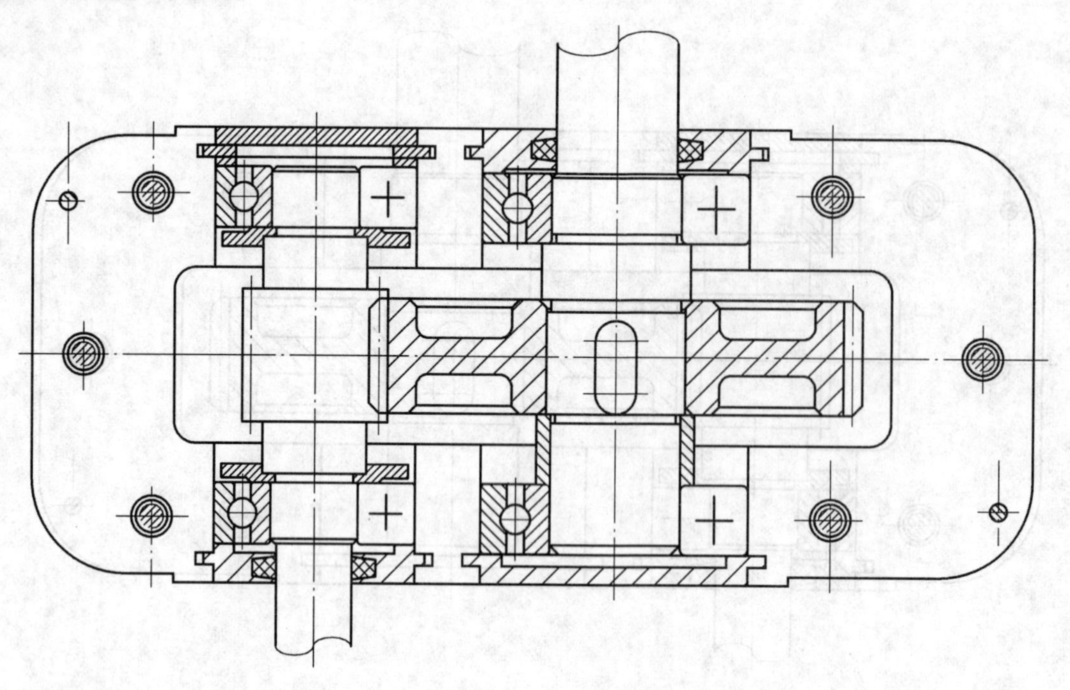

图 8.29　调整环、闷盖、密封圈和透盖

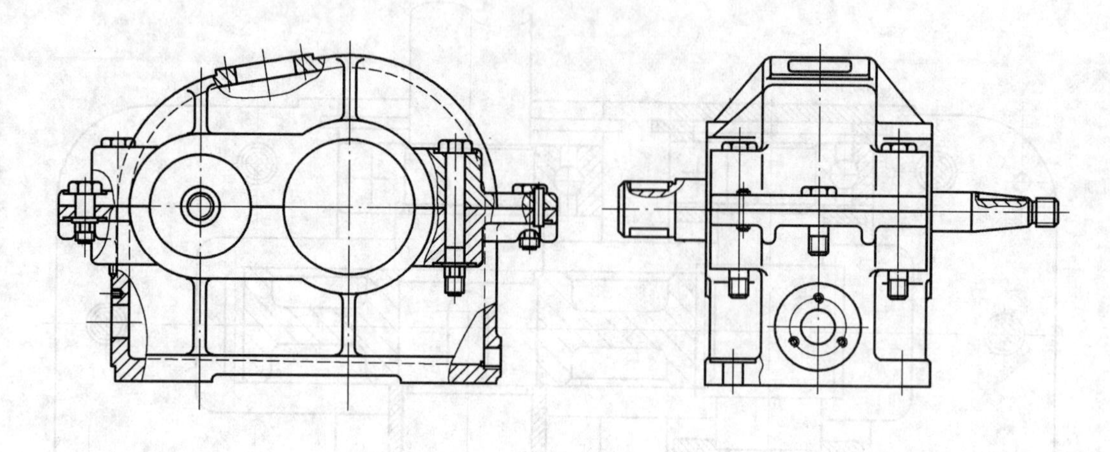

图 8.30　箱盖

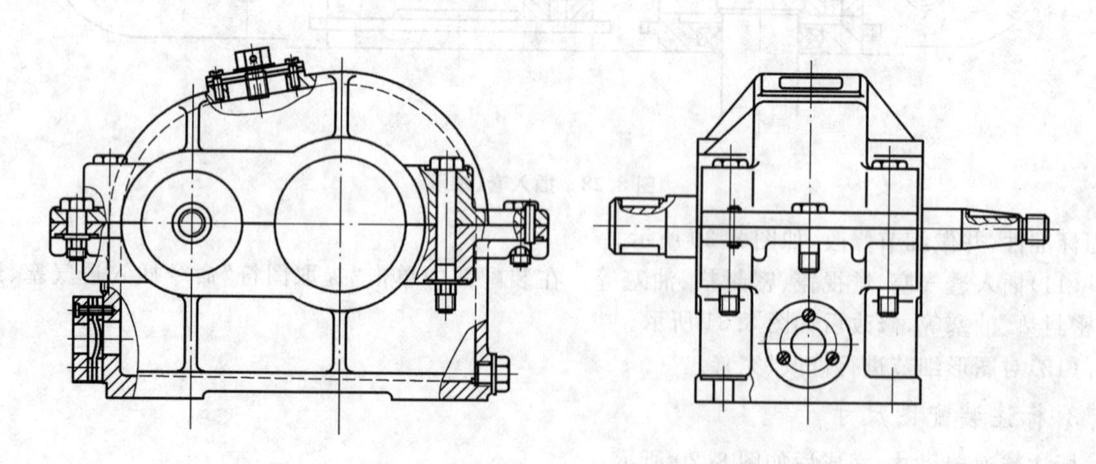

图 8.31　插入透气塞、透视盖、密封垫、油塞

5. 填写标题栏

单击“填写标题栏”，完成后减速器装配图如图 8.20 所示。

6. 检查、存盘

【知识链接】

CAXA 的功能区按钮如图 8.32 所示。

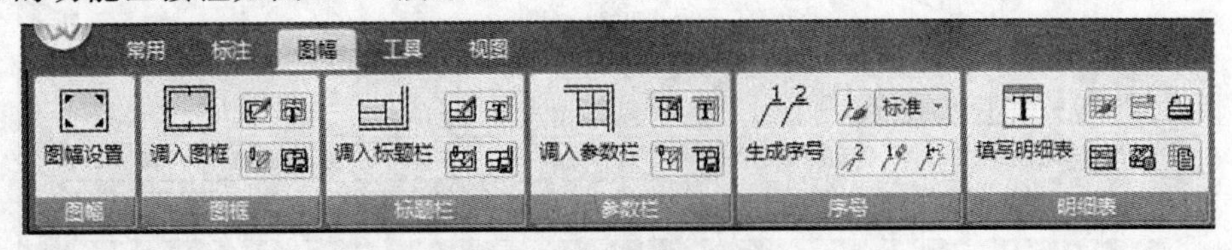

图 8.32　功能区快捷按钮

8.2.1 零件序号

1. 序号样式

(1)功能：设置零件序号的标注形式。

(2)命令操作。

选择“格式”→“序号”菜单命令，弹出“序号风格设置”对话框 。根据需要进行选择后，单击“确定”按钮即可，如图 8.33 所示。

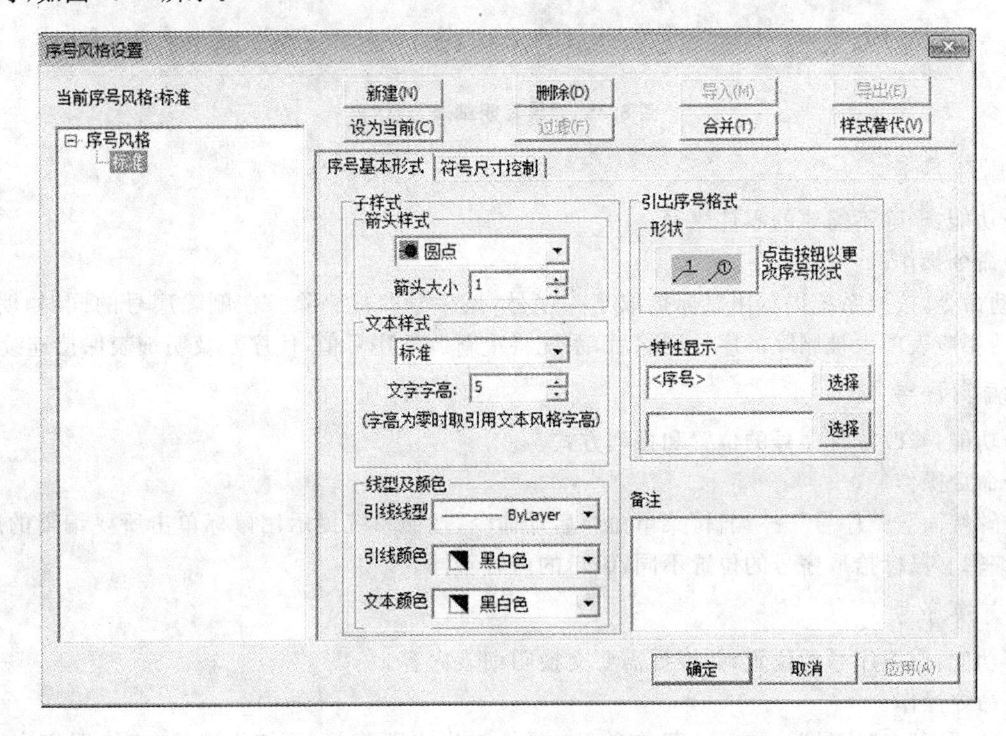

图 8.33　“序号风格设置”对话题

2. 生成序号

(1)功能：生成或插入零件序号，而且与明细表联动。

(2)命令操作。

选择“幅面”→“序号”→“生成”菜单命令，系统弹出立即菜单，填写或选择立即菜单的各项内容。立即菜单如图 8.34 所示。根据系统提示指定引出点、转折点，生成序号。

图 8.34　生成序号立即菜单

如果立即菜单第 5 项设置为“生成明细表”、第 6 项为“填写”时，弹出“填写明细表”对话框，如图 8.35 所示。在对话框中填写明细表的有关内容，点击“确定”按钮，即按对话框中的内容生成明细表。

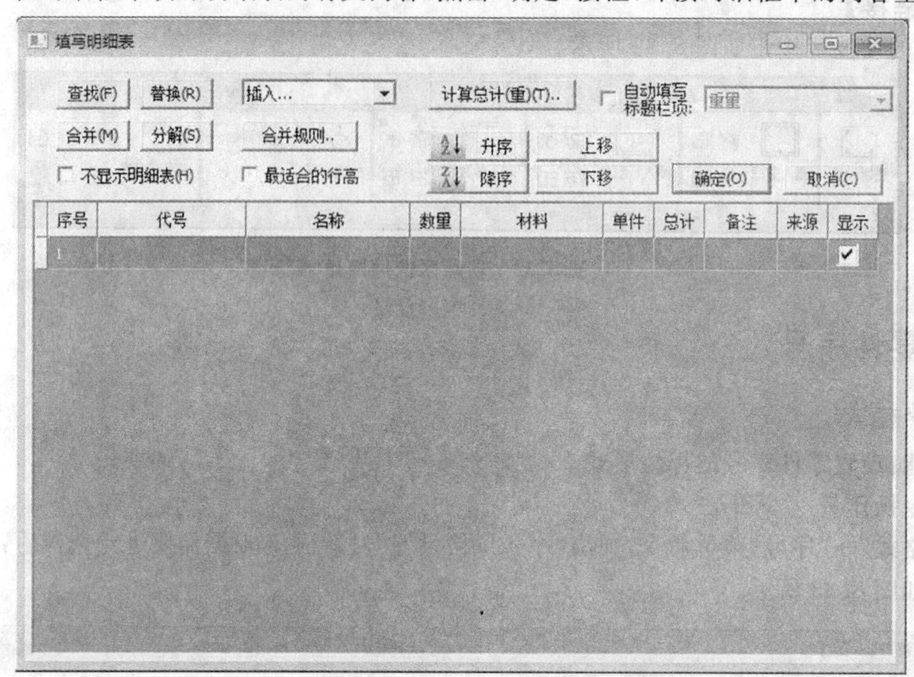

图 8.35　“填写明细表”对话框

3. 删除序号

(1)功能:删除不需要的零件序号。

(2)命令操作。

启动命令，按照系统提示用鼠标拾取某一序号，该序号即被删除。在删除序号的同时，明细表中该序号的相应表项也被删除。序号删除后，系统将重新调整序号值，使序号及明细表保持连续。

4. 编辑序号

(1)功能:修改零件序号的位置和排列方式。

(2)命令操作。

选择“幅面”→“序号”→“编辑”菜单命令启动命令，按照系统提示用鼠标单击所要编辑的序号，即可进行编辑。鼠标拾取序号的位置不同，编辑的内容不同。

5. 交换序号

(1)功能:交换序号的位置，并根据需要交换明细表内容。

(2)命令操作。

选择“幅面”→“序号”→“交换”菜单命令 ，系统弹出立即菜单，可切换选择“交换明细表内容”或“不交换明细表内容”，按照系统提示先用鼠标拾取待交换的序号 1，再拾取待交换的序号 2，随即序号值 1 和 2 交换了位置。

8.2.2 明细表

1. 填写明细表

(1)功能:填写或修改明细表各项的内容。

(2)命令操作。

选择“幅面”→“明细表”→“填写”菜单命令，系统弹出“填写明细表”对话框，其中每项都与明细表的项相对应，单击相应文本框，可根据需要填写或修改。填写结束后，单击“确定”按钮，所填项目即添加到明细表中。如图 8.35 所示。

2. 表格折行

(1)功能：当表项较多而位置受到限制时，使用该命令，可将明细表的表格在所需位置处向左或向右转移，转移时表格及项目内容一起转移。

(2)命令操作。

启动命令，系统弹出立即菜单，根据需要选择“左折”或“右折”等。如选“左折”，系统提示“请拾取表项:”，单击明细表第 7 项的数字“7”，则第 7 项及其以上的所有表格和内容移动到明细表左侧。

3. 删除表项

(1)功能：从已有的明细表中删除某一个表项。删除该表项时，不仅其表格及项目内容全部被删除，而且与其相应的零件序号也被删除。同时，系统自动重新调整序号的排列顺序，以保证序号的连续性。

(2)命令操作。

启动命令，系统提示“请拾取表项”，在明细表中拾取要删除表项的序号数值，则删除该表项及其对应的序号，同时该序号以后的序号自动重新排列。

4. 插入空行

(1)功能：在明细表中插入一个空白行。

(2)命令操作。

启动命令，系统提示“请拾取表项”，在明细表中拾取某项的序号数值，即可在该行的上面插入一个空白行。

5. 明细表样式

(1)功能：定义不同的明细表样式。

(2)命令操作。

启动命令，系统弹出“明细表风格设置”对话框，如图 8.36 所示。根据需要进行选择后，单击“确定”按钮即可。

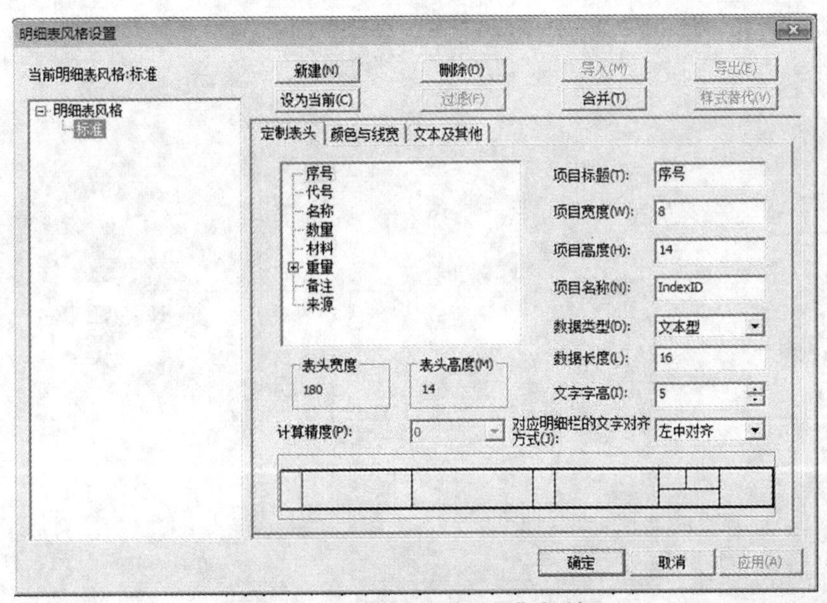

图 8.36 “明细表风格设置”对话框

【任务小结】

(1)掌握 CAXA 绘制零件图和装配图的方法和步骤。

(2)要求掌握在导航功能下实现三视图的“长对正、高平齐、宽相等”三等关系;要求掌握绘制剖面线的方法;在绘制装配图时,学习并掌握“拼画法”来快速绘制。

(3)能够根据测量数据、有关标准和手册确定标准件的规格和齿轮参数,而后在 CAXA 图库中直接调用。

(4)掌握 CAXA 中各种公差的标注方法,正确选择配合、表面粗糙度和形位公差并进行标注。

附　　录

附录1　螺　　纹

附表1.1　普通螺纹直径与螺距(摘自GB/T 196～197—2003)　　mm

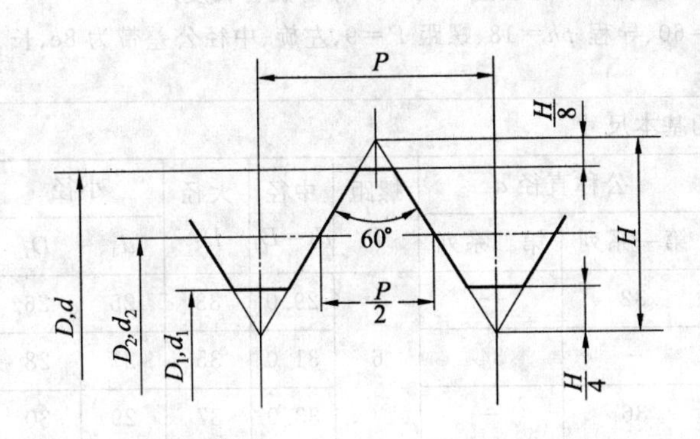

D——内螺纹的基本大径(公称直径)

d——内螺纹的基本大径(公称直径)

D_2——内螺纹的基本中径

d_2——外螺纹的基本中径

D_1——内螺纹的基本小径

d_1——外螺纹的基本小径

P——螺距

H——$\frac{\sqrt{3}}{2}P$

标注示例:

M24(公称直径为24 mm、螺距为3 mm的粗牙右旋普通螺纹)

M24×1.5－LH(公称直径为24 mm、螺距为1.5 mm的细牙左旋普通螺纹)

公称直径 D、d		螺距 P		粗牙中径	粗牙小径
第一系列	第二系列	粗牙	细牙	D_2、d_2	D_1、d_1
3		0.5	0.35	2.675	2.459
	3.5	(0.6)		3.110	2.850
4		0.7	0.5	3.545	3.242
	4.5	(0.75)		4.013	3.688
5		0.8		4.480	4.134
6		1	0.75(0.5)	5.350	4.917
8		1.25	1,0.75,(0.5)	7.188	6.647
10		1.5	1.25,1,0.75,(0.5)	9.026	8.376
12		1.75	1.5,1.25,1,0.75,(0.5)	10.863	10.106
	14	2	1.5,(1.25),1,(0.75),(0.5)	12.701	11.835
16		2	1.5,1,(0.75),(0.5)	14.701	13.835
	18	2.5	1.5,1,(0.75),(0.5)	16.376	15.294
20		2.5		18.376	17.294
	22	2.5	2,1.5,1,(0.75),(0.5)	20.376	19.294
24		3	2,1.5,1,(0.75)	22.051	20.752
	27	3	2,1.5,1,(0.75)	25.051	23.752
30		3.5	(3),2,1.5,1,(0.75)	27.727	26.211

注:①优先选用第一系列,括号内尺寸尽可能不用,第三系列未列入

②M14×1.25仅用于火花塞

附表 1.2　梯形螺纹(摘自 GB/T 5796.1～5796.4—1986)

mm

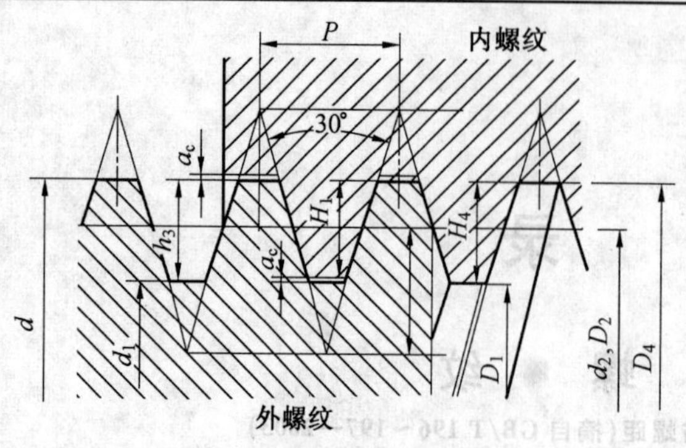

d——外螺纹大径(公称直径)
d_3——外螺纹小径
D_4——内螺纹大径
D_1——内螺纹小径
d_2——外螺纹中径
D_2——内螺纹中径
P——螺距
a_c——牙顶间隙
$h_3=H_4+H_1+a_c$

标记示例:

Tr40×7−7H(单线梯形内螺纹、公称直径 $d=40$、螺距 $P=7$、右旋、中径公差带为 7H、中等旋合长度)

Tr60×18(P9)LH−8e−L(双线梯形外螺纹、公称直径 $d=60$、导程 $ph=18$、螺距 $P=9$、左旋、中径公差带为 8e、长旋合长度)

梯形螺纹的基本尺寸

公称直径 d		螺距	中径	大径	小径		公称直径 d		螺距	中径	大径	小径	
第一系列	第二系列	P	$d_2=D_2$	D_4	d_3	D_1	第一系列	第二系列	P	$d_2=D_2$	D_4	d_3	D_1
8	—	1.5	7.25	8.30	6.2	6.5	32	—	6	29.0	33	25	26
—	9	2	8.0	9.5	6.5	7	—	34		31.0	35	27	28
10	—		9.0	10.5	7.5	8	36	—		33.0	37	29	30
—	11		10.0	11.5	8.5	9	—	38		34.5	39	30	31
12	—	3	10.5	12.5	8.5	9	40	—	7	36.5	41	32	33
—	14		12.5	14.5	10.5	11	—	42		38.5	43	34	35
16	—	4	14.0	16.5	11.5	12	44	—		40.5	45	36	37
—	18		16.0	18.5	13.5	14	—	46	8	42.0	47	37	38
20	—		18.0	20.5	15.5	16	48	—		44.0	49	39	40
—	22	5	19.5	22.5	16.5	17	—	50		46.0	51	41	42
24	—		21.5	24.5	18.5	19	52	—		48.0	53	43	44
—	26		23.5	26.5	20.5	21	—	55	9	50.5	56	45	46
28	—		25.5	28.5	22.5	23	60	—		55.5	61	50	51
—	30	6	27.0	31.0	23.0	24	—	65	10	60.0	66	54	55

注:①优先选用第一系列的直径

②表中所列的螺距和直径,是优先选择的螺距及与之对应的直径

附表 1.3 55°密封管螺纹

第 1 部分 圆柱内螺纹与圆柱外螺纹(摘自 GB/T 7306.1—2000)

第 2 部分 圆锥内螺纹与圆锥外螺纹(摘自 GB/T 7306.2—2000)

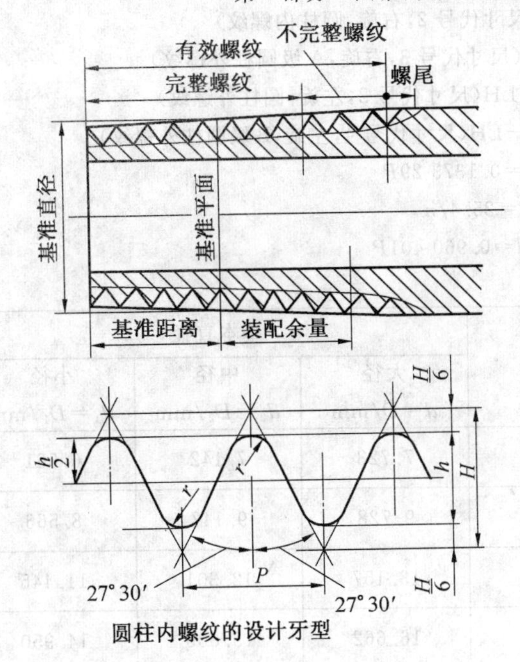

圆柱内螺纹的设计牙型

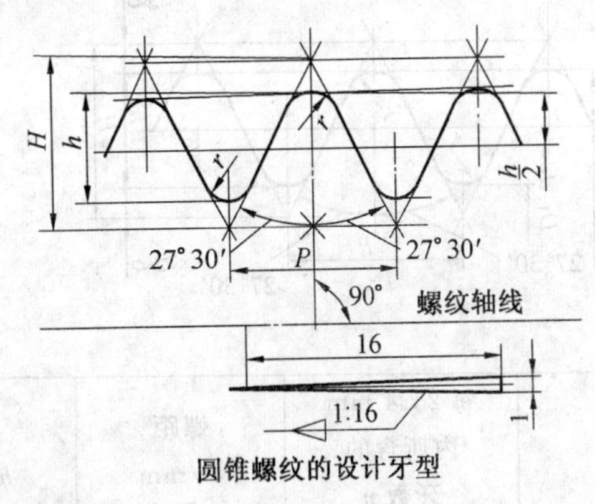

圆锥螺纹的设计牙型

标注示例:

GB/T 7306.1—2000

Rp3/4(尺寸代号 3/4,右旋,圆柱内螺纹)

$R_1$3(尺寸代号 3,右旋,圆锥外螺纹)

Rp3/4LH(尺寸代号 3/4,左旋,圆柱内螺纹)

Rp/$R_1$3(右旋圆锥螺纹,圆柱内螺纹的螺纹副)

GB/T 7306.2—2000

Rc3/4(尺寸代号 3/4,右旋,圆锥内螺纹)

Rc3/4LH(尺寸代号 3/4,左旋,圆锥内螺纹)

$R_2$3(尺寸代号 3,右旋,圆锥内螺纹)

R_2/$R_2$3(右旋圆锥内螺纹、圆锥外螺纹的螺纹副)

尺寸代号	每 25.4 mm 内所含的牙数 n	螺距 P /mm	牙高 h /mm	基准平面内的基本直径			基准距离(基本)/mm	外螺纹的有效螺纹不小于/mm
				大径(基准直径) $d=D$/mm	中径 $d_2=D_2$ /mm	小径 $d_1=D_1$ /mm		
1/16	28	0.907	0.581	7.723	7.142	6.561	4	6.5
1/8	28	0.907	0.581	9.728	9.147	8.566	4	6.5
1/4	19	1.337	0.856	13.157	12.301	11.445	6	9.7
3/8	19	1.337	0.856	16.662	15.806	14.950	6.4	10.1
1/2	14	1.814	1.162	20.955	19.793	18.631	8.2	13.2
3/4	14	1.814	1.162	26.441	25.279	24.117	9.5	14.5
1	11	2.309	1.479	33.249	31.770	30.291	10.4	16.8
$1\frac{1}{4}$	11	2.309	1.479	41.910	40.431	38.952	12.7	19.1
$1\frac{1}{2}$	11	2.309	1.479	47.803	46.324	44.845	12.7	19.1
2	11	2.309	1.479	59.614	58.135	56.656	15.9	23.4
$2\frac{1}{2}$	11	2.309	1.479	75.184	73.705	72.226	17.5	26.7
3	11	2.309	1.479	87.884	86.405	84.926	20.6	29.8
4	11	2.309	1.479	113.030	111.551	110.072	25.4	35.8
5	11	2.309	1.479	138.430	136.951	135.472	28.6	40.1
6	11	2.309	1.479	163.830	162.351	160.872	28.6	40.1

附表 1.4　55°非密封管螺纹(摘自 GB/T 7307—2001)

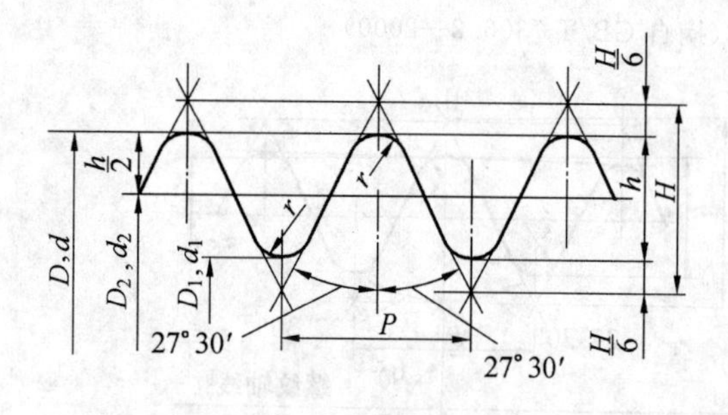

标注示例:

G2(尺寸代号 2,右旋,圆柱内螺纹)

G3A(尺寸代号 3,右旋,A 级圆柱外螺纹)

G2－LH(尺寸代号 2,左旋,圆柱外螺纹)

G4B－LH(尺寸代号 4,左旋,B 级圆柱外螺纹)

注:$r=0.137329P$

$P=25.4/n$

$H=0.960401P$

尺寸代号	每 25.4 mm 内所含的牙数 n	螺距 P/mm	牙高 h/mm	基本直径		
				大径 $d=D$/mm	中径 $d_2=D_2$/mm	小径 $d_1=D_1$/mm
1/16	28	0.907	0.581	7.723	7.142	6.561
1/8	28	0.907	0.581	9.728	9.147	8.566
1/4	19	1.337	0.856	13.157	12.301	11.445
3/8	19	1.337	0.856	16.662	15.806	14.950
1/2	14	1.814	1.162	20.955	19.793	18.631
3/4	14	1.814	1.162	26.441	25.279	24.117
1	11	2.309	1.479	33.249	31.770	30.291
$1\frac{1}{4}$	11	2.309	1.479	41.910	40.431	38.952
$1\frac{1}{2}$	11	2.309	1.479	47.803	46.324	44.845
2	11	2.309	1.479	59.614	58.135	56.656
$2\frac{1}{2}$	11	2.309	1.479	75.184	73.705	72.226
3	11	2.309	1.479	87.884	86.405	84.926
4	11	2.309	1.479	113.030	111.551	110.072
5	11	2.309	1.479	138.430	136.951	135.472
6	11	2.309	1.479	163.830	162.351	160.872

附录 2 常用标准件

附表 2.1 六角头螺栓(一) mm

六角头螺栓—A 和 B 级(摘自 GB/T 5782—2000)

六角头螺栓—细牙—A 和 B 级(摘自 GB/T 5785—2000)

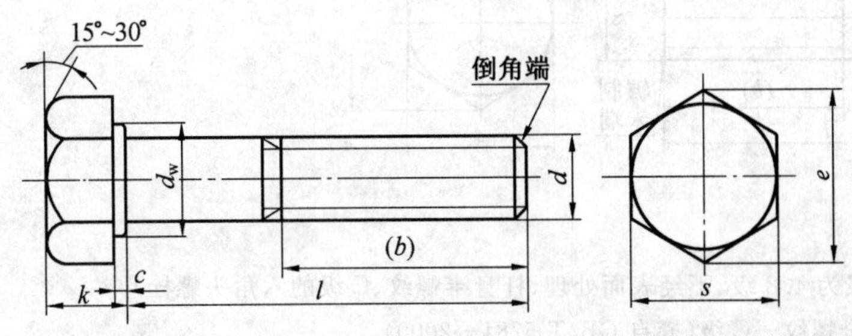

标记示例:

螺栓 GB/T 5782 M12×100

(螺纹规格 d=M12、公称长度 l=100、性能等级为 8.8 级、表面氧化、杆身半螺纹、A 级的六角头螺栓)

六角头螺栓—全螺纹—A 和 B 级(摘自 GB/T 5783—2000)

六角头螺栓—细牙—全螺纹—A 和 B 级(摘自 GB/T 5786—2000)

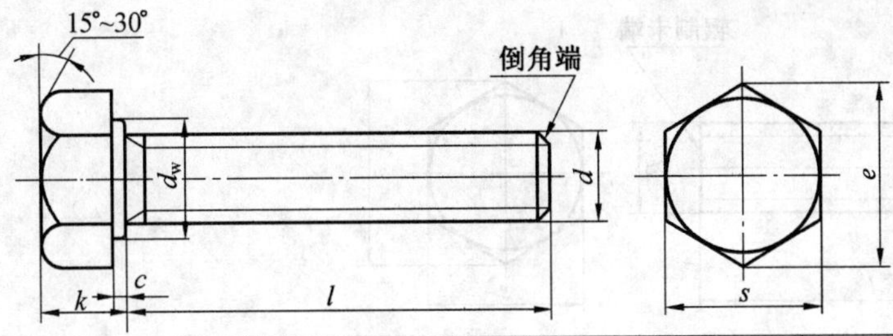

标记示例:

螺栓 GB/T 5786 M30×80

(螺纹规格 d=M30×2、公称长度 l=80、性能等级为 8.8 级、表面氧化、全螺纹、B 级的细牙六角头螺栓)

螺纹规格	d	M4	M5	M6	M8	M10	M12	M16	M20	M24	M30	M36	M42	M48
	$D\times P$	—	—	—	M8×1	M10×1	M12×15	M16×15	M20×2	M24×2	M30×2	M36×3	M42×3	M48×3
$b_{参考}$	$l\leqslant125$	14	16	18	22	26	30	38	46	54	66	78	—	—
	$125<l\leqslant200$	—	—	—	28	32	36	44	52	60	72	84	96	108
	$l>200$	—	—	—	—	—	—	57	65	73	85	97	109	121
c_{max}		0.4	0.5			0.6				0.8			1	
$k_{公称}$		2.8	3.5	4	5.3	6.4	7.5	10	12.5	15	18.7	22.5	26	30
s_{max}=公称		7	8	10	13	16	18	24	30	36	46	55	65	75
e_{min}	A	7.66	8.79	11.05	14.38	17.77	20.03	26.75	33.53	39.98	—	—	—	—
	B	—	8.63	10.89	14.2	17.59	19.85	26.17	32.95	39.55	50.85	60.79	72.02	82.6
d_{min}	A	5.9	6.9	8.9	11.6	14.6	16.6	22.5	28.2	33.6	—	—	—	—
	B	—	6.7	8.7	11.4	14.4	16.4	22	27.7	33.2	42.7	51.1	60.6	69.4
$l_{范围}$	GB 5782	25~40	25~50	30~60	35~80	40~100	45~120	55~160	65~160	80~240	90~300	110~360	130~400	140~400
	GB 5785											110~330		
	GB 5783	8~40	10~50	12~60	16~80	20~100	25~100	35~100	40~100				80~500	100~500
	GB 5786	—	—	—			25~100	35~100	40~200				90~400	100~500
$l_{系列}$	GB 5782 GB 5785	20~65(5 进位)、70~160(10 进位)、180~400(20 进位)												
	GB 5783 GB 5786	6、8、10、12、16、18、20~65(5 进位)、70~160(10 进位)、180~500(20 进位)												

注:①P——螺距。末端按 GB/T 2—2000 规定

②螺纹公差:6g;机械性能等级:8.8

③产品等级:A 级用于 $d\leqslant24$ 和 $l\leqslant10d$ 或≤150 mm(按较小值);B 级用于 $d>24$ 和 $l\leqslant10d$ 或>150 mm(按较小值)

附表 2.2 六角头螺栓(二)

mm

六角头螺栓—C级(摘自 GB/T 5780—2000)

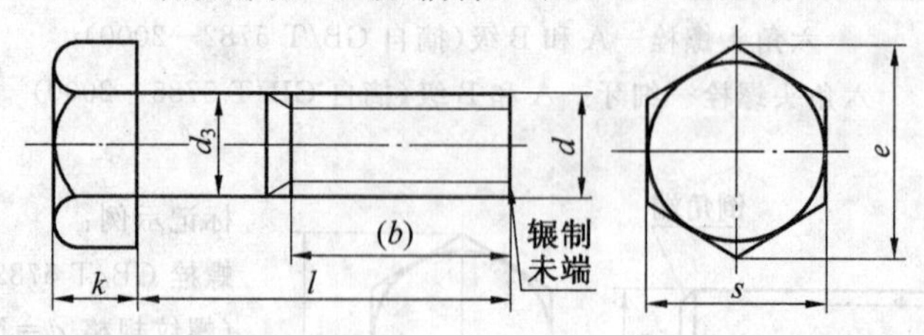

标记示例:

螺栓 GB/T 5780 M20×100

(螺纹规格 d=M20、公称长度 l=100、性能等级为 4.8 级、不经表面处理、杆身半螺纹、C 级的六角头螺栓)

六角头螺栓—全螺纹—C 级(摘自 GB/T 5781—2000)

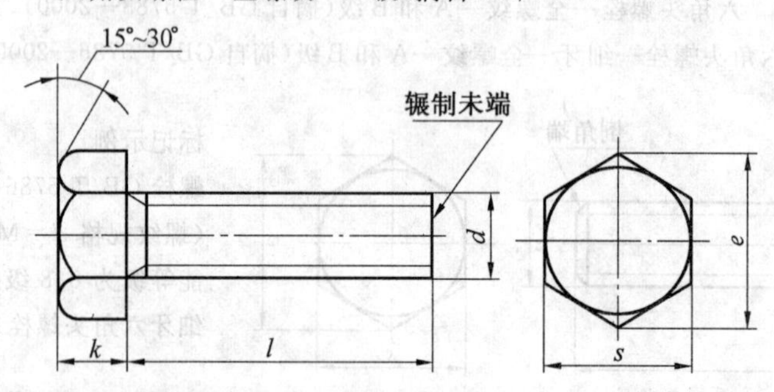

标记示例:

螺栓 GB/T 5781 M20×80

(螺纹规格 d=M12、公称长度 l=80、性能等级为 4.8 级、不经表面处理、全螺纹、C 级的六角头螺栓)

螺纹规格 d		M5	M6	M8	M10	M12	M16	M20	M24	M30	M36	M42	M48
$b_{参考}$	$l\leqslant125$	16	18	22	26	30	38	46	54	66	78	—	—
	$125<l\leqslant1\ 200$	—	—	28	32	36	44	52	60	72	84	96	108
	$l>200$	—	—	—	—	—	57	65	73	85	97	109	121
$k_{公称}$		3.5	4.0	5.3	6.4	7.5	10	12.5	15	18.7	22.5	26	30
s_{max}		8	10	13	16	18	24	30	36	46	55	65	75
e_{max}		8.63	10.9	14.2	17.6	19.9	26.2	33.0	39.6	50.9	60.8	72.0	82.6
d_{max}		5.48	6.48	8.58	10.6	12.7	16.7	20.8	24.8	30.8	37.0	45.0	49.0
$l_{范围}$	GB/T 5780—2000	25~50	30~60	35~80	40~100	45~120	55~160	65~200	80~240	90~300	110~300	160~420	180~480
	GB/T 5781—2000	10~40	12~50	16~65	20~80	25~100	35~100	40~100	50~100	60~100	70~100	80~420	90~480
$l_{系列}$		10、12、16、20~50(5 进位)、(55)、60、(65)、70~160(10 进位),180,220~500(20 进位)											

注:①括号内的规格尽可能不用。末端按 GB/T 2—2000 规定

②螺纹公差:8g(GB/T 5780—2000),6g(GB/T 5781—2000);机械性能等级:4.6、4.8;产品等级:C

附表 2.3 Ⅰ型六角螺母

mm

Ⅰ型六角螺母—A 和 B 级(摘自 GB/T 6170—2000)

Ⅰ型六角头螺母—细牙—A 和 B 级(摘自 GB/T 6170—2000)

Ⅰ型六角螺母—C 级(摘自 GB/T 41—2000)

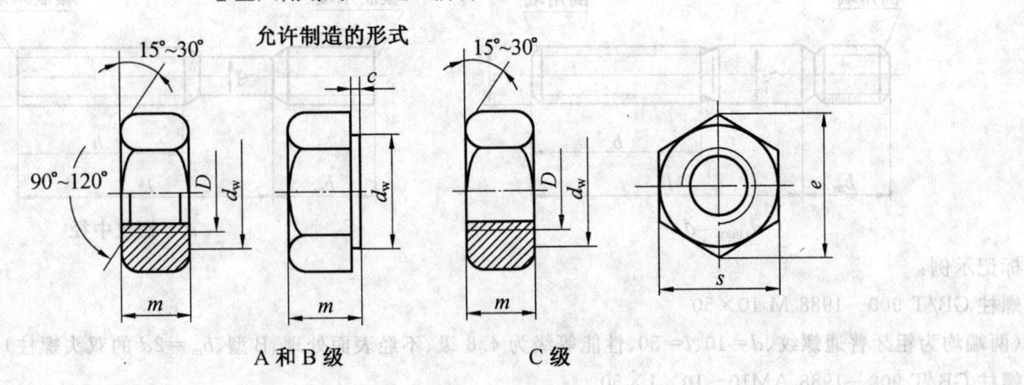

标记示例:

螺母:GB/T 41 M12

(螺纹规格 D=M12、性能等级为 5 级、不经表面处理、C 级的Ⅰ型六角螺母)

螺母:GB/T 6171 M24×2

(螺纹规格 D=M24、螺距 P=2、性能等级为 10 级、不经表面处理、B 级的Ⅰ型细牙六角螺母)

螺纹规格		M4	M5	M6	M8	M10	M12	M16	M20	M24	M30	M36	M42	M48
	D	M4	M5	M6	M8	M10	M12	M16	M20	M24	M30	M36	M42	M48
	$D\times P$	—	—	—	M8×1	M10×1	M12×1.5	M16×1.5	M20×2	M24×2	M30×2	M36×2	M42×3	M48×3
c		0.4	0.5		0.6				0.8				1	
s_{max}		7	8	10	13	16	18	24	30	36	46	55	65	75
c_{min}	A、B 级	7.66	8.79	11.05	14.38	17.77	20.03	26.75	32.95	39.95	50.85	60.79	72.02	82.6
	C 级	—	8.63	10.89	14.2	17.59	19.85	26.17						
d_{max}	A、B 级	3.2	4.7	5.2	6.8	8.4	10.8	14.8	18	21.5	25.6	31	34	38
	C 级	—	5.6	6.1	7.9	9.5	12.2	15.9	18.7	22.3	26.4	31.5	34.9	38.9
d_{wmin}	A、B 级	5.9	6.9	8.9	11.6	14.6	16.6	22.5	27.7	33.2	42.7	51.1	60.6	69.4
	C 级	—	6.9	8.7	11.5	14.5	16.5	22						

注:①P——螺距

②A 级用于 $D\leqslant16$ 的螺母;B 级用于 $D>16$ 的螺母;C 级用于 $D\geqslant5$ 的螺母

③螺纹公差:A、B 级为 6H,C 级为 7H;机械性能等级:A、B 级为 6、8、10 级,C 级为 4、5 级

附表 2.4 螺栓

mm

$b_m=1d$(GB/T 897—1988)；$b_m=1.25d$(GB/T 898—1988)；$b_m=1.5d$(GB/T 899—1988)；$b_m=2d$(GB/T 900—1988)

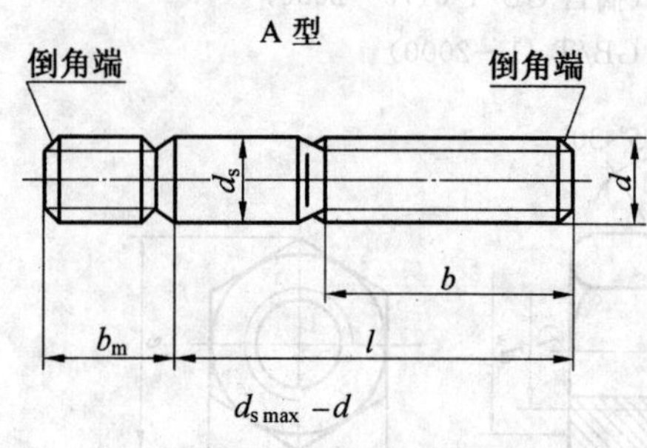

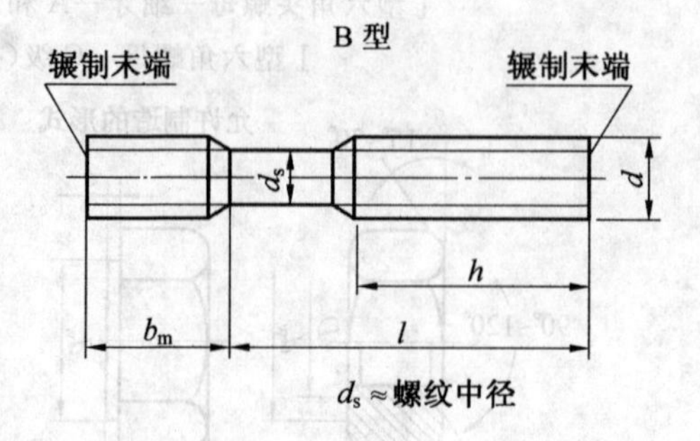

标记示例：

螺柱 GB/T 900—1988 M 10×50

（两端均为粗牙普通螺纹、$d=10$、$l=50$、性能等级为 4.8 级、不经表面处理、B型、$b_m=2d$ 的双头螺柱）

螺柱 GB/T 900—1988 AM10－10×1×50

（旋入机体一端为粗牙普通螺纹、旋螺母端为螺距 $P=1$ 的细牙普通螺纹、$d=10$、$l=50$、性能等级为 4.8 级、不经表面处理、A型、$b_m=2d$ 的双头螺柱）

螺纹规格 d	b_m（旋入机体端长度）				l/b（螺柱长度/旋螺母端长度）
	GB/T 897	GB/T 898	GB/T 899	GB/T 900	
M4	—	—	6	8	16～22/8　25～40/14
M5	5	6	8	10	16～22/10　25～50/16
M6	6	8	10	12	20～22/10　25～30/14　32～75/18
M8	8	10	12	16	20～22/12　25～30/16　32～90/22
M10	10	12	15	20	25～28/14　30～38/16　40～120/26　130/32
M12	12	15	18	24	25～28/14　30～38/16　40～120/26　130/32
M16	16	20	24	32	30～38/16　40～55/20　60～120/30　130～200/36
M20	20	25	30	40	35～40/20　45～65/30　70～120/38　130～200/44
(M24)	24	30	36	48	45～50/25　55～75/35　80～120/46　130～200/52
(M30)	30	38	45	60	60～65/40　70～90/50　95～120/66　130～200/72　210～250/85
M36	36	45	54	72	65～75/45　80～110/60　120/78　130～200/84　210～300/97
M42	42	52	63	84	70～80/50　85～110/70　120/90　130～200/96　210～300/109
M48	48	60	72	96	80～90/60　95～110/80　120/102　130～200/108　210～300/121
$l_{系列}$	12、(14)、16、(18)、20、(22)、25、(28)、30、(32)、35、(38)、40、45、50、55、60、(65)、70、75、80、(85)、90、100～260(10 进位)、280、300				

注：①尽可能不采用括号内的规格。末端按 GB/T 2—2000 规定

②$b_n=1d$，一般用于钢对钢；$b_m=(1.25-1.5)d$，一般用于钢对铸铁；$b_m=2d$，一般用于钢对铝合金

附表 2.5　螺钉(一)

mm

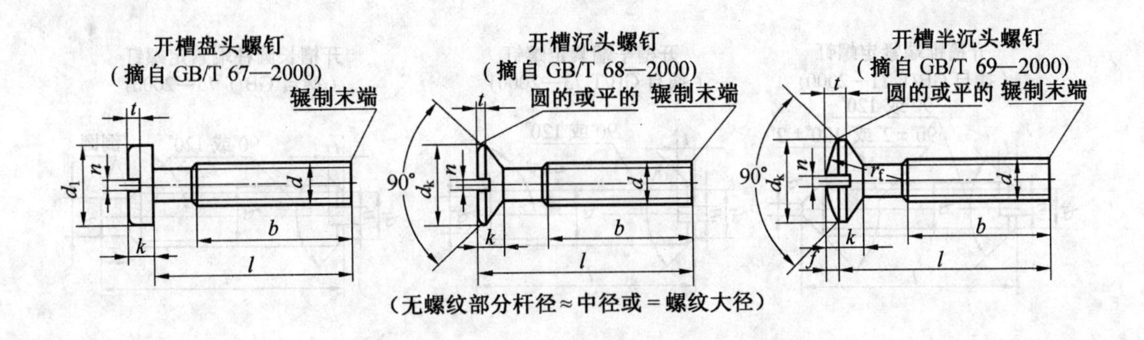

(无螺纹部分杆径≈中径或＝螺纹大径)

标记示例：

螺钉 GB/T 67 M5×60

(螺纹规格 d＝M5、l＝60,性能等级为 4.8 级、不经表面处理的开槽盘头螺钉)

螺纹规格 d	P	b_{min}	n 公称	f	r_f	k_{max}		d_{kmax}		t_{min}			$l_{范围}$		全螺纹时最大长度	
				GB/T 69	GB/T 69	GB/T 67	GB/T 68 GB/T 69	GB/T 67	GB/T 68 GB/T 69	GB/T 67	GB/T 68	GB/T 69	GB/T 67	GB/T 68 GB/T 69	GB/T 67	GB/T 68 GB/T 69
M2	0.4	25	0.5	4	0.5	1.3	1.2	4	3.8	0.5	0.4	0.8	2.5～20	3～20	30	
M3	0.5		0.8	6	0.7	1.8	1.65	5.6	5.5	0.7	0.6	1.2	4～30	5～30		
M4	0.7	38	1.2	9.5	1	2.4	2.7	8	8.4	1	1	1.6	5～40	6～40	40	45
M5	0.8				1.2	3		9.5	9.3	1.2	1.1	2	6～50	8～50		
M6	1		1.6	12	1.4	3.6	3.3	12	12	1.4	1.2	2.4	8～60	8～60		
M8	1.25		2	16.5	2	4.8	4.65	16	16	1.9	1.8	3.2	10～80			
M10	1.5		2.5	19.5	2.3	6	5	20	20	2.4	2	3.8				
$l_{系列}$	2、2.5、3、4、5、6、8、10、12、(14)、16、20～50(5 进位)、(55)、60、(65)、70、(75)、80															

注：螺纹公差：6g；机械性能等级：4.8、5.8、产品等级：A

附表 2.6　螺钉(二)

mm

开槽锥端紧定螺钉
(摘自 GB/T 71—2000)

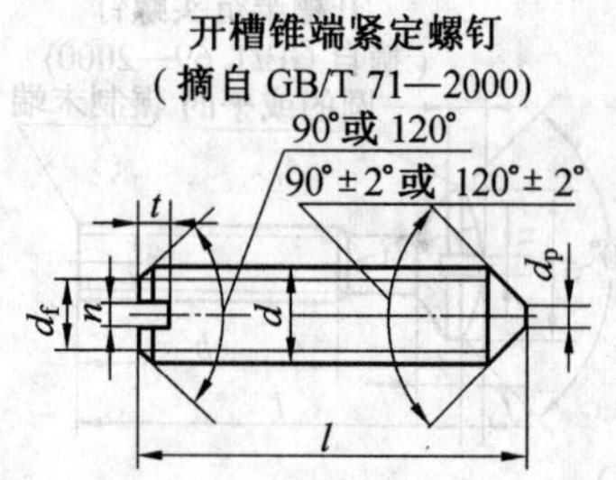

开槽平端紧定螺钉
(摘自 GB/T 73—2000)

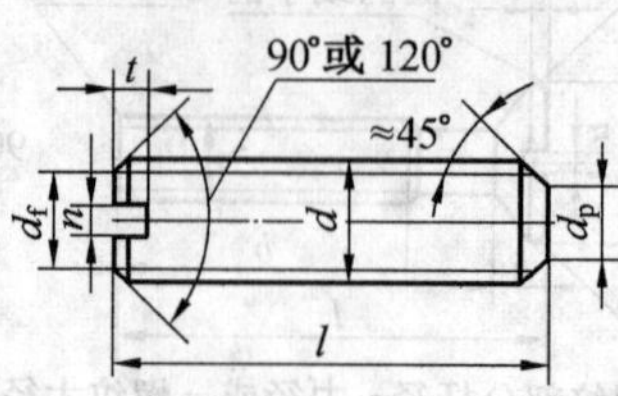

开槽长圆柱端紧定螺钉
(摘自 GB/T 75—2000)

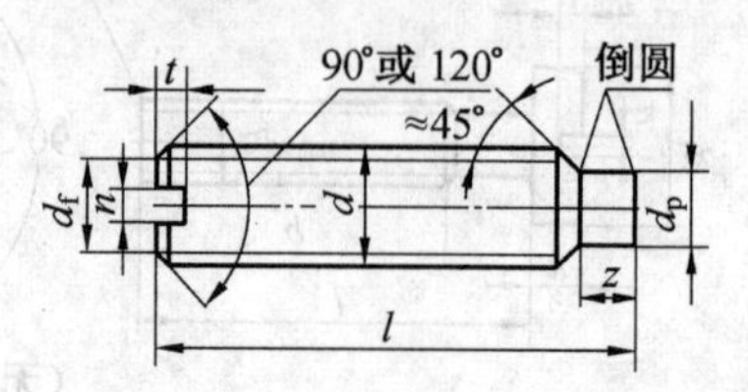

标记示例:
螺钉 GB/T 71 M5×20
(螺纹规格 d=M5、公称长度 l=20,性能等级为 14H 级、表面氧化的开槽锥端紧定螺钉)

螺纹规格 d	P	d_t	d_{rmax}	d_{pmax}	$n_{公称}$	t_{max}	z_{max}	$l_{范围}$		
								GB 71	GB 73	GB 75
M2	0.4	螺纹小径	0.2	1	0.25	0.84	1.25	3～10	2～10	3～10
M3	0.5		0.3	2	0.4	1.05	1.75	4～16	3～16	5～16
M4	0.7		0.4	2.5	0.6	1.42	2.25	6～20	4～20	6～20
M5	0.8		0.5	3.5	0.8	1.63	2.75	8～25	5～25	8～25
M6	1		1.5	4	1	2	3.25	8～30	6～30	8～30
M8	1.25		2	5.5	1.2	2.5	4.3	10～40	8～40	10～40
M10	1.5		2.5	7	1.6	3	5.3	12～50	10～50	12～50
M12	1.75		3	8.5	2	3.6	6.3	14～60	12～60	14～60
$l_{系列}$	2、2.5、3、4、5、6、8、10、12、(14)、16、20、25、30、35、40、45、50、(55)、60									

注:螺纹公差:6g;机械性能等级:14H、22H;产品等级:A

附表 2.7　内六角圆柱头螺钉(摘自 GB/T 70.1—2000)　　mm

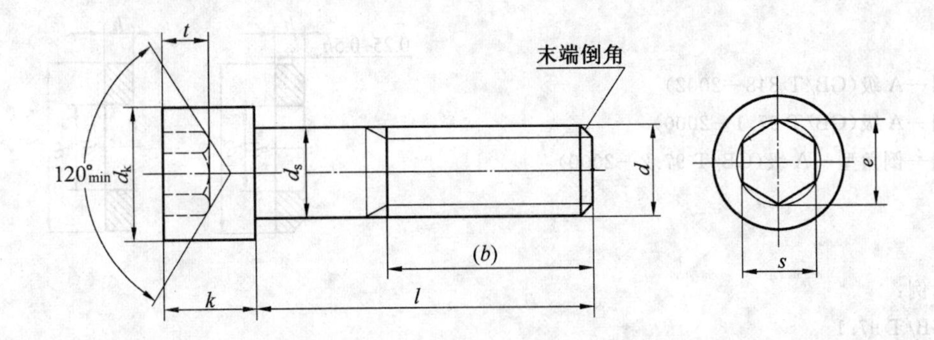

标记示例：

螺钉 GB/T 70.1　M5×20

(螺纹规格 d=M5、公称长度 l=20、性能等级为 8.8 级、表面氧化的内六角圆柱头螺钉)

螺纹规格 d		M4	M5	M6	M8	M10	M12	(M14)	M16	M20	M24	M30	M36
螺距 P		0.7	0.8	1	1.25	1.5	1.75	2	2	2.5	3	3.5	4
$b_{参考}$		20	22	24	28	32	36	40	44	52	60	72	84
d_{kmin}	光滑头部	7	8.5	10	13	16	18	21	24	30	36	45	54
	滚花头部	7.22	8.72	10.22	13.27	16.27	18.27	21.33	24.33	30.33	36.39	45.39	54.46
k_{max}		4	5	6	8	10	12	14	16	20	24	30	36
l_{min}		2	2.5	3	4	5	6	7	8	10	12	15.5	19
$S_{公称}$		3	4	5	6	8	10	12	14	17	19	22	27
e_{min}		3.44	4.58	5.72	6.86	9.15	11.43	13.72	16	19.44	21.73	25.15	30.35
d_{smax}		4	5	6	8	10	12	14	16	20	24	30	36
$l_{范围}$		6～40	8～50	10～60	12～80	16～100	20～120	25～140	25～160	30～200	40～200	45～200	55～200
全螺纹时最大长度		25	25	30	35	40	45	55	55	65	80	90	100
$l_{系列}$		6、8、10、12、(14)、(16)、20～50(5 进位)、(55)、60、(65)、70～160(10 进位)、180、200											

注：①括号内的规格尽可能不用。末端按 GB/T 2—2000 规定

②机械性能等级：8.8、12.9

③螺纹公差：机械性能等级 8.8 级时为 6g，12.9 级时为 5g、6g

④产品等级：A

附表 2.8 垫圈 mm

小垫圈—A级(GB/T 848—2002)
平垫圈—A级(GB/T 97.1—2000)
平垫圈—倒角型—A级(GB/T 97.2—2000)

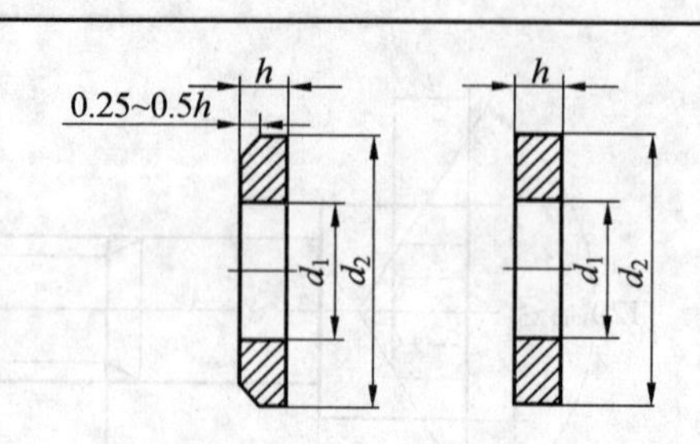

标记示例:
垫圈 GB/T 97.1
(标准系列、规格 8、性能等级为 140 HV 级、不经表面处理的平垫圈)

<table>
<tr><td colspan="2">公称尺寸
(螺纹规格 d)</td><td>1.6</td><td>2</td><td>2.5</td><td>3</td><td>4</td><td>5</td><td>6</td><td>8</td><td>10</td><td>12</td><td>14</td><td>16</td><td>20</td><td>24</td><td>30</td><td>36</td></tr>
<tr><td rowspan="3">d_1</td><td>GB/T 848</td><td rowspan="2">1.7</td><td rowspan="2">2.2</td><td rowspan="2">2.7</td><td rowspan="2">3.2</td><td rowspan="2">4.3</td><td rowspan="3">5.3</td><td rowspan="3">6.4</td><td rowspan="3">8.4</td><td rowspan="3">10.5</td><td rowspan="3">13</td><td rowspan="3">15</td><td rowspan="3">17</td><td rowspan="3">21</td><td rowspan="3">25</td><td rowspan="3">31</td><td rowspan="3">37</td></tr>
<tr><td>GB/T 97.1</td></tr>
<tr><td>GB/T 97.2</td><td>—</td><td>—</td><td>—</td><td>—</td><td>—</td></tr>
<tr><td rowspan="3">d_2</td><td>GB/T 848</td><td>3.5</td><td>4.5</td><td>5</td><td>6</td><td>8</td><td>9</td><td>11</td><td>15</td><td>18</td><td>20</td><td>24</td><td>28</td><td>34</td><td>39</td><td>50</td><td>60</td></tr>
<tr><td>GB/T 97.1</td><td>4</td><td>5</td><td>6</td><td>7</td><td>9</td><td>10</td><td>12</td><td>16</td><td>20</td><td>24</td><td>28</td><td>30</td><td>37</td><td>44</td><td>56</td><td>66</td></tr>
<tr><td>GB/T 97.2</td><td>—</td><td>—</td><td>—</td><td>—</td><td>—</td><td>10</td><td>12</td><td>16</td><td>20</td><td>24</td><td>28</td><td>30</td><td>37</td><td>44</td><td>56</td><td>66</td></tr>
<tr><td rowspan="3">h</td><td>GB/T 848</td><td rowspan="2">0.3</td><td rowspan="2">0.3</td><td rowspan="2">0.5</td><td rowspan="2">0.5</td><td rowspan="2">0.5</td><td rowspan="3">1</td><td rowspan="3">1.6</td><td rowspan="3">1.6</td><td rowspan="3">1.6</td><td rowspan="3">2</td><td rowspan="3">2.5</td><td rowspan="3">2.5</td><td rowspan="3">3</td><td rowspan="3">4</td><td rowspan="3">4</td><td rowspan="3">5</td></tr>
<tr><td>GB/T 97.1</td></tr>
<tr><td>GB/T 97.2</td><td>—</td><td>—</td><td>—</td><td>—</td><td>—</td></tr>
</table>

附表 2.9 标准型弹簧垫圈(摘自 GB/T 93—1987) mm

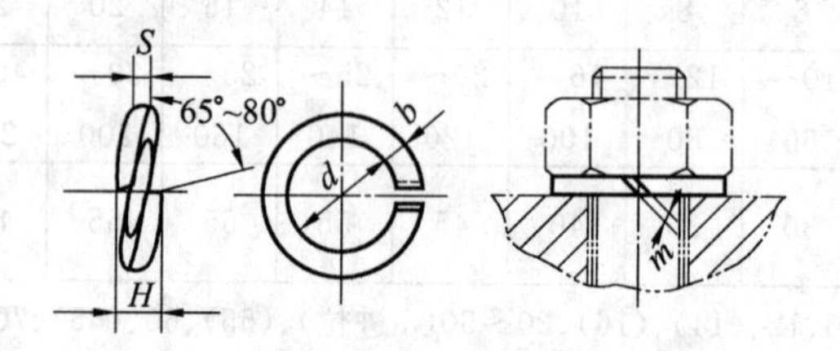

标记示例:
垫圈 GB/T 93 10
(规格 10、材料为 65Mn、表面氧化的标准型弹簧垫圈)

规格 (螺纹大径)	4	5	6	8	10	12	16	20	24	30	36	42	48
$d_{1\min}$	4.1	5.1	6.1	8.1	10.2	12.2	16.2	20.2	24.5	30.5	36.5	42.5	48.5
$S=b_{公称}$	1.1	1.3	1.6	2.1	2.6	3.1	4.1	5	6	7.5	9	10.5	12
$m\leqslant$	0.55	0.65	0.8	1.05	1.3	1.55	2.05	2.5	3	3.75	4.5	5.25	6
$H_{\max}$	2.75	3.25	4	5.25	6.5	7.75	10.25	12.5	15	18.75	22.5	26.25	30

注:m 应大于零

附表 2.10 圆柱销(摘自 GB/T 119.1—2000) mm

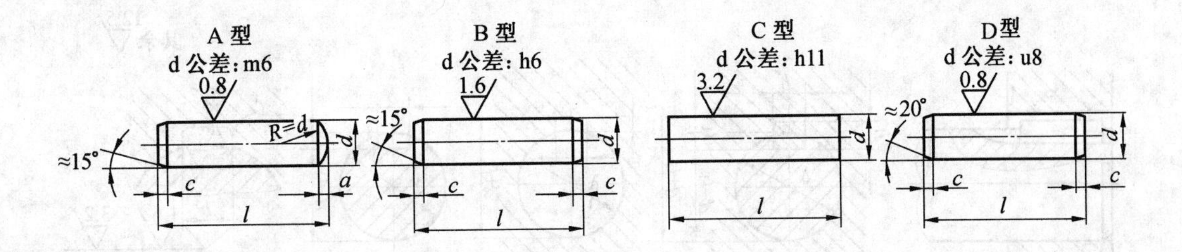

标记示例：

销 GB/T 119.1 6 m6×30

(公称直径 $d=6$、公差为 m6、公称长度 $l=30$、材料为钢，不经表面处理的圆柱销)

销 GB/T 119.1 6 m6×30—A1

(公称直线 $d=6$、公差为 m6、公称长度 $l=30$、材料为 A1 组奥氏体不锈钢、表面简单处理的圆柱销)

d(公称) m6/h8	2	3	4	5	6	8	10	12	16	20	25
$a\approx$	0.25	0.40	0.50	0.63	0.80	1.0	1.2	1.6	2.0	2.5	3.0
$c\approx$	0.35	0.5	0.63	0.8	1.2	1.6	2	2.5	3	3.5	4
$l_{范围}$	6～20	8～30	8～40	10～50	12～60	14～80	18～95	22～140	26～180	35～200	50～200
$l_{系列}$ (公称)	2、3、4、5、6～32(2 进位)、35～100(5 进位)、120～200(按 20 递增)										

附表 2.11 圆锥销(摘自 GB/T 117—2000) mm

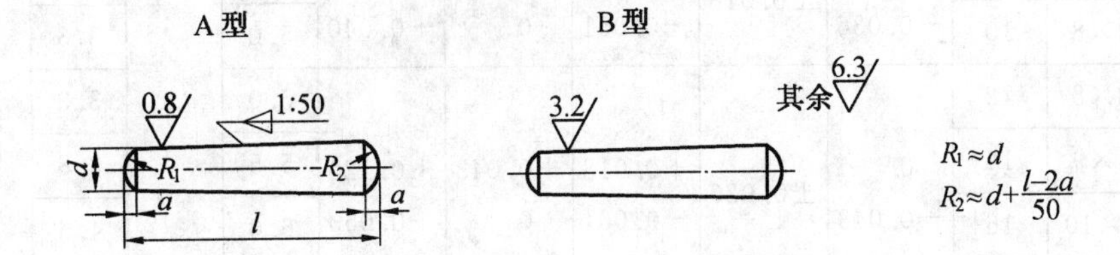

标记示例：

销 GB/T 117 10×60

(公称直径 $d=10$、长度 $l=60$、材料为 35 钢、热处理硬度 28～38HRC、表面氧化处理的 A 型圆锥销)

$d_{公称}$	2	2.5	3	4	5	6	8	10	12	16	20	25
$a=$	0.25	0.3	0.4	0.5	0.63	0.8	1.0	1.2	1.6	2.0	2.5	3.0
$l_{范围}$	10～35	10～35	12～45	14～55	18～60	22～90	22～120	26～160	32～180	40～200	45～200	50～200
$l_{系列}$	2、3、4、5、6～32(2 进位)、35～100(5 进位)、120～200(20 进位)											

附表 2.12　普通平键键槽的尺寸及公差(摘自 GB/T 1095—2003)　　mm

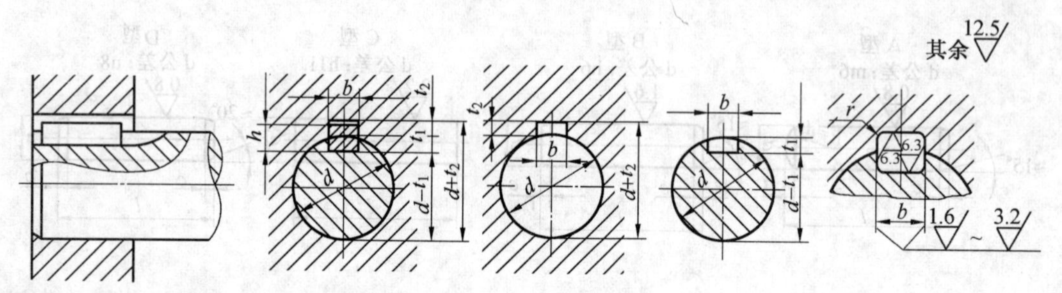

注:在工作图中,轴槽深用 t_1 或 $(d-t_1)$ 标注,轮毂槽深用 $(d+t_2)$ 标注

轴径的直径 d	键尺寸 $b\times h$	键槽											
		宽度 b						深度				半径 r	
		基本尺寸	极限偏差					轴 t_1		毂 t_2			
			正常连接		紧密连接	松连接		基本尺寸	极限偏差	基本尺寸	极限偏差		
			轴 N9	毂 js9	轴和毂 P9	轴 H9	毂 D10					min	max
自 6~8	2×2	2	−0.004 −0.029	±0.012 5	0.006 −0.031	+0.025 0	+0.060 +0.020	1.2	+0.1 0	1	+0.1 0	0.08	0.16
>8~10	3×3	3						1.8		1.4			
>10~12	4×4	4	0 −0.030	±0.015	−0.012 −0.042	+0.030 0	+0.078 +0.030	2.5		1.8			
>12~17	5×5	5						3.0		2.3		0.16	0.25
>17~22	6×6	6						3.5		2.8			
>22~30	8×7	8	0 −0.036	±0.018	−0.015 −0.051	+0.036 0	+0.098 +0.040	4.0	+0.20 0	3.3	+0.20 0		
>30~38	10×8	10						5.0		3.3		0.25	0.40
>38~44	12×8	12	0 −0.043	±0.026	+0.018 −0.061	+0.043 0	+0.120 +0.050	5.0		3.3			
>44~50	14×9	14						5.5		3.8			
>50~58	16×10	16						6.0		4.3			
>58~65	18×11	18						7.0		4.4			
>65~75	20×12	20	0 −0.052	±0.031	+0.022 −0.074	+0.052 0	+0.149 +0.065	7.5		4.9		0.40	0.60
>75~85	22×14	22						9.0		5.4			
>85~95	25×14	25						9.0		5.4			
>95~110	28×16	28						10.0		6.4			
>110~130	32×18	32						11.0		7.4			
>130~150	36×20	36	0 −0.062	±0.037	−0.026 −0.088	+0.062 0	+0.180 +0.080	12.0	+0.3 0	8.4	+0.3 0	0.70	1.0
>150~170	40×22	40						13.0		9.4			
>170~200	45×25	45						15.0		10.4			

注:$(d-t_1)$ 和 $(d+t_2)$ 两组组合尺寸的极限偏差按相应的 t_1 和 t_2 的极限偏差选取,但 $(d-t_1)$ 极限偏差应取负号(—)

附表 2.13 普通平键的尺寸与公差(摘自 GB/T 1096—2003)

mm

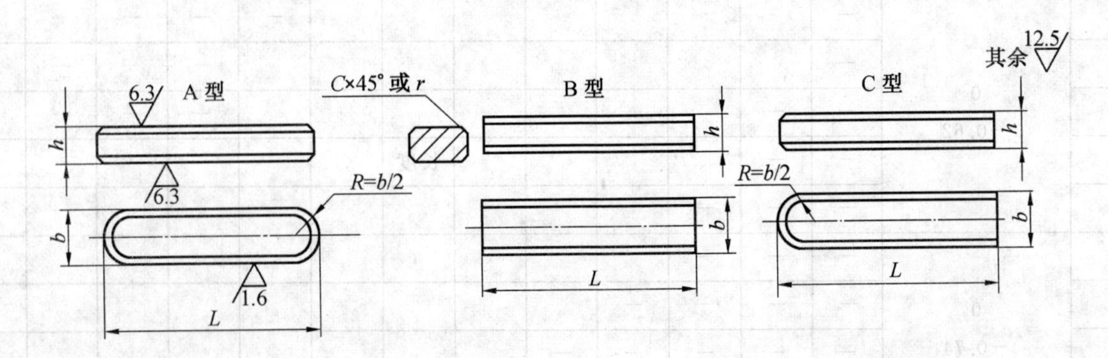

标记示例：

圆头普通平键(A 型)、b=18 mm、h=11 mm、L=100 mm：GB/T 1096—2003 键 18×11×100

平头普通平键(B 型)、b=18 mm、h=11 mm、L=100 mm：GB/T 1096—2003 键 B 18×11×100

单圆头普通平键(C 型)、b=18 mm、h=11 mm、L=100 mm：GB/T 1096—2003 键 C 18×11×100

		2	3	4	5	6	8	10	12	14	16	18	20	22
宽度 b	基本尺寸	2	3	4	5	6	8	10	12	14	16	18	20	22
	极限偏差(h8)	0 −0.014		0 −0.018			0 −0.022		0 −0.027				0 −0.033	
高度 h	基本尺寸	2	3	4	5	6	7	8	9	10		11	12	14
	极限偏差 矩形(h11)	—			—		0 −0.090						0 −0.110	
	极限偏差 方形(h8)	0 −0.014			0 −0.018		—						—	
倒角或倒圆 s		0.16～0.25			0.25～0.40			0.40～0.60					0.60～0.80	
长度 L 基本尺寸	极限偏差(h14)													
6	0 −0.36			—	—	—	—	—	—	—	—	—	—	—
8					—	—	—	—	—	—	—	—	—	—
10						—	—	—	—	—	—	—	—	—
12	0 −0.43					—	—	—	—	—	—	—	—	—
14							—	—	—	—	—	—	—	—
16								—	—	—	—	—	—	—
18														
20	0 −0.52							—	—	—	—	—	—	—
22		—			标准				—	—	—	—	—	—
25		—							—	—	—	—	—	—
28		—								—	—	—	—	—

续附表 2.13

32		—								—	—	—	—	—
36		—									—	—	—	—
40	0 −0.62	—	—								—	—	—	—
45		—	—					长度				—	—	—
50		—	—	—									—	—
56		—	—	—										—
63	0 −0.74	—	—	—	—									
70		—	—	—	—	—								
80		—	—	—	—	—								
90	0 −0.87	—	—	—	—	—					范围			
100		—	—	—	—	—	—							
110		—	—	—	—	—	—							
125		—	—	—	—	—	—	—						
140	0 −1.00	—	—	—	—	—	—	—						
160		—	—	—	—	—	—	—	—	—	—	—	—	—
180														
200	0 −1.15	—	—	—	—	—	—	—	—	—				
220		—	—	—	—	—	—	—	—	—	—			
250		—	—	—	—	—	—	—	—	—	—	—		

附表 2.14　半圆键（摘自 GB/T 1098—2003、GB/T 1099—2003）　mm

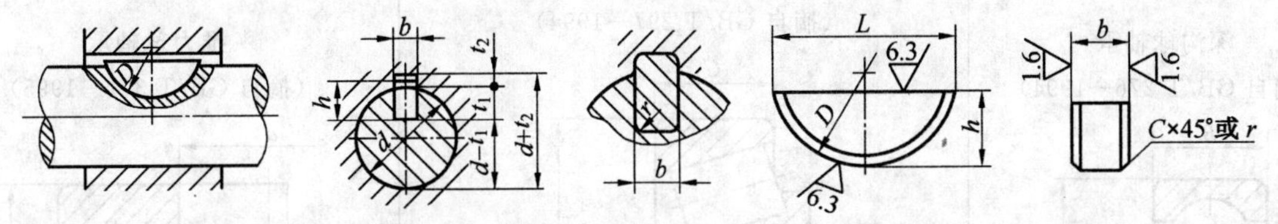

半圆键　键槽的剖面尺寸（摘自 GB/T 1098—2003）

普通型　半圆键（摘自 GB/T 1099—2003）

标注示例：

宽度 b=6 mm，高度 h=10 mm，直径 D=25 mm，普通型半圆键的标记为：

GB/T 1099.1 键 6×10×25

键尺寸				键槽				
				轴		轮毂		
b	h(h11)	D(h12)	c	t_1	极限偏差	t_2	极限偏差	半径 r
1.0	1.4	4		1.0		0.6		
1.5	2.6	7		2.0		0.8		
2.0	2.6	7		1.8	+0.1 0	1.0		
2.0	3.7	10	0.16～0.25	2.9		1.0		0.16～0.25
2.5	3.7	10		2.7		1.2		
3.0	5.0	13		3.8		1.4		
3.0	6.5	16		5.3		1.4	+0.1 0	
4.0	6.5	16		5.0		1.8		
4.0	7.5	19		6.0	+0.2 0	1.8		
5.0	6.5	16		4.5		2.3		
5.0	7.5	19	0.25～0.40	5.5		2.3		0.25～0.40
6.0	9.0	22		7.0		2.8		
6.0	9.0	22		6.5		2.8		
6.0	10.0	25		7.5	+0.3 0	3.8		
8.0	11.0	28	0.40～0.60	8.0		3.3	+0.2 0	0.40～0.60
10.0	13.0	32		10.0		3.3		

注：①在图样中，轴槽深用 t_1 或（$d-t_1$）标注，轮毂槽深用（$d+t_2$）标注。（$d-t_1$）和（$d+t_2$）的两个组合尺寸的极限偏差按相应 t_1 和 t_2 的极限偏差选取，取（$d-t_1$）极限偏差应为负偏差

②键长 L 的两端允许倒成圆角，圆角半径 r=0.5～1.5 mm

③键宽 b 的下偏差统一为“−0.025”

附表 2.15　滚动轴承　　mm

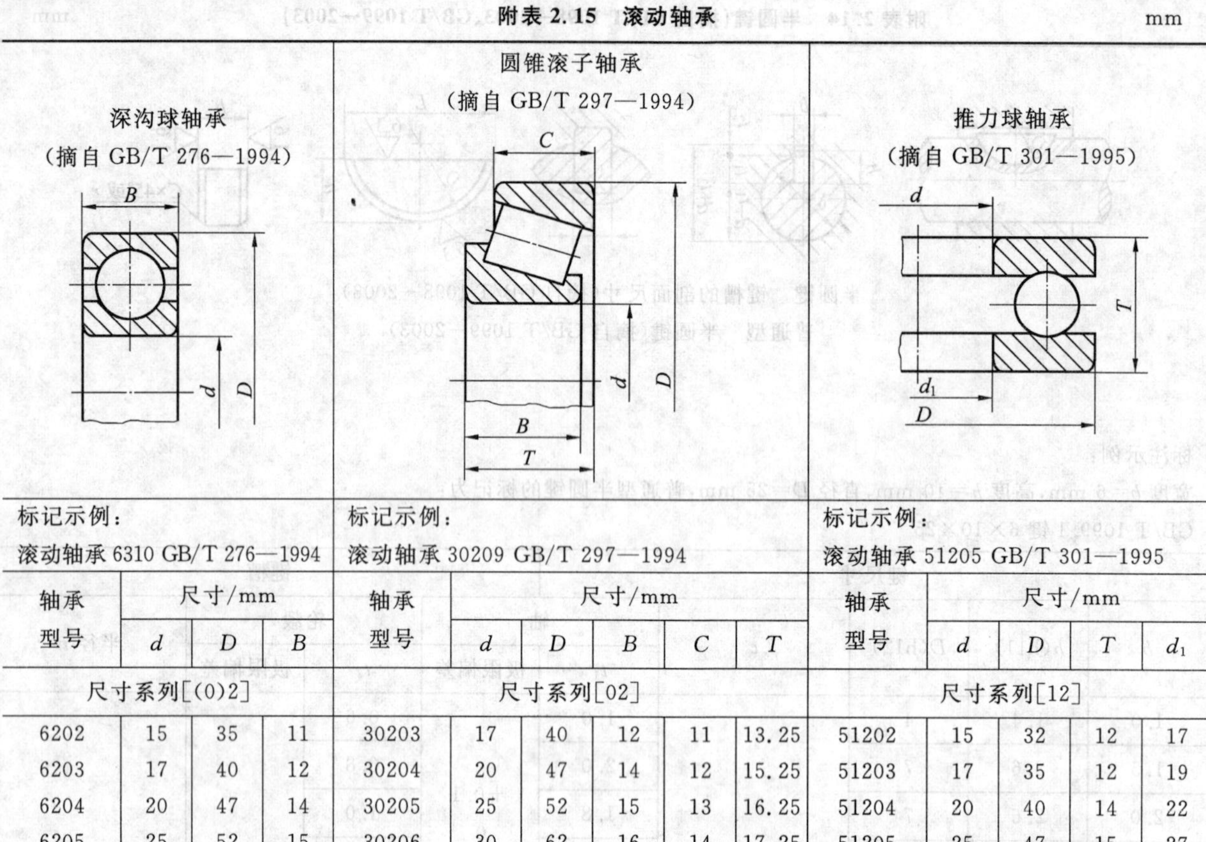

深沟球轴承（摘自 GB/T 276—1994）

标记示例：
滚动轴承 6310 GB/T 276—1994

轴承型号	尺寸/mm		
	d	D	B
尺寸系列[(0)2]			
6202	15	35	11
6203	17	40	12
6204	20	47	14
6205	25	52	15
6206	30	62	16
6207	35	72	17
6208	40	80	18
6209	45	85	19
6210	50	90	20
6211	55	100	21
6212	60	110	22
尺寸系列[(0)3]			
6302	15	42	13
6303	17	47	14
6304	20	52	15
6305	25	62	17
6306	30	72	19
6307	35	80	21
6308	40	90	23
6309	45	100	25
6310	50	110	27
6311	55	120	29
6312	60	130	31

圆锥滚子轴承（摘自 GB/T 297—1994）

标记示例：
滚动轴承 30209 GB/T 297—1994

轴承型号	尺寸/mm				
	d	D	B	C	T
尺寸系列[02]					
30203	17	40	12	11	13.25
30204	20	47	14	12	15.25
30205	25	52	15	13	16.25
30206	30	62	16	14	17.25
30207	35	72	17	15	18.25
30208	40	80	18	16	19.75
30209	45	85	19	16	20.75
30210	50	90	20	17	21.75
30211	55	100	21	18	22.75
30212	60	110	22	19	23.75
30213	65	120	23	20	24.75
尺寸系列[03]					
30302	15	42	13	11	14.25
30303	17	47	14	12	15.25
30304	20	52	15	13	16.25
30305	25	62	17	15	18.25
30306	30	72	19	16	20.75
30307	35	80	21	18	22.75
30308	40	90	23	20	25.25
30309	45	100	25	22	27.25
30310	50	110	27	23	29.25
30311	55	120	29	25	31.50
30312	60	130	31	26	33.50

推力球轴承（摘自 GB/T 301—1995）

标记示例：
滚动轴承 51205 GB/T 301—1995

轴承型号	尺寸/mm			
	d	D	T	d_1
尺寸系列[12]				
51202	15	32	12	17
51203	17	35	12	19
51204	20	40	14	22
51205	25	47	15	27
51206	30	52	16	32
51207	35	62	18	37
51208	40	68	19	42
51209	45	73	20	47
51210	50	78	22	52
51211	55	90	25	57
51212	60	95	26	62
尺寸系列[13]				
51304	20	47	18	22
51305	25	52	18	27
51306	30	60	21	32
51307	35	68	24	37
51308	40	78	26	42
51309	45	85	28	47
51310	50	95	31	52
51311	55	105	35	57
51312	60	110	35	62
51313	65	115	36	67
51314	70	125	40	72

注：圆括号中的尺寸系列代号在轴承代号中省略

附录 3 极限与配合

附表 3.1 基本尺寸小于 500 mm 的标准公差

μm

基本尺寸 /mm	公差等级									
	IT01	IT0	IT1	IT2	IT3	IT4	IT5	IT6	IT7	IT8
≤3	0.3	0.5	0.8	1.2	2	3	4	6	10	14
>3~6	0.4	0.6	1	1.5	2.5	4	5	8	12	18
>6~10	0.4	0.6	1	1.5	2.5	4	6	9	15	22
>10~18	0.5	0.8	1.2	2	3	5	8	11	18	27
>10~18	0.5	0.8	1.2	2	3	5	8	11	18	27
>18~30	0.6	1	1.5	2.5	4	6	9	13	21	33
>30~50	0.6	1	1.5	2.5	4	7	11	16	25	39
>50~80	0.8	1.2	2	3	5	8	13	19	30	46
>80~120	1	1.5	2.5	4	6	10	15	22	35	54
>120~180	1.2	2	3.5	5	8	12	18	25	40	63
>180~250	2	3	4.5	7	10	14	20	29	46	72
>250~315	2.5	4	6	8	12	16	23	32	52	81
>315~400	3	5	7	9	13	18	25	36	57	89
>400~500	4	6	8	10	15	20	27	40	68	97
基本尺寸 /mm	**公差等级**									
	IT9	IT10	IT11	IT12	IT13	IT14	IT15	IT16	IT17	IT18
≤3	25	40	60	100	140	250	400	600	1 000	1 400
>3~6	30	48	75	120	180	300	480	750	1 200	1 800
>6~10	36	58	90	150	220	360	580	900	1 500	2 200
>10~18	43	70	110	180	270	430	700	1 100	1 800	2 700
>10~18	43	70	110	180	270	430	700	1 100	1 800	2 700
>18~30	52	84	130	210	330	520	840	1 300	2 100	3 300
>30~50	62	100	160	250	390	620	1 000	1 600	2 500	3 900
>50~80	74	120	190	300	460	740	1 200	1 900	3 000	4 600
>80~120	87	140	220	350	540	870	1 400	2 200	3 500	5 400
>120~180	100	160	250	400	630	1 000	1 600	2 500	4 000	6 300
>180~250	115	185	290	460	720	1 150	1 850	2 900	4 600	7 200
>250~315	130	210	320	520	810	1 300	2 100	3 200	5 200	8 100
>315~400	140	230	360	570	0.89	1 400	2 300	3 600	5 700	8 900
>400~500	155	250	400	630	970	1 550	2 500	4 000	6 300	9 700

附表 3.2 轴的极限偏差(摘自 GB/T 1008.4—1999) μm

基本尺寸/mm	常用及优先公差带(带圈者为优先公差带)												
	a	b		c			d				e		
	11	11	12	9	10	⑪	8	⑨	10	11	7	8	9
>0~3	-270	-140	-140	-60	-60	-60	-20	-20	-20	-20	-14	-14	-14
	-330	-200	-240	-85	-100	-120	-34	-45	-60	-80	-24	-28	-39
>3~6	-270	-140	-140	-70	-70	-70	-30	-30	-30	-30	-20	-20	-20
	-345	-215	-260	-100	-118	-145	-48	-60	-78	-105	-32	-38	-50
>6~10	-280	-150	-150	-80	-80	-80	-40	-40	-40	-40	-25	-25	-25
	-370	-240	-300	-116	-138	-170	-62	-79	-98	-130	-40	-47	-61
>10~14	-290	-150	-150	-95	-95	-95	-50	-50	-50	-50	-32	-32	-32
>14~18	-400	-260	-330	-138	-165	-205	-77	-93	-120	-160	-50	-59	-75
>18~24	-300	-160	-160	-110	-110	-110	-65	-65	-65	-65	-40	-40	-40
>24~30	-430	-290	-370	-162	-194	-240	-98	-117	-149	-195	-61	-73	-92
>30~40	-310	-170	-170	-120	-120	-120							
	-470	-330	-420	-182	-220	-280	-80	-80	-80	-80	-50	-50	-50
>40~50	-320	-180	-180	-130	-130	-130	-119	-142	-180	-240	-75	-89	-112
	-480	-340	-430	-192	-230	-290							
>50~65	-340	-190	-190	-140	-140	-140							
	-530	-380	-490	-214	-260	-330	-100	-100	-100	-100	-60	-60	-60
>65~80	-360	-200	-200	-150	-150	-150	-146	-174	-220	-290	-90	-106	-134
	-550	-390	-500	-224	-270	-340							
>80~100	-380	-200	-220	-170	-170	-170							
	-600	-440	-570	-257	-310	-390	-120	-120	-120	-120	-72	-72	-72
>100~120	-410	-240	-240	-180	-180	-180	-174	-207	-260	-340	-109	-126	159
	-630	-460	-590	-267	-320	-400							
>120~140	-460	-260	-260	-200	-200	-200							
	-710	-510	-660	-300	-360	-450							
>140~160	-520	-280	-280	-210	-210	-210	-145	-145	-145	-145	-85	-85	-85
	-770	-530	-680	-310	-370	-460	-208	-245	-305	-395	-125	-148	-185
>160~180	-580	-310	-310	-230	-230	-230							
	-830	-560	-710	-330	-390	-480							
>180~200	-660	-340	-340	-240	-240	-240							
	-950	-630	-800	-355	-425	-530							
>200~225	-740	-380	-380	-260	-260	-260	-170	-170	-170	-170	-100	-100	-100
	-1 030	-670	-840	-375	-445	-550	-242	-285	-355	-460	-146	-172	-215
>225~250	-820	-420	-420	-280	-280	-280							
	-1 110	-710	-880	-395	-465	-570							
>250~280	-920	-480	-480	-300	-300	-300							
	-1 240	-800	-1 000	-430	-510	-620	-190	-190	-190	-190	-110	-110	-110
>280~315	-1 050	-540	-540	-330	-330	-330	-271	-320	-400	-510	-162	-191	-240
	-1 370	-860	-1 060	-460	-540	-650							
>315~355	-1 200	-600	-600	-360	-360	-360							
	-1 560	-960	-1 170	-500	-590	-720	-210	-210	-210	-210	-125	-125	-125
>355~400	-1 350	-680	-680	-400	-400	-400	-299	-350	-440	-570	-182	-214	-265
	-1 710	-1 040	-1 250	-540	-630	-760							
>400~450	-1 500	-760	-760	-440	-440	-440							
	-1 900	-1160	-1390	-595	-690	-840	-230	-230	-230	-230	-135	-135	-135
>450~500	-1 650	-840	-840	-480	-480	-480	-327	-385	-480	-630	-198	-232	-290
	-2 050	-1 240	-1 470	-635	-730	-880							

续附表 3.2

μm

基本尺寸/mm	常用及优先公差带(带圈者为优先公差带)															
	f					g			h							
	5	6	⑦	8	9	5	⑥	7	5	⑥	⑦	8	⑨	10	⑪	12
>0~3	−6 −10	−6 −12	−6 −16	−6 −20	−6 −31	−2 −6	−2 −8	−2 −12	0 −4	0 −6	0 −10	0 −14	0 −25	0 −40	0 −60	0 −100
>3~6	−10 −15	−10 18	−10 −22	−10 −28	−10 −40	−4 −9	−4 −12	−4 −16	0 −5	0 −8	0 −12	0 −18	0 −30	0 −48	0 −75	0 −120
>6~10	−13 −19	−13 −22	−13 −28	−13 −35	−13 −49	−5 −11	−5 −14	−5 −20	0 −6	0 −9	0 −15	0 −22	0 −36	0 −58	0 −90	−0 −150
>10~14 >14~18	−16 −24	−16 −27	−16 −34	−16 −43	−16 −59	−6 −14	−6 −17	−6 −24	0 −8	0 −11	0 −18	0 −27	0 −43	0 −70	0 −110	0 −180
>18~24 >24~30	−20 −29	−20 −33	−20 −41	−20 −53	−20 −72	−7 −16	−7 −20	−7 −28	0 −9	0 −13	0 −21	0 −33	0 −52	0 −84	0 −130	0 −210
>30~40 >40~50	−25 −36	−25 −41	−25 −50	−25 −64	−25 −87	−9 −20	−9 −25	−9 −34	0 −11	0 −16	0 −25	0 −39	0 −62	0 −100	0 −160	0 −250
>50~65 >65~80	−30 −43	−30 −49	−30 −60	−30 −76	−30 −104	−10 −23	−10 −29	−10 −40	0 −13	0 −19	0 −30	0 −46	0 −74	0 −120	0 −190	0 −300
>80~100 >100~120	−36 −51	−36 −58	−36 −71	−36 −90	−36 −123	−12 −27	−12 −34	−12 −47	0 −15	0 −22	0 −35	0 −54	0 −87	0 −140	0 −220	0 −350
>120~140 >140~160 >160~180	−43 −61	−43 −68	−43 −83	−43 −106	−43 −143	−14 −32	−14 −39	−14 −54	0 −18	0 −25	0 −40	0 −63	0 −100	0 −160	0 −250	0 −400
>180~200 >200~225 >225~250	−50 −70	−50 −79	−50 −96	−50 −122	−50 −165	−15 −35	−15 −44	−15 −61	0 −20	0 −29	0 −46	0 −72	0 −115	0 −185	0 −290	0 −460
>250~280 >280~315	−56 −79	−56 −88	−56 −108	−56 −137	−56 −186	−17 −40	−17 −49	−17 −69	0 −23	0 −32	0 −52	0 −81	0 −130	0 −210	0 −320	0 −520
>315~355 >355~400	−62 −87	−62 −98	−62 −119	−62 −151	−62 −202	−18 −43	−18 −54	−18 −75	0 −25	0 −36	0 −57	0 −89	0 −140	0 −230	0 −360	0 −570
>400~450 >450~500	−68 −95	−68 −108	−68 −131	−68 −165	−68 −223	−20 −47	−20 −60	−20 −83	0 −27	0 −40	0 −63	0 −97	0 −155	0 −250	0 −400	0 −630

续附表 3.2

μm

基本尺寸/mm	常用及优先公差带(带圈者为优先公差带)														
	js			k			m			n			p		
	5	⑥	7	5	⑥	7	5	6	7	5	⑥	7	5	⑥	7
>0~3	±2	±3	±5	+4 0	+6 0	+10 0	+6 +2	+8 +2	+12 +2	+8 +4	+10 +4	+14 +3	+10 +6	+12 +6	+16 +6
>3~6	±2.5	±4	±6	+6 +1	+9 +1	+13 +1	+9 +4	+12 +4	+16 +4	+13 +8	+16 +8	+20 +8	+17 +12	+20 +12	+24 +12
>6~10	±3	±4.5	±7	+7 +1	+10 +1	+16 +1	+12 +6	+15 +6	+21 +6	+16 +10	+19 +10	+25 +10	+21 +15	+24 +15	+30 +15
>10~14 >14~18	±4	±5.5	±9	+9 +1	+12 +1	+19 +1	+15 +7	+18 +7	+25 +7	+20 +12	+23 +12	+30 +12	+26 +18	+29 +18	+36 +18
>18~24 >24~30	±4.5	±6.5	±10	+11 +2	+15 +2	+23 +2	+17 +8	+21 +8	+29 +8	+24 +15	+28 +15	+36 +15	+31 +22	+35 +22	+43 +22
>30~40 >40~50	±5.5	±8	±12	+13 +2	+18 +2	+27 +2	+20 +9	+25 +9	+34 +9	+28 +17	+33 +17	+42 +17	+37 +26	+42 +26	+51 +26
>50~65 >65~80	±6.5	±9.5	±15	+15 +2	+21 +2	+32 +2	+24 +11	+30 +11	+41 +11	+33 +20	+39 +20	+50 +20	+45 +32	+51 +32	+62 +32
>80~100 >100~120	±7.5	±11	±17	+18 +3	+25 +3	+38 +3	+28 +13	+35 +13	+48 +13	+38 +23	+45 +23	+58 +23	+52 +37	+59 +37	+72 +37
>120~140 >140~160 >160~180	±9	±12.5	±20	+21 +3	+28 +3	+43 +3	+33 +15	+40 +15	+55 +15	+45 +27	+52 +27	+67 +27	+61 +43	+68 +43	+83 +43
>180~200 >200~225 >225~250	±10	±14.5	±23	+24 +4	+33 +4	+50 +4	+37 +17	+46 +17	+63 +17	+51 +31	+60 +31	+77 +31	+70 +50	+79 +50	+96 +50
>250~280 >280~315	±11.5	±16	±26	+27 +4	+36 +4	+56 +4	+43 +20	+52 +20	+72 +20	+57 +34	+66 +34	+86 +34	+79 +56	+88 +56	+108 +56
>315~355 >355~400	±12.5	±18	±28	+29 +4	+40 +4	+61 +4	+46 +21	+57 +21	+78 +21	+62 +37	+73 +37	+94 +37	+87 +62	+98 +62	+119 +62
>400~450 >450~500	±13.5	±20	±31	+32 +5	+45 +5	+68 +5	+50 +23	+63 +23	+86 +23	+67 +40	+80 +40	+103 +40	+95 +68	+108 +68	+131 +68

基本尺寸/mm	常用及优先公差带(带圈者为优先公差带)														
	r			s			t			u		v	x	y	z
	5	6	7	5	⑥	7	5	6	7	⑥	7	6	6	6	6
>0~3	+14 +10	+16 +10	+20 +10	+18 +14	+20 +14	+24 +14	—	—	—	+24 +18	+28 +18	—	+26 +20	—	+32 +26
>3~6	+20 +15	+23 +15	+27 +15	+24 +19	+27 +19	+31 +19	—	—	—	+31 +23	+35 +23	—	+36 +28	—	+43 +35
>6~10	+25 +19	+28 +19	+34 +19	+29 +23	+32 +23	+38 +23	—	—	—	+37 +28	+43 +28	—	+43 +34	—	+51 +42

续附表 3.2

μm

基本尺寸/mm	常用及优先公差带(带圈者为优先公差带)														
	r			s			t			u		v	x	y	z
	5	6	7	5	⑥	7	5	6	7	⑥	7	6	6	6	6
>10~14							—	—	—			—	+51	—	+61
	+31	+34	+41	+36	+39	+46				+44	+51		+40		+50
>14~18	+23	+23	+23	+28	+28	+28	—	—	—	+33	+33	+50	+56	—	+71
												+39	+45		+60
>18~24							—	—	—	+54	+62	+60	+67	+76	+86
	+37	+41	+49	+44	+48	+56				+41	+41	+47	+54	+63	+73
>24~30	+28	+28	+28	+35	+35	+35	+50	+54	+62	+61	+69	+68	+77	+88	+101
							+41	+41	+41	+48	+48	+55	+64	+75	+88
>30~40							+59	+64	+73	+76	+85	+84	+96	+110	+128
	+45	+50	+59	+54	+59	+68	+48	+48	+48	+60	+60	+68	+80	+94	+112
>40~50	+34	+34	+34	+43	+43	+43	+65	+70	+79	+86	+95	+97	+113	+130	+152
							+54	+54	+54	+70	+70	+81	+97	+114	+136
>50~65	+54	+60	+71	+66	+72	+83	+79	+85	+96	+106	+117	+121	+141	+163	+191
	+41	+41	+41	+53	+53	+53	+66	+66	+66	+87	+87	+102	+122	+144	+172
>65~80	+56	+62	+73	+72	+78	+89	+88	+94	+105	+121	+132	+139	+165	+193	+229
	+43	+43	+43	+59	+59	+59	+75	+75	+75	+102	+102	+120	+146	+174	+210
>80~100	+66	+73	+86	+86	+93	+106	+106	+113	+126	+146	+159	+168	+200	+236	+280
	+51	+51	+51	+71	+71	+91	+91	+91	+91	+124	+124	+146	+178	+214	+258
>100~120	+69	+76	+89	+94	+101	+114	+110	+126	+136	+166	+179	+194	+232	+276	+332
	+54	+54	+54	+79	+79	+79	+104	+104	+104	+144	+144	+172	+210	+254	+310
>120~140	+81	+88	+103	+110	+117	+132	+140	+147	+162	+195	+210	+227	+273	+325	+390
	+63	+63	+63	+92	+92	+92	+122	+122	+122	+170	+170	+202	+248	+300	+365
>140~160	+83	+90	+105	+118	+125	+140	+152	+159	+174	+215	+230	+253	+305	+365	+440
	+65	+65	+65	+100	+100	+100	+134	+134	+134	+190	+190	+228	+280	+340	+415
>160~180	+86	+93	+108	+126	+133	+148	+164	+171	+186	+235	+250	+277	+335	+405	+490
	+68	+68	+68	+108	+108	+108	+146	+146	+146	+210	+210	+252	+310	+380	+465
>180~200	+97	+106	+123	+142	+151	+168	+186	+195	+212	+265	+282	+313	+379	+454	+549
	+77	+77	+77	+122	+122	+122	+166	+166	+166	+236	+236	+284	+350	+425	+520
>200~225	+100	+109	+126	+150	+159	+176	+200	+209	+226	+287	+304	+339	+414	+499	+604
	+80	+80	+80	+130	+130	+130	+180	+180	+180	+258	+258	+310	+385	+470	+575
>225~250	+104	+113	+130	+160	+169	+186	+216	+225	+242	+313	+330	+369	+454	+549	+669
	+84	+84	+84	+140	+140	+140	+196	+196	+196	+284	+284	+340	+425	+520	+640
>250~280	+117	+126	+146	+181	+190	+210	+241	+250	+270	+347	+367	+417	+507	+612	+742
	+94	+94	+94	+158	+158	+158	+218	+218	+218	+315	+315	+385	+475	+580	+710
>280~315	+121	+130	+150	+193	+202	+222	+263	+272	+292	+382	+402	+457	+557	+682	+822
	+98	+98	+98	+170	+170	+170	+240	+240	+240	+350	+350	+425	+525	+650	+790
>315~355	+133	+144	+165	+215	+226	+247	+293	+304	+325	+426	+447	+511	+626	+766	+936
	+108	+108	+108	+190	+190	+190	+268	+268	+268	+390	+390	+475	+590	+730	+900
>355~400	+139	+150	+171	+233	+244	+265	+319	+330	+351	+471	+492	+566	+696	+856	+1 036
	+114	+114	+114	+208	+208	+208	+294	+294	+294	+435	+435	+530	+660	+820	+1 000
>400~450	+153	+166	+189	+259	+272	+295	+357	+370	+393	+530	+553	+635	+780	+960	+1 140
	+126	+126	+126	+232	+232	+232	+330	+330	+330	+490	+490	+595	+740	+920	+1 100
>450~500	+159	+172	+195	+279	+292	+315	+387	+400	+423	580	+603	+700	+860	+1040	+1 290
	+132	+132	+132	+252	+252	+252	+360	+360	+360	+540	+540	+660	+820	+1 000	+1 250

注:基本尺寸小于 1 mm 时,各级的 a 和 b 均不采用

附表 3.3 孔的极限偏差(GB/T 1800.4—1999)

μm

基本尺寸/mm	常用及优先公差带(带圈者为优先公差带)														
	A	B		C		D				E		F			
	11	11	12	⑪	12	8	⑨	10	11	8	9	6	7	⑧	9
≤3	+330	+200	+240	+120	+160	+34	+45	+60	+80	+28	+39	+12	+16	+20	+31
	+270	+140	+140	+60	+60	+20	+20	+20	+20	+14	+14	+6	+6	+6	+6
>3~6	+345	+215	+260	+145	+190	+48	+60	+78	+105	+38	+50	+18	+22	+28	+40
	+270	+140	+140	+70	+70	+30	+30	+30	+30	+20	+20	+10	+10	+10	+10
>6~10	+370	+240	+300	+170	+230	+62	+76	+98	+130	+47	+61	+22	+28	+35	+49
	+280	+150	+150	+80	+80	+40	+40	+40	+40	+25	+25	+13	+13	+13	+13
>10~14	+400	+260	+330	+205	+275	+77	+93	+120	+160	+59	+75	+27	+34	+43	+59
>14~18	+290	+150	+150	+95	+95	+50	+50	+50	+50	+32	+32	+16	+16	+16	+16
>18~24	+430	+290	+370	+240	+320	+98	+117	+149	+195	+73	+92	+33	+41	+53	+72
>24~30	+300	+160	+160	+110	+110	+65	+65	+65	+65	+40	+40	+20	+20	+20	+20
>30~40	+470	+330	+420	+280	+370										
	+310	+170	+170	+120	+120	+119	+142	+180	+240	+89	+112	+41	+50	+64	+87
>40~50	+480	+340	+430	+290	+380	+80	+80	+80	+80	+50	+50	+25	+25	+25	+25
	+320	+180	+180	+130	+130										
>50~65	+530	+380	+490	+330	+440										
	+340	+190	+190	+140	+140	+146	+174	+220	+290	+106	+134	+49	+60	+76	+104
>65~80	+550	+390	+500	+340	+450	+100	+100	+100	+100	+60	+60	+30	+30	+30	+30
	+360	+200	+200	+150	+150										
>80~100	+600	+440	+570	+390	+520										
	+380	+220	+220	+170	+170	+174	+207	+260	+340	+126	+159	+58	+71	+90	+123
>100~120	+630	+460	+590	+400	+530	+120	+120	+120	+120	+72	+72	+36	+36	+36	+36
	+410	+240	+240	+180	+180										
>120~140	+710	+510	+660	+450	+600	208	+245	+305	+395	+148	+185	+68	+83	+106	+143
	+460	+260	+260	+200	+200										
>140~160	+770	+530	+680	+460	+610										
	+520	+280	+280	+210	+210										
>160~180	+830	+560	+710	+480	+630	+145	+145	+145	+145	+85	+85	+43	+43	+43	+43
	+580	+310	+310	+230	+230										
>180~200	+950	+630	+800	+530	+700	+242	+285	+355	+460	+172	+215	+79	+96	+122	+165
	+660	+340	+340	+240	+240										
>200~225	+1 030	+670	+840	+550	+720										
	+740	+380	+380	+260	+260										
>225~250	+1 110	+710	+880	+570	+740	+170	+170	+170	+170	+100	+100	+50	+50	+50	+50
	+820	+420	+420	+280	+280										
>250~280	+1 240	+800	+1 000	+620	+820										
	+920	+480	+480	+300	+300	+271	+320	+400	+510	+191	+240	+88	+108	+137	+186
>280~315	+1 370	+860	+1 060	+650	+850	+190	+190	+190	+190	+110	+110	+56	+56	+56	+56
	+1 050	+540	+540	+330	+330										
>315~355	+1 560	+960	+1 170	+720	+930										
	+1 200	+600	+600	+360	+360	+299	+350	+440	+570	+214	+265	+98	+119	+151	+202
>355~400	+1 710	+1 040	+1 250	+760	+970	+210	+210	+210	+210	+125	+125	+62	+62	+62	+62
	+1 350	+680	+680	+400	+400										
>400~450	+1 900	+1 160	+1 390	+840	+1 070										
	+1 500	+760	+760	+440	+440	+327	+385	+480	+630	+232	+290	+108	+131	+65	+223
>450~500	+2 050	+1 240	+1 470	+880	+1 110	+230	+230	+230	+230	+135	+135	+68	+68	+68	+68
	+1 650	+840	+840	+480	+488										

续附表 3.3

基本尺寸/mm	常用及优先公差带(带圈者为优先公差带)														
	G		H							JS			K		
	6	⑦	6	⑦	⑧	⑨	10	⑪	12	6	7	8	6	⑦	8
≤3	+8 +2	+12 +2	+6 0	+10 0	+14 0	+25 0	+40 0	+60 0	+100 0	±3	±5	±7	0 −6	0 −10	0 −14
>3～6	+12 +4	+16 +4	+8 0	+12 0	+18 0	+30 0	+48 0	+>75 0	+120 0	±4	±6	±9	+2 −6	+3 −9	5 −13
>6～10	+14 +5	+20 +5	+9 0	+15 0	+22 0	+36 0	+58 0	+>90 0	+150 0	±4.5	±7	±11	+2 −7	+5 −10	+6 −16
>10～18	+17 +6	+24 +6	+11 0	+18 0	+27 0	+43 0	+70 0	+110 0	+180 0	±5.5	±9	±13	+2 −9	+6 −12	+8 −19
>18～30	+20 +7	+28 +7	+13 0	+21 0	+33 0	+52 0	+84 0	+130 0	+210 0	±6.5	±10	±16	+2 −11	+6 −15	+10 −23
>30～50	+25 +9	+34 +9	+16 0	+25 0	+39 0	+62 0	+100 0	+160 0	+250 0	±8	±12	±19	+3 −13	+7 −18	+12 −27
>50～80	+29 +10	+40 +10	+19 0	+30 0	+46 0	+74 0	+120 0	+190 0	+300 0	±9.5	±15	±23	+4 −15	+9 −21	+14 −32
>80～120	+34 +12	+47 +12	+22 0	+35 0	+54 0	+87 0	+140 0	+220 0	+350 0	±11	±17	±27	+4 −18	+10 −25	+16 −38
>120～180	+39 +14	+54 +14	+25 0	+40 0	+63 0	+100 0	+160 0	+250 0	+400 0	±12.5	±20	±31	+4 −21	+12 −28	+20 −43
>180～250	+44 +15	+61 +15	+29 0	+46 0	+72 0	+115 0	+185 0	+290 0	+460 0	±14.5	±23	±36	+5 −24	+13 −33	+22 −50
>250～315	+49 +17	+69 +17	+32 0	+52 9	+81 0	+130 0	+210 0	+320 0	+520 0	±16	±26	±40	+5 −27	+16 −36	+25 −56
>315～400	+54 +18	+75 +18	+36 0	+57 0	+89 0	+140 0	+230 0	+360 0	+570 0	±18	±28	±44	+7 −29	+17 −40	+28 −61
>400～500	+60 +20	+83 +20	+40 0	+63 0	+97 0	+155 0	+250 0	+400 0	+630 0	±20	±31	±48	+8 −32	+18 −45	+29 −68

续附表 3.3

基本尺寸/mm	常用及优先公差带(带圈者为优先公差带)														
	M			N			P		R		S		T		U
	6	7	8	6	⑦	8	6	⑦	6	7	6	⑦	6	7	⑦
≤3	−2 −8	−2 −12	−2 −16	−4 −10	−4 −14	−4 −18	−6 −12	−6 −16	−10 −16	−10 −20	−14 −20	−14 −24	—	—	−18 −28
>3~6	−1 −9	−0 −12	+2 −16	−5 −13	−4 −16	−2 −20	−9 −17	−8 −20	−12 −20	−11 −23	−16 −24	−15 −27	—	—	−19 −31
>6~10	−3 −12	0 −15	+1 −21	−7 −16	−4 −19	−3 −25	−12 −21	−9 −24	−16 −25	−13 −28	−20 −29	−17 −32	—	—	−22 −37
>10~14	−4 −15	0 −18	+2 −25	−9 −20	−5 −23	−3 −30	−15 −26	−11 −29	−20 −31	−16 −34	−25 −36	−21 −39	—	—	−26 −44
>14~18															
>18~24	−4 −17	0 −21	+4 −29	−11 −24	−7 −28	−3 −36	−18 −31	−14 −35	−24 −37	−20 −41	−31 −44	−27 −48	—	—	−33 −54
>24~30													−37 −50	−33 −54	−40 −61
>30~40	−4 −20	0 −25	+5 −34	−12 −28	−8 −33	−3 −42	−21 −37	−17 −42	−29 −45	−25 −50	−38 −54	−34 −59	−43 −59	−39 −64	−51 −76
>40~50													−49 −65	−45 −70	−61 −86
>50~65	−5 −24	0 −30	+5 −41	−14 −33	−9 −39	−4 −50	−26 −45	−21 −51	−35 −54	−30 −60	−47 −66	−42 −72	−60 −79	−55 −85	−76 −106
>65~80									−37 −56	−32 −62	−53 −72	−48 −78	−69 −88	−64 −94	−91 −121
>80~100	−6 −28	0 −35	+6 −48	−16 −38	−10 −45	−4 −58	−30 −52	−24 −59	−44 −66	−38 −73	−64 −86	−58 −93	−84 −106	−78 −113	−111 −146
>100~120									−47 −69	−41 −76	−72 −94	−66 −101	−97 −119	−91 −126	−131 −166
>120~140	−8 −33	0 −40	+8 −55	−20 −45	−12 −52	−4 −67	−36 −61	−28 −68	−56 −81	−48 −88	−85 −110	−77 −117	−115 −140	−107 −147	−155 −195
>140~160									−58 −83	−50 −90	−93 −118	−85 −125	−127 −152	−119 −159	−175 −215
>160~180									−61 −86	−53 −93	−101 −126	−93 −133	−139 −164	−131 −171	−195 −235
>180~200	−8 −37	0 −46	+9 −63	−22 −51	−14 −60	−5 −77	−41 −70	−33 −79	−68 −97	−60 −106	−113 −142	−105 −151	−157 −186	−149 −195	−219 −265
>200~225									−71 −100	−63 −109	−121 −150	−113 −159	−171 −200	−163 −209	−241 −287
>225~250									−75 −104	−67 −113	−131 −160	−132 −169	−187 −216	−179 −225	−267 −313
>250~280	−9 −41	0 −52	+9 −72	−25 −57	−14 −66	−5 −86	−47 −79	−36 −88	−85 −117	−74 −126	−149 −181	−138 −190	−209 −241	−198 −250	−295 −347
>280~315									−89 −121	−78 −130	−161 −193	−150 −202	−231 −263	−220 −272	−330 −382
>315~355	−10 −46	0 57	+11 −78	−26 −62	−16 −73	−5 −94	−51 −87	−41 98	−97 −133	−87 −144	−179 −215	−169 −226	−257 −293	−247 −304	−369 −426
>355~400									−103 −139	−93 −150	−197 −233	−187 −244	−283 −319	−273 −330	−414 −471
>400~450	−10 −50	0 63	+11 −86	−27 −67	−17 −80	−6 −103	−55 −95	−45 −108	−113 −153	−103 −166	−219 −259	−209 −272	−371 −357	−307 −370	−467 −530
>450~500									−119 −159	−109 −172	−239 −279	−229 −292	−347 −387	−337 −400	−517 −580

注:基本尺寸小于 1 mm 时,各级的 A 和 B 均不采用

附表 3.4　形位公差的公差数值(摘自 GB/T 1184—1996)

公差项目	主参数 L/mm	公差等级 1	2	3	4	5	6	7	8	9	10	11	12
		公差值/μm											
直线度、平面度	≤10	0.2	0.4	0.8	1.2	2	3	5	8	12	20	30	60
	>10～16	0.25	0.5	1	1.5	2.5	4	6	10	15	25	40	80
	>16～25	0.3	0.6	1.2	2	3	5	8	12	20	30	50	100
	>25～40	0.4	0.8	1.5	2.5	4	6	10	15	25	40	60	120
	>40～63	0.5	1	2	3	5	8	12	20	30	50	80	150
	>63～100	0.6	1.2	2.5	4	6	10	15	25	40	60	100	200
	>100～160	0.8	1.5	3	5	8	12	20	30	50	80	120	250
	>160～250	1	2	4	6	10	15	25	40	60	100	150	300
圆度、圆柱度	≤3	0.2	0.3	0.5	0.8	1.2	2	3	4	6	10	14	25
	>3～6	0.2	0.4	0.6	1	1.5	2.5	4	5	8	12	18	30
	>6～10	0.25	0.4	0.6	1	1.5	2.5	4	6	9	15	22	36
	>10～18	0.25	0.5	0.8	1.2	2	3	5	8	11	18	27	43
	>18～30	0.3	0.6	1	1.5	2.5	4	6	9	13	21	33	52
	>30～50	0.4	0.6	1	1.5	2.5	4	7	11	16	25	39	62
	>50～80	0.5	0.8	1.2	2	3	5	8	13	19	30	46	74
	>80～120	0.6	1	1.5	2.5	4	6	10	15	22	35	54	87
	>120～180	1	1.2	2	3.5	5	8	12	18	25	40	63	100
	>180～250	1.2	2	3	4.5	7	10	14	20	29	46	72	115
平行度、垂直度、倾斜度	≤10	0.4	0.8	1.5	3	5	8	12	20	30	50	80	120
	>10～16	0.5	1	2	4	6	10	15	25	40	60	100	150
	>16～25	0.6	1.2	2.5	5	8	12	20	30	50	80	120	200
	>25～40	0.8	1.5	3	6	10	15	25	40	60	100	150	250
	>40～63	1	2	4	8	12	20	30	50	80	120	200	300
	>63～100	1.2	2.5	5	10	15	25	40	60	100	150	250	400
	>100～160	1.5	3	6	12	20	30	50	80	120	200	300	500
	>160～250	2	4	8	15	25	40	60	100	150	250	400	600
同轴度、对称度、圆跳动、全跳动	≤1	0.4	0.6	1.0	1.5	2.5	4	6	10	15	25	40	60
	>1～3	0.4	0.6	1.0	1.5	2.5	4	6	10	20	40	60	120
	>3～6	0.5	0.8	1.2	2	3	5	8	12	25	50	80	150
	>6～10	0.6	1	1.5	2.5	4	6	10	15	30	60	100	200
	>10～18	0.8	1.2	2	3	5	8	12	20	40	80	120	250
	>18～30	1	1.5	2.5	4	6	10	15	25	50	100	150	300
	>30～50	1.2	2	3	5	8	12	20	30	60	120	200	400
	>50～120	1.5	2.5	4	6	10	15	25	40	80	150	250	500
	>120～250	2	3	5	8	12	20	30	50	100	200	300	600

附录 4 标准结构

附表 4.1 中心孔表示法(摘自 GB/T 4459.5—1999)

mm

	R 型	A 型	B 型	C 型
型式及标记示例	GB/T 4459.5—R3.15/6.7 (D=3.15 D_1=6.7)	GB/T 4459.5—A4/8.5 (D=4 D_1=8.5)	GB/T 4459.5—B2.5/8 (D=2.5 D_1=8)	GB/T 4459.5—CM10L30/16.3 (D=M10 L=30 D_2=6.7)
用途	通常用于需要提高加工精度的场合	通常用于加工后可以保留的场合(此种情况占绝大多数)	通常用于加工后必须保留的场合	通常用于一些需要带压紧装置的零件

	要求	规定表示法	简化表示法	说明
中心孔表示法	在完工的零件上要求保留中心孔	GB/T 4459.5—B4/12.5	B4/12.5	采用 B 型中心孔 D=4,D_1=12.5
	在完工的零件上可以保留中心孔(是否保留都可以,多数情况如此)	GB/T 4459.5—A2/4.25	A1/4.25	采用 A 型中心孔 D=2,D_1=4.25 一般情况下,均采用这种方法
		2×A4/8.5 GB/T 4459.5	2×A4/8.5	采用 A 型中心孔 D=4,D_1=8.5 轴的两端中心孔相同,可只在一端注出
	在完工的零件上不允许保留中心孔	GB/T 4459.5—A1.6/3.35	A1.6/3.35	采用 A 型中心孔 D=1.6,D_1=3.35

注:①对标准中心孔,在图样中可不绘制其详细结构
②简化标注时,可省略标准编号
③尺寸 L 取决于零件的功能要求

中心孔的尺寸参数

导向孔直径 D(公称尺寸)	R 型	A 型		B 型		C 型	
	锥孔直径 D_1	锥孔直径 D_1	参照尺寸 t	锥孔直径 D_1	参照尺寸 t	公称尺寸 M	锥孔直径 D_2
1	2.12	2.12	0.9	3.15	0.9	M3	5.8
1.6	3.35	3.35	1.4	5	1.4	M4	7.4
2	4.25	4.25	1.8	6.3	1.8	M5	8.8
2.5	5.3	5.3	2.2	8	2.2	M6	10.5
3.15	6.7	6.7	2.8	10	2.8	M8	13.2
4	8.5	8.5	3.5	12.5	3.5	M10	16.3

续附表 4.1

导向孔直径 D（公称尺寸）	R型	A型		B型		C型	
	锥孔直径 D_1	锥孔直径 D_1	参照尺寸 t	锥孔直径 D_1	参照尺寸 t	公称尺寸 M	锥孔直径 D_2
(5)	10.6	10.6	4.4	16	4.4	M12	19.8
6.3	13.2	13.2	5.5	18	5.5	M16	25.3
(8)	17	17	7	22.4	7	M20	31.3
10	21.2	21.2	8.7	28	8.7	M24	38

注：尽量避免选用括号中的尺寸

附表 4.2　零件倒角与倒圆（摘自 GB/T 6403.4—1986）　mm

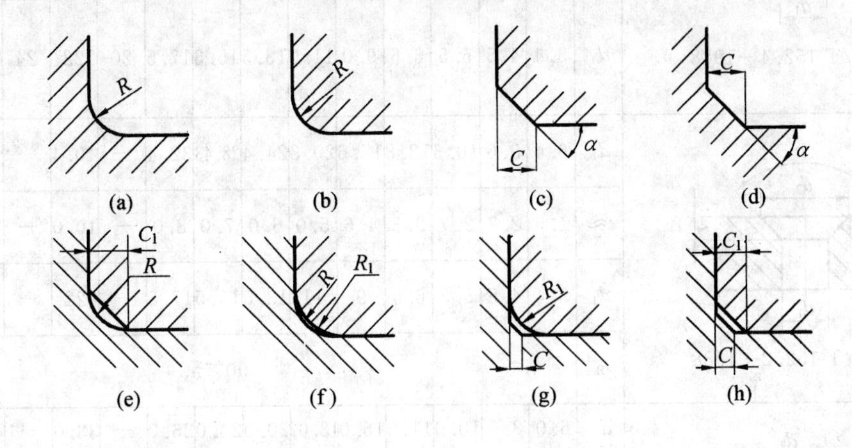

ϕ	—3	>3～6	>6～10	>10～18	>18～30	>30～50
C 或 R	0.2	0.4	0.6	0.8	1.0	1.6
ϕ	>50～80	>80～120	>120～180	>180～250	>250～320	>320～400
C 或 R	2.0	2.5	3.0	4.0	5.0	6.0
ϕ	>400～500	>500～630	>630～800	>800～1 000	>1 000～1 250	>1 250～1 600
C 或 R	8.0	10	12	16	20	25

注：①内角倒圆，外角倒角时，$G_1>R$，如图(e)所示

②内角倒圆，外角倒圆时，$R_1>R$，如图(f)所示

③内角倒角，外角倒圆时，$C<0.58R_1$，如图(g)所示

④内角倒角，外角倒角时，$C_1>C$，如图(h)所示

附表 4.3 紧固件通孔(摘自 GB/T 5277—1985)及沉头座尺寸(摘自 GB/T152.2～152.4—1988) mm

螺纹规格 d		3	4	5	6	8	10	12	14	16	18	20	22	24	27	30	36
通孔直径 GB/T 5277—1985	精装配	3.2	4.3	5.3	6.4	8.4	10.5	13	15	17	19	21	23	25	28	31	37
	中等装配	3.4	4.5	5.5	6.6	9	11	13.5	15.5	17.5	20	22	24	26	30	33	39
	粗装配	3.6	4.8	5.8	7	10	12	14.5	16.5	18.5	21	24	26	28	32	35	42
六角头螺栓和六角螺母用沉孔 GB/T 152.4—1988	d_2	9	10	11	13	18	22	26	30	33	36	40	43	48	53	61	适用于六角头螺栓和六角螺母
	d_3	—	—	—	—	—	—	16	18	20	22	24	26	28	33	36	
	d_1	3.4	4.5	5.5	6.6	9.0	11.0	13.5	15.5	17.5	20	22	24	26	30	33	
沉头用沉孔 GB/T 152.2—1988	d_2	6.4	9.6	10.6	12.8	17.6	20.3	24.4	28.4	32.4	—	40.4	—	—	—	—	适用于沉头及半沉头螺钉
	$t\approx$	1.6	2.7	2.7	3.3	4.6	5.0	6.0	7.0	8.0	—	10.0	—	—	—	—	
	d_1	3.4	4.5	5.5	6.6	9	11	13.5	15.5	17.5	—	22	—	—	—	—	
	a	$90°_{-4°}^{-2°}$															
圆柱头用沉孔 GB/T 152.3—1988	d_1	6.0	8.0	10.0	11.0	15.0	18.0	20.0	24.0	26.0	—	33.0	—	40.0	—	48.0	适用于内六角圆柱头螺钉
	t	3.4	4.6	5.7	6.8	9.0	11.0	13.0	15.0	17.5	—	21.5	—	25.5	—	32.0	
	d_3	—	—	—	—	—	—	16	18	20	—	24	—	28	—	36	
	d_1	3.4	4.5	5.5	6.6	9.0	11.0	13.5	15.5	17.5	—	22.0	—	26.0	—	33.0	
	d_2	—	8	10	11	15	18	20	24	26	—	33	—	—	—	—	适用于开槽圆柱头螺钉
	t	—	3.2	4.0	4.7	6.0	7.0	8.0	9.0	10.5	—	12.5	—	—	—	—	
	d_3	—	—	—	—	—	—	16	18	20	—	24	—	—	—	—	
	d_1	—	4.5	5.5	6.6	9.0	11.0	13.5	15.5	17.5	—	22.0	—	—	—	—	

注:对螺栓和螺母用沉孔的尺寸 t,只要能制出与通孔轴线垂直的圆平面即可,即刮平面平圆为止,常称锪平。表中尺寸 d_1、d_2、t 的公差带都是 H13

附录5 常用材料及热处理名词解释

附表5.1 常用黑色金属材料

名称	牌号		应用举例	说明
碳素结构钢	Q195	—	用于金属结构构件、拉杆、心轴、垫圈、凸轮等	1.新旧牌号对照 Q215→A2 Q235→A3 Q275→A5 2.A级不做冲击试验 B级做常温冲击试验 C、D级重要焊接结构用
	Q215	A		
		B		
	Q235	A	用于金属结构构件、吊钩、拉杆、套、螺栓、螺母、楔、盖、焊拉件等	
		B		
		C		
		D		
	Q255	A		
		B		
	Q275	—	用于轴、轴销、螺栓等强度较高件	
优质碳素钢	10		屈服点和抗拉强度比值较低，塑性和韧性均高，在冷状态下，容易模压成形。一般用于拉杆、卡头、钢管垫片、垫圈、铆钉。这种钢焊接性甚好	牌号的两位数字表示平均碳的质量分数，45号钢即表示平均碳的质量分数为0.45%；含锰量较高的钢，须加注化学元素符号“Mn”。碳的质量分数不大于0.25%的碳钢是低碳钢（渗碳钢）。碳的质量分数在0.25%～0.60%之间的碳钢是中碳钢（调质钢）。碳的质量分数大于0.60%的碳钢是高碳钢
	15		塑性、韧性、焊接性和冷冲性均良好，但强度较低。用于制造受力不大、韧性要求较高的零件、紧固件、冲模锻件及不要热处理的低负荷零件，如螺栓、螺钉、拉条、法兰盘及化工贮器、蒸汽锅炉等	
	35		具有良好的强度和韧性，用于制造曲轴、转轴、轴销、杠杆、连杆、横梁、星轮、圆盘、套筒、钩环、垫圈、螺钉、螺母等。一般不作焊接用	
	45		用于强度要求较高的零件，如汽轮机的叶轮、压缩机，泵的零件等	
	60		强度和弹性相当高，用于制造轧辊、轴，弹簧圈、弹簧，离合器、凸轮、钢绳等	
	65Mn		性能与15号钢相似，但其淬透性、强度和塑性比15号钢都高些。用于制造中心部分的机械性能要求较高且须渗透碳的零件。这种钢焊接性好	
	15Mn		强度高，淬透性较大、脱碳倾向小，但有过热敏感性，易产生淬火裂纹，并有回火脆性。适宜作大尺寸的各种扁、圆弹簧，如座板簧、弹簧发条。	
灰铸铁	HT100		属低强度铸铁，用于铸盖、手把、手轮等不重要的零件	“HT”是灰铸铁的代号，是由表示其特征的汉语拼音字的第一个大写正体字母组成。代号后面的一组数字表示抗拉强度值(N/mm²)
	HT150		属中等强度铸铁，用于一般铸铁如机床座、端盖、皮带轮、工作台等。	
	HT200 HT250		属高强度铸铁，用于较重要铸件，如汽缸、齿轮、凸轮、机座、床身、飞轮、皮带轮、齿轮箱、阀壳、联轴器、衬筒、轴承座等	
	HT300 HT350		属高强度、高耐磨铸铁、用于重要的铸件如齿轮、凸轮、床身、高压液压筒、液压泵和滑阀的壳体、车床卡盘等	
球墨铸铁	QT700−2		用于曲轴、缸体、车轮等	“QT”是球墨铸铁代号，是表示“球铁”的汉语拼音的第一个字母，它后面的数字表示强度和延伸率的大小
	QT600−3			
	QT500−7		用于阀体、气缸、轴瓦等	
	QT450−10		用于减速机箱体、管路、阀体、盖、中低压阀体等	
	QT400−15			

附表 5.2 常用有色金属材料

类别	名称与牌号	应用举例
加工青铜	4－4－4 锡青铜 QSn4－4－4	一般摩擦条件下的轴承、轴套、衬套、圆盘及衬套内垫
	7－0.2 锡青钢 QSn7－0.2	中负荷、中等滑动速度下的摩擦零件，如抗磨垫圈、轴承、轴套、蜗轮等
	9－4 铝青铜 QAL9－4	高负荷下的抗磨、耐蚀零件，如轴承、轴套、衬套、阀座、齿轮、蜗轮等
	10－3－1.5 铝青铜 QAL10－3－1.5	高温下工作的耐磨零件，如齿轮、轴承、衬套、圆盘、飞轮等
	10－4－4 铝青铜 QA110－4－4	高强度耐磨件及高温下工作零件，如轴衬、轴套、齿轮、螺母、法兰盘、滑座等
	2 铍青铜 QBe2	高速、高温、高压下工作的耐磨零件，如轴承、衬套等
铸造铜合金	5－5－5 锡青铜 ZCuSn5Pb5Zn5	用于较高负荷、中等滑动速度下工作的耐磨、耐蚀零件，如轴瓦、衬套、油塞、蜗轮等
	10－1 锡青铜 ZCuSn10P1	用于负荷小于 20 MPa 和滑动速度小于 8 m/s 条件下工作的耐磨零件，如齿轮、蜗轮、轴瓦、套等
	10－2 锡青铜 ZCuSn10Zn2	用于中等负荷和小滑动速度下工作的管配件及阀、旋塞、泵体、齿轮、蜗轮、叶轮等
	8－13－3－2 铝青铜 ZCuAl8Mn13Fe3Ni2	用于高强度耐蚀重要零件，如船舶螺旋桨、高压阀体、泵体、耐压耐磨的齿轮、蜗轮、法兰、衬套等
	9－2 铝青铜 ZCuAl9Mn2	用于制造耐磨的结构简单的大型铸件，如衬套、蜗轮及增压器内气封等
	10－3 铝青铜 ZCuAl10Fe3	制造强度高、耐磨、耐蚀零件，如蜗轮、轴承、衬套、管嘴、耐热管配件
	9－4－4－2 铝黄铜 ZCuAL9Fe4NiMn2	制造高强度重要零件，如船舶螺旋桨，耐磨及 400 ℃以下工作的零件，如轴承、齿轮、蜗轮、螺母、法兰、阀体、导向套管等
	25－6－3－3 铝黄铜 ZCuZn25Al6Fe3Mn3	适于高强耐磨零件，如桥梁支承板、螺母、螺杆、耐磨板、滑块、蜗轮等
	38－2－2 锰黄铜 ZCuZn38Mn2Pb2	一般用途结构件，如套筒、衬套、轴瓦、滑块等
铸造铝合金	ZL301	用于受大冲击负荷、高耐蚀的零件
	ZL102	用于汽缸活塞以及高温工作的复杂形状零件
	ZL401	适用于压力铸造的高强度铝合金

附表 5.3 常用非金属材料

类别	名称	代号	说明及规格		应用举例
工业用橡胶板	普通橡胶板	1608	厚度/mm	宽度/mm	能在－30～＋60 ℃的空气中工作，适于冲制各种密封、缓冲胶圈、垫板及铺设工作台、地板
		1708	0.5、1、1.5、2、2.5、3、4、5、6、8、10、12、14、16、18、20、22、25、30、40、50	500～2 000	
		1613			
	耐油橡胶板	3707			可在－30～80 ℃之间的机油、汽油、变压器油等介质中工作，适于冲制各种形状的垫圈
		3807			
		3709			
		3809			
尼龙	尼龙 66 尼龙 1010		有高的抗拉强度和良好的冲击韧性，一定的耐热性(可在 100 ℃以下使用)，能耐弱酸、弱碱、耐油性良好。		用于制作机械传动零件，有良好的灭声性、运转时噪声小，常用来做齿轮等零件
石棉制品	耐油橡胶石棉板		有厚度为 0.4～0.3 mm 的 10 种规格。		作为航空发动机的煤油、润滑油及冷气系统结合处的密封衬垫材料
	油浸石棉盘根	YS450	盘根形状分 F(方形)、Y(圆形)、N(扭制)三种，按需选用。		适用于回转轴、往复活塞或阀门杆上做密封材料，介质为蒸汽、空气、工业用水、重质石油产品
	橡胶石棉盘根	SX450	该牌号盘根只有 *F*(方形)形。		适用于做蒸汽机、往复泵的活塞和阀门杆上做密封材料
	毛毡	112－32－44(细毛)122－30～38(半粗毛)132－32～36(粗毛)	厚度为 1.5～25 mm		用作密封、防漏油、防震、缓冲衬垫等，按需要选用细毛、半粗毛、粗毛
	软钢板纸		厚度为 0.5～3.0 mm		用作密封连接处垫片
	聚四氯乙烯	SFL－4～13	耐腐蚀、耐高温(＋250 ℃)并具有一定的强度，能切削加工成各种零件。		用于腐蚀介质中，起密封和减磨作用，用作垫圈等
	有机玻璃板		耐盐酸、硫酸、草酸、烧碱和纯碱等一般酸碱以及二氧化碳、臭氧等气体腐蚀。		适用于耐腐蚀和需要透明的零件

附表 5.4 常用的热处理和表面处理名词解释

名词		代号及标注示例	说　　明	应　　用
退火		Th	将钢件加热到临界温度以上(一般是710～715 ℃,个别合金钢800～900 ℃)30～50 ℃,保温一段时间,然后缓慢冷却(一般在炉中冷却)	用来消除铸、锻、焊零件的内应力、降低硬度、便于切削加工,细化金属晶粒,改善组织、增加韧性
正火		Z	将钢件加热到临界温度以下,保温一段时间,然后用空气冷却,冷却速度比退火要快	用来处理低碳和中碳结构钢及渗碳零件,使其组织细化,增加强度与韧性,减少内应力,改善切削性能
淬火		C C48—淬火回火(45～50)HRC	将钢件加热到临界温度以下,保温一段时间,然后在水、盐水或油中(个别材料在空气中)急速冷却,使其得到高硬度	用来提高钢的硬度和强度极限。但淬火会引起内应使钢变脆,所以淬火后必须回火
回火			回火是将淬硬的钢件加热到临界点以下的温度,保温一段时间,然后在空气中或油中冷却下来	用来消除淬火后的脆性和内应力,提高钢的塑性和冲击韧性。
调质		T T235—调质至(220～250)HB	淬火后在450～650 ℃进行高温回火,称为调质	用来使钢获得高的韧性和足够的强度。重要的齿轮、轴及丝杆等零件是调质处理的
表面淬火	火焰淬火	H54(火焰淬火后,回火到(52～58)HRC)	用火焰或高频电流将零件表面迅速加热至临界温度以上,急速冷却	使零件表面获得高硬度,而心部保持一定的韧性,使零件既耐磨又能承受冲击。表面淬火常用来处理齿轮等
	高频淬火	G52(高频淬火后,回火到(50～55)HRC)		
渗碳淬火		S0.5—C59(渗碳层深0.5,淬火硬度(56～62)HRC)	在渗碳剂中将钢件加热到900～950 ℃,停留一定时间,将碳渗入钢表面,深度约为0.5～2 mm,再淬火后回火	增加钢件的耐磨性能,表面硬度、抗拉强度及疲劳极限 适用于低碳、中碳(质量分数＜0.40%)结构钢的中小型零件
氮化		D0.3—900(氮化深度0.3,硬度大于850HV)	氮化是在500～600 ℃通入氨的炉子内加热,向钢的表面渗入氮原子的过程。氮化层为0.025～0.8 mm,氮化时间需40～50 h	增加钢件的耐磨性能、表面硬度、疲劳极限和抗蚀能力 适用于合金钢、碳钢、铸铁件,如机床主轴、丝杆以及在潮湿碱水和燃烧气体介质的环境中工作的零件
氰化		Q59(氰化淬火后,回火至(56～62)HRC)	在820～860 ℃炉内通入碳和氰,保温1～2 h,使钢件的表面同时渗入碳、氮原子,可得到0.2～0.5 mm的氰层	增加表面硬度、耐磨性、疲劳强度和耐蚀性 用于要求硬度高、耐磨的中、小型及薄片零件和刀具等
时效		时效处理	低温回火后,精加工之前,加热到100～160 ℃,保持10～40 h。对铸件也可用天然时效(放在露天中一年以上)	使工件消除内应力和稳定形状,用于量具,精密丝杆、床身导轨、床身等
发蓝发黑		发蓝或发黑	将金属零件放在很浓的碱和氧化剂溶液中加热氧化,使金属表面形成一层氧化铁所组成的保护性薄膜	防腐蚀、美观。用于一般连接的标准件和其他电子类零件

续附表 5.4

<table>
<tr><th>名词</th><th>代号及标注示例</th><th>说　明</th><th>应　用</th></tr>
<tr><td rowspan="3">硬度</td><td>HB(布氏硬度)</td><td rowspan="3">材料抵抗硬的物体压入其表面的能力称“硬度”。根据测定的方法不同,可分布氏硬度,洛氏硬度和维氏硬度
硬度的测定是检验材料经热处理后的机械性能——硬度</td><td>用于退火、正火、调质的零件及铸件的硬度检验</td></tr>
<tr><td>HRC(洛氏硬度)</td><td>用于经淬火、回火及表面渗碳、渗氮等处理的零件硬度检验</td></tr>
<tr><td>HV(维氏硬度)</td><td>用于薄层硬化零件的硬度检验</td></tr>
</table>

参考文献

[1] 郑风.机械制图及计算机绘图[M].北京:清华大学出版社,2005.

[2] 刘永田.机械制图基础[M].北京:北京航空航天大学出版社,2009.

[3] 牟志华,张作状.机械制图[M].北京:中国铁道出版社,2011.

[4] 安增桂,田耘.机械制图[M].北京:中国铁道出版社,2011.

[5] 曹静,贾雨顺.机械制图[M].北京:机械工业出版社,2011.

[6] 冯秋官.机械制图与计算机绘图[M].北京:机械工业出版社,2011.

[7] 姜勇.机械制图与计算机绘图[M].北京:人民邮电出版社,2010.

[8] 陈桂芬.机械制图与计算机绘图[M].西安:西安电子科技大学出版社,2006.

[9] 魏延辉.CAXA 电子图版 2011 机械设计与制作标准实训教程[M].北京:印刷工业出版社,2011.

[10] 刘慧.CAXA 电子图板 2011 实例教程[M].北京:机械工业出版社,2012.

[11] 缪凯歌.机械制图与 CAXA 电子图板习题集[M].沈阳:辽宁科学技术出版社,2008.

[12] 吕思科.机械制图(机械类)[M].北京:北京理工大学出版社,2012.

[13] 蓝汝铭,贺健琪.机械制图习题集[M].北京:高等教育出版社,2011.

[14] 同济大学机械制图教研室.机械制图[M].上海:同济大学出版社,2011.

[15] 陈子银.CAXA 电子图板教程[M].北京:北京理工大学出版社,2009.

[16] 杨伟群.CAXA-CAD 应用实例[M].北京:高等教育出版社,2011.

[17] 马希青.CAXA 电子图板教程[M].北京:冶金工业出版社,2009.

JIXIE ZHITU YU CAXA XITI

机械制图与CAXA习题

主　审　李新广　燕亚民
主　编　张传斌　李新广
副主编　张加丽
编　者　韩　冰　李亚男　韩静鸽
　　　　巢淑娟　张贵明

智囊图书·机械书系

全国普通高等职业院校应用型创新规划教材

哈尔滨工业大学出版社
HITP

1-1 按 1:1 的比例抄画下图。

1-2 按 2:1 的比例抄画下图到 A4 图纸上，不留装订边，并标注尺寸。

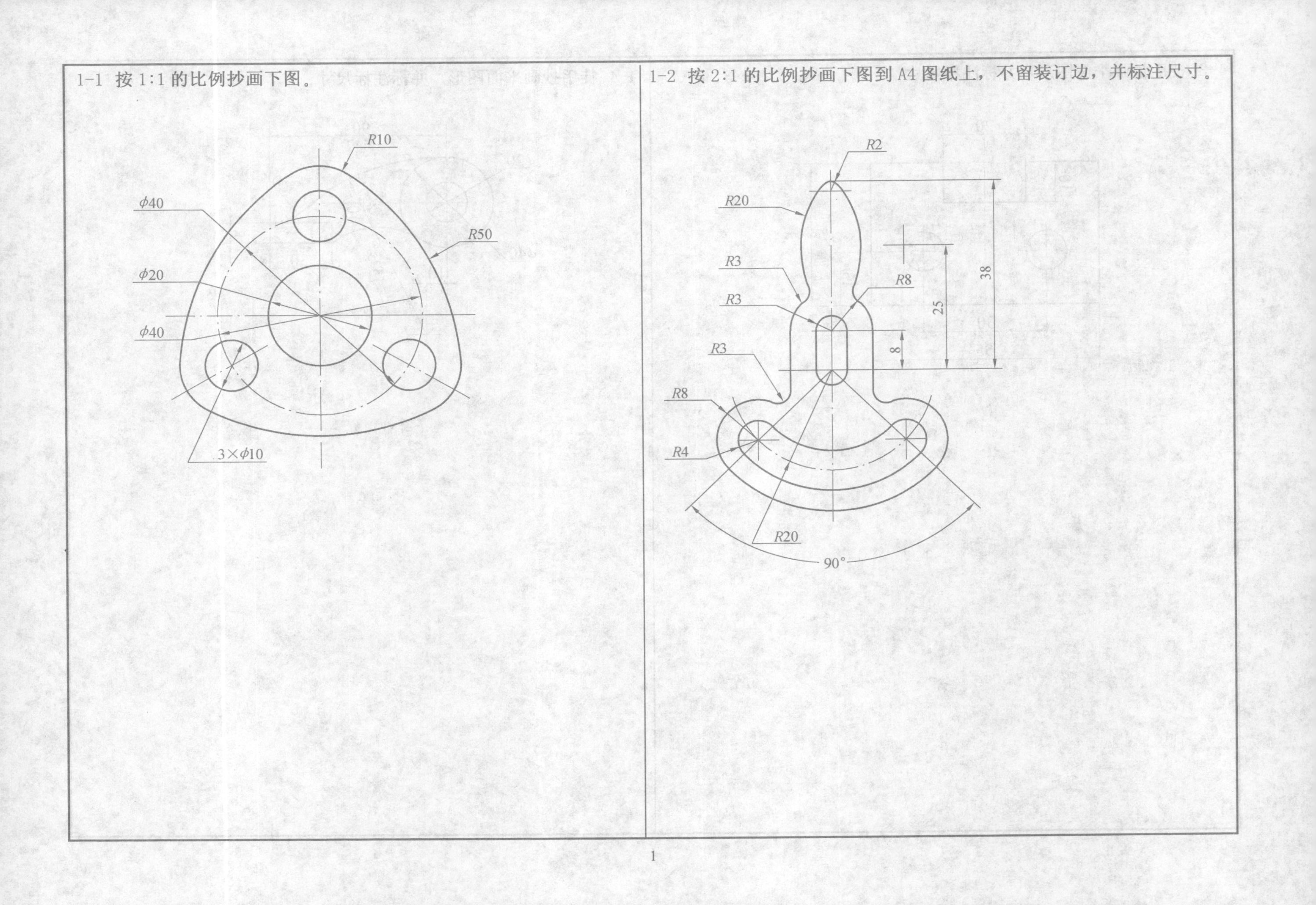

1-3 徒手抄画平面图形，并标注标尺寸。

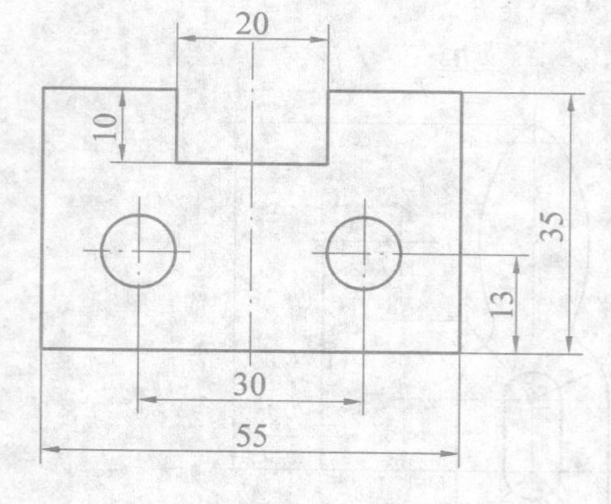

1-4 徒手抄画平面图形，并标注标尺寸。

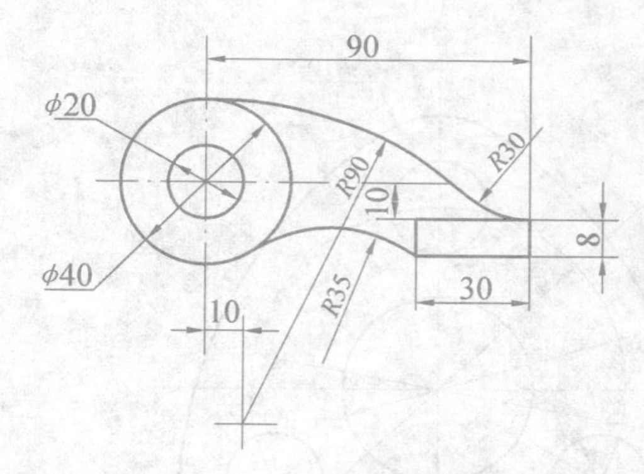

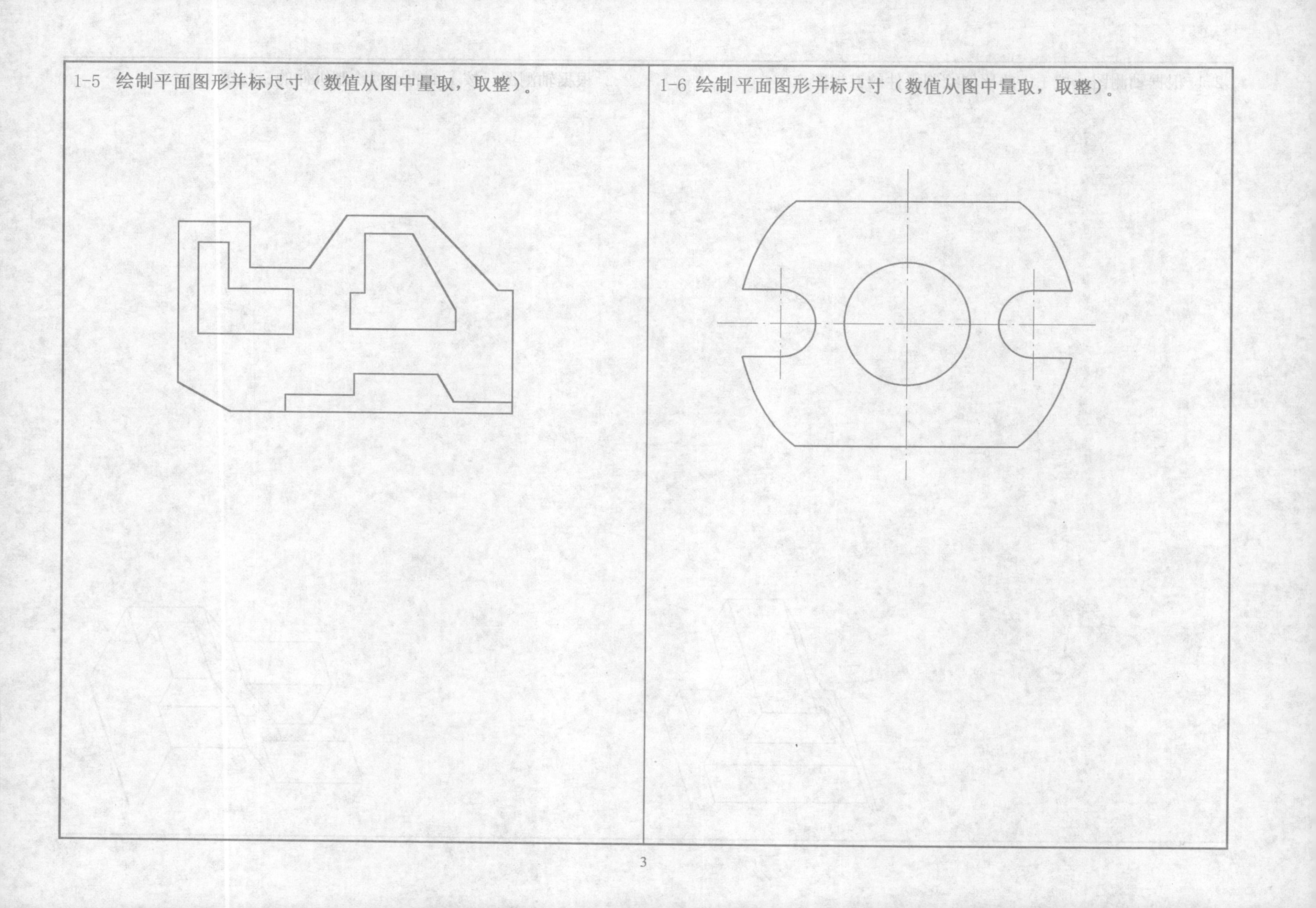
1-5 绘制平面图形并标尺寸（数值从图中量取，取整）。

1-6 绘制平面图形并标尺寸（数值从图中量取，取整）。

2-1 根据轴测图，按 1:1 的比例绘制机件的三视图。

2-2 根据轴测图，按 1:1 的比例绘制机件的三视图。

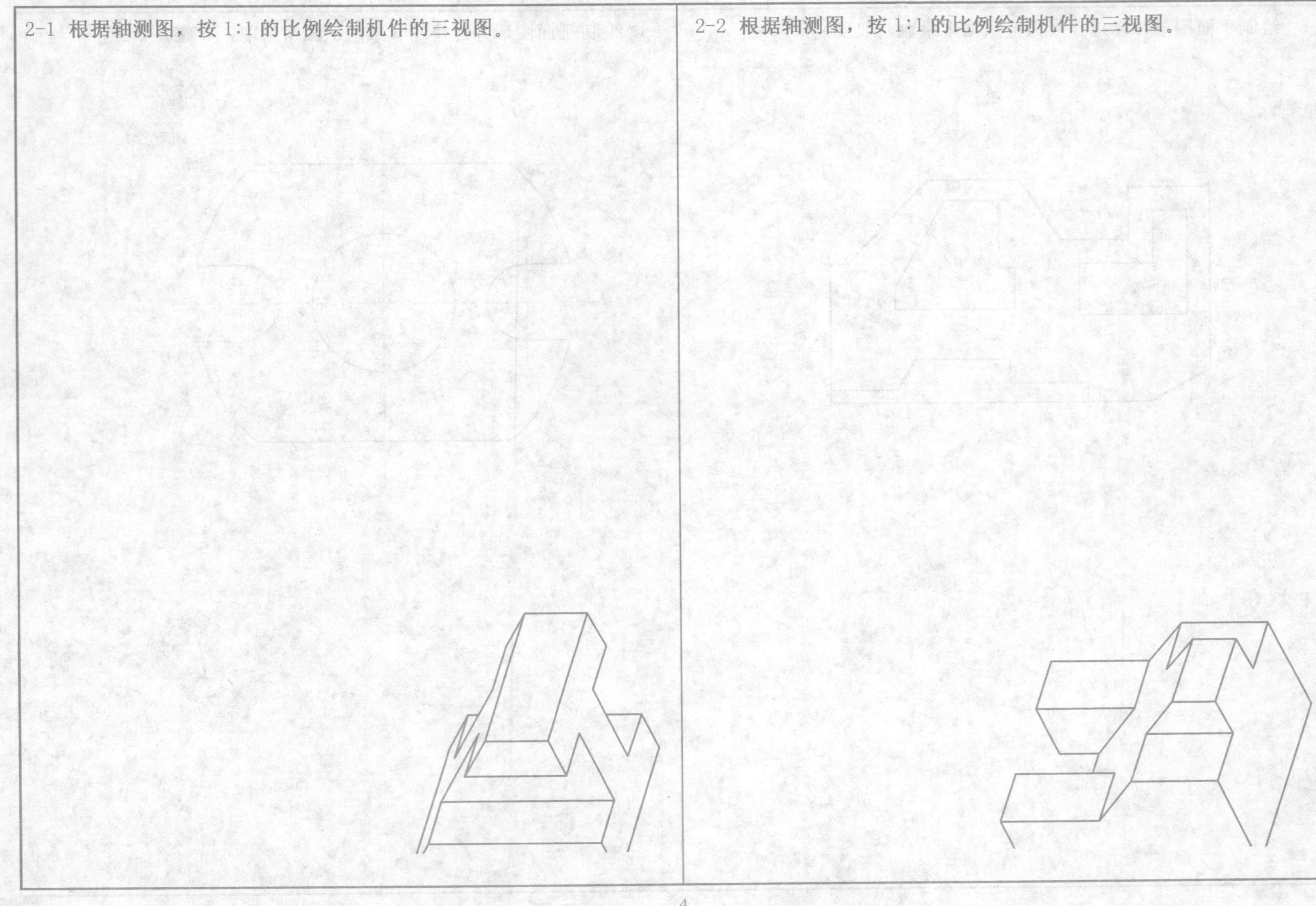

2-3 根据主视图，参照轴测图，绘制机件的俯视图、左视图。

2-4 根据主视图，参照轴测图，绘制机件的俯视图、左视图。

2-5 根据主视图，参照轴测图，绘制机件的俯视图、左视图。

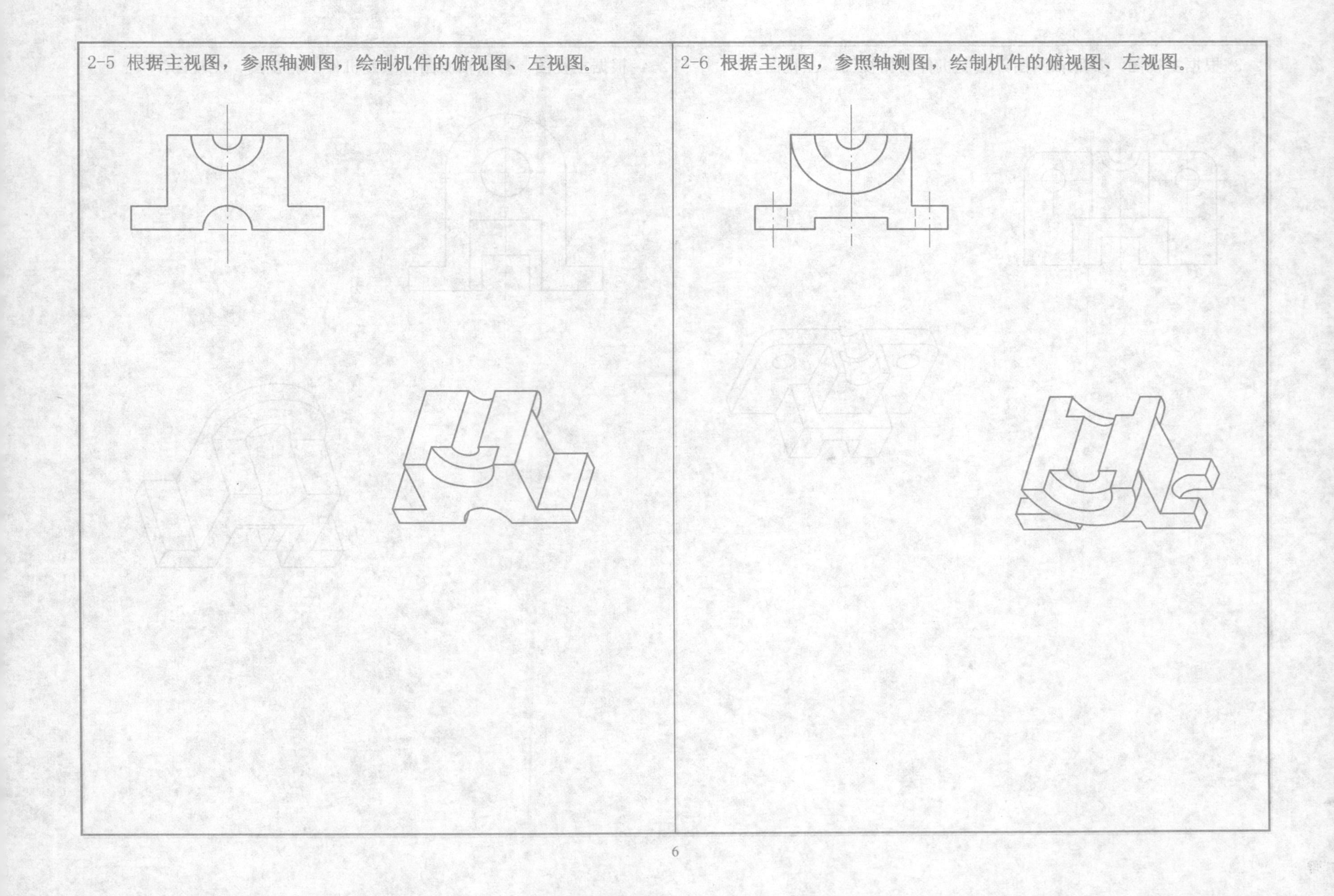

2-6 根据主视图，参照轴测图，绘制机件的俯视图、左视图。

2-7 补全机件三视图中漏画的线条。

2-8 补全机件三视图中漏画的线条。

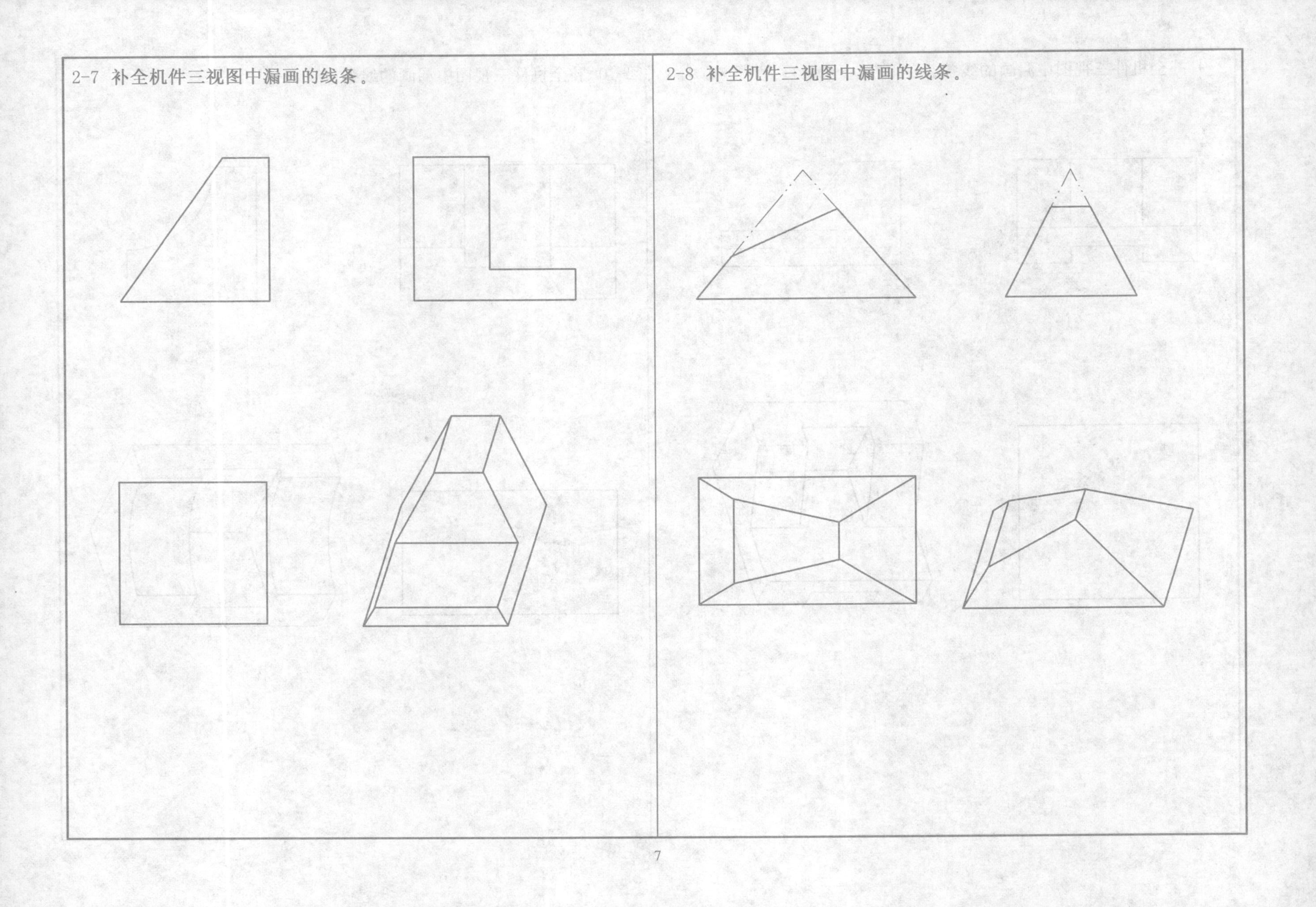

2-9 补全机件三视图中漏画的线条。

2-10 补全机件三视图中漏画的线条。

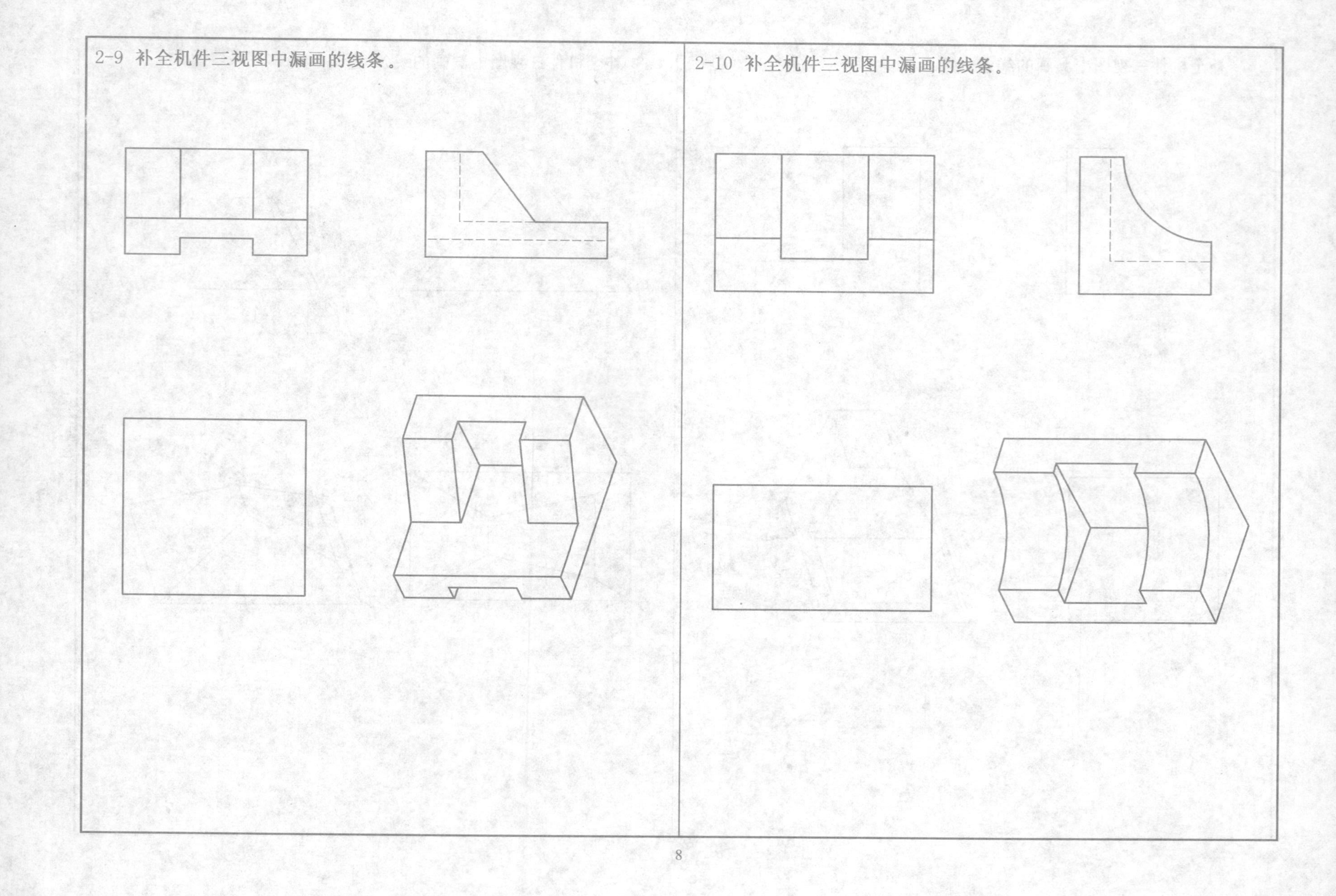

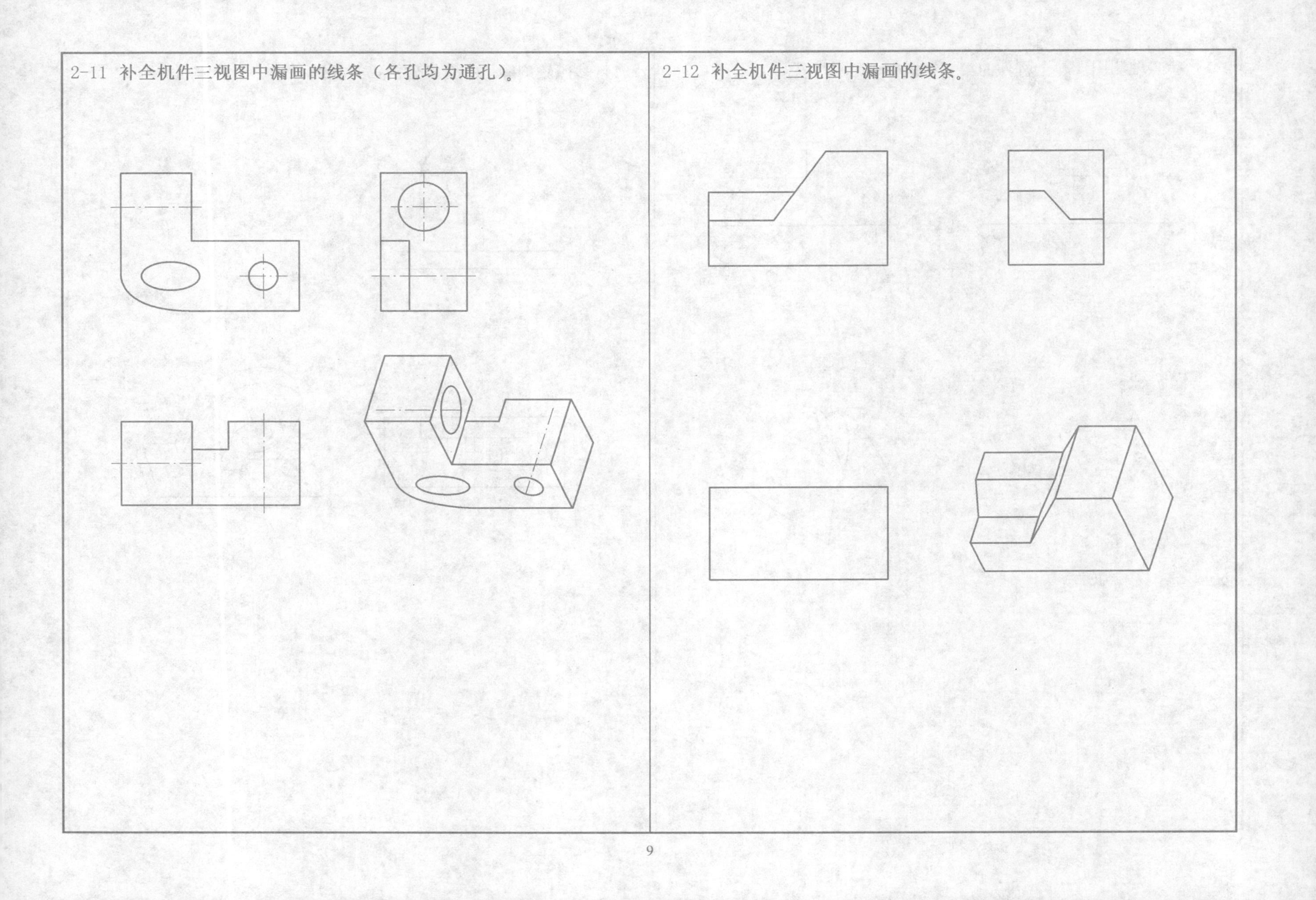

2-11 补全机件三视图中漏画的线条（各孔均为通孔）。

2-12 补全机件三视图中漏画的线条。

2-13 参照轴测图，补全机件的第三视图。

2-14 参照轴测图，补全机件的第三视图。

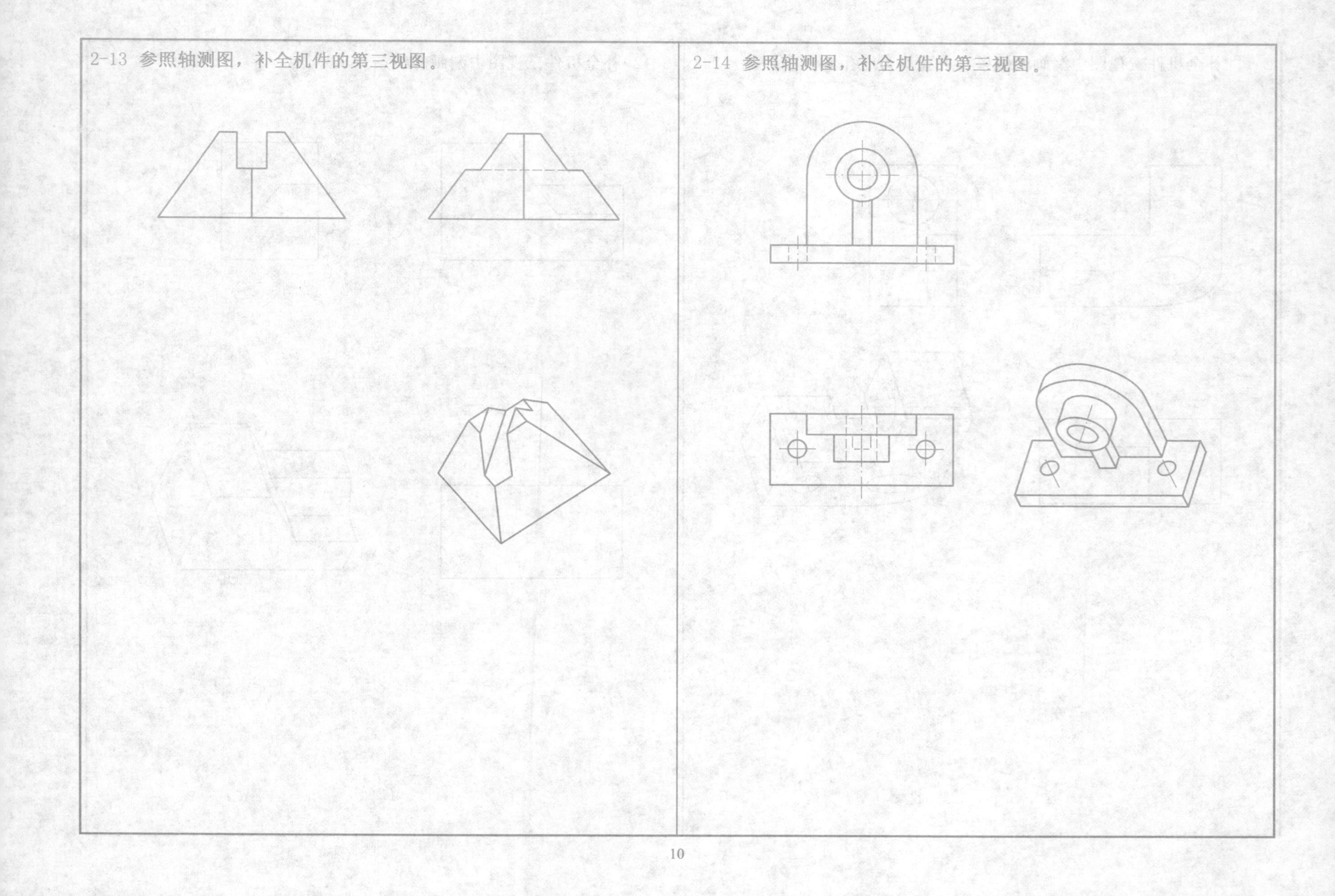

2-15 参照轴测图，补全机件的第三视图。

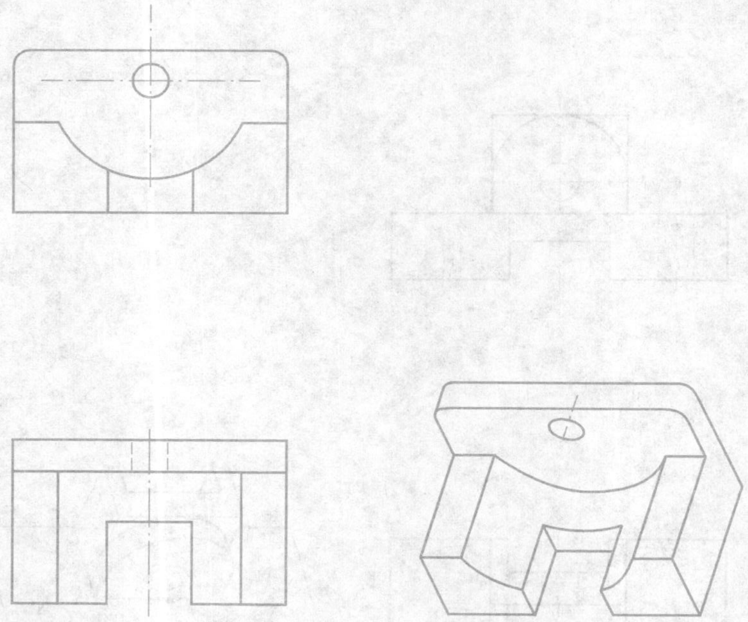

2-16 参照轴测图，补全机件的第三视图。

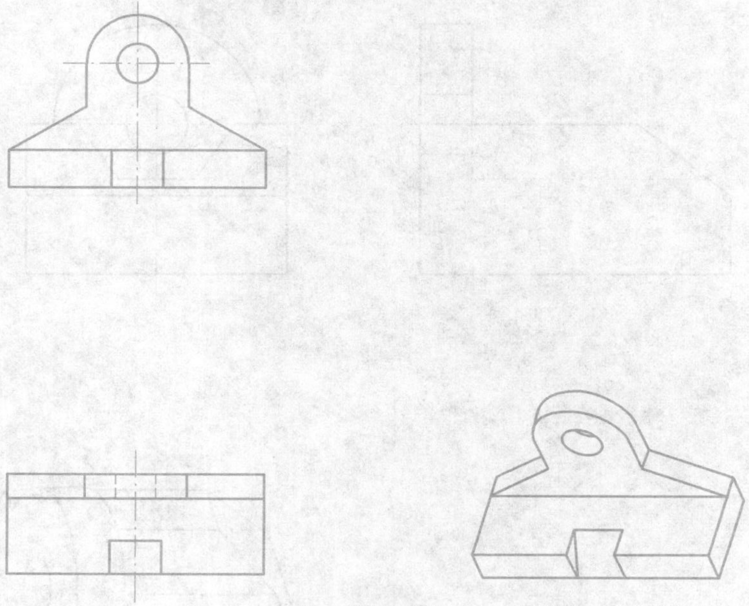

2-17 参照轴测图，补全机件的第三视图。

2-18 参照轴测图，补全机件的第三视图。

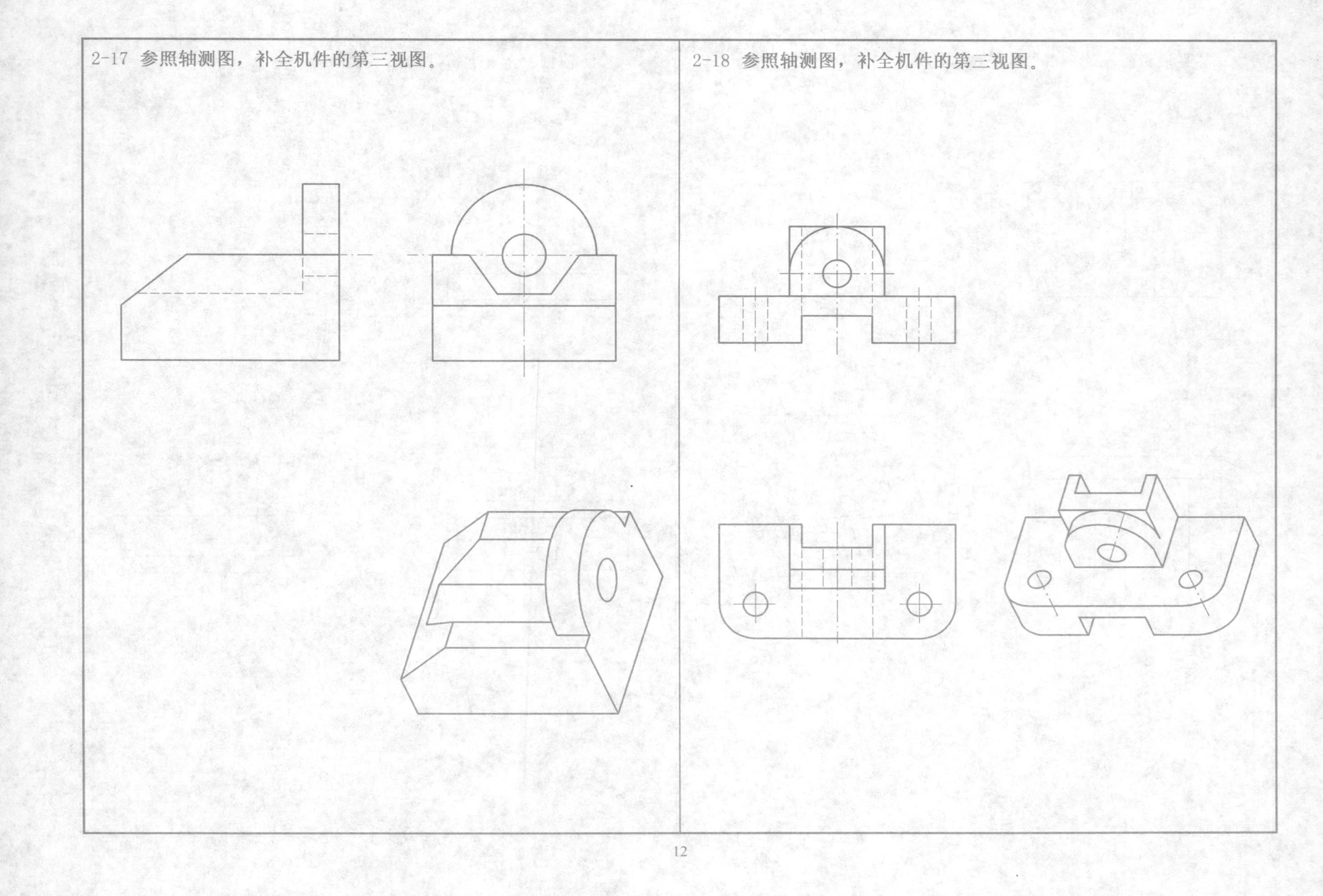

2-19 参照轴测图，补全机件的第三视图。

2-20 参照轴测图，补全机件的第三视图。

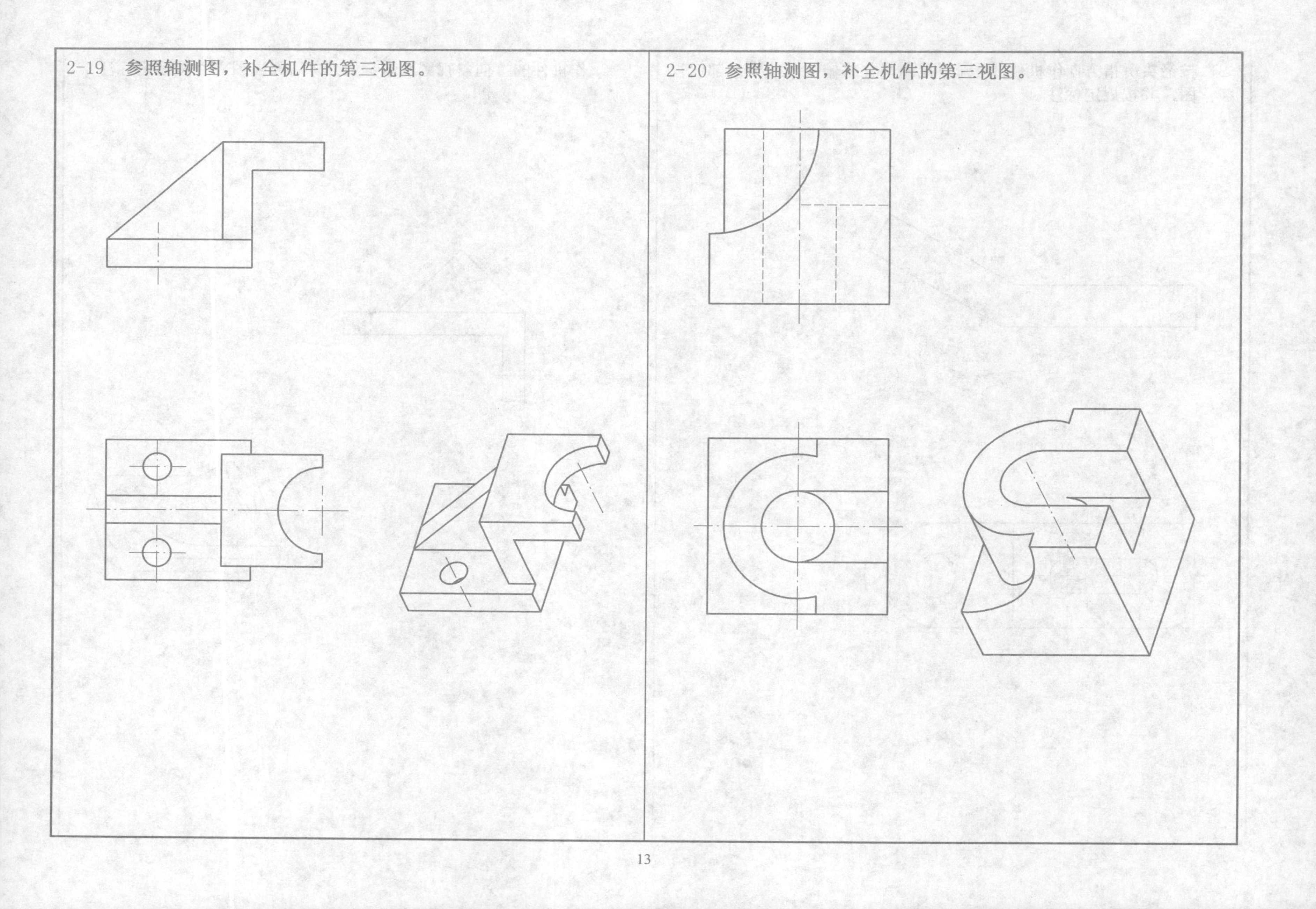

2-21 按箭头所指方向作机件的A向斜视图，并将俯视图改为局部俯视图，并按规定标注。

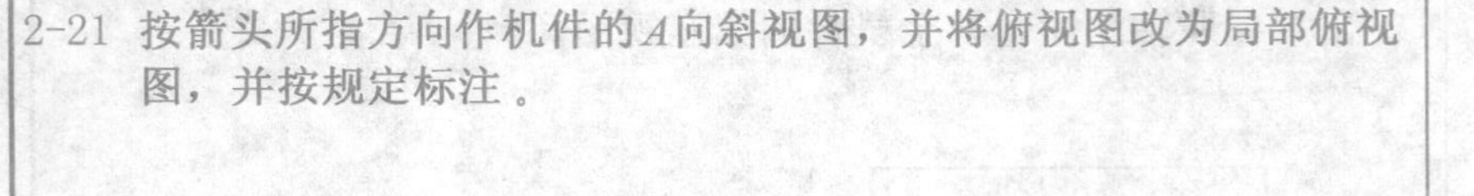

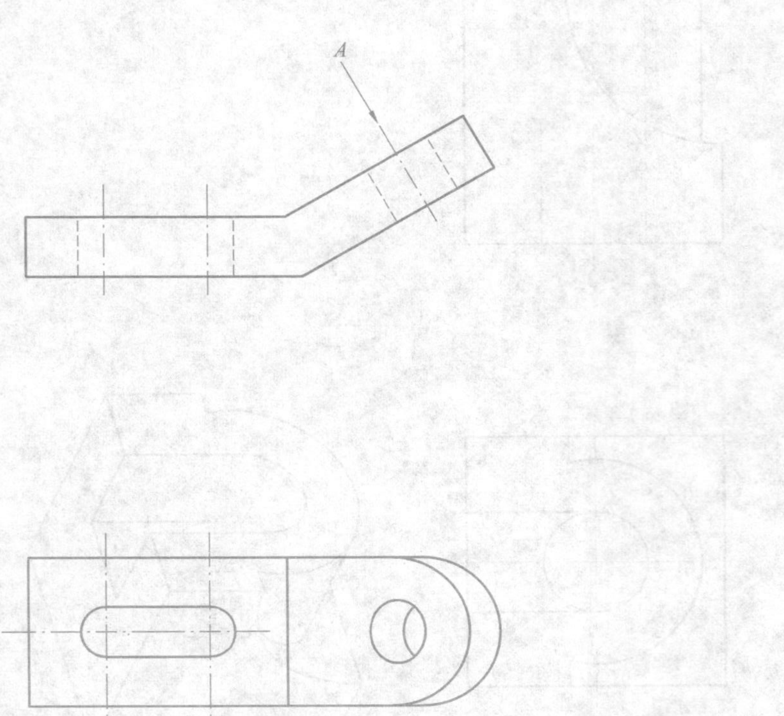

2-22 作机件的A向斜视图和B向、C 向局部视图，并按规定标注。

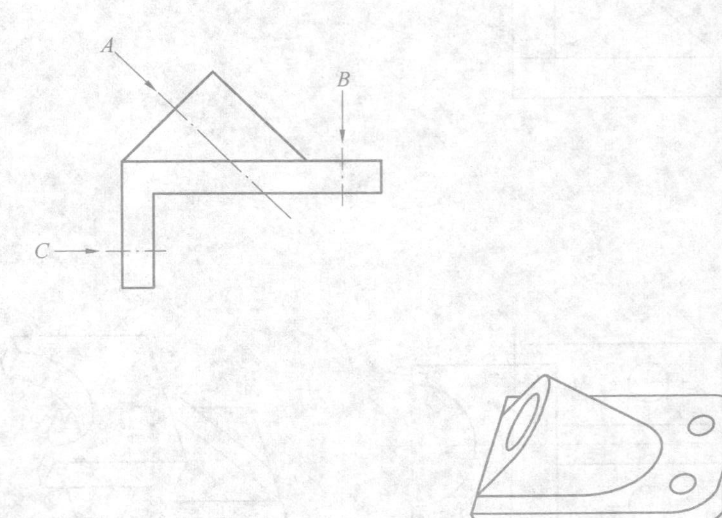

2-23 参照轴测图，绘制机件的三视图，并标注尺寸。

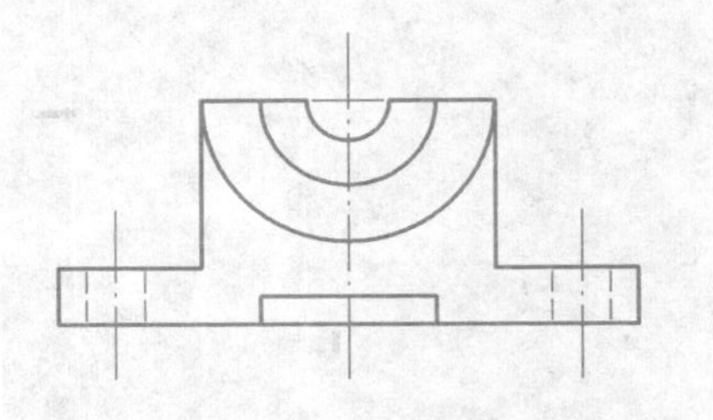

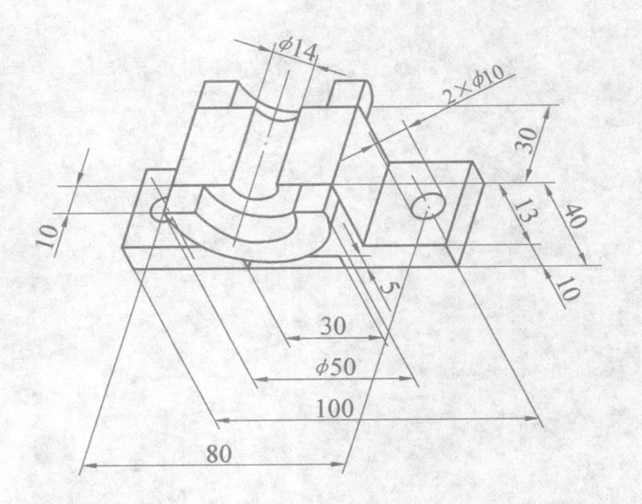

2-24 参照轴测图，绘制机件的三视图，并标注尺寸。

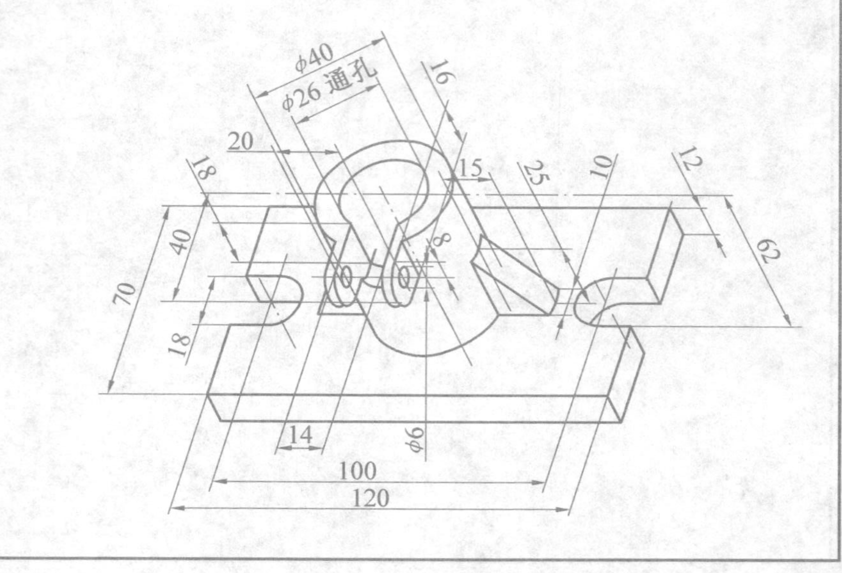

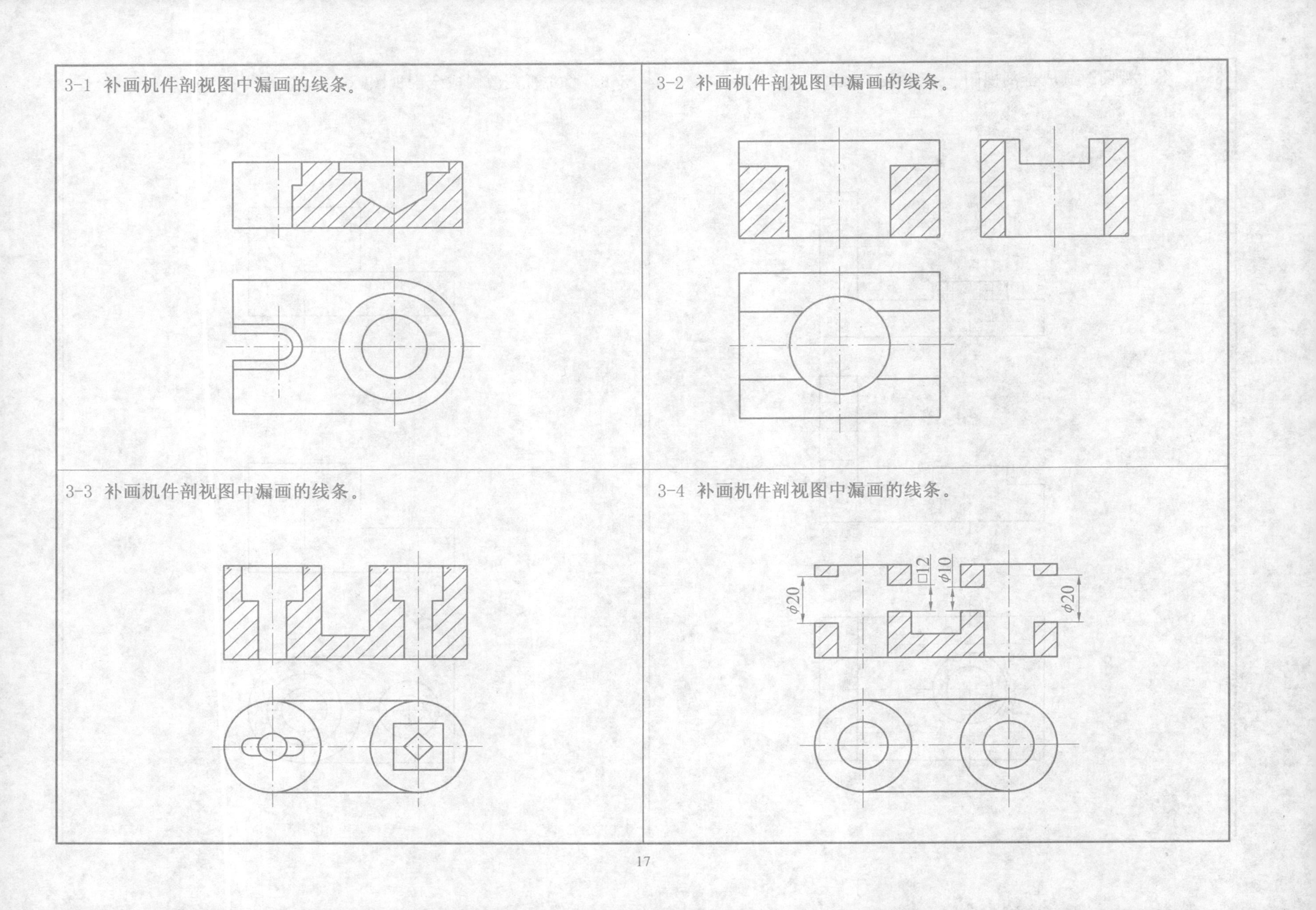
3-1 补画机件剖视图中漏画的线条。
3-2 补画机件剖视图中漏画的线条。
3-3 补画机件剖视图中漏画的线条。
3-4 补画机件剖视图中漏画的线条。
□12
φ10
φ20
φ20

3-5　将主视图改画成全剖视图。

3-6　将主视图改画成全剖视图。

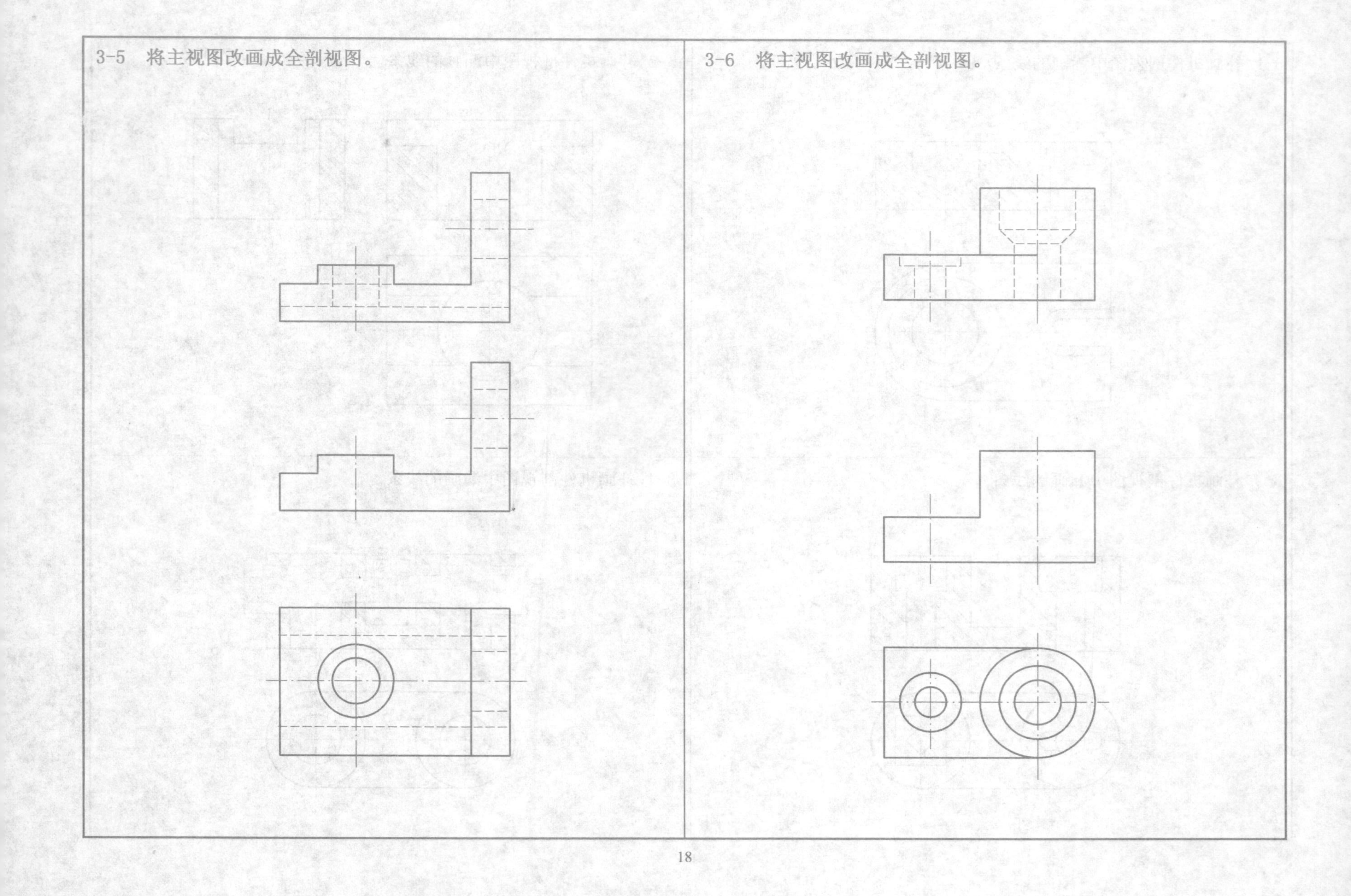

3-7 将主视图改为全剖视图。

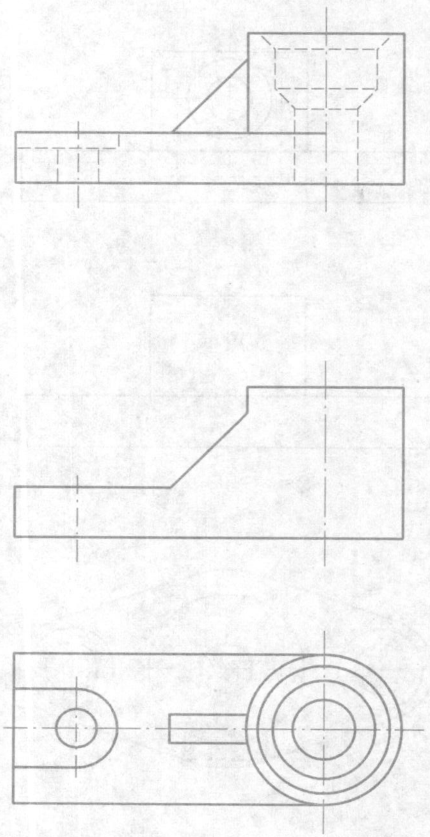

3-8 将主视图改为全剖视图。

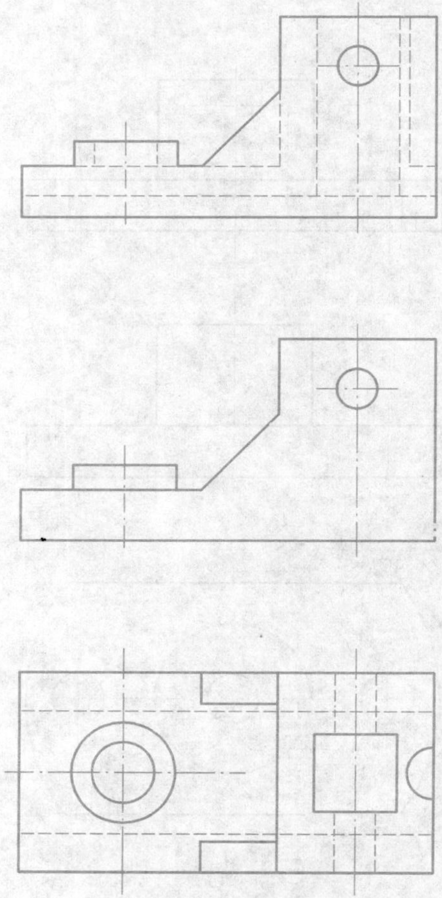

3-9 将主视图改为半剖视图。

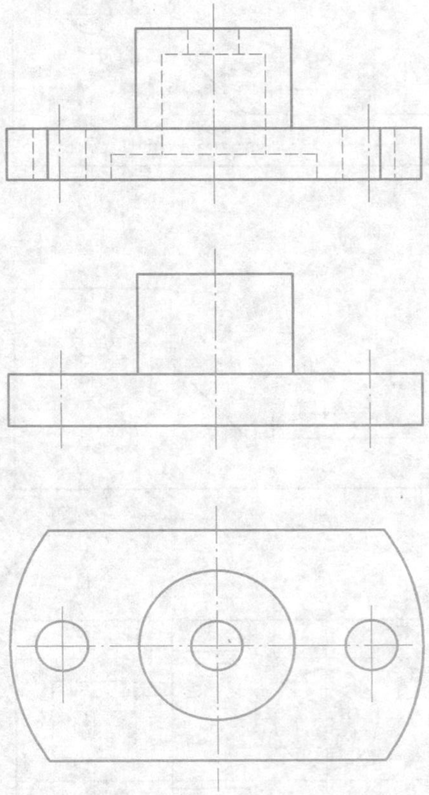

3-10 将主视图改为半剖视图。

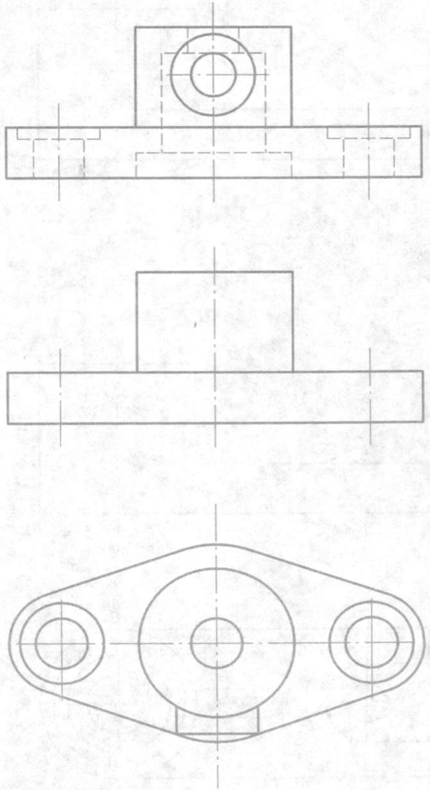

3-11 将主视图改为半剖视图。

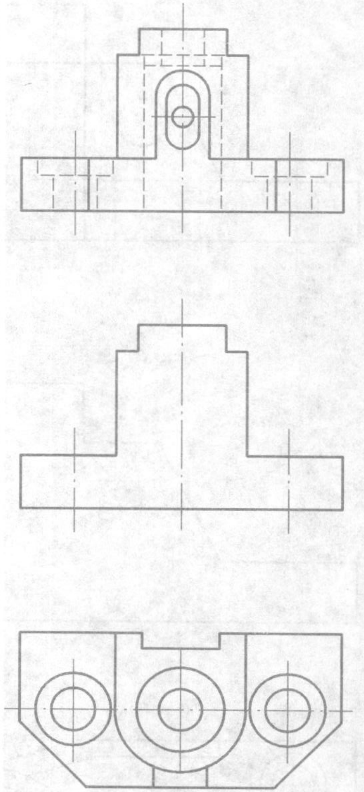

3-12 将主视图和俯视图改为局部剖视图。

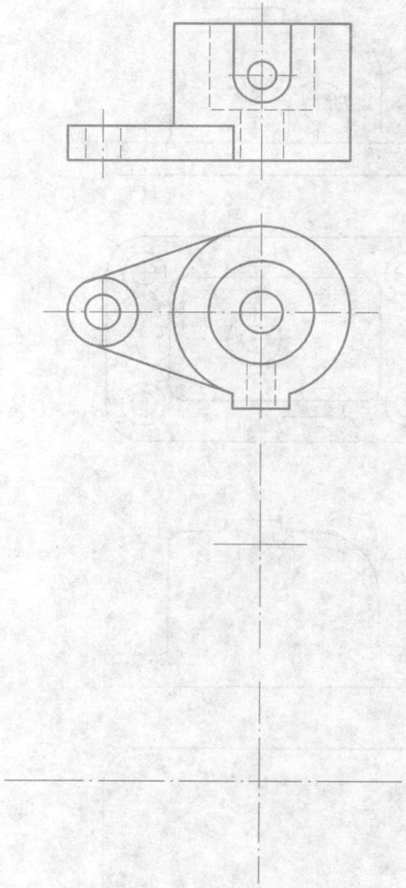

3-13 将主视图和俯视图改为局部剖视图 。

3-14 根据机件已知的两个视图，在指定位置画出机件的$A-A$全剖视图 。

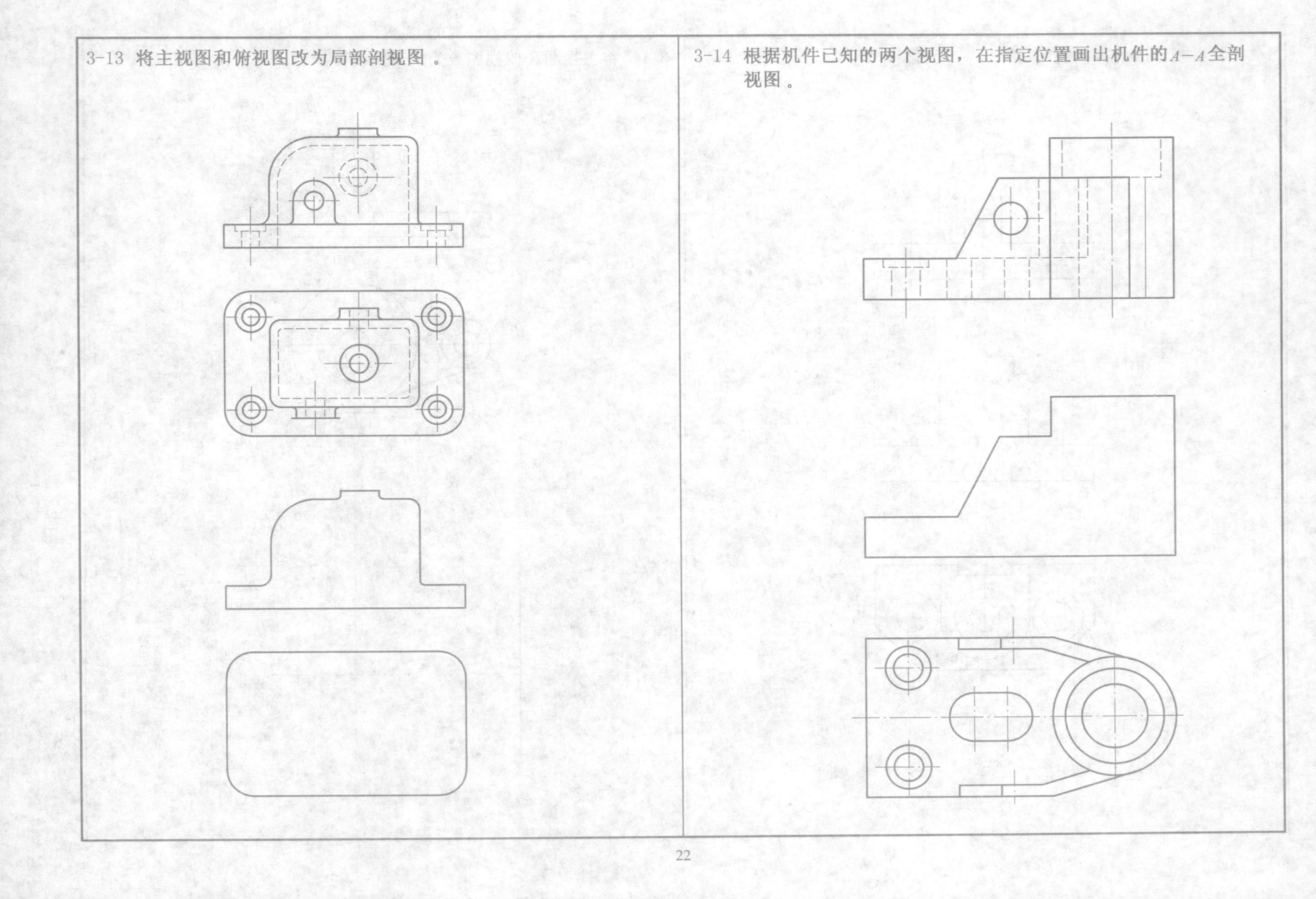

13-15 根据机件的已知的两个视图，在指定位置画出机件的 $A—A$ 全剖视图。

3-16 根据机件已知的两个视图，在指定位置画出机件的 A-A 全剖视图。

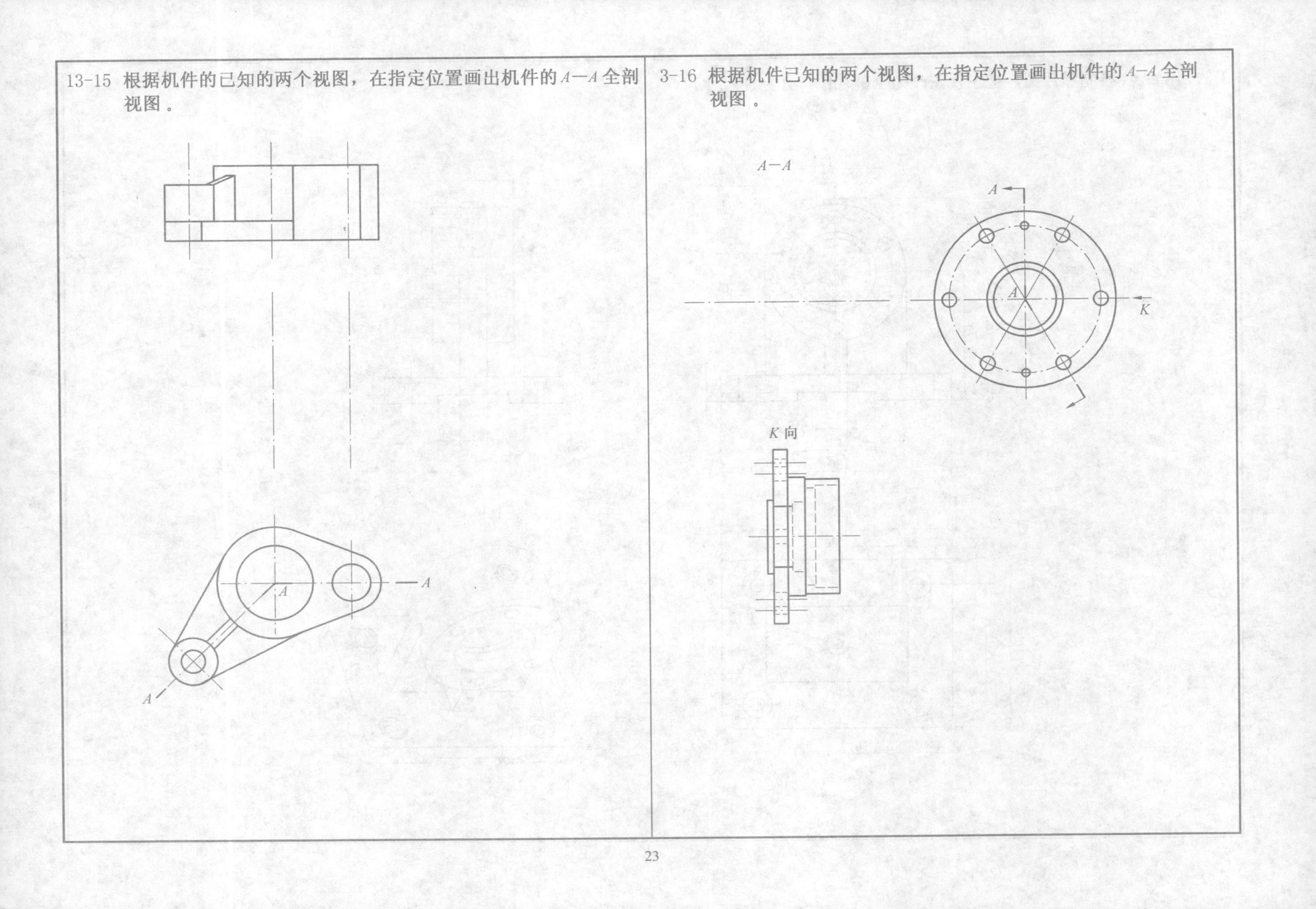

3-17 用 CAXA 绘制零件图，把左视图改为全剖视图，并标注尺寸。

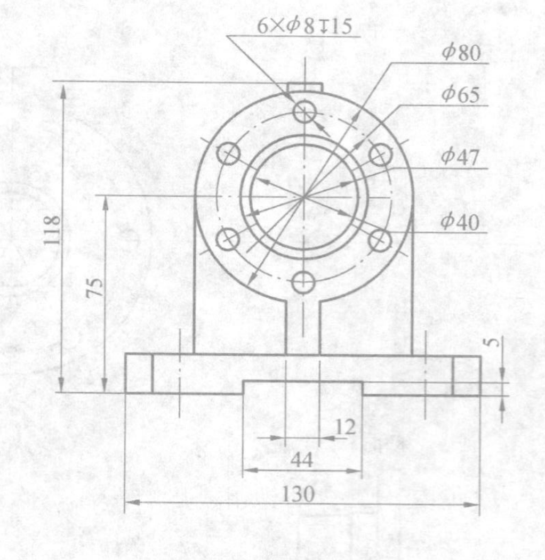

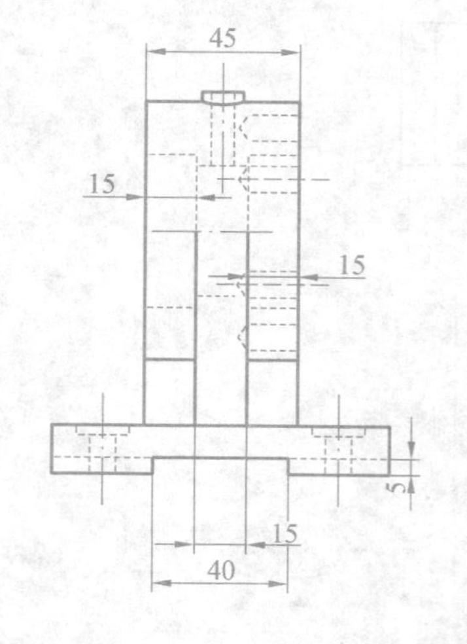

比例 1:2

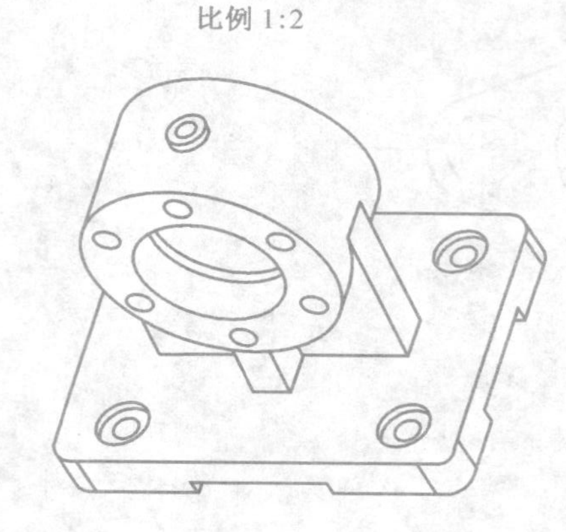

4-1 完成下列轴的移出断面图的绘制。

4-2 在俯视图上完成连杆的重合断面图的绘制。

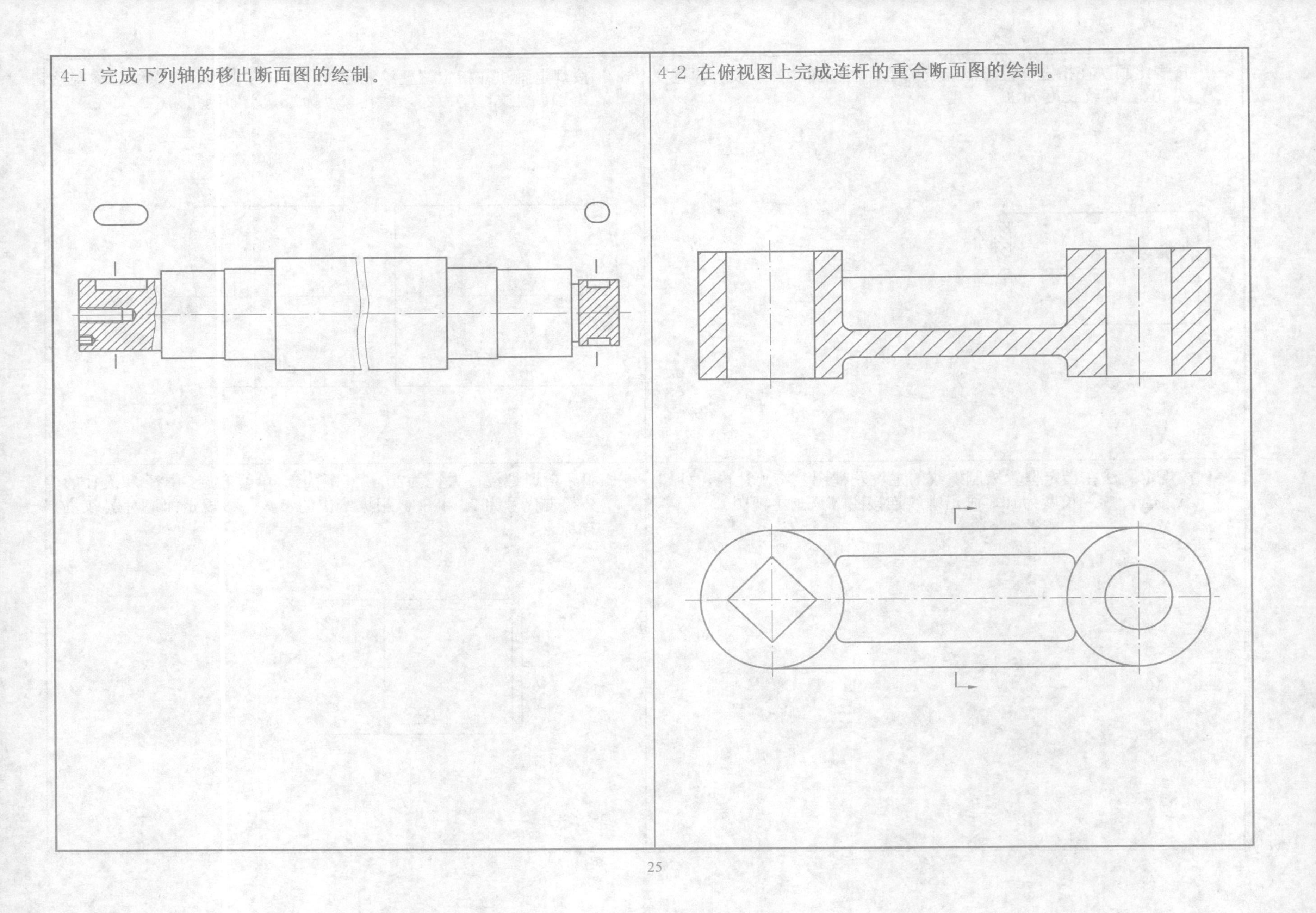

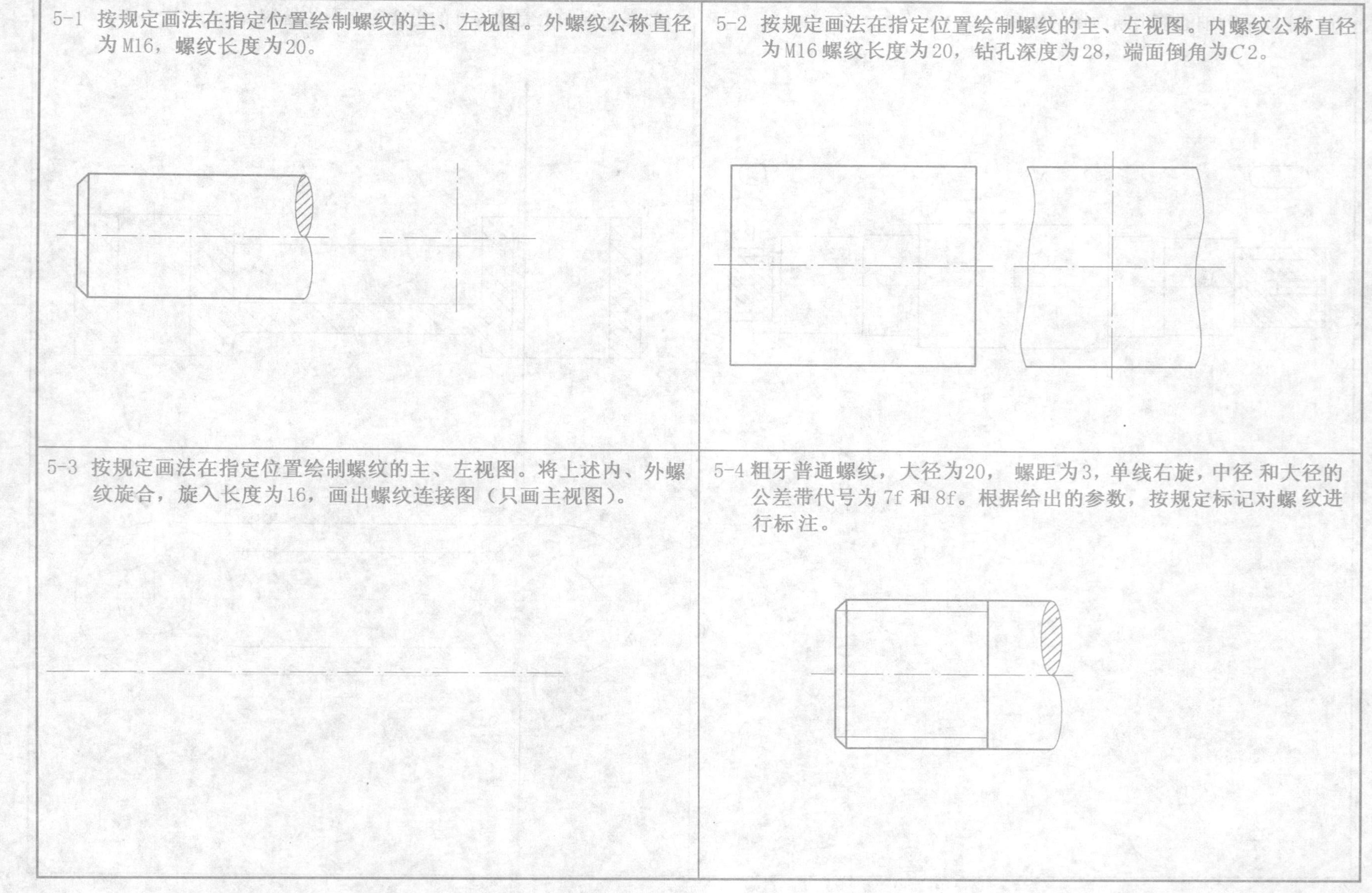

5-1 按规定画法在指定位置绘制螺纹的主、左视图。外螺纹公称直径为M16，螺纹长度为20。

5-2 按规定画法在指定位置绘制螺纹的主、左视图。内螺纹公称直径为M16 螺纹长度为20，钻孔深度为28，端面倒角为$C2$。

5-3 按规定画法在指定位置绘制螺纹的主、左视图。将上述内、外螺纹旋合，旋入长度为16，画出螺纹连接图（只画主视图）。

5-4 粗牙普通螺纹，大径为20， 螺距为3，单线右旋，中径 和大径的公差带代号为 7f 和 8f。根据给出的参数，按规定标记对螺 纹进行标 注。

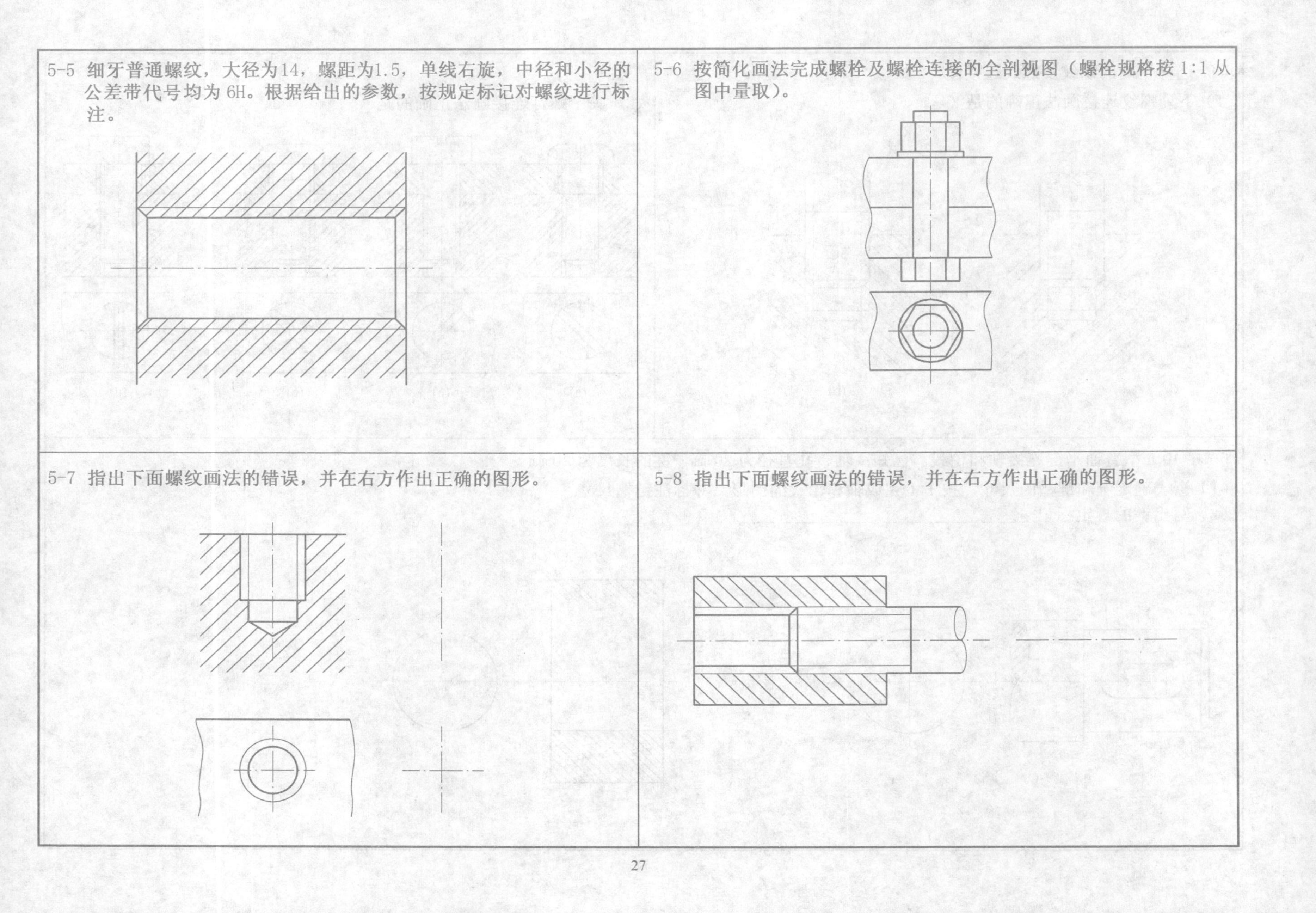

5-5 细牙普通螺纹，大径为14，螺距为1.5，单线右旋，中径和小径的公差带代号均为6H。根据给出的参数，按规定标记对螺纹进行标注。

5-6 按简化画法完成螺栓及螺栓连接的全剖视图（螺栓规格按1:1从图中量取）。

5-7 指出下面螺纹画法的错误，并在右方作出正确的图形。

5-8 指出下面螺纹画法的错误，并在右方作出正确的图形。

5-9 选择正确的螺纹及螺纹连接图。

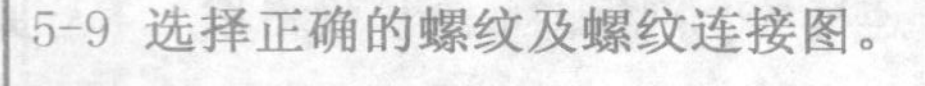

（1）下列螺纹连接画法正确的是（　　）。

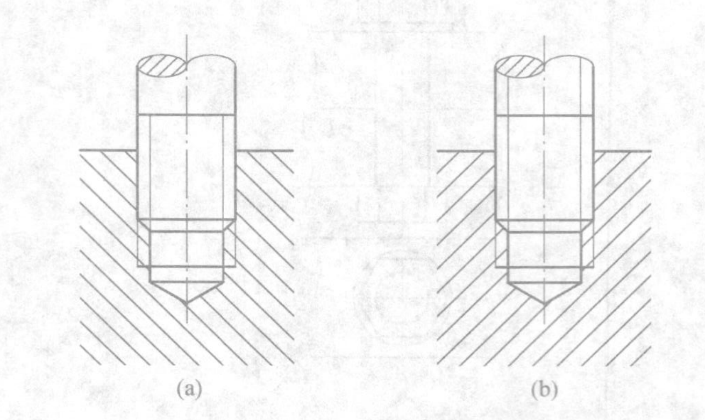

(a)　　(b)

（2）关于螺钉连接画法正确的是（　　）。

(a)　　(b)　　(c)　　(d)

5-10 用 A 型普通平键连接轴和轮毂。已知：轴、孔直径为 20 mm，键的长度为 20 mm 。

（1）查表确定键和键槽的尺寸，按 1:1 完成轴和轮毂的图形，并标注键槽尺寸。

（2）写出键的规定标记________________。

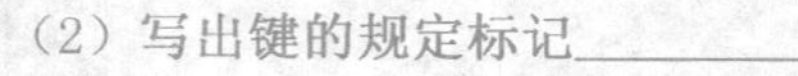

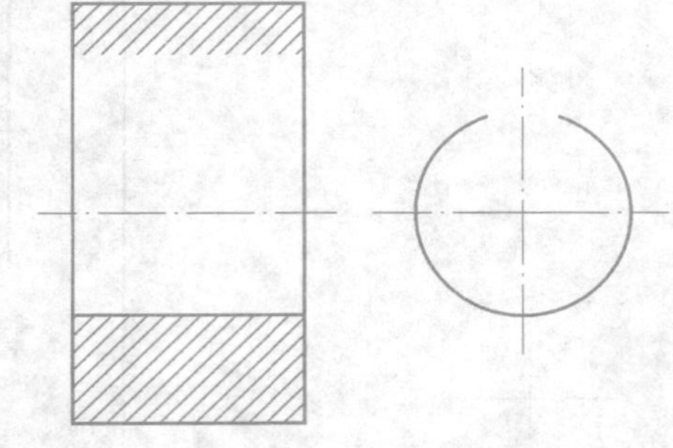

（3）用键将轴和轮毂连接起来，补全图形。

5-11 已知齿轮与轴用直径 d=8 mm 的圆柱销连接，选择销的长度，按1:1比例完成销连接图，并写出圆锥销的规定标记。

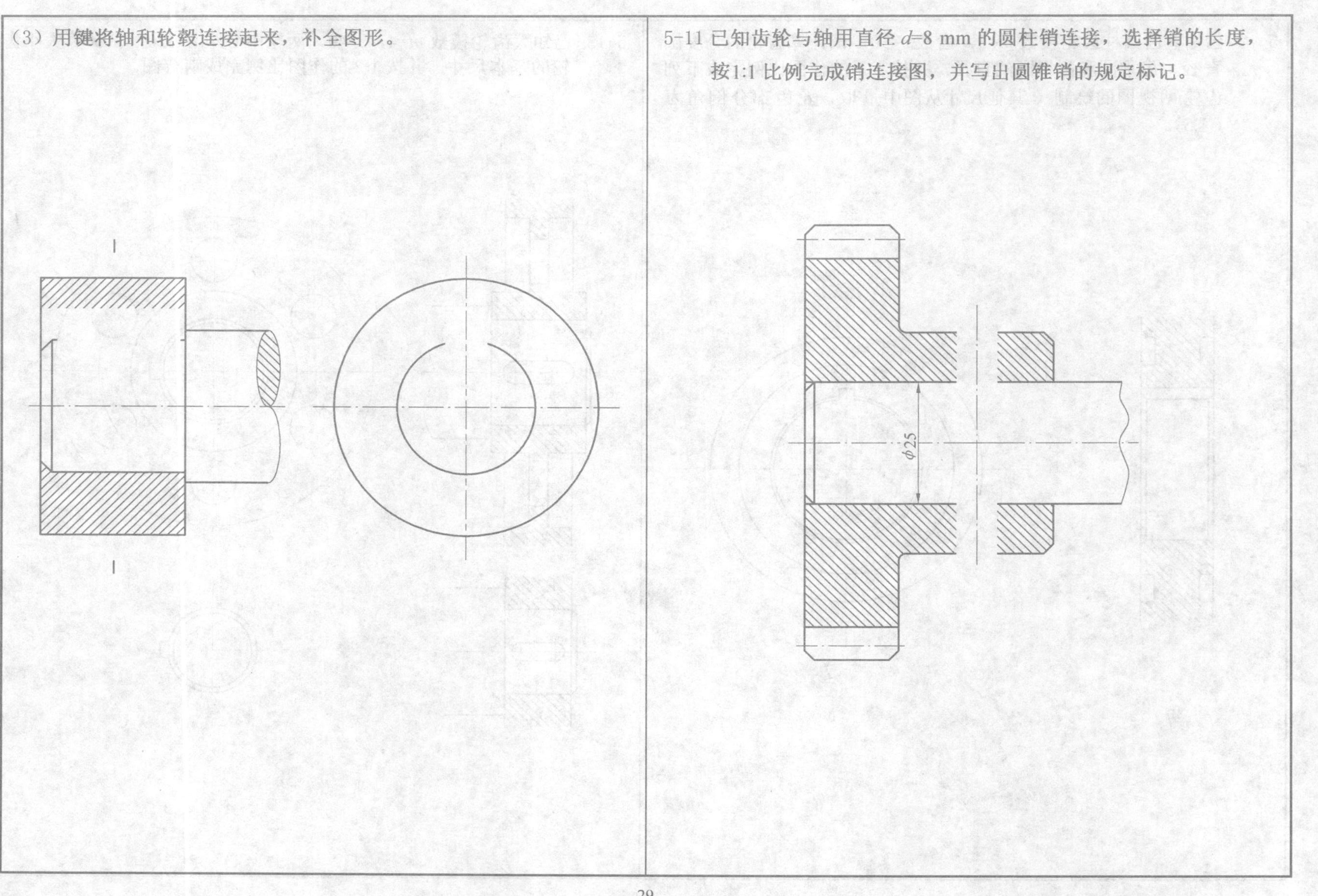

5-12 已知直齿圆柱齿轮模数 m=3，齿数 z=30，试计算齿轮的分度圆直径、齿顶圆和齿根圆的直径，并按 1:1 的作图比例完成下列齿轮 两视图的绘制（其他尺寸从图中量取，轮齿部分倒角为 C1.5）。

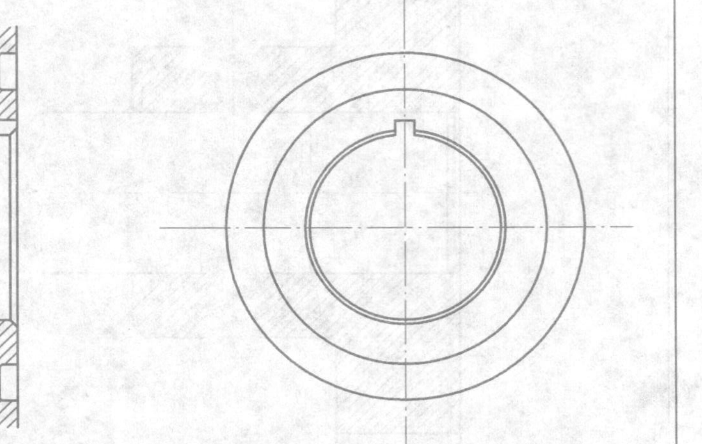

5-13 已知大齿轮模数 m=4，z=40，两轮中心距 a=120，试计算大小齿轮的基本尺寸，并按 1:2 的作图比例完成啮合图。

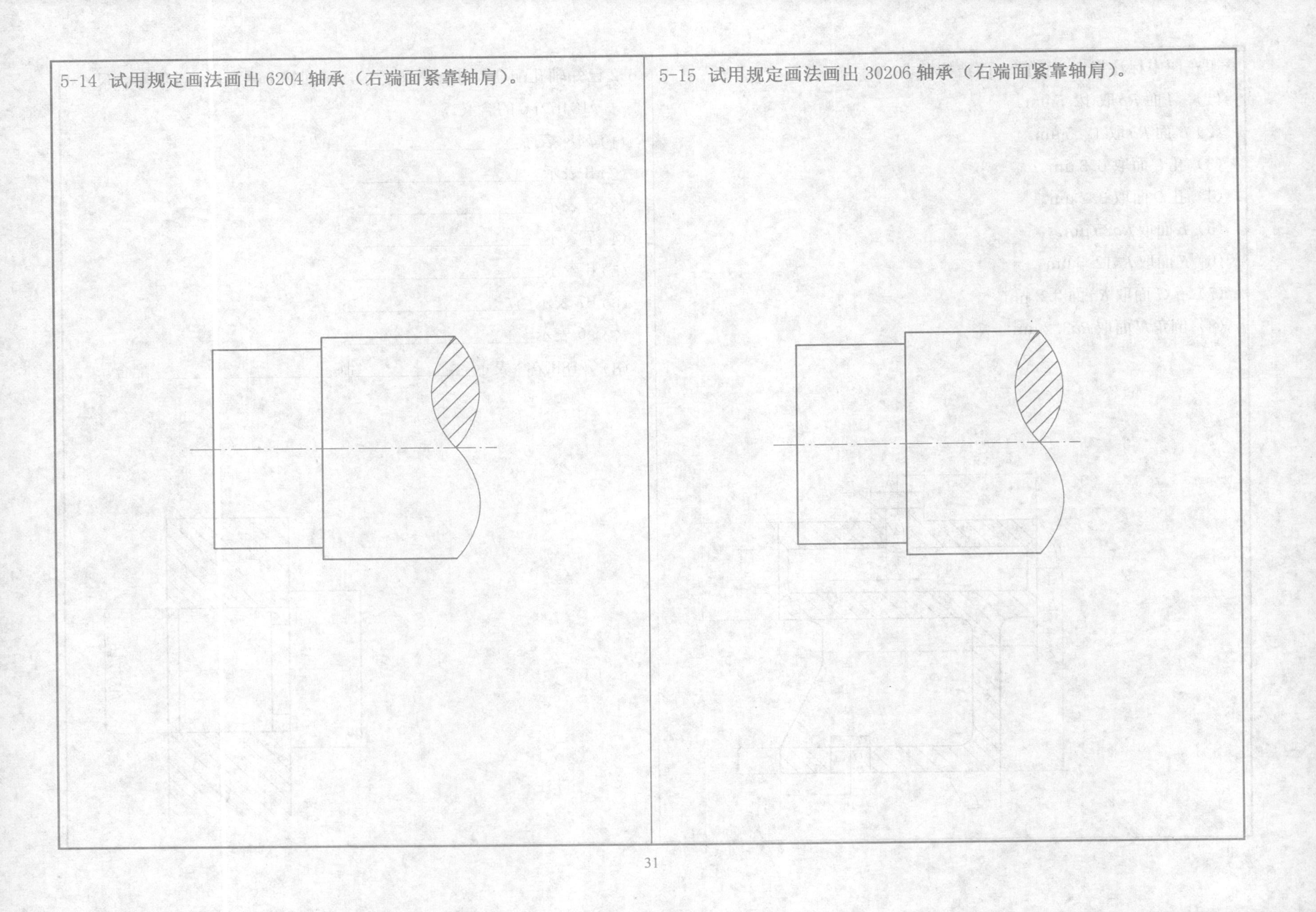

5-14 试用规定画法画出 6204 轴承（右端面紧靠轴肩）。

5-15 试用规定画法画出 30206 轴承（右端面紧靠轴肩）。

6-1 在图中标注指定表面的表面结构要求。

（1） *A* 面 *Ra* 取 12. 5 μm。

（2）*B* 面 *Ra* 取 12. 5 μm。

（3）孔 *C* 面取 6. 3 μm。

（4）孔 *D* 面取 3. 2 μm。

（5）*E* 面取 *Ra*25 μm。

（6）*F* 面取 *Ra*12. 5 μm。

（7）孔 *G* 面取 *Ra* 面 3. 2 μm。

（8）倒角 *H* 面取 *Ra*3. 2 μm。

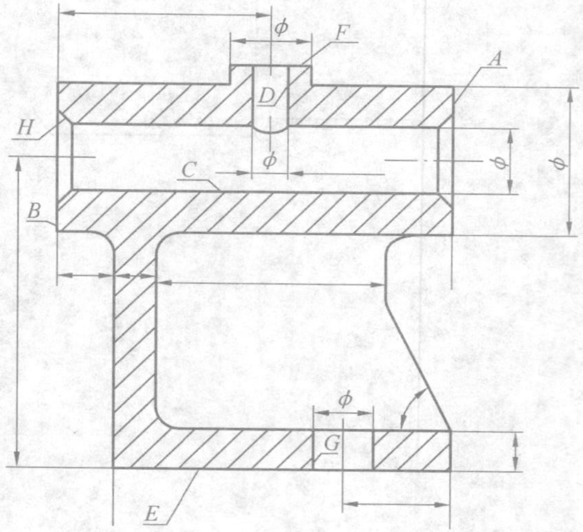

6-2 已知轴孔配合尺寸如下图所示，试回答下列问题，说明配合尺寸 ϕ18 H7/g6 的含义。

（1）ϕ18 表示________________；

（2）H 表示________________；

（3）g 表示________________；

（4）7 表示________________；

（5）6 表示________________；

（6）H7 表示________________；

（7）g6 表示________________；

（8）ϕ18H7/g6 表示__________制________________配合。

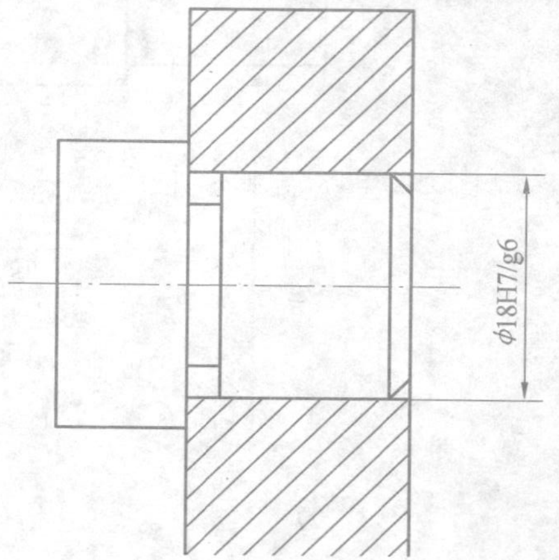

（2）根据装配图中所注的配合尺寸，标注零件图中的相应尺寸。（要求注出尺寸的上下偏差）

（3）画出ϕ18 H7/g6 的公差带图。

（4）计算配合尺寸ϕ18 H7/g6 中的最大、最小极限尺寸。

孔：最大极限尺寸为__________，最小极限尺寸为__________。

轴：最大极限尺寸为__________，最小极限尺寸为__________。

6-3 用文字说明图中公差框格标注的含义。

①的含义是____________________。

②的含义是____________________。

③的含义是____________________。

④的含义是____________________。

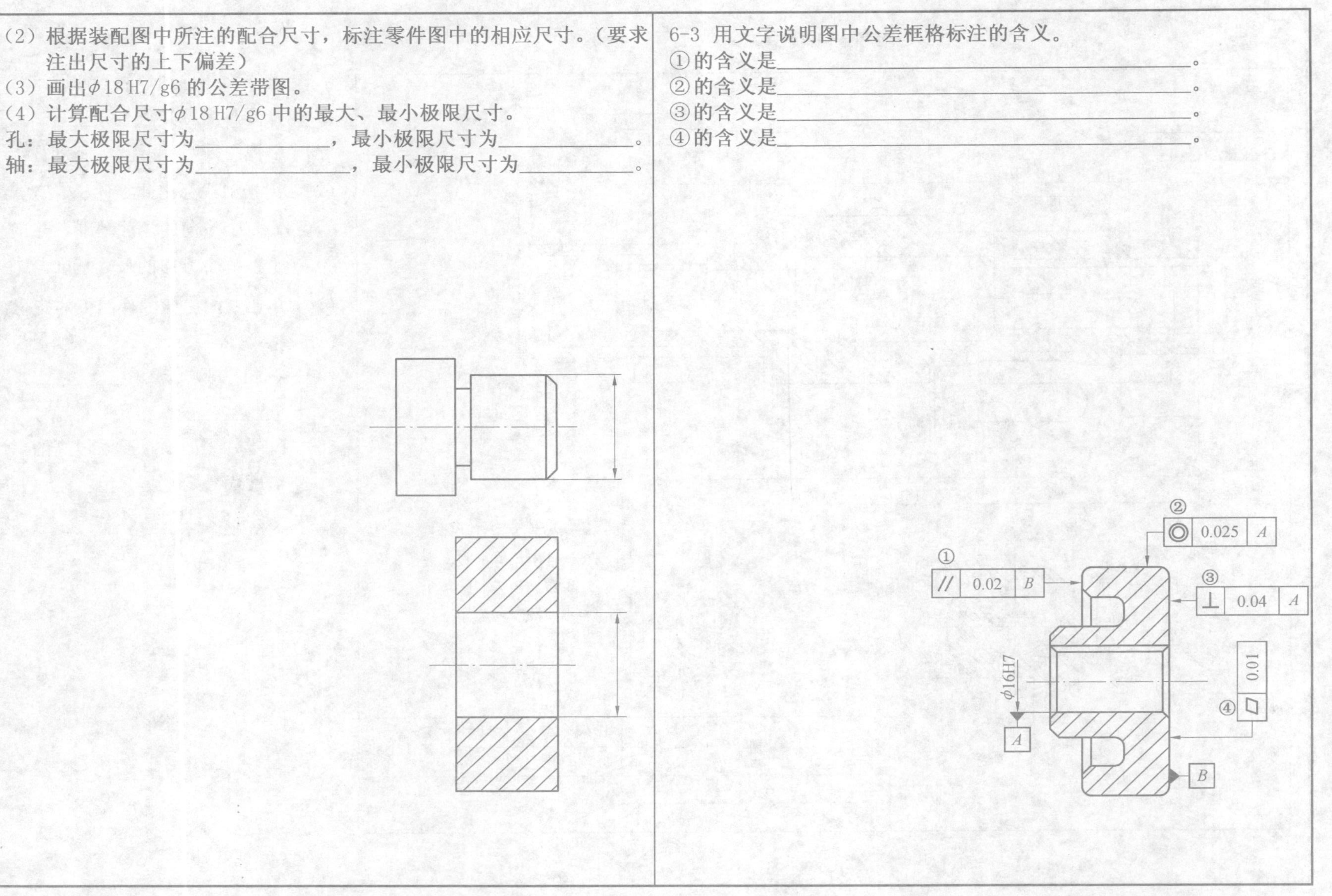

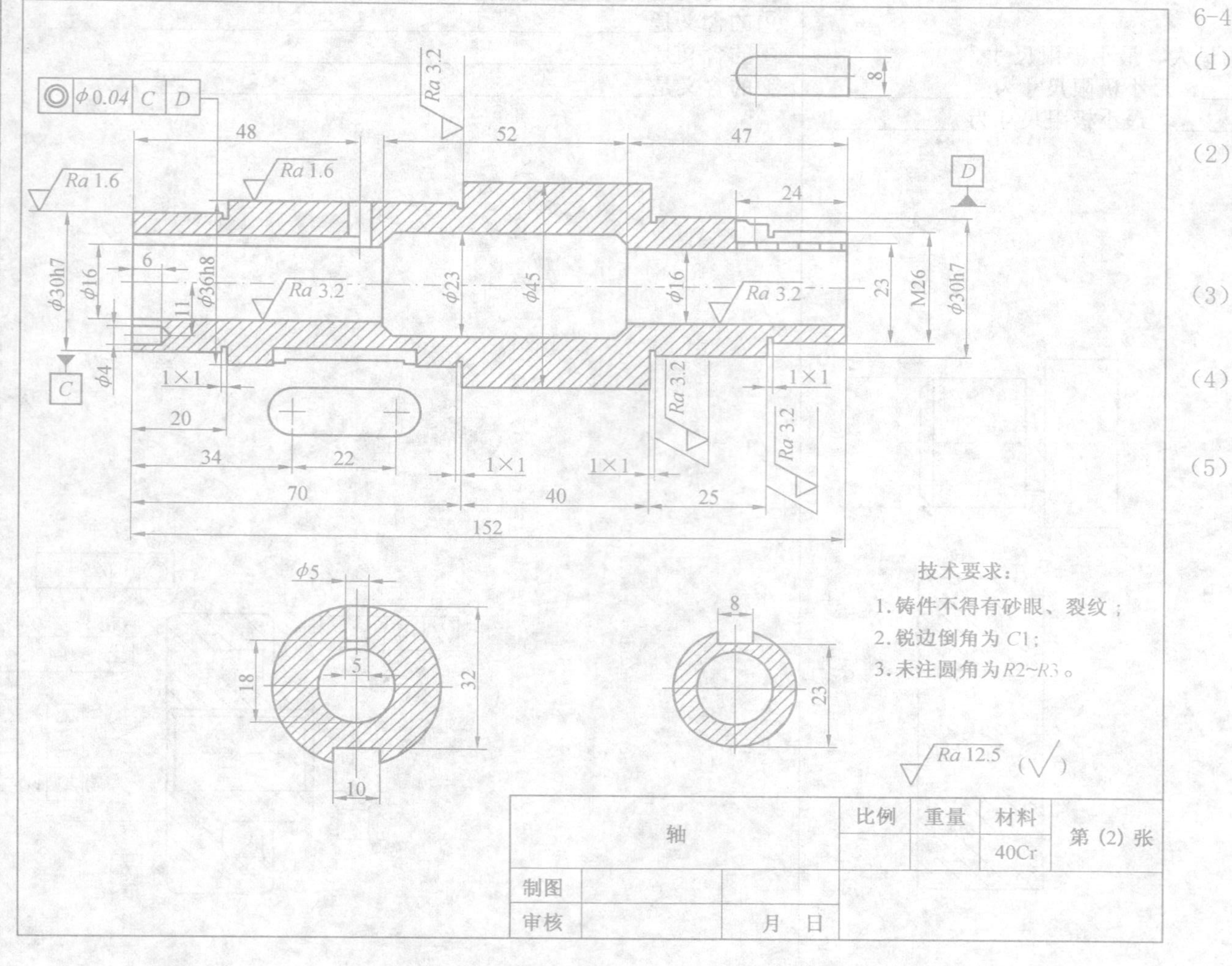

6-4 读下面零件图，回答问题：

（1）此零件名称是__________，主视图采用__________剖视。

（2）用指引线标出此零件长、宽、高三个方向的尺寸基准，并指明是哪个方向的尺寸基准。

（3）用铅笔圈出此零件图上的定位尺寸。

（4）标题栏 40Cr 表示____________________。

（5）此零件表面质量要求最高的粗糙度代号是__________。

6-5 读轴承盖零件图，在指定位置画出 $B-B$ 剖视图（采用对称画法，画出下一半，即前方的一半）。回答下列问题：

（1）$\phi 70d9$ 写成有上、下偏差的注法为________。

（2）主视图的右端面有 $\phi 54$ 深 3 的凹槽，这样的结构是考虑________零件的质量而设计的。

（3）说明 $\frac{4\times\phi 9}{⌴\phi 20}$ 的含义：4 个 $\phi 9$ 的孔是按与螺纹规格________的螺栓相配的________通孔直径而定的，⌴$\phi 20$ 的深度只要能________为止。

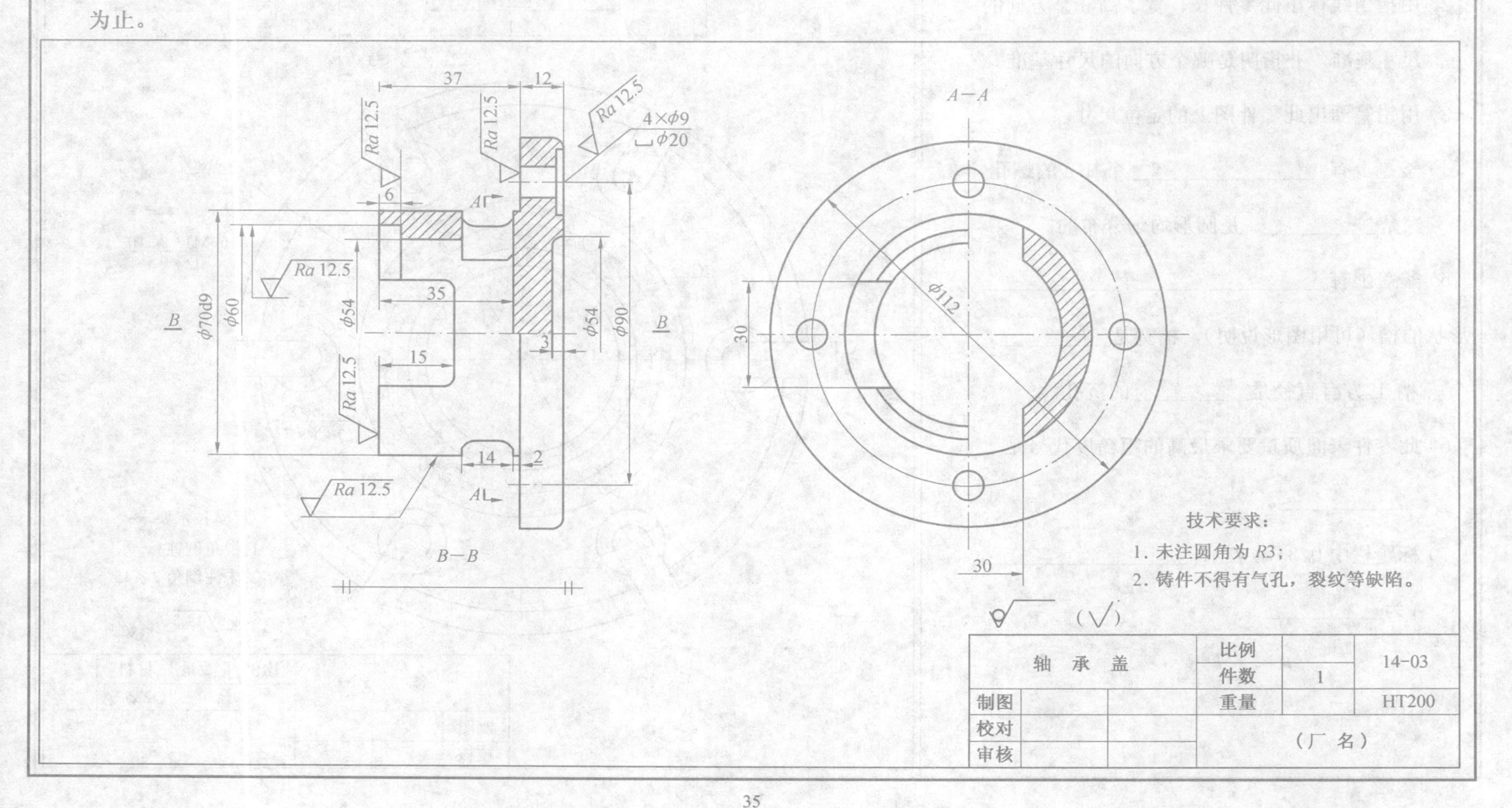

6-6　读零件图并回答问题（10 分）。

（1）此零件名称是＿＿＿＿＿＿，主视图采用＿＿＿＿＿剖视。

（2）用指引线标出此零件长、宽、高 3 个方向的尺寸基准，并指明是哪个方向的尺寸基准。

（3）用铅笔圈出此零件图上的定位尺寸。

（4）釜盖上有＿＿＿＿＿＿个 M12 的螺孔，深是＿＿＿＿＿，是圆形均匀分布的。

（5）釜盖上有＿＿＿＿＿＿个＿＿＿＿＿形状的槽（可用图形说明），槽宽是＿＿＿＿＿，槽上方有直径是＿＿＿＿＿的沉孔。

（6）此零件表面质量要求最高的粗糙度代号是＿＿＿＿＿＿。

（7）标题栏中 Q235-A 表示＿＿＿＿＿＿＿＿，A 为＿＿＿＿＿。

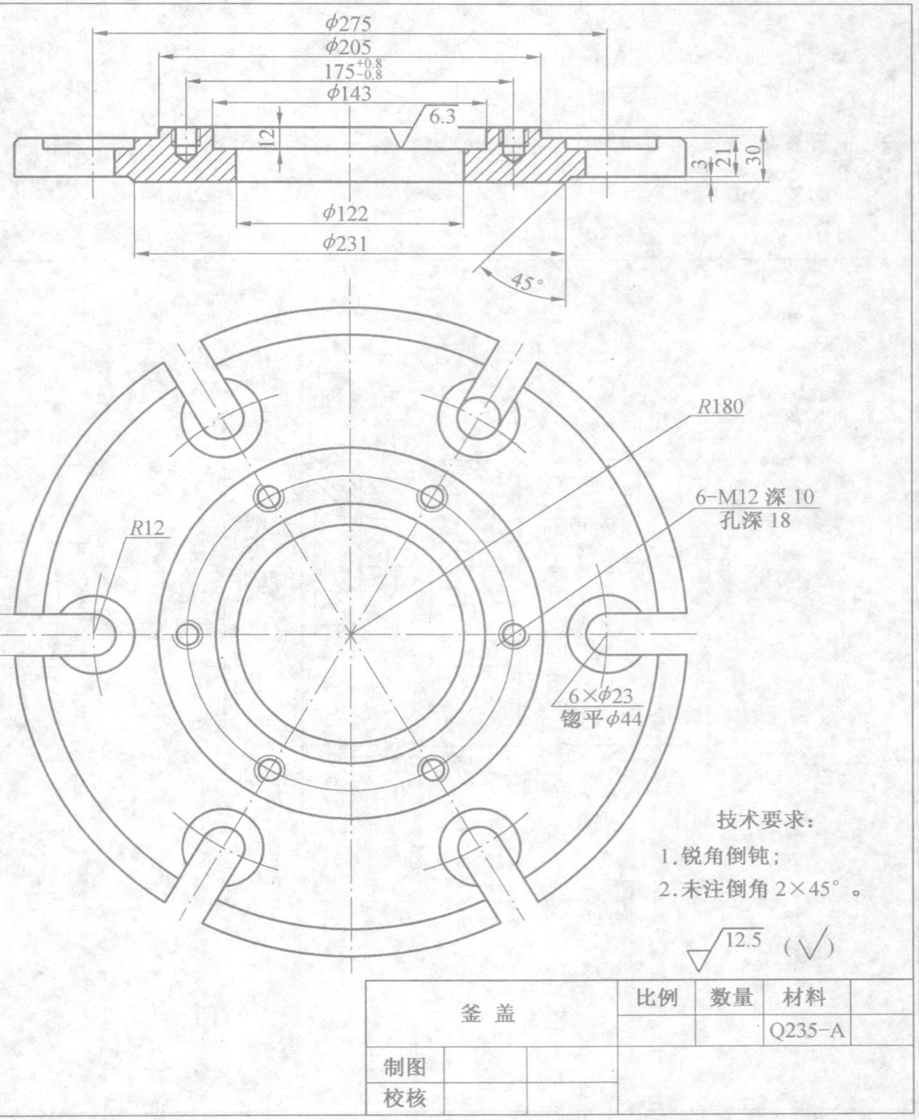

技术要求：

1. 锐角倒钝；

2. 未注倒角 2×45°。

釜盖		比例	数量	材料
				Q235-A
制图				
校核				

6-7 读底座零件图：

（1）在指定位置画出左视图的外形图（比例从图上量取计算，取整数）。

（2）用符号“△”标出长、宽、高 3 个方向的主要尺寸基准。

（3）该零件表面粗糙度有______种要求，它们分别是______、______、______。

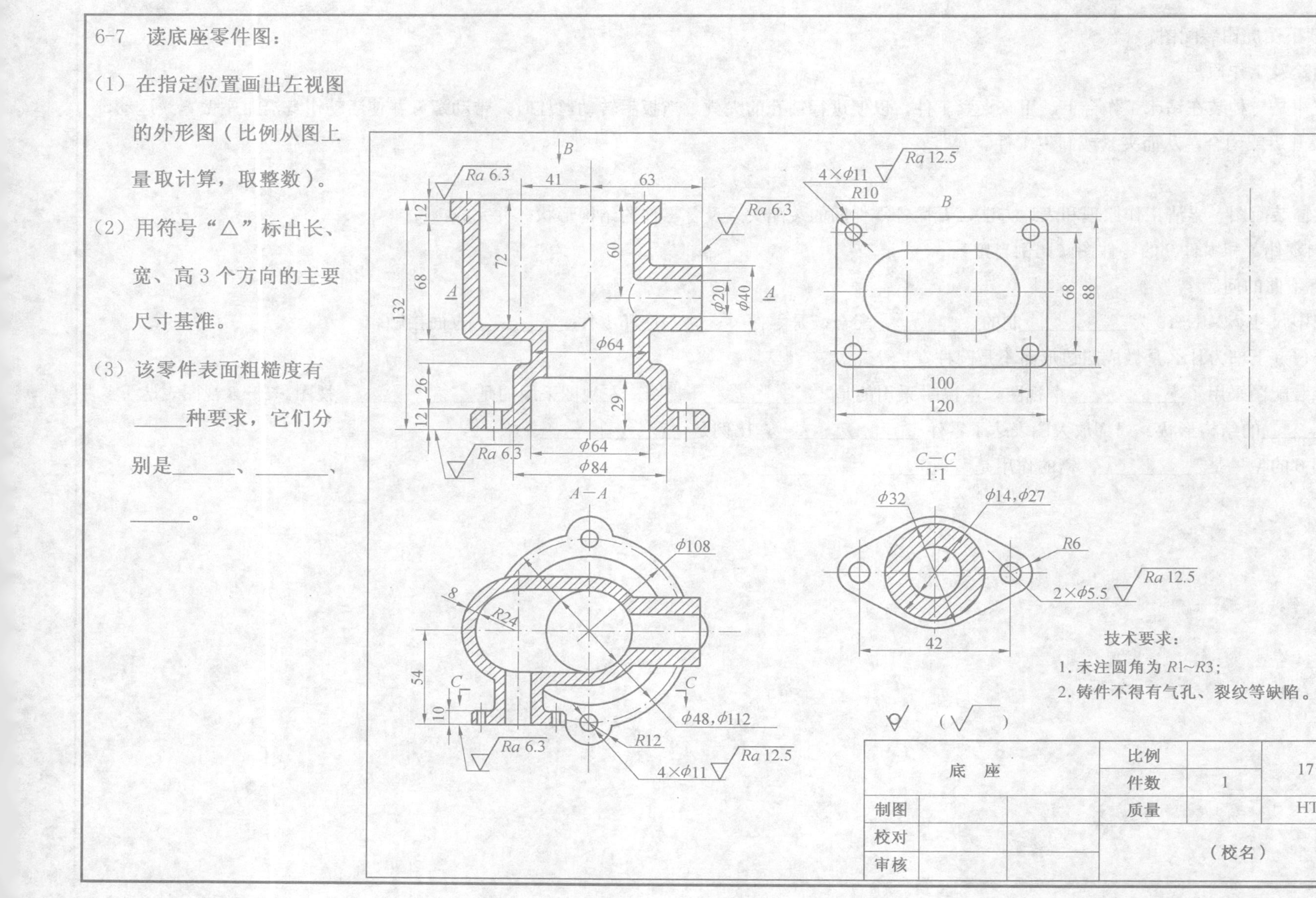

7-1 读下图虎钳装配图。

一、用途及工作原理

虎钳是一种装在钻床工作台上，用来夹紧工件，以便进行钻孔的夹具。当扳手转动丝杠时，带动螺母并使活动钳身沿钳座做直线运动，使钳板开启或闭合，从而夹紧或卸下工件。

二、要求

读懂装配图，弄清工作原理和表达方法，看懂各零件间的装配关系及各零件的结构形状。并完成：

1. 拆画零件 1 和零件 9 的零件图（比例自定）。

2. 回答下面的问题：

（1）图中尺寸 ϕ24H9/f9 为__________制的__________配合，是零件__________和零件__________表面接触。

（2）螺母 9 下部为什么是做成四边形而不是圆柱？

（3）该装配图采用了__________个视图，主视图采用的是__________视图，左视图采用的是__________视图。$B-B$ 视图表达了零件__________的结构形状。局部放大图表达了零件__________，比例是__________。

（4）销 6 的型号是__________，销的作用是__________。

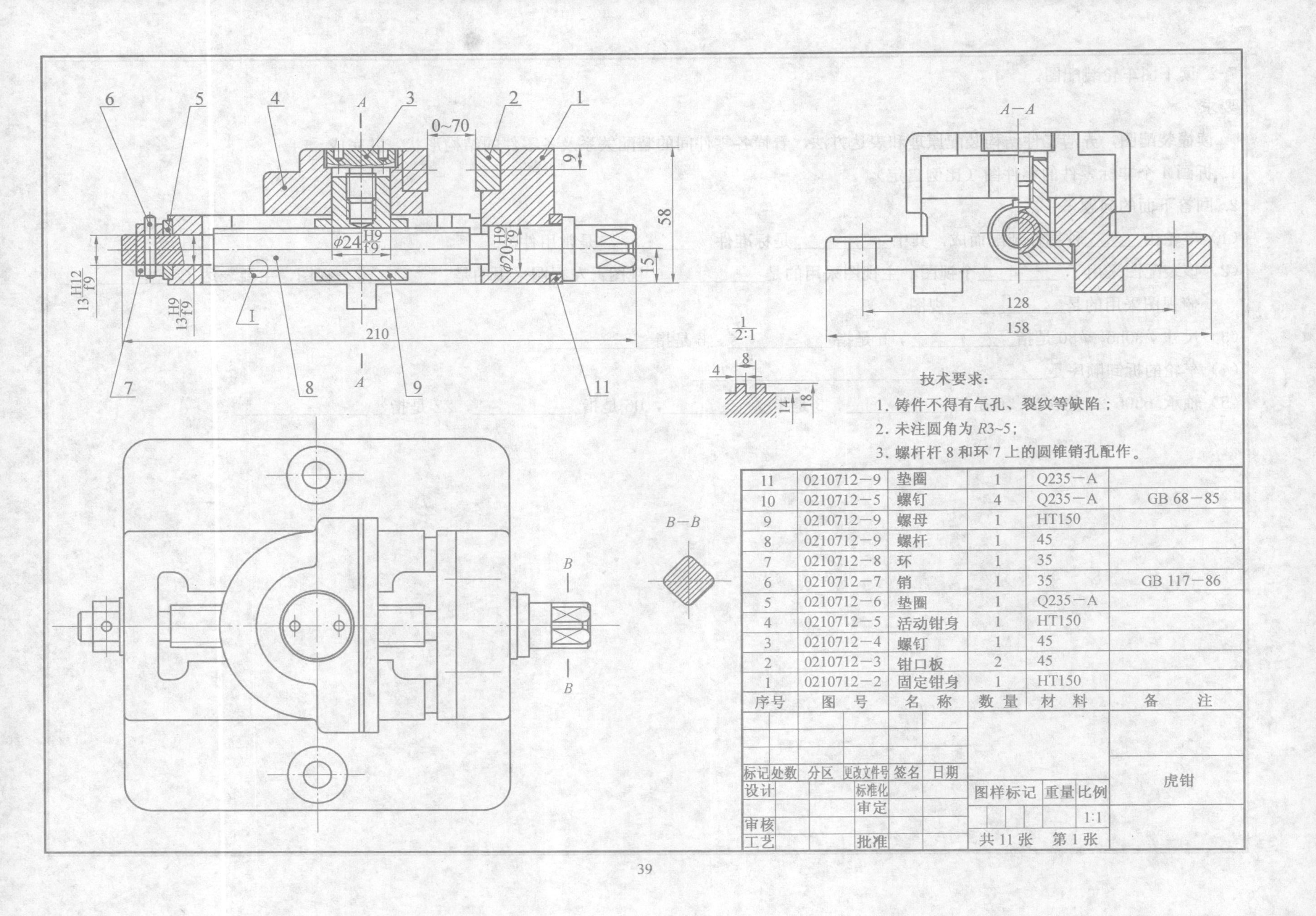

技术要求：

1. 铸件不得有气孔、裂纹等缺陷；
2. 未注圆角为 $R3\sim5$；
3. 螺杆杆 8 和环 7 上的圆锥销孔配作。

序号	图号	名称	数量	材料	备注
11	0210712—9	垫圈	1	Q235—A	
10	0210712—5	螺钉	4	Q235—A	GB 68—85
9	0210712—9	螺母	1	HT150	
8	0210712—9	螺杆	1	45	
7	0210712—8	环	1	35	
6	0210712—7	销	1	35	GB 117—86
5	0210712—6	垫圈	1	Q235—A	
4	0210712—5	活动钳身	1	HT150	
3	0210712—4	螺钉	1	45	
2	0210712—3	钳口板	2	45	
1	0210712—2	固定钳身	1	HT150	

标记	处数	分区	更改文件号	签名	日期	图样标记	重量	比例	虎钳
设计			标准化					1:1	
			审定						
审核									
工艺			批准			共 11 张		第 1 张	

7-2 读下图车轮装配图。

要求：

读懂装配图，弄清工件结构装配原理和表达方法，看懂各零件间的装配关系及各零件的结构形状。并完成：

1. 拆画 4 个非标零件的零件图（比例自定）。

2. 回答下面的问题：

（1）车轮由______种零件装配而成，其中__________是标准件，__________是常用件。

（2）该装配图采用了________个视图，主视图采用的是____________视图；左视图采用的是____________视图，主要表达了____________，俯视图采用的是____________视图。

（3）尺寸 $\phi30h6$，$\phi30$ 是指__________，h 是指__________，6 是指__________。

（4）车轮的拆卸顺序是____________________________________。

（5）轴承 6306-2Z 的含义：6 是指__________，3 是指__________，06 是指__________，2Z 是指__________________。

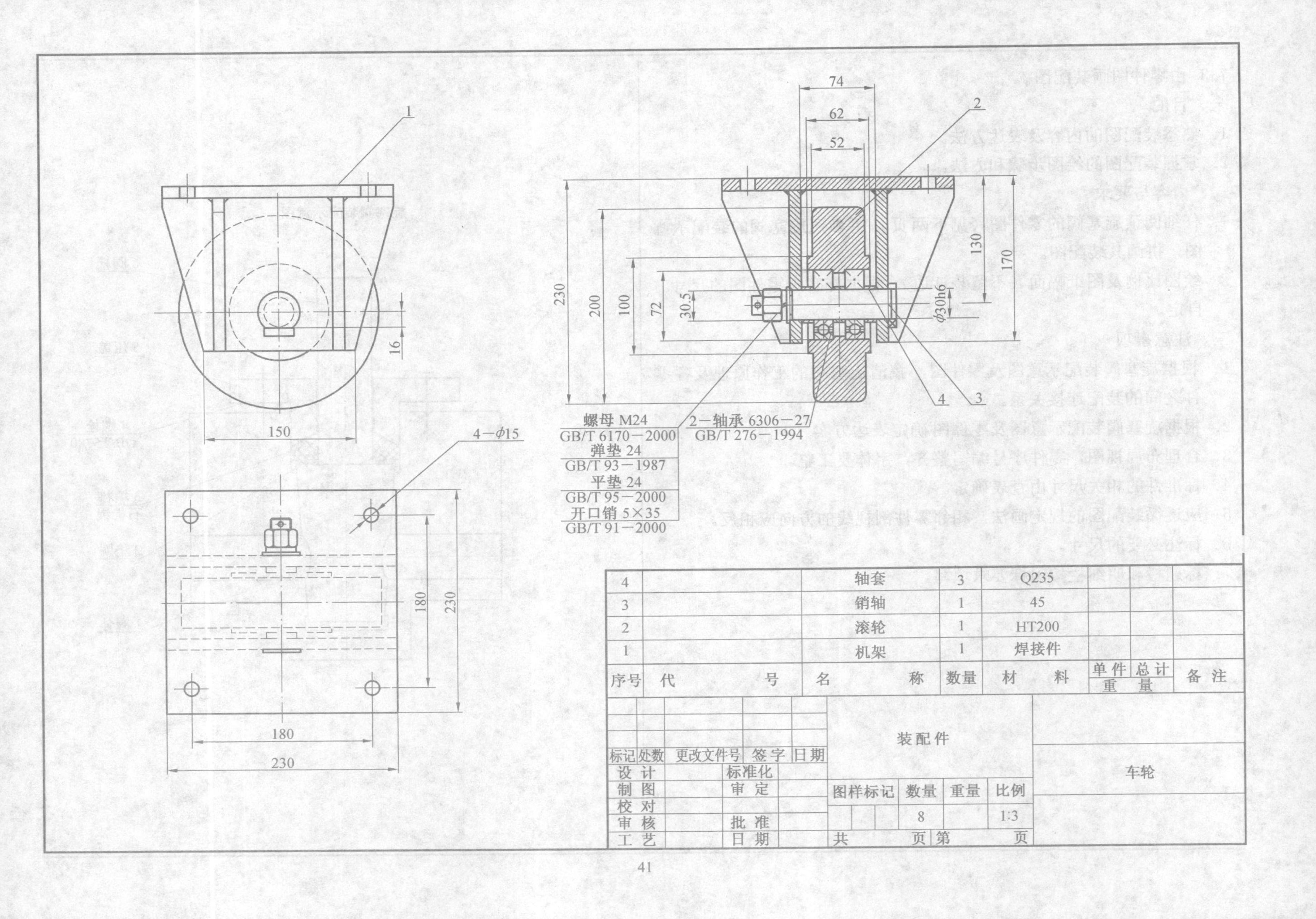

序号	代号	名称	数量	材料	单件重量	总计重量	备注
4		轴套	3	Q235			
3		销轴	1	45			
2		滚轮	1	HT200			
1		机架	1	焊接件			

标记	处数	更改文件号	签字	日期	装配件				车轮
设计		标准化							
制图		审定			图样标记	数量	重量	比例	
校对						8		1:3	
审核		批准							
工艺		日期			共 页 第 页				

7-3 由零件图画装配图。

一、目的

1. 熟悉装配图的内容及表达方法。
2. 掌握装配图的绘图步骤和方法。

二、内容与要求

1. 仔细阅读旋塞阀的零件图（见下两页），并参照旋塞阀的装配示意图，拼画其装配图。
2. 绘图比例及图纸幅面（不留装订边），根据旋塞阀零件图的尺寸自定。

三、注意事项

1. 根据旋塞阀装配示意图及零件图，搞清旋塞阀的工作原理及各零件之间的装配连接关系。
2. 根据旋塞阀装配示意图及零件图确定表达方案。
3. 合理布局视图，零件序号编写整齐，字体要工整。
4. 标准件的相关尺寸由查表确定。
5. 应遵循装配图的规定画法，相邻零件剖视线的方向应相反。
6. 标注必要的尺寸。
7. 标题栏和明细栏按国标要求填写。

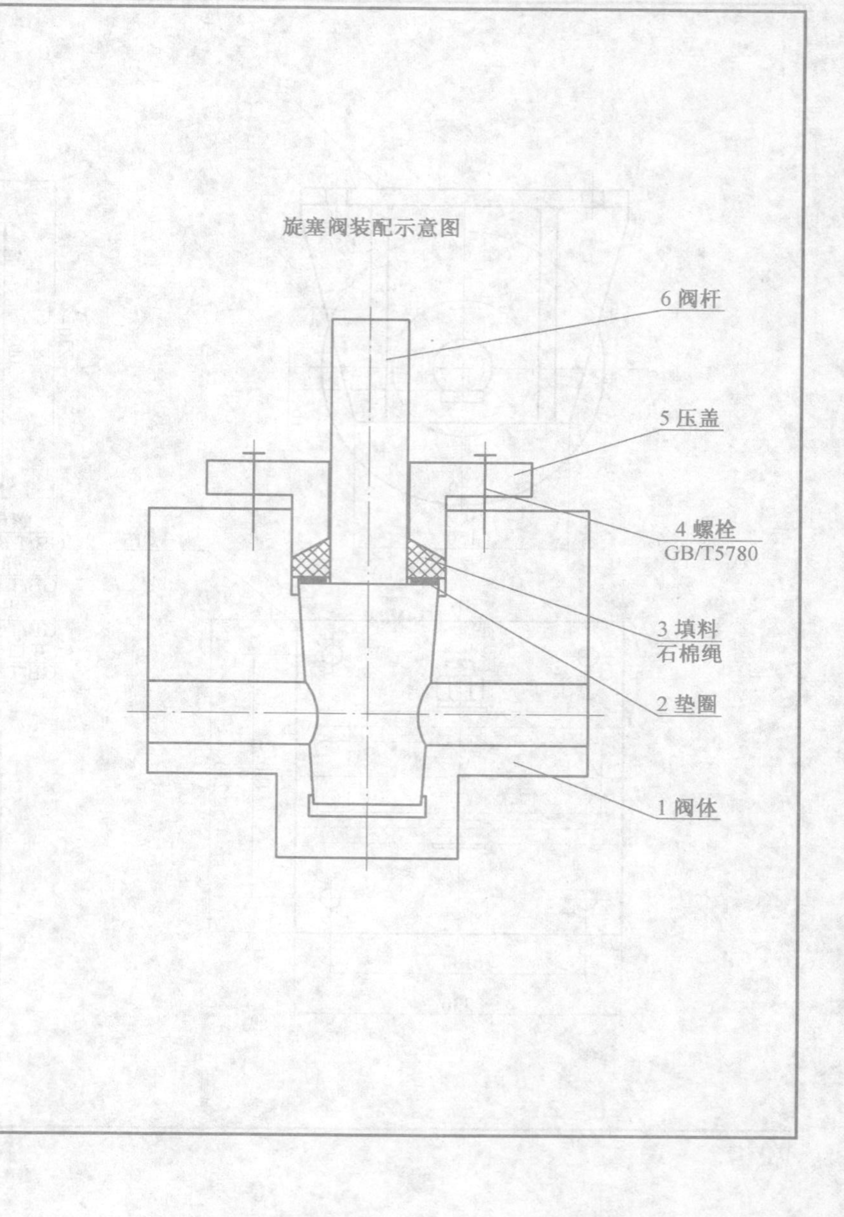

旋塞阀装配示意图

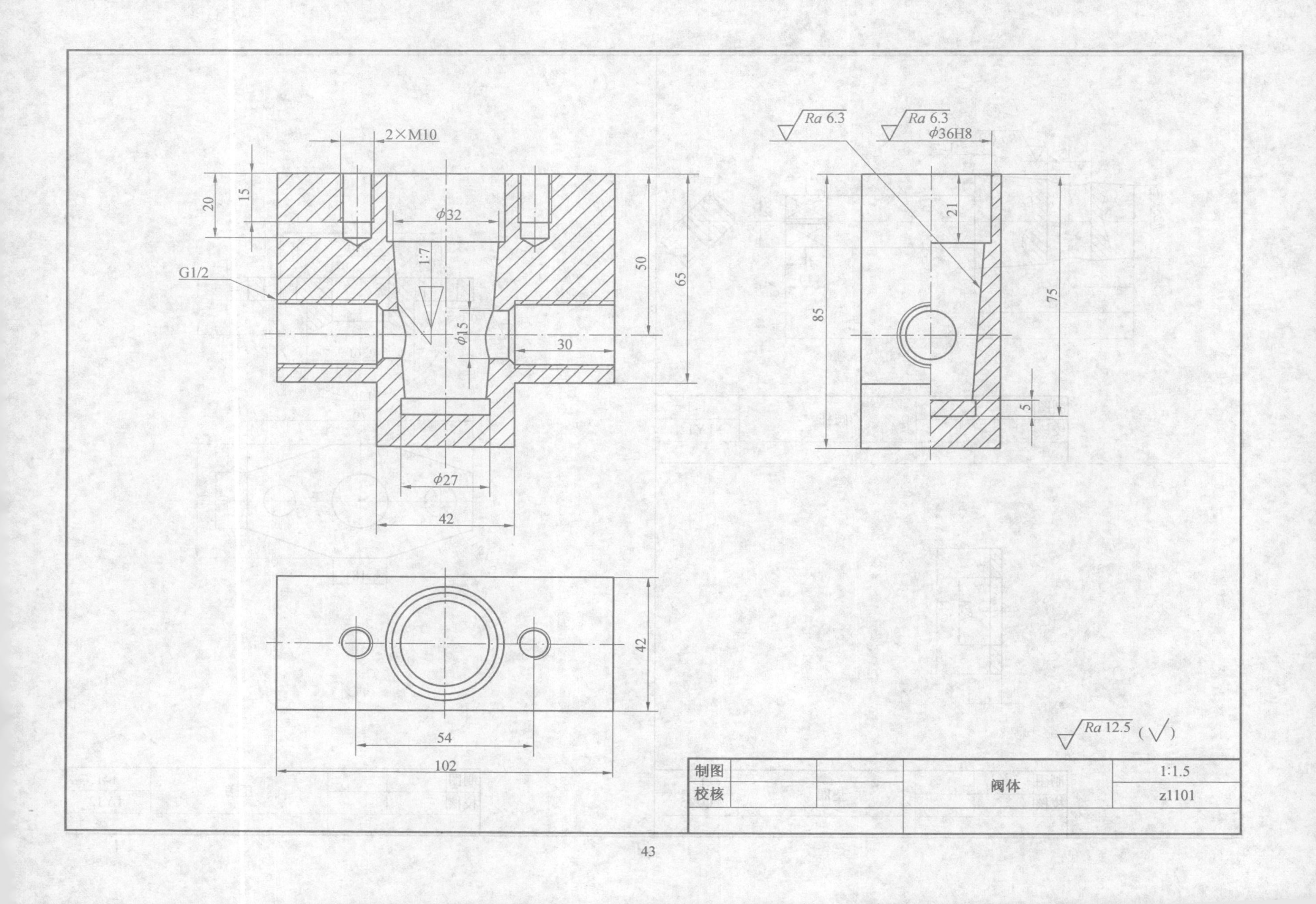
2×M10
20
15
φ32
1:7
G1/2
50
65
φ15
30
φ27
42
Ra 6.3
Ra 6.3
φ36H8
21
85
75
5
42
54
102
Ra 12.5 (√)
制图
校核
阀体
1:1.5
z1101

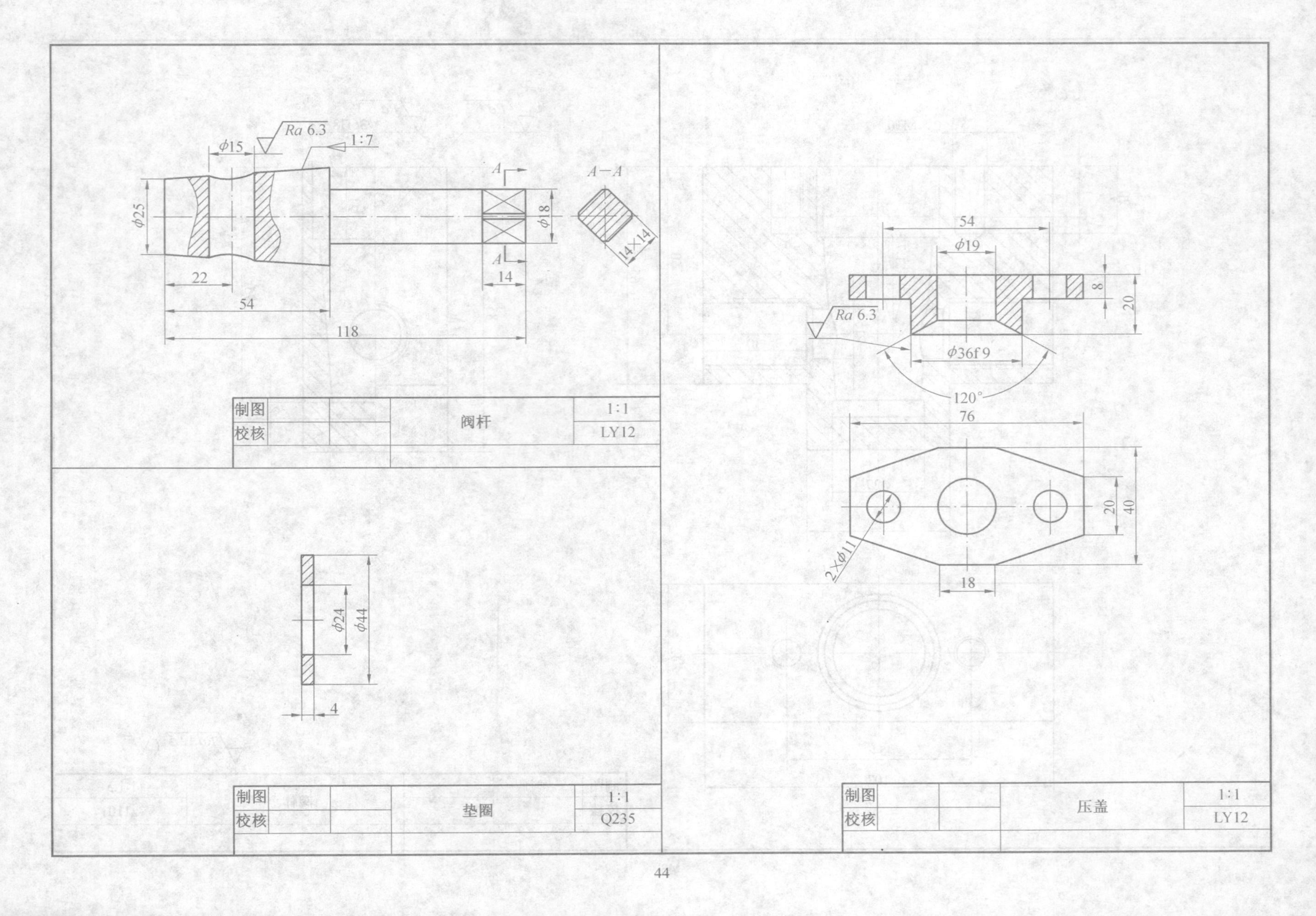

Ra 6.3
φ15
1:7
φ25
A
A—A
φ18
14×14
22
14
54
118
制图
校核
阀杆
1:1
LY12
54
φ19
8
20
Ra 6.3
φ36f9
120°
76
20
40
2×φ11
18
φ24
φ44
4
制图
校核
垫圈
1:1
Q235
制图
校核
压盖
1:1
LY12